本教材配有电子课件及部分习题答案

"十二五"普通高等教育本科国家级规划教材

电气控制与PLC
应用技术

第2版

主　编　黄永红
副主编　张新华　吉敬华
参　编　项倩雯　杨　东　刁小燕　蔡晓磊

机械工业出版社

本书从实际工程应用和教学需要出发，介绍了常用低压电器和电气控制电路的基本知识；介绍了 PLC 的基本组成和工作原理；以西门子 S7-200 PLC 为教学机型，详细介绍了 PLC 的系统配置、指令系统、程序设计方法及通信与网络等内容。书中安排了大量的应用实例，包括开关量控制、模拟量信号检测与控制、网络与通信等具体应用程序。本书实例涵盖了常用逻辑指令和功能指令的使用方法和技巧，实例程序均经过调试运行。本书前 8 章附有习题与思考题，附录有实验指导书、课程设计指导书和课程设计任务书供教学选用。

本书可作为高等学校自动化类、电气类及机械类等相关专业的教学用书，也可作为电气工程、控制工程领域技术人员的培训教材和参考书。

本书有配套电子课件及部分习题答案，欢迎选用本书作教材的教师发邮件到 jinacmp@163.com 索取，或登录 www.cmpedu.com 注册下载。

图书在版编目（CIP）数据

电气控制与 PLC 应用技术/黄永红主编 . —2 版 . —北京：机械工业出版社，2018.4（2025.1 重印）
"十二五"普通高等教育本科国家级规划教材
ISBN 978-7-111-59331-7

Ⅰ.①电⋯ Ⅱ.①黄⋯ Ⅲ.①电气控制-高等学校-教材②PLC 技术-高等学校-教材 Ⅳ.①TM571.2②TM571.6

中国版本图书馆 CIP 数据核字（2018）第 042861 号

机械工业出版社（北京市百万庄大街 22 号　邮政编码 100037）
策划编辑：吉　玲　责任编辑：吉　玲　王小东
责任校对：陈　越　封面设计：鞠　杨
责任印制：郜　敏
河北京平诚乾印刷有限公司印刷
2025 年 1 月第 2 版第 17 次印刷
184mm×260mm · 19.75 印张 · 543 千字
标准书号：ISBN 978-7-111-59331-7
定价：47.00 元

电话服务　　　　　　　　　网络服务
客服电话：010-88361066　　机 工 官 网：www.cmpbook.com
　　　　　010-88379833　　机 工 官 博：weibo.com/cmp1952
　　　　　010-68326294　　金 书 网：www.golden-book.com
封底无防伪标均为盗版　机工教育服务网：www.cmpedu.com

前　言

本书自第 1 版出版以来，得到了多所高校教师和广大读者的关心和支持。为适应电气控制新技术的发展，特别是 PLC 应用技术快速发展的需要，编者结合二十多年的教学经验和读者的建议，对第 1 版进行修订。第 2 版对第 1 版的内容进行了一定修改、充实和更新，主要修改了 PLC 的发展趋势和特点等内容，增加了 PID 指令的向导编程和参数自整定方法的内容，更新了低压电器产品型号等内容。同时删除了一些内容，如节日彩灯的 PLC 控制及实验、台达触摸屏应用等相关内容。修订时保留了精选内容，力求结合生产实际、突出工程应用和通俗易懂的特点。

本书包含了电气控制和 PLC 应用技术两部分内容。第 1 章主要介绍电气控制系统中广泛使用的低压电器的结构、工作原理和选用方法等内容；第 2 章主要介绍三相笼型异步电动机的起动、调速、制动等基本电气控制电路，并介绍电气控制电路的分析、设计方法及其典型应用，为学习 PLC 知识奠定必要的基础；第 3 章介绍 PLC 的发展概况、基本组成及工作原理；第 4 章 ~ 第 9 章是本书的重点内容，以西门子 S7-200 PLC 作为教学机型，重点介绍 PLC 的系统配置与接口模块、基本指令及其应用实例、PLC 控制系统程序设计方法和步骤、PLC 的通信与组网知识以及 STEP7-Wicro/WIN 编程软件的使用等内容。

本书在内容组织上安排了大量典型应用实例程序，在工程应用中可参考使用。如第 5、6 章的基本逻辑指令和功能指令（如定时器、计数器、移位寄存器指令、SCR 指令、PID 指令等）的应用实例。实例介绍由浅入深、由易到难、循序渐进，以便学生更好地理解和应用。附录 E 编写了 9 个实验内容，附录 G 提供了两个综合性、实用性较强的课程设计任务书，供任课教师根据学校硬件条件和课程设置选择开设。另外，本书前 8 章均安排了数量、难度适中的习题和思考题，供学生课后练习。

在实际教学过程中，任课教师可根据专业需要、课时安排等实际情况，对教学内容进行取舍。有些内容和应用实例可留给学生自学或供学生在实验、课程设计、毕业设计时参考。

本书由黄永红任主编并统稿，张新华、吉敬华任副主编，参加编写的还有项倩雯、杨东、刁小燕和蔡晓磊。

感谢苏州西门子电器有限公司的王永文先生和上海良信电器股份有限公司的黄银芳工程师！感谢他们为本书的编写提供了大量的资料，并给予了大力支持和帮助。本书在编写过程中参考了大量的已出版文献，在此对这些参考文献的作者表示衷心的感谢。

由于编者水平有限，书中难免有错误和不妥之处，恳请广大读者批评指正。编者邮箱：hyh218@126.com。

编　者

目 录

第 1 章

常用低压电器

本章主要介绍电气控制系统中常用的低压电器，如接触器、继电器、行程开关、熔断器等，介绍它们的作用、分类、结构、工作原理、技术参数、选用原则等内容。要求掌握电磁式电器的基本结构和工作原理；掌握接触器、热继电器、时间继电器、固态继电器、低压断路器、熔断器、行程开关等常用低压电器的功能、用途、工作原理及选用方法等内容，并能用图形符号和文字符号表示它们。理解接触器与继电器的区别、低压断路器和熔断器的区别，为后续学习继电-接触器控制系统和 PLC 控制系统打下基础。

1.1 低压电器的定义、分类

电器是一种根据外界的信号（机械力、电动力和其他物理量），自动或手动接通和断开电路，从而断续或连续地改变电路参数或状态，实现对电路或非电对象的切换、控制、保护、检测和调节用的电气元件或设备。

低压电器通常指工作在额定电压为交流 1200V、直流 1500V 以下电路中的电器。常用的低压电器主要有接触器、继电器、开关电器、主令电器、熔断器、执行电器、信号电器等，如图 1-1 所示。

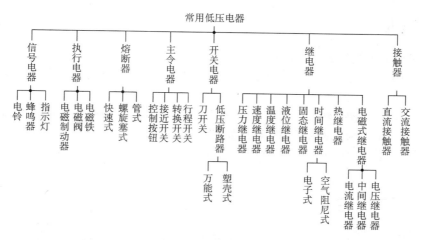

图 1-1　常用低压电器的分类

低压电器种类繁多，用途广泛，功能多样，构造各异。其分类方法很多，主要有以下几类：

1. 按用途和控制对象分

（1）低压配电电器

低压配电电器主要用于低压配电系统中，实现电能的输送和分配。例如，刀开关、转换开

2

关、低压断路器、熔断器等。

（2）低压控制电器

低压控制电器主要用于电气控制系统中，要求寿命长、体积小、重量轻，且动作迅速、准确、可靠。例如，接触器、各种控制继电器、主令电器、电磁铁等。

2. 按动作方式分

（1）自动电器

自动电器依靠外来信号或其自身参数的变化，通过电磁或压缩空气来完成接通、分断、起动、反向和停止等动作。例如，交/直流接触器、继电器、电磁阀等。

（2）手动电器

手动电器主要是通过外力（用手或经杠杆）操作手柄来完成指令任务的电器。例如，刀开关、控制按钮、转换开关等。

3. 按工作原理分

（1）电磁式电器

电磁式电器即利用电磁感应原理来工作的电器。例如，交/直流接触器、各种电磁式继电器、电磁铁等。

（2）非电量控制电器

非电量控制电器是依靠外力或非电量信号（如温度、压力、速度等）的变化而动作的电器。例如，转换开关、刀开关、行程开关、温度继电器、压力继电器、速度继电器等。

1.2　电磁式电器的组成与工作原理

电磁式电器在电气控制系统中使用量最大，其类型也很多。各类电磁式电器在工作原理和构造上基本相同，就其结构而言，主要由两部分组成，即电磁机构和触点系统，其次还有灭弧系统和其他缓冲机构等。

1.2.1　电磁机构

1. 电磁机构的结构形式及工作原理

电磁机构是电磁式电器的信号检测部分，其主要作用是将电磁能转换为机械能，带动触点动作，实现电路的接通或分断。

电磁机构由电磁线圈、铁心和衔铁三部分组成。其结构形式按衔铁的运动方式可分为直动式和拍合式，常用的结构形式有下列三种（如图 1-2 所示）：

1）衔铁沿棱角转动的拍合式，如图 1-2a 所示。这种结构适用于直流接触器。

　　a)衔铁沿棱角转动的拍合式　　　b)衔铁沿轴转动的拍合式　　c)衔铁作直线运动的双E形直动式

图 1-2　常用的电磁机构结构形式

1—衔铁　2—铁心　3—电磁线圈

2）衔铁沿轴转动的拍合式，如图 1-2b 所示。其铁心形状有 E 形和 U 形两种，此结构适用于触点容量较大的交流接触器。

3）衔铁作直线运动的双 E 形直动式，如图 1-2c 所示。这种结构适用于交流接触器、继电器等。

电磁线圈的作用是将电能转换为磁能，即产生磁通，衔铁在电磁吸力作用下产生机械位移使铁心与之吸合。凡通入直流电的电磁线圈都称为直流线圈，通入交流电的电磁线圈称为交流线圈。由直流线圈组成的电磁机构称为直流电磁机构，由交流线圈组成的电磁机构称为交流电磁机构。对于直流电磁机构，由于电流的大小和方向不变，只有线圈发热，铁心不发热，通常其衔铁和铁心均由软钢或工程纯铁制成，所以直流线圈做成高而薄的瘦高形，且不设线圈骨架，使线圈与铁心直接接触，易于散热。对于交流电磁机构，由于其铁心中存在磁滞和涡流损耗，线圈和铁心都要发热，所以交流线圈设有骨架，使铁心与线圈隔离，并将线圈制成短而厚的矮胖形，有利于线圈和铁心的散热，通常其铁心用硅钢片叠铆而成，以减少铁损。

另外，根据电磁线圈在电路中的连接方式可分为串联线圈（又称电流线圈）和并联线圈（又称电压线圈）。串联（电流）线圈串接于电路中，流过的电流较大，为减少对电路的影响，需要较小的阻抗，所以线圈导线粗且匝数少；而并联（电压）线圈并联在电路上，为减小分流作用，降低对原电路的影响，需较大的阻抗，所以线圈导线细且匝数多。

电磁式电器的工作原理示意图如图 1-3 所示。其工作原理：当电磁线圈通电后，产生的磁通经过铁心、衔铁和气隙形成闭合回路，此时衔铁被磁化产生电磁吸力，所产生的电磁吸力克服释放弹簧与触点弹簧的反力使衔铁产生机械位移，与铁心吸合，并带动触点支架使动、静触点接触闭合。当电磁线圈断电或电压显著下降时，由于电磁吸力消失或过小，衔铁在弹簧反力作用下返回原位，同时带动动触点脱离静触点，将电路切断。

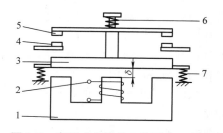

图 1-3　电磁式电器的工作原理示意图

1—铁心　2—电磁线圈　3—衔铁
4—静触点　5—动触点　6—触点弹簧
7—释放弹簧　δ—气隙

2. 电磁机构的吸力特性与反力特性

电磁机构工作时，作用在衔铁上的力有两个：电磁吸力与反力。电磁吸力由电磁机构产生，反力则由释放弹簧和触点弹簧所产生。

根据麦克斯韦电磁力计算公式可知，如果气隙中的磁场均匀分布，电磁吸力 F_{at} 的大小与气隙的截面积 S 及气隙磁感应强度 B 的二次方成正比，即

$$F_{at} = \frac{B^2 S}{2\mu_0} \tag{1-1}$$

式中，真空磁导率 $\mu_0 = 4\pi \times 10^{-7} H/m$，非磁性材料的磁导率 $\mu \approx \mu_0$，代入式（1-1），得

$$F_{at} = \frac{10^7 B^2 S}{8\pi} = \frac{10^7}{8\pi} \frac{\Phi^2}{S} \tag{1-2}$$

式中，F_{at} 为电磁吸力，单位为 N（牛顿）；B 为气隙磁感应强度，单位为 T（特斯拉）；S 为气隙的截面积，单位为 m^2（平方米）；Φ 为气隙中的磁通量，单位为 Wb（韦伯）。

当气隙截面积 S 为常数时，电磁吸力与 B^2 或 Φ^2 成正比。

电磁机构的工作特性常用吸力特性和反力特性来表示。吸力特性是指电磁吸力 F_{at} 随衔铁与铁心间气隙 δ 变化的关系曲线。不同的电磁机构，有不同的吸力特性。

（1）直流电磁机构的吸力特性

对于直流线圈，当电压 U 与线圈电阻 R 不变时，流过线圈的电流 I 不变。由磁路定律 $\Phi = \dfrac{IN}{R_m}$（式中，R_m 为气隙磁阻，$R_m = \dfrac{\delta}{\mu_0 S}$；$N$ 为线圈匝数）可知，$F_{at} \propto \Phi^2 \propto \dfrac{1}{R_m^2} \propto \dfrac{1}{\delta^2}$，即衔铁动作过程中为恒磁动势工作，电磁吸力 F_{at} 与气隙 δ 的二次方成反比，所以直流电磁机构的吸力特性为二次曲线形状，如图 1-4 所示。它表明衔铁闭合前后吸力变化很大，气隙越小吸力越大。

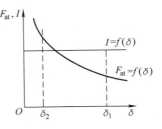

图 1-4　直流电磁机构的吸力特性

直流电磁机构在衔铁吸合过程中，电磁吸力是逐渐增加的，完全吸合时电磁吸力达到最大。对于可靠性要求很高或动作频繁的控制系统常采用直流电磁机构。

（2）交流电磁机构的吸力特性

对于具有交流线圈的电磁机构，其吸力特性与直流电磁机构有所不同。假定交流线圈外加电压 U 不变，交流电磁线圈的阻抗主要取决于线圈的电抗，电阻可忽略，则 $U \approx E = 4.44 f N \Phi$，$\Phi = \dfrac{U}{4.44 f N}$，式中 E 为线圈感应电动势，f 为电源电压频率。当 U、f、N 为常数时，Φ 为常数，即交流电磁机构在衔铁吸合前后 Φ 是不变的（为恒磁通工作），故 F_{at} 也不变，且 F_{at} 与气隙的大小无关，但考虑到漏磁通的影响，其电磁吸力 F_{at} 随气隙 δ 的减小略有增加。交流电磁机构的吸力特性如图 1-5 所示。

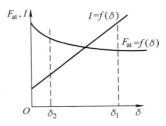

图 1-5　交流电磁机构的吸力特性

虽然交流电磁机构的气隙磁通近似不变，但气隙磁阻 R_m 要随着气隙长度 δ 的加大成正比增加，因此，交流励磁电流的大小也将随气隙长度 δ 的加大成正比增大。所以，交流电磁机构的励磁电流在线圈已通电但衔铁尚未吸合时，比额定电流大很多，若衔铁卡住不能吸合或衔铁频繁动作，交流线圈可能因过电流而烧毁，故在可靠性要求高或频繁动作的场合，一般不采用交流电磁机构。

（3）吸力特性与反力特性的配合

反力特性是指反作用力 F_r 与气隙 δ 的关系曲线，如图 1-6 的曲线 3 所示。反作用力包括弹簧力、衔铁自身重力和摩擦阻力等。图中 δ_1 为起始位置，δ_2 为动、静触点接触时的位置。在 $\delta_1 \sim \delta_2$ 区域内，反作用力随着气隙的减小而略有增大，在 δ_2 位置，动、静触点接触，这时触点的初压力作用到衔铁上，反作用力突增。在 $\delta_2 \sim 0$ 区域内，气隙越小，触点压得越紧，反作用力越大，其特性曲线比较陡峭。

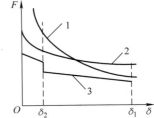

图 1-6　吸力特性与反力特性的配合
1—直流电磁机构吸力特性　2—交流电磁机构吸力特性　3—反力特性

为了使电磁机构正常工作，保证衔铁能牢牢吸合，其吸力特性与反力特性必须配合得当。在衔铁整个吸合过程中，其吸力都必须大于反力，即吸力特性必须始终位于反力特性上方，但不能过大或过小。吸力过大时，动、静触点接触及衔铁与铁心接触时的冲击力很大，会使触点和衔铁发生弹跳，从而导致触点熔焊或烧毁，影响电磁机构的机械寿命；吸力过小时，又不能保证可靠吸合，难以满足高频率操作的要求。在衔铁释放时，反力必须大于吸力（此时的吸力是由剩磁产生的），即吸力特性必须位于反力特性下方。实际应用中，可通过调整反力弹簧或触点初压力来改变反力特性，使之与吸力特性配合得当。

3. 单相交流电磁机构上短路环的作用

对于单相交流电磁机构，由于外加正弦交流电压，其气隙磁感应强度亦按正弦规律变化，即

$$B = B_{\mathrm{m}} \sin \omega t \tag{1-3}$$

代入式（1-2）可得，电磁吸力为

$$F_{\mathrm{at}} = \frac{10^7}{8\pi} S B_{\mathrm{m}}^2 \sin^2 \omega t = \frac{10^7}{8\pi} S B_{\mathrm{m}}^2 \frac{1 - \cos 2\omega t}{2} \tag{1-4}$$

可见，单相交流电磁机构的电磁吸力是一个两倍于电源频率的周期性变量。当电磁吸力的瞬时值大于反力时，衔铁吸合；当电磁吸力的瞬时值小于反力时，衔铁释放。电源电压变化一个周期，衔铁吸合两次、释放两次，随着电源电压的变化，衔铁周而复始地闭合与释放，使得衔铁产生振动和噪声，甚至使铁心松散。为此须采取有效措施，消除振动与噪声。

具体解决办法是在单相交流电磁机构铁心端面开一个小槽，在槽内嵌入铜质短路环（或称分磁环），如图 1-7 所示。加上短路环后，铁心中的磁通被分成两部分，即不穿过短路环的主磁通 Φ_1 和穿过短路环的磁通 Φ_2，Φ_1 和 Φ_2 大小接近，而电角度相位差约为 90°，因而两相磁通不会同时过零。由于电磁吸力与磁通的二次方成正比，所以由两相磁通产生的合成电磁吸力始终大于反力，使衔铁与铁心牢牢吸合，这样就消除了振动和噪声。

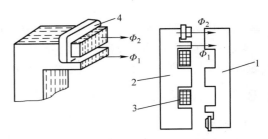

图 1-7　单相交流电磁机构的短路环
1—衔铁　2—铁心　3—线圈　4—短路环

一般短路环包围 2/3 的铁心端面，通常用黄铜、康铜或镍铬合金等材料制成。短路环应无断点且没有焊缝。

1.2.2　触点系统

触点是一切有触点电器的执行部件，它在衔铁的带动下起接通和分断电路的作用。因此，要求触点导电、导热性能良好。触点通常用铜或银质材料制成。铜的表面容易氧化而生成一层氧化铜，使触点的接触电阻增大，损耗增大，温度上升，影响电器的使用寿命。所以，对于小电流电器（如接触器、继电器等），其触点常采用银质材料。

1. 触点的接触形式

触点主要有两种结构形式：桥式触点和指形触点，如图 1-8 所示。触点的接触形式有三种，即点接触、线接触和面接触，如图 1-9 所示。点接触由两个半球形触点或一个半球形与一个平面构成，点接触的桥式触点主要适用于电流不大且压力小的场合，如接触器的辅助触点或继电器触点。桥式触点多为面接触，它允许通过较大的电流。这种触点一般在接触表面上镶有合金，以减小接触

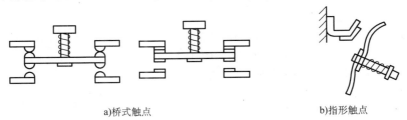

a) 桥式触点　　　　　　　　　　　　b) 指形触点

图 1-8　触点的结构形式

电阻并提高耐磨性，多用于大容量、大电流的场合（如交流接触器的主触点）。指形触点的接触形式为线接触，接触区域为一条直线，触点接通或分断时产生滚动摩擦，既可消除触点表面的氧化膜，又可缓冲触点闭合时的撞击，改善触点的电气性能。指形触点适用于接电次数多、电流大的场合。

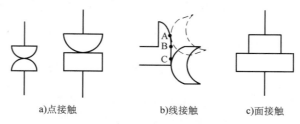

a)点接触 b)线接触 c)面接触

图1-9 触点的接触形式

2. 触点的分类

触点按其所控制的电路可分为主触点和辅助触点。主触点用于接通或断开主电路，允许通过较大的电流；辅助触点用于接通或断开控制电路，只能通过较小的电流。

触点又有常开触点和常闭触点之分。在无外力作用且线圈未通电时，触点间是断开状态的称为常开触点（即动合触点），反之称为常闭触点（即动断触点）。

1.2.3　灭弧系统

1. 电弧

在通电状态下，动、静触点脱离接触时，如果被开断电路的电流超过某一数值（根据触点材料的不同其值在 0.25～1A 间），开断后加在触点间隙（或称弧隙）两端的电压超过某一数值（根据触点材料的不同其值在 12～20V 间）时，则触点间隙中就会产生电弧。电弧实际上是触点间气体在强电场下产生的放电现象，产生高温并发出强光和火花。电弧的产生为电路中电磁能的释放提供了通路，在一定程度上可以减小电路开断时的冲击电压。但电弧的产生却使电路仍然保持导通状态，使得该断开的电路未能断开，延长了电路的分断时间；同时电弧产生的高温将烧损触点金属表面，降低电器的寿命，严重时会引起火灾或其他事故，因此应采取措施迅速熄灭电弧。

2. 常用的灭弧方法

欲使电弧熄灭，应设法拉长电弧，从而降低电场强度；或者利用电磁力使电弧在冷却介质中运动，以降低弧柱周围的温度；或者将电弧挤入由绝缘的栅片组成的窄缝中以冷却电弧；或者将电弧分成许多串联的短弧。在低压电器中，常用的灭弧方法和灭弧装置有电动力灭弧、栅片灭弧、灭弧罩、窄缝灭弧、磁吹灭弧等。

（1）电动力灭弧

桥式触点在分断时本身就具有电动力吹弧功能，不用任何附加装置，便可使电弧迅速熄灭。图1-10 为一种桥式结构双断口触点（所谓双断口就是在一个回路中有两个产生和断开电弧的间隙）。当触点打开时，在断口中产生电弧，电弧电流在断口中电弧周围产生图中以"⊕"表示的磁场（由右手定则确定，⊕表示磁通的方向是由纸外跑向纸面），在该磁场作用下，电弧受力为 F，其方向指向外侧（由左手定则确定），如图1-10 所示。在 F 的作用下，电弧向外运动并拉长、冷却而迅速熄灭。这种灭弧方法结构简单，无需专门的灭弧装置，一般多用于小功率电器中。其缺点：当电流较小时，电动力很小，灭弧效果较弱。但当配合栅片灭弧后，也可用于大功率的电器中。交流接触器常采用这种灭弧方法。

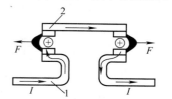

图1-10　双断口结构的电动力灭弧示意图

1—静触点　2—动触点

（2）栅片灭弧

栅片灭弧示意图如图 1-11 所示。当触点分开时，所产生的电弧在吹弧电动力的作用下被推向一组静止的金属片内。这组金属片称为栅片，由多片镀锌薄钢片组成，它们彼此间相互绝缘。灭弧栅片系导磁材料，它将使电弧上部的磁通通过灭弧栅片形成闭合回路。由于电弧的磁通上部稀疏、下部稠密，这种上疏下密的磁场分布将对电弧产生由下至上的电磁力，将电弧推入灭弧栅片中去。当电弧进入栅片后，被分割成一段段串联的短弧，而栅片就是这些短弧的电极，且交流电弧在电弧电流过零瞬间会使每两片灭弧栅片间出现 150～250V 的绝缘介电强度，使整个灭弧栅的绝缘强度大大加强，使得外加

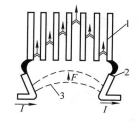

图 1-11 栅片灭弧示意图

1—灭弧栅片 2—触点 3—电弧

电压不足以维持电弧而迅速熄灭。此外，栅片还能吸收电弧热量，使电弧迅速冷却，这样当电弧进入栅片后就会很快熄灭。交流电器宜采用栅片灭弧。

（3）灭弧罩

比灭弧栅片更简单的灭弧装置是耐高温的灭弧罩，灭弧罩用石棉水泥板或陶土制成，用以降温和隔弧。它可用于交直流灭弧。

（4）窄缝灭弧

窄缝灭弧示意图如图 1-12 所示。它是利用灭弧罩的窄缝来实现的。这种灭弧方法多用于大容量接触器。

（5）磁吹灭弧

磁吹灭弧示意图如图 1-13 所示。在触点电路中串入一个吹弧线圈，吹弧线圈 1 由扁铜线弯成，中间装有铁心 3，它们之间由绝缘套筒 2 相隔。铁心两端装有两片导磁夹板 5，夹持在灭弧罩 6 的两边，动触点 7 和静触点 8 位于灭弧罩内，处在两片导磁夹板之间。图 1-13 表示动、静触点分断过程已经形成电弧（在图中用粗黑线表示）。由于吹弧线圈、主触点与电弧形成串联电路，因此流过触点的电流就是流过吹弧线圈的电流。当电流 I 的方向如图中箭头所示时，电弧电流在它的四周形成一个磁场，根据右手螺旋定则可以判定，电弧上方的磁场方向离开纸面，用"⊙"表示；电弧下方的磁场方向进入纸面，用"⊕"表示。在电弧周围还有一个由吹弧线圈中的电流所产生的磁场，根据右手螺旋定则可以判定这个磁场的方向是进入纸面的，用"×"表示。这两个磁通在电弧下方方向相同（叠加），在电弧上方方向相反（相减）。因此，电弧下方的磁场强于上方的磁场。在下方磁场作用下，电弧受电动力 F（F 的方向如图 1-13 所示）的作用被吹离触点，经引弧角 4 进入灭弧罩，并将热量传递给罩壁，使电弧冷却熄灭。

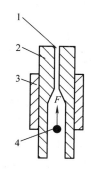

图 1-12 窄缝灭弧示意图

1—纵缝 2—介质 3—磁性夹板 4—电弧

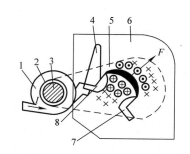

图 1-13 磁吹灭弧示意图

1—吹弧线圈 2—绝缘套筒 3—铁心 4—引弧角

5—导磁夹板 6—灭弧罩 7—动触点 8—静触点

磁吹灭弧利用电弧电流本身灭弧，因而电弧电流越大，吹弧能力也越强。磁吹力的方向与电流方向无关。磁吹灭弧广泛应用于直流接触器中。

1.3 接触器

接触器（Contactor）是一种用于频繁地接通或断开交直流主电路及大容量控制电路的自动切换电器。在功能上，接触器除能实现自动切换外，还具有手动开关所不能实现的远距离操作功能和失电压（或欠电压）保护功能。它不同于低压断路器，虽有一定的过载能力，但却不能切断短路电流，也不具备过载保护的功能。由于接触器结构紧凑、价格低廉、工作可靠、维护方便，因而用途十分广泛，是电力拖动自动控制系统中的重要元件之一。在 PLC 控制系统中，接触器常作为输出执行元件，用于控制电动机、电热设备、电焊机、电容器组等负载。

1.3.1 接触器的组成及工作原理

以电磁感应原理工作的接触器其结构组成与电磁式电器相同，一般也由电磁机构、触点系统、灭弧系统、复位弹簧机构或缓冲装置、支架与底座等几部分组成。接触器的电磁机构由电磁线圈、铁心、衔铁和复位弹簧几部分组成。

接触器的工作原理：当电磁线圈通电后，线圈电流在铁心中产生磁通，该磁通对衔铁产生克服复位弹簧反力的电磁吸力，使衔铁带动触点动作。触点动作时，常闭触点先断开，常开触点后闭合。当线圈中的电压值降低到某一数值（无论是正常控制还是欠电压、失电压故障，一般降至 85% 线圈额定电压）时，铁心中的磁通下降，电磁吸力减小，当减小到不足以克服复位弹簧的反力时，衔铁在复位弹簧的反力作用下复位，使主、辅触点的常开触点断开，常闭触点恢复闭合。这也是接触器的失电压保护功能。

1.3.2 接触器的分类

接触器的种类很多，按驱动方式不同可分为电磁式、永磁式、气动式和液压式，目前以电磁式应用最广泛。本书主要介绍电磁式接触器。

接触器按流过主触点电流性质的不同，可分为交流接触器和直流接触器。它们的电磁线圈电流种类既有与各自主触点电流相同的，也有不同的，如对于可靠性要求很高的交流接触器，其线圈可采用直流励磁方式。

1. 交流接触器

交流接触器用于控制额定电压至 660V 或 1140V、电流至 1000A 的交流电路，频繁地接通和分断控制交流电动机等电气设备电路，并可与热继电器或电子式保护装置组合成电动机起动器。

交流接触器采用直动式结构，触点灭弧系统位于上部，电磁系统位于下部，触点为双断点且由银合金制成。63A 及以上产品有六对辅助触点，三种组合。

（1）电磁机构

电磁机构由电磁线圈、铁心、衔铁和复位弹簧几部分组成。铁心一般用硅钢片叠压后铆成，以减少涡流与磁滞损耗，防止过热。电磁线圈绕在骨架上做成扁而厚的形状，与铁心隔离，这样有利于铁心和线圈的散热。其铁心形状有 U 形和 E 形两种。E 形铁心的中柱较短，铁心闭合时上下中柱间形成 0.1～0.2mm 的气隙，这样可减小剩磁，避免线圈断电后铁心粘连。交流接触器在铁心柱端面嵌有短路环。

（2）触点系统

交流接触器的触点一般由银钨合金制成，具有良好的导电性和耐高温烧蚀性。触点有主触点和辅助触点之分。主触点用以通断电流较大的主电路，一般由接触面较大的三对（三极）常开触点组成；辅助触点用以通断小电流控制电路，起电气联锁作用，一般由常开、常闭触点成对组成。主触点、辅助触点一般采用双断口桥式触点。电路的通断由主、辅触点共同完成。

（3）灭弧系统

一般 10A 以下的交流接触器常采用半封闭式陶土灭弧罩或相间隔弧板灭弧；10A 以上的接触器的灭弧装置，采用纵缝灭弧罩及栅片灭弧。辅助触点均不设灭弧装置，所以它不能用来分合大电流的主电路。

CJ40—63A 以上产品灭弧罩采用耐弧塑料和铁质栅片组成，一方面克服了陶土灭弧罩易碎的缺点，另一方面具有分断能力强、可靠性高的优点。

目前，交流接触器产品有德力西、正泰、西门子、施耐德、欧姆龙、ABB 等品牌产品，常用的型号有 CJ20、CJ40、CJX1、CJX2、西门子 3TF、施耐德 LC1—D 等系列。表 1-1 给出了 CJ40 系列交流接触器的主要技术参数。

表 1-1　CJ40 系列交流接触器的主要技术参数

产品型号	CJ40—63	CJ40—80	CJ40—100	CJ40—125	CJ40—160	CJ40—200	CJ40—250	CJ40—315	CJ40—400	CJ40—500	CJ40—630	CJ40—800	CJ40—1000
主触点数量	3												
额定绝缘电压/V	1140												
最大工作电压/V	660/1140												
约定发热电流/A	80		125			250			500			800	1000
AC—3 制额定工作电流/A　380V	63	80	100	125	160	200	250	315	400	500	630	800	1000
660V	63	63	80	80	125	125	125	315	315	315	500	500	500
1140V													400
AC—3 制控制电动机最大功率/kW　220V	18.5	22	30	37	45	55	75	90	110	150	200	250	360
380V	30	37	45	55	75	90	132	160	220	280	335	450	625
660V	55	55	75	75	110	110	110	300	300	300	475	475	475
1140V				55			110			220			600
AC—3 制额定负载时操作频率/(次/h)	1200							600			300		
机械寿命/万次	1000							600			300		
AC—3 电寿命/万次	120							60			30		
线圈功耗（起动/保持）/V·A	480/85.5					880/152			1710/250			3578/91.2	
选配熔断器型号	RT16—160			RT16—250		RT16—315			RT16—500		RT14—630	RT14—800	RT14—1250

此外，常用的永磁交流接触器国内成熟的产品型号有 CJ20J、NSFC1～5、NSFC12、NSFC19、CJ40J、NSFMR 等。永磁交流接触器是利用磁极的同性相斥、异性相吸的原理，用永磁驱动机构取代传统的电磁铁驱动机构而形成的一种微功耗接触器。

2. 直流接触器

直流接触器主要用于远距离接通和分断直流电路以及频繁地起动、停止、反转和反接制动直流电动机，也用于频繁地接通和断开起重电磁铁、电磁阀、离合器的电磁线圈等。其结构和工作原理与交流接触器基本相同。所不同的是，除了触点电流和线圈电压为直流外，其电磁机构多采用绕棱角转动的拍合式结构，其主触点大都采用线接触的指形触点，辅助触点则采用点接触的桥式触点。铁心用整块铸铁或铸钢制成，通常将线圈绕制成长而薄的圆筒状。由于铁心中磁通恒定，因此铁心端面上不需装设短路环。为了保证衔铁可靠地释放，常需在铁心与衔铁之间垫上非磁性垫片，以减小剩磁的影响。直流接触器常采用磁吹式灭弧装置。

常用的直流接触器有 CZ17、CZ18、CZ21、CZ22、ZJ 等系列。

1.3.3　接触器的主要技术参数

1. 额定电压

接触器铭牌上的额定电压是指主触点能承受的额定电压。通常用的电压等级：直流接触器有 110V、220V、440V、660V；交流接触器有 220V、380V、500V、660V 及 1140V。

2. 额定电流

接触器铭牌上的额定电流是指主触点的额定电流，即允许长期通过的最大电流。交、直流接触器均有 5A、10A、20A、40A、60A、100A、150A、250A、400A 和 600A 几个等级。

3. 电磁线圈的额定电压

电磁线圈的额定电压：交流 36V、110V、220V 和 380V；直流 24V、48V、110V、220V、440V。

4. 额定操作频率

额定操作频率以次/h 表示，即允许每小时接通的最多次数。根据型号和性能的不同而不同，交流线圈接触器最高操作频率为 600 次/h，直流线圈接触器最高操作频率为 1200 次/h。操作频率直接影响到接触器的使用寿命，还会影响到交流线圈接触器的线圈温升。

5. 电气寿命和机械寿命

电气寿命是在规定的正常工作条件下，接触器不需修理或更换的有载操作次数。机械寿命是指接触器在需要修理或更换机械零件前所能承受的无载操作次数。电气寿命和机械寿命以万次表示。正常使用情况下，接触器的电气寿命为 50～100 万次，机械寿命可达 500～1000 万次。

1.3.4　接触器的选择与使用

1. 接触器的类型选择

根据接触器所控制负载的轻重和负载电流的类型，来选择直流接触器或交流接触器。

2. 额定电压的选择

接触器的额定电压应大于或等于负载的额定电压。

3. 额定电流的选择

接触器的额定电流应大于或等于被控电路的额定电流。对于电动机负载，可按下列经验公式计算：

$$I_C = \frac{P_N \times 10^3}{KU_N} \tag{1-5}$$

式中，I_C 为接触器主触点电流，单位为 A；P_N 为电动机额定功率，单位为 kW；U_N 为电动机额定电压，单位为 V；K 为经验系数，一般取 1～1.4。

选用接触器的额定电流应大于等于 I_C。接触器如使用在电动机频繁起动、制动或正反转的场合，一般将接触器的额定电流降一个等级来使用。

4. 电磁线圈的额定电压选择

电磁线圈的额定电压应与所接控制电路的电压相一致。对简单控制电路可直接选用交流 380V、220V 电压，对电路复杂、使用电器较多者，应选用 110V 或更低的控制电压。

一般情况下，交流负载选用交流接触器，直流负载选用直流接触器，但对于频繁动作的交流负载应选用直流电磁线圈的交流接触器。按规定，在接触器线圈已经发热稳定时，加上 85% 的额定电压，衔铁应可靠地吸合。而如果工作中电压过低或消失，衔铁应可靠地释放。

5. 接触器的触点数量、种类选择

接触器的触点数量和种类应根据主电路和控制电路的要求选择。如辅助触点的数量不能满足要求时，可通过增加中间继电器的方法解决。

1.3.5 接触器的图形符号与文字符号

接触器的图形符号如图 1-14 所示，其文字符号为 KM。

a)线圈　　　　　　b)常开、常闭主触点　　　　　c)常开、常闭辅助触点

图 1-14 接触器的图形符号

1.4 继电器

继电器（Relay）是一种根据某种输入信号的变化来接通或断开控制电路，实现自动控制和保护的电器。其输入量可以是电压、电流等电气量，也可以是温度、时间、速度、压力等非电气量。

1.4.1 继电器的分类和特性

继电器的种类很多，其分类方法也很多，常用的分类方法如下：

按输入量的物理性质可分为电压继电器、电流继电器、功率继电器、时间继电器、速度继电器、温度继电器等。

按工作原理可分为电磁式继电器、感应式继电器、电动式继电器、热继电器、电子式继电器等。

按输出形式可分为有触点继电器、无触点继电器等。

按用途可分为电力拖动系统用控制继电器和电力系统用保护继电器。本书仅介绍用于电力拖动自动控制系统的控制继电器。

继电器一般由感测机构、中间机构和执行机构三部分组成。感测机构把感测到的电气量和非电气量传递给中间机构，将它与整定值进行比较，当达到整定值（过量或欠量）时，中间机构便使执行机构动作，从而接通或断开电路。无论继电器的输入量是电气量还是非电气量，继电器工作的最终目的都是控制触点的分断或闭合，从而控制电路的通断。从这一点来看，继电器与接触器的作用是相同的，但它与接触器又有区别，主要表现在以下两方面。

1）所控制的电路不同。继电器主要用于小电流（一般在 5A 以下）电路，其触点通常接在

控制电路中，反映控制信号，触点容量较小，也无主、辅触点之分，且无灭弧装置；而接触器用于控制电动机等大功率、大电流电路及主电路，一般有灭弧装置。

2）输入信号不同。继电器的输入信号可以是各种物理量，如电压、电流、时间、速度、压力等；而接触器的输入量只有电压。

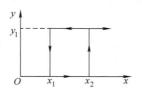

继电器的继电特性如图 1-15 所示。x_2 称为继电器的吸合值，欲使继电器动作，输入量必须大于或等于此值；x_1 称为继电器的释放值，欲使继电器释放，输入量必须小于或等于此值。$K = x_1/x_2$，称为继电器的返回系数，它是继电器的重要参数之一。不同场合对 K 值的要求不同，可根据需要进行调节，调节方法随着继电器结构不同而有所差异。一般继电器要求低返回系数，K 值应在 $0.1 \sim 0.4$ 之间，这样当继

图 1-15 继电特性曲线

电器吸合后，输入量波动较大时不致引起误动作。欠电压继电器则要求较高的返回系数，K 值应在 0.6 以上，如某继电器 $K = 0.66$，吸合电压为额定电压的 90%，则电压低于额定电压的 60% 时，继电器释放，起到欠电压保护的作用。

下面介绍常用的几种继电器。

1.4.2　电磁式继电器

电磁式继电器的结构和工作原理与电磁式接触器基本相同，也由铁心、衔铁、电磁线圈、复位弹簧和触点等部分组成。由于用在控制电路，接通和分断电流小，一般无需灭弧装置，也没有主、辅触点之分。其典型结构如图 1-16 所示。

常用的电磁式继电器可分为电流继电器、电压继电器和中间继电器。

1. 电流继电器

电流继电器的输入信号为电流，其线圈与被测电路串联，以反应电路中电流的变化而动作。为降低负载效应和对被测量电路参数的影响，其线圈匝数少、导线粗、阻抗小。电流继电器常用于按电流原则控制的场合，如电动机的过载及短路保护、直流电动机失磁保护等。电流继电器有欠电流继电器和过电流继电器两种。

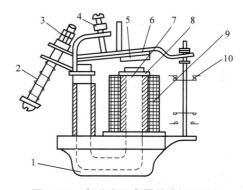

图 1-16 电磁式继电器的典型结构

1—底座　2—反力弹簧　3、4—调节螺钉　5—非磁性垫片　6—衔铁　7—铁心　8—极靴　9—电磁线圈　10—触点系统

欠电流继电器在正常工作时衔铁吸合，其常开触点闭合、常闭触点断开。当电流降到某一数值（一般为额定电流的 $20\% \sim 30\%$）时衔铁释放，触点复位，即常开触点断开、常闭触点闭合，实现欠电流保护或控制作用。过电流继电器在正常工作时不动作，而当电流超过某一整定值时，衔铁吸合，同时带动触点动作，实现过电流保护作用。

2. 电压继电器

电压继电器的线圈与被测电路并联，其线圈匝数多而导线细。

根据动作电压的不同，电压继电器分为过电压继电器、欠电压继电器和零电压继电器。过电压继电器在线圈电压正常时衔铁不产生吸合动作，而在发生过电压（$1.05 \sim 1.2U_N$）故障时衔铁吸合；欠电压继电器在线圈电压正常时衔铁吸合，而发生欠电压（$0.4 \sim 0.7U_N$）时衔铁释放；零电压继电器在线圈电压降到 $0.05 \sim 0.25U_N$ 以下时动作。它们分别用作过电压、欠电压和零电压保护。

3. 中间继电器

中间继电器实质是一种电压继电器。它的特点是触点数量较多，触点容量较大（额定电流

为5~10A），且动作灵敏。其主要用途：当其他继电器的触点数量或触点容量不够时，可借助中间继电器来扩大触点数量或触点容量，起到中间转换的作用。中间继电器也有交流、直流之分，可分别用于交流控制电路和直流控制电路。

4. 电磁式继电器的选用

电磁式继电器选用时主要根据保护或控制对象的要求，考虑触点的数量、种类、返回系数以及控制电路的电压、电流、负载性质等来选择。选用时要注意线圈电压的种类和电压等级应与控制电路一致。

电磁式继电器在运行前，须将它的吸合值和释放值调整到控制系统所要求的范围内，一般可通过调整复位弹簧的松紧程度和改变非磁性垫片的厚度来实现。在 PLC 控制系统中，电压继电器、中间继电器常作为输出执行元件。

5. 电磁式继电器的图形符号与文字符号

电磁式继电器的图形符号如图1-17所示。电流继电器的文字符号为 KI，电压继电器的文字符号为 KV，而中间继电器的文字符号为 KA。

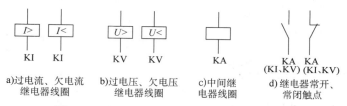

a)过电流、欠电流　　b)过电压、欠电压　　c)中间继　　d)继电器常开、
　继电器线圈　　　　　继电器线圈　　　　电器线圈　　　常闭触点

图1-17　电磁式继电器的图形符号及文字符号

1.4.3　时间继电器

凡在感测元件获得信号后，其执行元件（触点）要经过一个预先设定的延时后才输出信号的继电器称为时间继电器（Time Relay）。这里指的延时区别于一般电磁式继电器从线圈得电到触点闭合的固有动作时间。

时间继电器常用于按时间原则进行控制的场合。其种类很多，按动作原理可分为直流电磁式、空气阻尼式、电动式和电子式等时间继电器。直流电磁式时间继电器延时时间短（0.3~1.6s），但它的结构比较简单，通常用在断电延时场合。直流电磁式、电动式、空气阻尼式时间继电器在早期的机电控制系统中普遍采用，但定时准确度低、故障率高。随着电子技术的飞速发展，电子式时间继电器以其性能好、功能强得到了广泛应用。

根据延时方式的不同，时间继电器可分为通电延时继电器和断电延时继电器。通电延时继电器接收输入信号后，延迟一定的时间后输出信号才发生变化，而当输入信号消失后，输出信号瞬时复位；断电延时继电器接收输入信号后，瞬时产生输出信号，而当输入信号消失后，延迟一定的时间后输出信号才复位。

1. 空气阻尼式时间继电器

空气阻尼式时间继电器又称气囊式时间继电器，它是利用空气通过小孔时产生阻尼的原理获得延时的。它由电磁机构、延时机构和触点系统三部分构成。电磁机构为双 E 直动型，延时机构采用气囊式阻尼器，触点系统借用 LX5 型微动开关。

空气阻尼式时间继电器的电磁机构可以是直流的或是交流的，它既可做成通电延时型，也可做成断电延时型。国产 JS7—A 型时间继电器只要改变其电磁机构的安装方向，便可实现不同的延时方式。当衔铁位于铁心和延时机构之间时为通电延时型，如图1-18a 所示；当铁心位于衔铁和延时机构之间时为断电延时型，如图1-18b 所示。下面以通电延时型为例介绍其工作原理。

在图 1-18a 中，当线圈 1 通电后，衔铁 3 被铁心 2 吸合而向上运动，活塞杆 6 在塔形弹簧 8 的作用下，带动活塞 12 及橡皮膜 10 向上移动。由于橡皮膜 10 下方的空气较稀薄形成负压，活塞杆 6 只能缓慢上移，其移动速度决定了延时的长短。移动速度由进气孔 14 的大小来定，可通过调节螺杆 13 来调整。进气孔大，移动速度快，延时短；进气孔小，移动速度慢，延时长。在活塞杆 6 向上移动过程中，杠杆 7 随之作反时针旋转。当活塞杆 6 移到与已吸合的衔铁接触时停止移动，同时，杠杆 7 压动微动开关 15，使其常闭触点打开、常开触点闭合，起到通电延时的作用（即线圈通电后触点延时动作）。延时时间为线圈通电到微动开关触点动作之间的时间间隔。

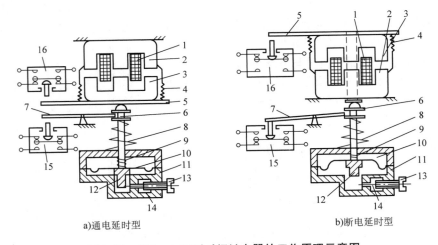

a)通电延时型　　　　　　　　　　b)断电延时型

图 1-18　JS7—A 系列时间继电器的工作原理示意图
1—线圈　2—铁心　3—衔铁　4—反力弹簧　5—推板　6—活塞杆　7—杠杆
8—塔形弹簧　9—弱弹簧　10—橡皮膜　11—空气室壁　12—活塞
13—调节螺杆　14—进气孔　15、16—微动开关

而当线圈 1 断电后，电磁吸力消失，衔铁 3 在反力弹簧 4 的作用下释放，并通过活塞杆 6 带动活塞 12 和橡皮膜 10 向下移动，并压缩塔形弹簧 8，这时橡皮膜 10 下方气室内的空气通过橡皮膜 10、弱弹簧 9 和活塞 12 的肩部所形成的单向阀，迅速从橡皮膜 10 上方的气室缝隙中排出，使得杠杆 7 和微动开关 15 能迅速复位。

线圈 1 通电和断电时，微动开关 16 在推板 5 的作用下都能瞬时动作，它是时间继电器的瞬动触点。

空气阻尼式时间继电器的特点：延时范围可达 0.4～180s、结构简单、电磁干扰小、寿命长、价格低。但其延时误差大（±10%～±20%），无调节刻度指示，难以精确整定延时值，对延时准确度要求较高的场合，不宜使用。

空气阻尼式时间继电器的主要技术参数有线圈额定电压、触点数量及延时范围等，可根据需要选用。

2. 电动式时间继电器

电动式时间继电器由微型同步电动机拖动减速齿轮获得延时。它延时范围宽（如 JS11 系列可在 0～72h 范围内调整），延时整定偏差和重复偏差小，延时值不受电源电压波动及环境温度变化的影响。但其结构复杂、价格高、寿命短，不宜频繁操作，延时误差受电源频率影响。

3. 电子式时间继电器

电子式时间继电器采用晶体管或大规模集成电路和电子元器件构成。按延时原理划分，电子式时间继电器可分为阻容充电延时型和数字电路型。阻容充电延时型是利用 RC 电路电容器充电时，电容电压不能突变，只能按指数规律逐渐变化的原理来获得延时的。因此，只要改变 RC 充电回路的时间常数（改变电阻值），即可改变延时时间。按输出形式划分，电子式时间继电器可分为有触点式和无触点式。有触点式是用晶体管驱动小型电磁式继电器，而无触点式是采用晶闸管等电力电子开关输出。

电子式时间继电器除了执行继电器外，均由电子元器件组成，没有机械部件，因而具有延时准确度高、延时范围大、体积小、调节方便、控制功率小、耐冲击、耐振动、寿命长等优点，因此应用非常广泛。

目前带数字显示的时间继电器应用广泛，主要有 JS11S 系列、JS14S 系列和 DH48S 系列产品，可以取代阻容式、空气阻尼式、电动式时间继电器。

4. 时间继电器的选用

选用时间继电器时，首先应考虑满足控制系统所提出的控制要求，并根据对延时方式的要求选用通电延时型或断电延时型。当延时要求不高和延时时间较短时，可选用价格相对较低的空气阻尼式时间继电器；当要求延时准确度较高和延时时间较长时，可选用晶体管式或数字式时间继电器。在电源电压波动大的场合，可选用空气阻尼式或电动式时间继电器；而在环境温度变化较大处，则不宜选用空气阻尼式和晶体管式时间继电器。总之，选用时除了考虑延时类型、延时范围、准确度等条件外，还要考虑控制系统对可靠性、经济性、工艺安装尺寸等的要求。

5. 时间继电器的图形符号与文字符号

时间继电器的图形符号如图 1-19 所示，其文字符号为 KT。

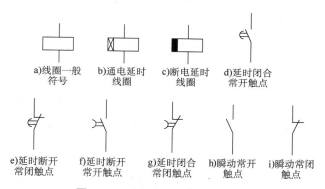

a)线圈一般 符号　　b)通电延时 线圈　　c)断电延时 线圈　　d)延时闭合 常开触点

e)延时断开 常闭触点　　f)延时断开 常开触点　　g)延时闭合 常闭触点　　h)瞬动常开 触点　　i)瞬动常闭 触点

图 1-19　时间继电器的图形符号

1.4.4　热继电器

热继电器（Thermal Relay）利用电流的热效应原理和发热元件的热膨胀原理，在出现电动机不能承受的过载时，断开电动机控制电路，实现电动机的断电停车，主要用于电动机的过载保护、断相保护及电流不平衡运行的保护。热继电器还常和交流接触器配合组成电磁起动器，广泛用于三相异步电动机的长期过载保护。

双金属片式热继电器由于结构简单、体积较小、成本较低，应用广泛。由于热继电器中发热元件具有热惯性，因此它不同于过电流继电器和熔断器，不能用作瞬时过载保护，更不能用作短路保护。

热继电器按拥有热元件的极数分，有两相结构和三相结构两种类型。两相结构的热继电器使用时将两只热元件分别串接在任两相电路中，三相结构的热继电器使用时将三只热元件分别串接在三相电路中。三相结构中有三相带断相保护和不带断相保护两种。

按复位方式分，有自动复位（触点断开后能自动返回到原来位置）和手动复位两种。

按电流调节方式分，有无电流调节和电流调节（借更换热元件来改变整定电流）两种。

按控制触点分，有带常闭触点（触点动作前是闭合的）、带常闭和常开触点两种。

1. 热继电器的构成和工作原理

热继电器主要由热元件、双金属片、触点、复位弹簧和电流调节装置等部分组成。图 1-20 为热继电器的工作原理示意图。双金属片是热继电器的感测元件，它由两种不同线膨胀系数的金属用机械碾压而成。线膨胀系数大的称为主动层，常用线膨胀系数高的铜或铜镍铬合金制成；线膨胀系数小的称为被动层，常用线膨胀系数低的铁镍合金制成。在加热之前，双金属片长度基本一致，热元件串接在电动机定子绕组电路中，反映电动机定子绕组电流。当电动机正常运行时，热元件产生的热量虽能使双

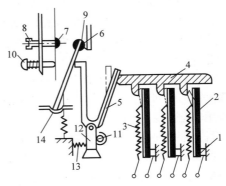

图 1-20　热继电器的工作原理示意图

1—接线端子　2—双金属片　3—热元件　4—导板
5—补偿双金属片　6、9—常闭触点　7—常开触点
8—复位螺钉　10—按钮　11—调节旋钮　12—支
撑件　13—压簧转动偏心轮　14—推杆

金属片 2 弯曲，但还不足以使热继电器动作；当电动机过载时，流过热元件的电流增大，热元件产生的热量增加，使双金属片弯曲位移增大，经过一定时间后，双金属片弯曲到推动导板 4，并通过补偿双金属片 5 与推杆 14 将触点 9 与 6 分开，切断电动机的控制电路，使主电路停止工作。

调节旋钮 11 是一个偏心轮，它与支撑件 12 构成一个杠杆，转动偏心轮，改变它的半径即可改变补偿双金属片 5 与导板 4 的接触距离，达到调节整定动作电流的目的。通过调节复位螺钉 8 可改变常开触点 7 的位置，使热继电器工作在手动复位和自动复位两种工作状态。调试手动复位时，在故障排除后要按下按钮 10 才能使常闭触点恢复到接触位置。

2. 带断相保护的热继电器

对于电动机绕组是星形联结的过载保护，采用普通的两相或三相热继电器即可。对于三角形联结的电动机，必须采用带断相保护的热继电器。

带断相保护的热继电器是在普通热继电器的基础上增加了一个差动机构，对三相电流进行比较。如图 1-21 所示，热继电器的导板改为差动机构，由上导板 1、下导板 2 及杠杆 5 组成，它们之间都用转轴连接。图 1-21a 为通电前的位置；图 1-21b 为三相热元件均流过额定电流时的情况，此时三相双金属片受热相同，同时向左弯曲，上下导板一起平行左移一小段距离，但不足以使常闭触点断开，电路继续保持通电状态；图 1-21c 为三相均匀过载的情况，此时三相双金属片都因受热向左弯曲，推动上下导板向左移动的距离较大，经过杠杆 5 使常闭触点立即断开，从而切断控制电路，实现过载保护；图 1-21d 为电动机发生一相断线故障（图中是右边的一相）的情况，此时该相双金属片逐渐冷却，向右移动，带动上导板右移，而其余两相双金属片因继续受热而左移，并使下导板继续左移，这样上下导板产生差动，通过杠杆的放大作用使常闭触点断开，由于差动作用，使热继电

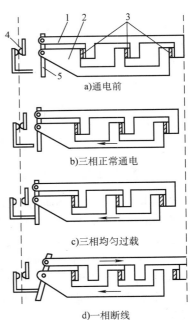

a) 通电前

b) 三相正常通电

c) 三相均匀过载

d) 一相断线

图 1-21　带断相保护的热继电器
结构示意图

1—上导板　2—下导板　3—双金属片
4—常闭触点　5—杠杆

器在断相故障时加速动作，切断主电路，实现电动机断相保护。

3. 热继电器的保护特性与电动机的过载特性

电动机在不超过允许温升的条件下，电动机的过载电流与通电时间的关系，称为电动机的过载特性。一般在保证绕组正常使用寿命的条件下，电动机具有反时限的允许过载特性。为了适应电动机的过载特性而又起到过载保护作用，要求热继电器也应具有如同电动机过载特性那样的反时限特性。热继电器中通过的过载电流与其触点动作时间之间的关系，称为热继电器的保护特性，如图1-22 中曲线 2 所示，其位置应居于电动机的允许过载特性（图中的曲线 1）邻近下方。注意：电动机的过载特性和热继电器的保护特性不是一条曲线，而是具有一定宽度的区域带。合理调整它与电动机的允许过载特性曲线之间的关系，就能保证电动机在发挥最大效率的同时安全工作。

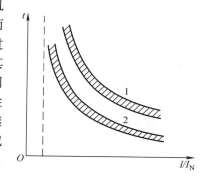

图 1-22　热继电器保护特性与
电动机过载特性的配合
1—电动机的过载特性曲线
2—热继电器的保护特性曲线

4. 热继电器的主要技术参数

热继电器的主要技术参数有额定电压、额定电流、热元件编号、整定电流调整范围、相数等。整定电流是指长期通过发热元件而不致使热继电器动作的最大电流。热继电器的额定电流只是其某一个等级的额定工作电流，既不是热元件的额定电流，更不是其触点的额定电流。通常，每一个等级配有若干个热元件，在选用热继电器时，应根据保护对象的额定电流来选择热元件的编号。

热继电器有独立安装式（通过螺钉固定）、导轨安装式和接插安装式三种。接插安装式热继电器和相应的接触器配套使用，使用时直接插入接触器的出线端，省掉了导线的连接。

常用的热继电器有 JR20、JR36、JR16、NR4 系列产品。表 1-2 列出了 JR20 系列热继电器的主要技术参数供参考。JR20 系列双金属片式热过载继电器除具有过载及断相保护功能外，还具有温度补偿、手动及自动复位、动作指示、断开检验按钮等功能。其电流等级和 CJ20 系列交流接触器的电流等级相一致，特别适合和 CJ20 系列交流接触器配合使用，组成低压电动机起动器。

表 1-2　JR20 系列热继电器的主要技术参数

型　号	额定电流/A	热元件号	热元件额定电流/A	热元件整定电流调节范围/A	相配的交流接触器
JR20—10	10	1R	0.15	0.1 ~ 0.13 ~ 0.15	CJ20—10
		2R	0.25	0.15 ~ 0.19 ~ 0.23	
		3R	0.35	0.23 ~ 0.29 ~ 0.35	
		4R	0.53	0.35 ~ 0.44 ~ 0.53	
		5R	0.8	0.53 ~ 0.67 ~ 0.8	
		6R	1.2	0.8 ~ 1 ~ 1.2	
		7R	1.8	1.2 ~ 1.5 ~ 1.8	
		8R	2.6	1.8 ~ 2.2 ~ 2.6	
		9R	3.8	2.6 ~ 3.2 ~ 3.8	
		10R	4.8	3.2 ~ 4 ~ 4.8	
		11R	6	4 ~ 5 ~ 6	
		12R	7	5 ~ 6 ~ 7	
		13R	8.4	6 ~ 7.2 ~ 8.4	
		14R	10	7.2 ~ 8.6 ~ 10	
		15R	11.6	8.6 ~ 10 ~ 11.6	

（续）

型　　号	额定电流/A	热元件号	热元件额定电流/A	热元件整定电流调节范围/A	相配的交流接触器
JR20—16	16	1S	5.4	3.6～4.5～5.4	CJ20—16
		2S	8	5.4～6.7～8	
		3S	12	8～10～12	
		4S	14	10～12～14	
		5S	16	12～15～16	
		6S	18	14～16～18	
JR20—25	25	1T	11.6	7.8～9.7～11.6	CJ20—25
		2T	17	11.6～14.3～17	
		3T	25	17～21～25	
		4T	29	21～25～29	
JR20—63	63	1U	24	16～20～24	CJ20—40/63
		2U	36	24～30～36	
		3U	47	32～40～47	
		4U	55	40～47～55	
		5U	62	47～55～62	
		6U	71	55～63～71	
JR20—160	160	1W	47	33～40～47	CJ20—100/160
		2W	63	47～55～63	
		3W	84	63～74～84	
		4W	98	74～86～98	
		5W	115	85～100～115	
		6W	130	100～115～130	
		7W	150	115～132～150	
		8W	170	130～150～170	
		9W	176	144～160～176	
JR20—250	250	1X	95	135～160～95	CJ20—160/250
		2X	250	167～200～250	
JR20—400	400	1Y	300	200～250～300	CJ20—250/400
		2Y	400	267～335～400	
JR20—600	600	1Z	480	320～400～480	CJ20—400/600
		2Z	630	420～525～630	

5. 热继电器的选用

热继电器主要用于电动机的过载保护，选用时必须考虑电动机的工作环境、起动情况、负载性质、允许过载能力等因素，具体应按以下几个方面来选择。

1）星形联结的电动机可选用两相或三相结构的热继电器；三角形联结的电动机应选用带断相保护的三相结构热继电器。

2）在长期工作或间断长期工作制下，按电动机的额定电流来确定热继电器的型号及热元件的额定电流等级。热元件的额定电流 I_{RT} 应接近或略大于电动机的额定电流 I_N，即

$$I_{RT} = (0.95 \sim 1.05) I_N \tag{1-6}$$

对于工作环境恶劣、起动频繁的电动机，热元件的额定电流则为

$$I_{RT} = (1.15 \sim 1.5) I_N \tag{1-7}$$

3）在不频繁起动的场合，要保证热继电器在电动机起动过程中不产生误动作。通常，当电动机起动电流为其额定电流的 6 倍且起动时间不超过 6s 时，热继电器的额定电流应大于或至少等于被保护电动机的额定电流。若电动机的起动时间较长（超过 5s），热元件的额定电流可调节到电动机额定电流的 1.1～1.5 倍。

4）对于正反转和通断频繁的特殊工作制电动机，不宜采用热继电器作为过载保护装置，必要时可选用埋入电动机绕组的温度继电器或热敏电阻来保护。

6. 热继电器的图形符号与文字符号

热继电器的图形符号如图 1-23 所示，其文字符号为 FR。

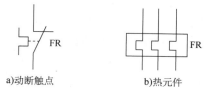

a) 动断触点 b) 热元件

图 1-23 热继电器的图形符号及文字符号

1.4.5 速度继电器

速度继电器利用速度大小为信号与接触器配合，实现三相笼型异步电动机的反接制动控制，因此亦称为反接制动继电器。

感应式速度继电器主要由转子、定子和触点三部分组成，其原理结构图如图 1-24 所示。转子是一个圆柱形永久磁铁，其轴与被控制电动机的轴相连接。定子是一个由硅钢片叠成的笼型空心圆环，并装有笼型绕组。定子空套在转子上，能独自偏摆。

当电动机转动时，速度继电器的转子随之转动，这样就在速度继电器的转子和定子圆环之间的气隙中产生旋转磁场而感应出电动势，并产生电流，此电流与旋转的转子磁场作用产生转矩，使定子随转子转动方向偏转一定角度。转子转速越高，定子偏转角度越大。当偏转到一定角度时，与定子连接的摆锤推动动触点，使常闭触点分断。当电动机转速进一步升高后，摆锤继续偏摆，使动触点与静触点的常开触点闭合。当电动机转速下降时，摆锤偏转角度随之下降，动触点在簧片作用下复位（常开触点打开、常闭触点闭合）。

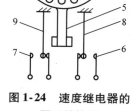

图 1-24 速度继电器的原理结构图

1—转轴 2—转子 3—定子 4—绕组 5—摆锤 6、7—静触点 8、9—簧片

一般速度继电器的动作速度为 120r/min，触点的复位速度在 100r/min 以下，转速在 3000～3600r/min 内能可靠地工作，允许操作频率每小时不超过 30 次。

常用的感应式速度继电器有 JY1 型和 JFZ0 型。其中，JY1 型可在 700～3600r/min 范围内工作；JFZ0—1 型适用于 300～1000r/min，JFZ0—2 型适用于 1000～3600r/min。

速度继电器主要根据电动机的额定转速来选择。使用时，速度继电器的转轴应与电动机同轴连接，安装接线时，正反向的触点不能接错，否则不能起到反接制动时接通和分断反向电源的作用。

一般速度继电器都有两个常开、常闭触点，触点的额定电压为 380V、额定电流为 2A。速度继电器的文字符号为 KS，图形、文字符号如图 1-25 所示。

a) 转子 b) 常开触点 c) 常闭触点

图 1-25 速度继电器的图形符号及文字符号

1.4.6 固态继电器

固态继电器（Solid State Relay，SSR）是一种采用固态半导体元器件组装而成的具有继电特性的无机械触点开关器件。它利用电子元器件的电、磁和光特性来实现输入与输出的可靠隔离，利用大功率晶体管、功率场效应晶体管、单向晶闸管和双向晶闸管等器件的开关特性，实现无触点、无火花的接通和断开电路。固态继电器与电磁式继电器相比，不含运动部件，没有机械运动，驱动电压或驱动电流很小，输入一个很小的信号，就可以实现输出通、断控制。固态继电器具有工作可靠、寿命长、能与逻辑电路兼容、抗干扰能力强、开关速度快和使用方便等一系列优点，在自动控制系统中得到了广泛应用。

1. 固态继电器的分类

单相 SSR 为四端有源器件，其中两个为输入端，两个为输出端，中间采用隔离器件，实现输入与输出的电隔离。固态继电器种类很多，可按以下几种方式分类。

1）按切换负载性质分，有直流型固态继电器（DC-SSR）和交流型固态继电器（AC-SSR）两种。其中，DC-SSR 以晶体管作为开关器件，AC-SSR 以晶闸管作为开关器件。

2）按输入与输出之间的隔离方式分，有光电隔离型、磁隔离型和混合型三种，其中以光电隔离型为最多。

3）AC-SSR 按控制触发信号不同，可分为过零触发型和随即导通型两种。过零触发型 AC-SSR 是当控制信号输入后，在交流电源经过零电压附近时导通，故干扰很小；随即导通型 AC-SSR 则在交流电源的任一相位上导通或关断，因此在导通瞬间可能产生较大的干扰。

2. 固态继电器的工作原理

固态继电器由输入电路、隔离（耦合）电路和输出电路等部分组成，其工作原理框图如图 1-26 所示。其中，A、B 两个端子为输入控制端，C、D 两个端子为输出受控端。工作时只要在 A、B 上加上一定的控制信号，就可以控制 C、D 两端之间的"通"和"断"，实现"开关"的功能。为实现输入与输出之间的电气隔离，采用了耐高压的专业光耦合器。按输入电压的不同类别，输入电路可分为直流输入电路、交流输入电路和交直流输入电路三种。输出电路也可分为直流输出电路、交流输出电路和交直流输出电路等形式。交流输出时，通常使用两个晶闸管或一个双向晶闸管；直流输出时，可使用晶体管或功率场效应晶体管。

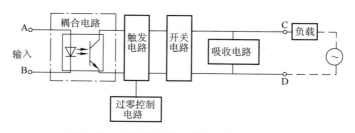

图 1-26　交流固态继电器的工作原理框图

图 1-26 中触发电路的功能是产生符合要求的触发信号，驱动开关电路工作，但由于开关电路在不加特殊控制电路时，将产生射频干扰并以高次谐波或尖峰等污染电网，为此特设过零控制电路。所谓"过零"是指，当加入控制信号，交流电压过零时，SSR 即为通态；而当断开控制信号后，要等待到交流电的正半周与负半周的交界点（零电位）时，SSR 才为断态。这种设计能防止高次谐波的干扰。吸收电路是为防止从电源中传来的尖峰、浪涌电压对双向晶闸管的冲击和干扰（甚至误动作）而设计的，交流负载的吸收电路一般采用 RC 串联吸收电路或非线性电阻（如压敏电阻器）。

直流型 SSR 与交流型 SSR 相比，无过零控制电路，也不必设置吸收电路，开关器件一般用大功率晶体管，其他工作原理相同。直流型 SSR 在使用时应注意以下几点：

1）负载为感性负载时，如直流电磁阀或电磁铁，应在负载两端并联一只二极管，极性如图1-27所示。二极管的电流应等于工作电流，电压应大于工作电压的 4 倍。

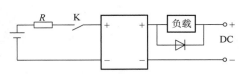

图1-27 直流固态继电器负载并联二极管图

2）SSR 工作时应尽量把它靠近负载，其输出引线应满足负载电流的需要。

3）使用电源属于经交流降压整流所得的，其滤波电解电容应足够大。

3. 固态继电器的选用

SSR 的不足之处是关断后有漏电流，另外，在过载能力方面不如电磁式继电器。其主要参数：输入参数包括输入信号电压、输入电流限制、输入阻抗；输出参数包括标称电压和标称电流、断态漏电流、导通电压等。选用时应注意以下几点：

1）固态继电器的选择应根据负载的类型（交流、直流）来确定，并要采用有效的过电压保护。

2）输出端要采用 RC 浪涌吸收电路或非线性压敏电阻吸收瞬变电压。

3）过电流保护应采用专门保护半导体器件的熔断器或动作时间小于 10ms 的低压断路器。

4）固态继电器对温度的敏感性很强，工作温度超过标称值后，必须降温或外加散热器。安装时应注意散热器与固态继电器底部，要求接触良好且对地绝缘。一般额定工作电流在 10A 以上的产品应配散热器，100A 以上的产品应配散热器加风扇强冷。

5）切忌负载侧两端短路，以免固态继电器损坏。

6）在低电压要求信号失真小的场合，可选用场效应晶体管作输出器件的直流固态继电器；对交流阻性负载和多数感性负载，可选用过零触发型固态继电器，这样可延长负载和继电器的寿命，也可减小自身的射频干扰；在作为相位输出控制时，应选用随即导通型固态继电器。

7）在安装使用时，应远离电磁干扰和射频干扰源，以防固态继电器误动失控。

1.5 主令电器

主令电器（Electric Command Device）是自动控制系统中用于发出指令或信号的电器。主令电器用于控制电路，不能直接分合主电路。

主令电器应用广泛、种类繁多。常用的主令电器有控制按钮、行程开关、接近开关、万能转换开关、主令控制器及其他主令电器（如脚踏开关、钮子开关、紧急开关）等。

1.5.1 控制按钮

控制按钮（Push Button）是一种结构简单、控制方便、应用广泛的主令电器。在低压控制电路中，按钮用于手动发出控制信号，短时接通和断开小电流的控制电路。在 PLC 控制系统中，按钮也常作为 PLC 的输入信号元件。

1. 按钮的组成和种类

按钮由按钮帽、复位弹簧、桥式动静触点和外壳等组成，其外形和结构如图1-28 所示。按钮常做成复合式，即同时具有一对常开触点（动合触点）和常闭触点（动断触点）。按下按钮帽时常闭触点先断开，然后常开触点闭合（即先断后合）。触点的额定电流一般在 5A 以下。去掉外力后，在复位弹簧的作用下，常开触点断开，常闭触点复位。

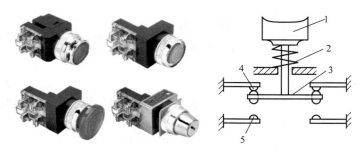

a)外形   b)结构

图 1-28　按钮的外形与结构

1—按钮帽　2—复位弹簧　3—动触点　4—常闭静触点　5—常开静触点

控制按钮的结构种类很多，可分为普通揿钮式、蘑菇头式、自锁式、自复位式、旋钮式、带指示灯式及钥匙式等。有单钮、双钮、三钮及不同组合形式，一般是采用积木式结构。旋钮式和钥匙式的按钮也称为选择开关，有双位选择开关和多位选择开关之分。选择开关和一般按钮的区别在于选择开关不能自动复位。

为了标明各个按钮的作用，避免误操作，通常将按钮帽做成红、绿、黑、黄、白等颜色，以示区别。一般红色表示停止按钮，绿色表示起动按钮，红色蘑菇头的表示急停按钮。

2. 按钮的技术参数和选用

按钮的主要技术参数有外观形式及安装孔尺寸、触点数量及触点的电流容量等。其常用产品有 LAY3、LAY6、LA20、LA25、LA38、LA101、LA115 等系列。

选用时根据用途和使用场合，选择合适的形式和种类，形式如钥匙式、紧急式、带灯式等，种类如开启式、防水式等；根据控制电路的需要，选择所需要的触点对数、是否需要带指示灯以及颜色等。其额定电压有交流 500V、直流 400V，额定电流为 5A。

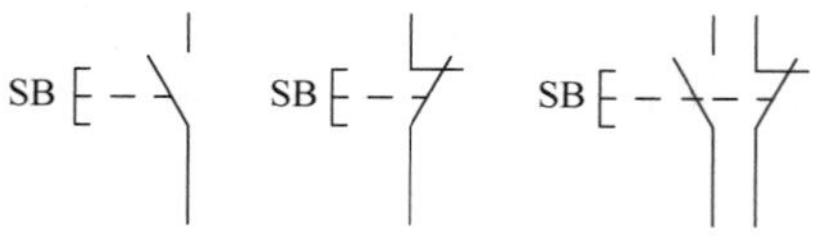

a)常开按钮　b)常闭按钮　c)复合按钮

图 1-29　按钮的图形符号

3. 按钮的图形符号与文字符号

按钮的文字符号为 SB，图形符号如图 1-29 所示。

1.5.2　行程开关

行程开关（Travel Switch）又称限位开关或位置开关，是一种利用生产机械某些运动部件的撞击来发出控制信号的小电流（5A 以下）主令电器。它用来限制生产机械运动的位置或行程，使运动的机械按一定位置或行程自动停止、反向运动、变速运动或自动往返运动等。

行程开关的种类很多，按头部结构分为直动式、滚轮直动式、杠杆式、单轮式、双轮式、滚轮摆杆可调式、弹簧杆式等；按动作方式分为瞬动型和蠕动型。

直动式行程开关的作用与按钮相同，也是用来接通或断开控制电路。只是行程开关触点的动作不是靠手动操作，而是利用生产机械某些运动部件的碰撞使触点动作，从而将机械信号转换为电信号，通过控制其他电器来控制运动部件的行程大小、运动方向或进行限位保护。

行程开关由触点或微动开关、操作机构及外壳等部分组成，当生产机械某些运动部件触动操作机构时，触点动作。为了使触点在生产机械缓慢运动时仍能快速动作，通常将触点设计成跳跃式的瞬动结构，其运动示意图如图 1-30 所示。触点断开与闭合的速度不取决于推杆的行进速度，而由弹簧的刚度和结构所决定。触点的复位由复位弹簧来完成。

滚轮式行程开关通过滚轮和杠杆的结构，来推动类似于微动开关中的瞬动触点机构而动作。当运动的机械部件压动滚轮到一定位置时，使得杠杆平衡点发生转变，从而迅速推动活动触点，实现触点瞬间切换，触点的分合速度不受运动机械移动速度的影响。其他各种结构的行程开关，只是传感部件的机构和工作方式不同，而触点的动作原理都是类似的。

行程开关的文字符号为 SQ，图形符号如图 1-31 所示。

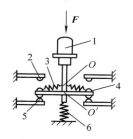

图1-30　行程开关的触点结构示意图
1—推杆　2—动合静触点　3—触点弹簧
4—动触点　5—动断静触点　6—复位弹簧

a)常开触点　b)常闭触点　c)复合触点

图 1-31　行程开关的图形符号

1.5.3　接近开关

接近开关（Proximity Switch）是一种非接触式的、无触点行程开关。当某一物体接近其信号机构时，它就能发出信号，从而进行相应的操作，而且不论所检测的物体是运动的还是静止的，接近开关都会自动地发出物体接近的动作信号。它不像机械行程开关那样需要施加机械力，而是通过感应头与被测物体间介质能量的变化来获取信号的。

1. 接近开关的作用和工作原理

接近开关不仅能代替有触点行程开关来完成行程控制和限位保护，还可用于高频计数、测速、液面检测、检测零件尺寸、检测金属体的存在等。由于它具有无机械磨损、工作稳定可靠、寿命长、重复定位精度高以及能适应恶劣的工作环境等特点，所以在航空航天、工业生产、公共服务（如银行、宾馆的自动门等）等领域得到了广泛应用。

接近开关按其工作原理可分为涡流式、电容式、光电式、热释电式、霍尔效应式和超声波式等。涡流式接近开关的工作原理框图如图 1-32 所示。它是利用导电物体在接近高频振荡器的线圈磁场（感应头）时，使物体内部产生涡流。这个涡流反作用到接近开关，使振荡电路的电阻增大，损耗增加，直至振荡减弱终止。由此识别出有无导电物体移近，进而控制开关的通、断。这种接近开关所能检测的物体必须是导电体。

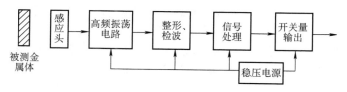

图 1-32　涡流式接近开关的工作原理框图

电容式接近开关是通过物体移向接近开关时，使电容的介电常数发生变化，从而使电容量发生变化来感测的。它的检测对象可以是导体、绝缘的液体或粉状物等。

光电式接近开关是利用光电效应做成的开关。将发光器件与光电器件按一定方向装在同一个检测头内，当有反光面（被检测物体）接近时，光电器件接收到反射光后就有输出信号，由此来感测物体的接近。

热释电式接近开关用能感知温度变化的元件做成。将热释电器件安装在开关的检测面上，当有与环境温度不同的物体接近时，热释电器件的输出便发生变化，从而检测出有无物体接近。

霍尔效应式接近开关利用霍尔元件做成。当磁性物件移近霍尔效应式接近开关时，开关检测面上的霍尔元件因产生霍尔效应而使开关内部电路的状态发生变化，由此识别附近有无磁性物体存在，从而控制开关的通或断。霍尔效应式接近开关的检测对象必须是磁性物体。

超声波式接近开关是利用多普勒效应做成的开关。当物体与波源的距离发生改变时，接收到的反射波的频率会发生偏移，这种现象称为多普勒效应。声纳和雷达就是利用这个效应的原理制成的。利用多普勒效应可制成超声波式接近开关、微波式接近开关等。当有物体移近时，接近开关接收到的反射信号会产生多普勒频移，由此可以识别出有无物体接近。

2. 接近开关的选用

接近开关的主要技术参数有动作距离、重复准确度、操作频率、复位行程等，主要产品有 LJ2、LJ6、LJ18A3 等系列。接近开关比行程开关价格高，一般用于工作频率高、可靠性及精度要求均较高的场合。

在一般的工业生产场所，通常都选用涡流式接近开关和电容式接近开关，因为这两种接近开关对环境的要求条件较低。当被测对象是导电物体或可以固定在一块金属物上时，一般都选用涡流式接近开关，因为它的响应频率高、抗环境干扰性能好、应用范围广、价格较低。若被测对象是非金属（或金属）、液位高度、粉状物高度、塑料、烟草等，则应选用电容式接近开关，因为这种开关的响应频率低，但稳定性好。若被测对象是导磁材料或者为了区别和它在一同运动的物体而把磁钢埋在被测对象内时，应选用霍尔效应式接近开关，因为它的价格最低。

光电式接近开关工作时对被测对象几乎没有任何影响，因此，在要求较高的传真机上、烟草机械上都广泛地使用。在防盗系统中，自动门通常使用热释电式、超声波式、微波式接近开关，有时为了提高识别的可靠性，上述几种接近开关往往被复合使用。

无论选用哪种接近开关，都应注意对工作电压、负载电流、响应频率、检测距离等各项指标的要求。接近开关的文字符号为 SP，图形符号如图 1-33 所示。

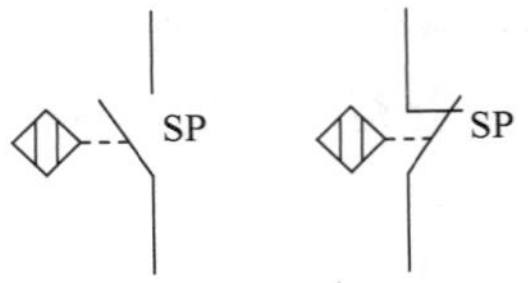

a)常开触点　b)常闭触点

图 1-33　接近开关的图形符号

1.5.4　万能转换开关

万能转换开关是一种具有多个挡位、多段式（具有多对触点）的能够控制多回路的主令电器。其主要用于各种配电装置的电源隔离、电路转换及电动机远距离控制；用作电压表、电流表的换相测量开关；也可用于小容量电动机的起动、换相及调速。因其控制电路多，用途广泛，故称为万能转换开关。

万能转换开关由操作机构、定位装置和多组相同结构的触点组件等部分组成，用螺栓叠装成整体。如属防护型产品，还设有金属外壳。LW5 系列万能转换开关的结构如图 1-34 所示。

触点系统采用双断口桥式结构，由各自的凸轮控制其通断；定位装置采用棘轮棘爪式结构，不同的棘轮和凸轮可组成不同的定位模式，从而得到不同的开关状态，即手柄在不同的转换角度时，触点的状态是不同的。

 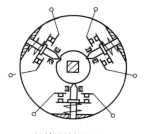 

a)外形　　　　　　　b)单层结构触点系统　　　　　　c)定位装置

图 1-34　LW5 系列转换开关

1—棘轮　2—滑块　3—滚轮

　　触点系统的分合由凸轮控制，操作手柄时，使转轴带动凸轮转动，当正对着凸轮上的凹口时触点闭合，否则断开。图 1-34b 所示的仅为万能转换开关中的一层，实际的转换开关是由多层同样结构的触点组件叠装而成的，每层上的触点数根据型号的不同而不同，凸轮上的凹口数也不一定只有一个。

　　万能转换开关的手柄有普通手柄型、旋钮型、钥匙型和带信号灯型等多种形式，手柄操作方式有自复式和定位式两种。操作手柄至某一位置，当手松开后，自复式转换开关的手柄自动返回原位，定位式转换开关的手柄保持在该位置上。手柄的操作位置以角度表示，一般有 30°、45°、60°、90° 等角度，根据型号不同而有所不同。

　　万能转换开关的图形符号如图 1-35a 所示，它的文字符号为 SC。

　　图形符号中"每一横线"代表一路触点，而用竖的虚线代表手柄的位置。哪一路接通，就在代表该位置的虚线上的触点下用黑点"●"表示。如果虚线上没有"●"，则表示当操作手柄处于该位置时，该对触点处于断开状态。为了更清楚地表示万能转换开关的触点分合状态与操作手柄的位置关系，在机电控制系统图中，经常把万能转换开关的图形符号和触点通断表结合使用。如图 1-35b 所示，表中"×"表示触点闭合，空白表示触点分断。例如，在图 1-35a 中，当转换开关的手柄置于"Ⅰ"位置时，表示"1"、"3"触点接通，其他触点断开；置于"O"位置时，触点全部接通；置于"Ⅱ"位置时，触点"2"、"4"、"5"、"6"接通，其他触点断开。

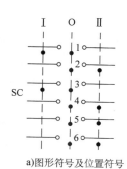

触点编号 \ 手柄定位	Ⅰ	O	Ⅱ
1	×	×	
2		×	×
3	×	×	
4		×	×
5		×	×
6		×	×

a)图形符号及位置符号　　　　　　b)触点通断表

图 1-35　万能转换开关的图形符号、位置符号与触点通断表

　　万能转换开关的主要技术参数有额定电压、额定电流、手柄类型、定位特征、触点数量等，常用型号有 LW5、LW8、LW12、LW21、LW98 等系列，使用时可参考产品说明书。

1.6 信号电器

信号电器主要用来对电气控制系统中的某些信号的状态、报警信息等进行指示，主要有信号灯（指示灯）、灯柱、电铃和蜂鸣器等。

指示灯在各类电气设备及电气电路中作电源指示及指挥信号、预告信号、运行信号、故障信号及其他信号的指示。指示灯主要由发光体、壳体及灯罩等组成。指示灯的外形结构多样，发光体主要有白炽灯、氖灯和半导体灯三种。发光颜色有红、黄、绿、蓝、白五种，具体含义见表 1-3。

表 1-3 指示灯的颜色及其含义

颜色	含义	解释	典型应用
红色	异常情况或警报	对可能出现危险和需要立即处理的情况报警	电源指示；温度超过规定限制；设备的重要部分已被保护电器切断
黄色	警告	状态改变或变量接近其极限值	参数偏离正常值
绿色	准备、安全	安全运行条件指示或机械准备起动	冷却系统运转
蓝色	特殊指示	上述几种颜色未括的任一种功能	选择开关处于指定位置
白色	一般信号	上述几种颜色未括的各种功能，如某种动作正常	

指示灯的文字符号为 HL，而照明灯的文字符号为 EL。

信号灯柱是一种由几种颜色的环形指示灯叠装在一起的指示灯，可根据不同的控制信号而使不同的灯点亮。灯柱常用于生产线上不同的信号指示。

电铃和蜂鸣器属于声响类指示器件。在警报发生时，不仅需要指示灯指示具体的故障情况，还需要声响报警，以光、声方式告知操作人员。蜂鸣器一般用在控制设备上，而电铃主要用在较大场合的报警系统中。

1.7 开关电器

1.7.1 刀开关

刀开关又称隔离开关，是一种结构最简单、应用最广泛的手控电器。它广泛应用于各种配电设备和供电线路中，用来非频繁地接通和分断没有负载的低压供电线路，常见的一种胶盖瓷底刀开关也可作为电源隔离开关，并可对小容量电动机作不频繁的直接起动。

1. 刀开关的结构和类型

刀开关一般由手柄、触刀（动触点）、静插座、铰链支座和绝缘底板组成，如图 1-36 所示。操作手柄时，使触刀绕铰链支座转动，就可将触刀插入静插座内或使触刀脱离静插座，从而完成接通或断开操作。

刀开关主要包括大电流刀开关、负荷开关、熔断器式刀开关三种。刀开关按触刀极数可分为单极式、双极式和三极式；按转换方式可分为单投式和双投式；按操作方式可分为手柄直接操作

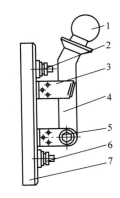

图 1-36 手柄操作式单极刀开关的结构

1—手柄 2—进线接线柱 3—静插座 4—触刀 5—铰链支座 6—出线接线柱 7—绝缘底板

式和杠杆式。

大电流刀开关是一种新型电动操作并带手动的刀开关。它适用于频率为 50Hz、交流电压至 1000V、直流电压至 1200V、额定工作电流为 6000A 及以下的电力线路中，作为无载操作、隔离电源之用。

负荷开关包括开启式负荷开关和封闭式负荷开关两种。

开启式负荷开关俗称胶盖瓷底开关（或闸刀开关），主要作为电气照明电路、电热电路及小容量电动机的不频繁带负荷操作的控制开关，也可作为分支电路的配电开关。开启式负荷开关由操作手柄、熔丝、触刀、触点座和底座组成，如图 1-37 所示。该开关装有熔丝，可起到短路保护作用。

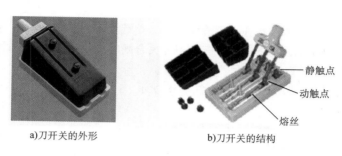

a)刀开关的外形   b)刀开关的结构

图 1-37 开启式负荷开关的外形和结构

封闭式负荷开关俗称铁壳开关，一般用于电力排灌、电热器及电气照明等设备中，用来不频繁地接通和分断电路及全电压起动小容量异步电动机，并对电路有过载和短路保护作用。封闭式负荷开关还具有外壳门机械闭锁功能，开关在合闸状态时，外壳门不能打开。

2. 刀开关的主要技术参数

1）额定电压：刀开关在长期工作中能承受的最大电压。目前生产的刀开关的额定电压一般为交流 500V 以下，直流 440V 以下。

2）额定电流：刀开关在合闸位置允许长期通过的最大工作电流。小电流刀开关的额定电流有 10A、15A、20A、30A、60A 五级，大电流刀开关的额定电流有 100A、200A、400A、600A、1000A、1500A、3000A、6000A 等级别。

3）通断能力：刀开关在额定电压下能可靠地接通和分断的最大电流。对于小的刀开关，如开启式负荷开关和封闭式负荷开关，其通断电流为额定电流的二三十倍，但这并不是触点所能通断的电流，而是指与刀开关配用的熔丝或熔断器的通断能力，刀开关本身只能通断额定值以下的电流。

4）动稳定电流：当发生短路事故时，刀开关并不因短路电流所产生的电动力作用而发生变形、损坏或者触刀自动弹出等现象，这一短路电流（峰值）就是刀开关的动稳定电流，通常为其额定电流的数十倍。

5）热稳定电流：当发生短路事故时，刀开关能在一定时间（通常为 1s）内通以某一最大短路电流，并不会因温度急剧升高而发生熔焊现象，这一短路电流称为热稳定电流。通常刀开关的热稳定电流也是其额定电流的数十倍。

6）操作次数：刀开关的使用寿命，分为机械寿命和电寿命。机械寿命是指在不带电的情况下所能达到的操作次数，电寿命是指刀开关在额定电压下能可靠地分断一定百分数额定电流的总次数。

常用的刀开关有 HS 型双投刀开关（刀形转换开关）、HR 型熔断器式刀开关、HZ 型组合开关、HK 型开启式负荷开关、HY 型倒顺开关等。

3. 刀开关的选用

选用刀开关时主要根据电源种类、电压等级、需要极数及通断能力等要求选择。

刀开关的额定电压、额定电流应大于或等于电路的实际工作电压和最大工作电流。对于电动机负载，开启式负荷开关的额定电流可取电动机额定电流的 3 倍，封闭式负荷开关的额定电流可取电动机额定电流的 1.5 倍。

刀开关在安装时应将手柄朝上，不得倒装或平装。刀开关在分断有负载的电路时，其触刀与插座之间会立即产生电弧。若安装方向正确，可使作用在电弧上的电动力和热空气上升的方向一致，电弧被迅速拉长而熄灭；否则电弧不易熄灭，严重时会使触点及刀片烧伤，甚至造成极间短路。另外，如果倒装，手柄可能因自重下落而引起误合闸事故。

刀开关在接线时应将电源线接在上端静触点上，负载接下方，这样拉闸后刀片与电源隔离，可确保更换熔丝和维修用电设备的安全。三相刀开关合闸时应使三相触点同时接通。

4. 刀开关的图形符号与文字符号

刀开关的文字符号为 QS，图形符号如图 1-38 所示。

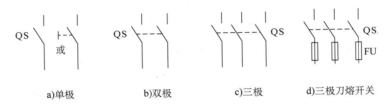

a)单极　　　　　b)双极　　　　　c)三极　　　　d)三极刀熔开关

图 1-38　刀开关的图形符号

1.7.2　低压断路器

低压断路器（Low-Voltage Circuit Breaker）俗称自动开关或自动空气开关，是低压配电网系统、电力拖动系统中非常重要的开关电器和保护电器。它主要在低压配电线路或开关柜（箱）中作为电源开关使用，并对线路、电气设备及电动机等进行保护。它不仅可以用来接通和分断正常负载电流、电动机工作电流和过载电流，而且可以不频繁地接通和分断短路电流。它相当于刀开关、熔断器、热继电器、过电流继电器和欠电压继电器的组合，是一种既有手动开关作用又能自动进行欠电压、失电压、过载和短路保护的电器。低压断路器与接触器的区别在于：接触器允许频繁地接通或分断电路，但不能分断短路电流；而低压断路器不仅可分断额定电流、一般故障电流，还能分断短路电流，但单位时间内允许的操作次数较少。

由于低压断路器具有操作安全、工作可靠、动作后（如短路故障排除后）不需要更换元件等优点，在低压配电系统、照明系统、电热系统等场合常被用作电源引入开关和保护电器，取代了过去常用的刀开关和熔断器的组合。

1. 低压断路器的主要类型

低压断路器按用途和结构特点可分为框架式（又称万能式）、塑料外壳式、直流快速式、限流式、漏电保护式等类型；按极数可分为单极式、双极式、三极式和四极式；按操作方式可分为直接手柄操作式、杠杆操作式、电磁铁操作式和电动机操作式。

（1）框架式断路器

框架式断路器具有绝缘衬底的框架结构底座，所有结构元件都装在同一框架或底座上，可有较多结构变化方式和较多类型脱扣器。一般大容量断路器多采用框架式结构，用于配电网络的保护。其主要产品有 DW15、DW16、DW17（ME）、DW45 等系列。

（2）塑料外壳式断路器

塑料外壳式断路器（Moulded Case Circuit Breaker，MCCB）具有模压绝缘材料制成的封闭型外壳，可以将所有构件组装在一个塑料外壳内，结构紧凑、体积小。一般小容量断路器多采用塑料外壳式结构，用作配电网络的保护及电动机、照明电路、电热器等的控制开关。其主要产品有DZ15、DZ20 等系列，施耐德产品有 NS 系列。

（3）直流快速式断路器

直流快速式断路器具有快速电磁铁和强有力的灭弧装置，最快动作时间可在 0.02s 以内，用于半导体整流器件和整流装置的保护。其主要产品有 DS 系列。

（4）限流式断路器

限流式断路器一般具有特殊结构的触点系统，当短路电流通过时，触点在电动力作用下斥开而提前呈现电弧，利用电弧电阻来快速限制短路电流的增长。它比普通断路器有较大的开断能力，并能快速限制短路电流对被保护电路的电动力和热效应的作用，常用于短路电流相当大（高达 70kA）的电路中。其主要产品有 DWX15、DZX10 等系列。

（5）漏电保护式断路器

漏电保护式断路器既有断路器的功能，又有漏电保护的功能。当有人触电或电路泄漏电流超过规定值时，漏电保护断路器能在 0.1s 内自动切断电源，保障人身安全和防止设备因发生泄漏电流造成的事故。漏电保护断路器是目前民用住宅领域中最理想的配电保护开关，主要产品有 DZ302（DPN1）、DZ231、DZ47LE 等系列。

以上介绍的断路器大多利用了热效应或电磁效应原理，通过机械系统的动作来实现开关和保护功能。目前，还出现了多种智能断路器，其特征是采用了以微处理器或单片机为核心的智能控制器。它不仅具有普通断路器的各种保护功能，而且还具有实时显示电路中的电气参数，对电路进行在线监视、测量、自诊断和通信功能；还能够对各种保护功能的动作参数进行显示、设定和修改，并具有进行故障参数的存储等功能。

2. 低压断路器的主要技术参数及选用

低压断路器的主要技术参数有额定电压、额定电流、通断能力、分断时间、各种脱扣器的整定电流、极数、允许分断的极限电流等。额定电压是指断路器在长期工作时的允许电压；额定电流是指断路器在长期工作时的允许通过电流；通断能力是指断路器在规定的电压、频率以及规定的电路参数（交流电路为功率因数，直流电路为时间常数）下，所能接通和分断的短路电流值；分断时间是指断路器切断故障电流所需的时间。

低压断路器的选用原则：主要根据被控电路的额定电压、负载电流及短路电流的大小来选用相应额定电压、额定电流及分断能力的低压断路器。这就要求所选用的断路器的额定电压和额定电流应大于或等于电路的正常工作电压和工作电流；极限分断能力要大于或等于电路的最大短路电流；欠电压脱扣器的额定电压应等于主电路的额定电压；热脱扣器的整定电流应与所控制电动机的额定电流或负载的额定电流相等；过电流脱扣器的瞬时脱扣整定电流应大于负载电路正常工作时的尖峰电流，保护电动机时取起动电流的 1.7 倍。

3. 低压断路器的图形符号与文字符号

低压断路器的文字符号为 QF，图形符号如图 1-39 所示。

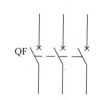

图 1-39 低压断路器的图形符号

1.8 熔断器

熔断器（Fuse）是一种结构简单、使用方便、价格低廉的保护电器。它常用作电路或用电设备的严重过载和短路保护，主要用来作短路保护。

1.8.1 熔断器的结构和工作原理

熔断器主要由熔体（俗称保险丝）、安装熔体的熔座（或熔管）和支座三部分组成。其中熔体是控制熔断特性的关键元件。熔体的材料、尺寸和形状决定了熔断特性。熔体材料分为低熔点和高熔点两类。低熔点材料如铅和铅合金，其熔点低容易熔断，由于其电阻率较大，故制成熔体的截面积尺寸较大，熔断时产生的金属蒸气较多，只适用于低分断能力的熔断器；高熔点材料如铜和银，其熔点高不容易熔断，但由于其电阻率较小，可制成比低熔点熔体较小的截面积尺寸，熔断时产生的金属蒸气少，适用于高分断能力的熔断器。熔体的形状有丝状和带状两种，改变其截面的形状可显著改变熔断器的熔断特性。熔管是装熔体的外壳，由陶瓷、绝缘钢纸或玻璃纤维制成，在熔体熔断时兼有灭弧作用。

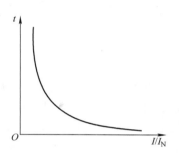

图 1-40 熔断器的安秒特性

熔断器的熔体串联在被保护电路中。当电路正常工作时，熔体允许通过一定大小的电流而长期不熔断；当电路严重过载时，熔体能在较短时间内熔断；当电路发生短路故障时，熔体能在瞬间熔断。熔断器的特性可用通过熔体的电流和熔断时间的关系曲线来描述，如图 1-40 所示。它是一反时限特性曲线。因为电流通过熔体时产生的热量与电流的二次方和电流通过的时间成正比，所以电流越大，熔体的熔断时间越短。这一特性又称为熔断器的安秒特性。表 1-4 中列出了某熔断器的安秒特性数值关系。

表 1-4 熔断器的安秒特性数值关系

熔断电流	$(1.25 \sim 1.3) I_N$	$1.6 I_N$	$2 I_N$	$2.5 I_N$	$3 I_N$	$4 I_N$
熔断时间	∞	1h	40s	8s	4.5s	2.5s

注：I_N 为熔断器的额定电流。

1.8.2 熔断器的类型

熔断器的种类很多，按使用电压可分为高压熔断器和低压熔断器；按结构可分为插入式熔断器、螺旋式熔断器、无填料封闭管式熔断器和有填料封闭管式熔断器；按用途可分为一般工业用熔断器、保护半导体器件熔断器及自复式熔断器等。

1. 插入式熔断器

常用的插入式熔断器有 RC1A 系列，其结构如图 1-41所示。由软铝丝或铜丝制成熔体，结构简单，价格低廉，由于其分断能力较低，一般多用于民用和照明电路中。

2. 螺旋式熔断器

常用的螺旋式熔断器有 RL5、RL6、RL7、RL8 等系

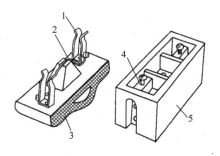

图 1-41 RC1A 插入式熔断器
1—动触头 2—熔丝 3—瓷盖
4—静触头 5—瓷座

列，其结构如图 1-42 所示。熔体是一个瓷管，内装石英砂和熔丝，石英砂用于熔断时的灭弧和散热，瓷管头部装有一个染成红色的熔断指示器，一旦熔体熔断，指示器马上弹出脱落，透过瓷帽 1 上的玻璃孔可以看到。该熔断器具有较大的热惯性和较小的安装面积，常用于机床电气控制。

3. 封闭管式熔断器

封闭管式熔断器分为无填料管式、有填料管式和快速熔断器三种。

无填料封闭管式熔断器有 RM10 等系列，其结构如图 1-43 所示。熔管采用纤维物制成，熔体采用变截面的锌合金片制成。当发生短路故障时，熔体在最细处熔断，并且多处同时熔断，有助于提高分断能力。熔体熔断时，电弧被限制在封闭管内，不会向外喷出，

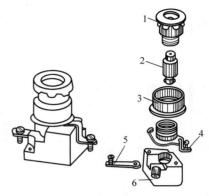

图 1-42　螺旋式熔断器的外形与结构

1—瓷帽　2—熔管　3—瓷套　4—上接
线柱　5—下接线柱　6—底座

故使用起来较为安全。另外，在熔断过程中，纤维熔管的部分纤维物因受热而分解，产生高压气体，使电弧很快熄灭，从而提高了熔断器的分断能力。无填料封闭管式熔断器一般与刀开关组成熔断器式刀开关使用，常用于低压电力线路或成套配电设备中，起连续过载和短路保护作用。

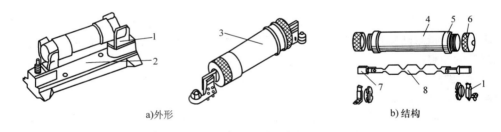

a)外形　　　　　　　　　　　　　　　　b)结构

图 1-43　RM10 系列熔断器的外形和结构

1—夹座　2—底座　3—熔管　4—钢纸管　5—黄铜套　6—黄铜帽　7—触刀　8—熔体

有填料封闭管式熔断器有 RTO 等系列，其结构如图 1-44 所示。熔体一般采用纯铜箔冲制的网状熔片并联而成，瓷质熔管内充满了石英砂填料，起冷却和灭弧的作用。有填料封闭管式熔断器的额定电流为 50～1000A，可以分断较大的电流，故常用于大容量的配电线路中。

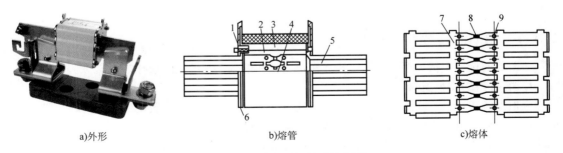

a)外形　　　　　　　　b)熔管　　　　　　　　c)熔体

图 1-44　有填料封闭管式熔断器

1—熔断指示器　2—指示器熔体　3—石英砂　4—工作熔体　5—触刀　6—盖板
7—引弧栅　8—锡桥　9—变截面小孔

目前，照明用和小电流工业控制系统用的熔断器有 RT 系列圆筒帽式熔断器，其外观如图 1-45 所示。

图 1-45 RT 系列圆筒帽式熔断器的外观

4. 自复式熔断器

自复式熔断器采用低熔点金属钠做熔体。当发生短路故障时，短路电流产生的高温使钠迅速气化，呈现高阻状态，从而限制了短路电流的进一步增加。一旦故障消失，温度下降，金属钠蒸气冷却并凝结，重新恢复原来的导电状态，为下一次动作做好准备。由于自复式熔断器只能限制短路电流，却不能真正切断电路，故常与断路器配合使用。它的优点是不必更换熔体，可重复使用。

1.8.3 熔断器的主要技术参数

1. 额定电压

额定电压是指熔断器长期工作时和分断后能够承受的电压，选用时，应保证其值大于或等于电气设备的额定电压。

2. 额定电流

额定电流是指熔断器长期工作时，各部件温升不超过规定值时所能承受的电流。应该指出的是，熔断器的额定电流与熔体的额定电流是不同的，熔断器的额定电流等级较少，熔体的额定电流等级较多，通常同一规格的熔断器可以安装不同额定电流规格的熔体，但熔断器的额定电流应大于或等于熔体的额定电流。例如，RL1—60 型熔断器，其额定电流为 60A，可安装的熔体的额定电流可以为 60A、50A、40A 等。

3. 极限分断能力

极限分断能力是指熔断器在规定的额定电压和功率因数（或时间常数）的条件下，能分断的最大电流值。在电路中出现的最大电流一般是指短路电流，所以，极限分断能力反映了熔断器分断短路电流的能力。

1.8.4 熔断器的选择与使用

熔断器的选择包括类型、额定电压、额定电流和熔体额定电流的选择等内容。

1. 熔断器的类型选择

应根据使用场合、线路要求等来选择熔断器的类型。电网配电一般用封闭管式熔断器；有振动的场合，如对电动机保护的主电路一般用螺旋式熔断器；控制电路及照明电路一般用插入式、无填料封闭管式或圆筒帽式熔断器；保护晶闸管等则应选择快速熔断器。

2. 熔断器的规格选择

熔断器的额定电压应大于或等于电路的工作电压。

熔断器的额定电流必须大于或等于所装熔体的额定电流。

熔断器的额定分断能力必须大于电路中可能出现的最大短路电流。

熔体额定电流的选择是选择熔断器的核心，可分为下列几种情况选择：

1）对于电炉和照明等电阻性负载，熔体的额定电流应略大于或等于负载电流。

2）对于输配电线路，熔体的额定电流应略大于或等于线路的安全电流。

3）对于电动机负载，要考虑起动电流冲击的影响。

① 保护单台长期工作的电动机时，可按下式选择：

$$I_{FU} \geq (1.5 \sim 2.5) I_N \tag{1-8}$$

式中，I_{FU} 为熔体的额定电流，单位为 A；I_N 为电动机的额定电流，单位为 A。对于频繁起动的电动机，式(1-8)中的系数可选 2.5 ~ 3.5。

② 保护多台电动机时，可按下式选择：

$$I_{FU} \geq (1.5 \sim 2.5) I_{Nmax} + \sum I_N \tag{1-9}$$

式中，I_{Nmax} 为容量最大的一台电动机的额定电流；$\sum I_N$ 为其余电动机的额定电流之和。

3. 熔断器上、下级的配合

为防止发生越级熔断，满足选择性要求，应注意上、下级（即供电干、支线）熔断器间的配合，为此，应使上一级熔断器的熔体电流比下一级大 1~2 个级差。

熔断器的文字符号为 FU，图形符号如图 1-46 所示。

图 1-46 熔断器的图形符号

1.9 电磁执行器件

能够根据控制系统的输出控制逻辑要求执行动作命令的器件称为执行器件。电磁执行器件都是基于电磁式电器的工作原理进行工作的执行器件。接触器就是一种典型的执行器件，此外，还有电磁铁、电磁阀等。在电气控制系统、液压控制系统中均使用到这些执行器件。

1.9.1 电磁铁

电磁铁（Electromagnet）主要由电磁线圈、铁心和衔铁三部分组成。当电磁线圈通电后便产生磁场和电磁力，衔铁被吸合，把电磁能转换为机械能，带动机械装置完成一定的动作。

电磁铁按工作电流的不同，可分为交流电磁铁和直流电磁铁。交流电磁铁起动力大、动作快，但换向冲击大，所以换向频率不能太高，且起动电流大，在阀心被卡住时会使电磁铁线圈烧毁。直流电磁铁不论吸合与否，其电流基本不变，因此不会因阀心被卡住而烧毁电磁铁线圈，工作可靠性好，换向冲击力也小，换向频率较高，但需要有直流电源。

电磁铁按用途不同，可分为牵引电磁铁、起重电磁铁和制动电磁铁等。牵引电磁铁主要用来牵引机械装置、开启或关闭各种阀门，以执行自动控制任务。起重电磁铁用作起重装置来吊运钢锭、钢材、铁砂等铁磁性材料。制动电磁铁主要用于对电动机进行制动以达到准确停车的目的。其他用途的电磁铁，如磨床的电磁吸盘以及电磁振动器等。

电磁铁的主要技术参数有额定行程、额定吸力、额定电压等，选用时主要考虑这些参数以满足机械装置的需求。

1.9.2 电磁阀

电磁阀（Solenoid Valve）是用来控制流体的自动化基础器件，用在工业控制系统中调整介质的流动方向、流量、速度和其他参数。电磁阀有很多种，一般用于液压系统，来关闭和开通油路。最常用的有单向阀、溢流阀、电磁换向阀、速度调节阀等。电磁换向阀有滑阀和球阀两种结构，通常所说的电磁换向阀为滑阀结构，球状或锥状阀心的电磁换向阀称为电磁换向座阀，也称电磁球阀。电磁换向阀通过变换阀心在阀体内的相对工作位置，使阀体各油口连通或断开，从而控制执行器件的换向或起停。

电磁换向阀的品种繁多，按电源种类可分为直流电磁阀、交流电磁阀、交直流电磁阀、自锁电磁阀等；按用途可分为控制一般介质（气体、流体）电磁阀、制冷装置用电磁阀、蒸汽电磁阀、脉冲电磁阀等；按其复位和定位形式可分为弹簧复位式电磁阀、钢球定位式电磁阀、无复位弹簧式电磁阀；按其阀体与电磁铁的连接形式可分为法兰连接和螺纹连接等电磁阀。

电磁阀的结构性能常用它的位置数和通路数来表示，并有单电磁铁（称为单电式）和双电磁铁（称为双电式）两种。其图形符号如图 1-47 所示。图 1-47f 为电磁阀的一般电气图形符号，文字符号为 YV。电磁阀接口是指阀上各种接油管的进、出口，进油口通常标为 P（左下），回油口则标为 O 或 T（右下），出油口则以 A、B 来表示。阀内阀心可移动的位置数称为切换位置数，通常将接口称为"通"，将阀心的位置称为"位"。因此，按其工作位置数和通路数的多少可分为二位三通、二位四通、三位四通等。

图形符号中"位"用方格表示，几位即几个方格，"通"用"↑"表示，"不通"用"⊥、⊤"表示，箭头首尾和堵截符号与一个方格有几个交点即为几通。三位是指电磁阀的阀心有三个位置，三位电磁阀有两个线圈。线圈 1、2 均不通电时，阀心处于第一个位置；线圈 1 通电时，阀心动作处于第二个位置；线圈 1 断电、线圈 2 通电时，阀心处于第三个位置。单电式电磁阀的图形符号中，与电磁铁邻接的方格中孔的通向表示的是电磁铁得电时的工作状态，与弹簧邻接的方格中表示的状态是电磁铁失电时的工作状态。双电式电磁阀的图形符号中，与电磁铁邻接的方格中孔的通向表示的是该侧电磁铁得电时的工作状态。

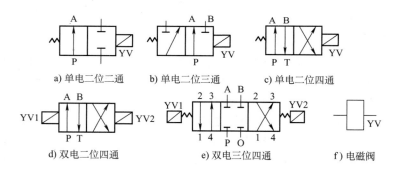

a) 单电二位二通　　b) 单电二位三通　　c) 单电二位四通

d) 双电二位四通　　e) 双电三位四通　　f) 电磁阀

图 1-47　电磁阀的图形符号

1.9.3　电磁制动器

电磁制动器（Electromagnetic Brake）是现代工业中一种理想的自动化执行器件，在机械传动系统中主要起传递动力和控制运动等作用，使运动件停止或减速，也称电磁刹车或电磁抱闸。电磁制动器一般由制动架、电磁铁、摩擦片（制动件）或闸瓦等组成。所用摩擦材料（制动件）的性能直接影响制动过程。摩擦材料应具备高而稳定的摩擦系数和良好的耐磨性。摩擦材料分为金属和非金属两类。前者常用的有铸铁、钢、青铜和粉末冶金摩擦材料等，后者有皮革、橡胶、木材和石棉等。

利用电磁效应实现制动的制动器，分为电磁粉末制动器、电磁涡流制动器和电磁摩擦式制动器三种。

1）电磁粉末制动器：励磁线圈通电时形成磁场，磁粉在磁场作用下磁化，形成磁粉链，并在固定的导磁体与转子间聚合，靠磁粉的结合力和摩擦力实现制动。励磁电流消失时磁粉处于自由松散状态，制动作用解除。这种制动器体积小、重量轻、励磁功率小，而且制动转矩与转动件转速无关，可通过调节电流来调节制动转矩，但磁粉会引起零件磨损。它便于自动控制，适用于各种机器的驱动系统。

2）电磁涡流制动器：励磁线圈通电时形成磁场，制动轴上的电枢旋转切割磁力线而产生涡流，电枢内的涡流与磁场相互作用形成制动转矩。该制动器坚固耐用、维修方便、调速范围大，但低速时效率低、温升高，必须采取散热措施。这种制动器常用于有垂直载荷的机械中。

3）电磁摩擦式制动器：励磁线圈通电时形成磁场，通过磁轭吸合衔铁，衔铁通过连接件实现制动。

 习题与思考题

1. 电磁式电器主要由哪几部分组成？各部分的作用是什么？

2. 何谓电磁式电器的吸力特性和反力特性？吸力特性与反力特性应如何配合？

3. 如何区分直流电磁机构和交流电磁机构？如何区分电压线圈和电流线圈？

4. 单相交流电磁机构中的短路环的作用是什么？三相交流电磁机构是否也要装短路环？为什么？

5. 交流电磁线圈通电后，衔铁长时间卡住不能吸合，会产生什么后果？

6. 低压电器中常用的灭弧方式有哪些？各适用于哪些场合？

7. 接触器的作用是什么？根据结构特征如何区分交、直流接触器？

8. 接触器和中间继电器有什么异同？选用接触器时应注意哪些问题？

9. 交流接触器在衔铁吸合前的瞬间，为什么在线圈中产生很大的冲击电流？直流接触器会不会出现这种现象？为什么？

10. 交流电磁线圈误接入直流电源，直流线圈误接入交流电源，会发生什么问题？为什么？

11. 继电器的作用是什么？何为返回系数和继电特性？时间继电器和中间继电器在电路中各起什么作用？

12. 对于星形联结的三相异步电动机能否用一般三相结构热继电器作断相保护？为什么？对于三角形联结的三相异步电动机为什么必须采用三相带断相保护的热继电器？

13. 固态继电器的特点是什么？选用时应注意哪些问题？

14. 什么是主令电器？常用的主令电器有哪些？控制按钮和行程开关有何异同？

15. 熔断器有哪些用途？一般应如何选用？在电路中应如何连接？

16. 既然在电动机主电路中装有熔断器，为什么还要装热继电器？两者能否相互代替？

17. 低压断路器有哪些功能？

18. 熔断器主要用于短路保护，低压断路器也具有短路保护功能，两者有什么区别？

19. 某设备所用电动机，额定功率为 5.5kW，额定电压为 380V，额定电流为 11A，起动电流是额定电流的 6.5 倍，现用按钮进行起停控制，要求有短路保护和过载保护，试选用控制所需的合适的电器：接触器、按钮、熔断器、热继电器。

20. 刀开关的作用是什么？有哪些种类？刀开关在安装和接线时应注意什么？

21. 画出下列低压电器的图形符号，并标注其文字符号。

1) 时间继电器的所有线圈和触点。

2) 热继电器的热元件和常闭触点。

3) 行程开关的常开、常闭触点。

4) 复合按钮。

5) 熔断器和低压断路器。

6) 速度继电器的常开、常闭触点。

第 2 章

基本电气控制电路

在各行各业广泛使用的电气设备和生产机械中，大多是以电动机作为原动机来拖动生产机械的，不同的生产机械和电气设备的控制要求不同，必须配备各种电气控制设备和保护设备，组成一定的电气控制电路，以满足生产工艺的要求，实现生产过程的自动化。

各种电气控制设备的种类繁多、功能各异，但就其控制原理、基本电气控制电路、设计方法等方面均相类同。电气控制系统中，把各种有触点的接触器、继电器、按钮、行程开关等电器元器件，用导线按一定的控制方式连接起来组成的电路，称为电气控制电路。这类电路组成的电气控制系统也称为继电器-接触器控制系统。

各种生产机械的电气控制电路无论是简单的还是复杂的，都是由一些比较简单的基本控制环节有机地组合而成的。在设计、分析控制电路和判断故障时，一般都是从这些基本控制环节入手。因此，掌握电气控制电路的基本环节以及一些典型电路的工作原理、分析方法和设计方法，将有助于我们掌握复杂的电气控制电路的分析、设计方法。

本章主要以电动机或其他执行器件（如电磁阀）为控制对象，介绍由各种低压电器构成的基本电气控制电路，包括三相笼型异步电动机的起动、运行、调速、制动等基本控制电路及顺序控制、行程控制、多地控制等典型控制电路。尽管这种有触点的断续开环控制方式在灵活性和可靠性方面不及后续介绍的 PLC 控制，但它以其逻辑清楚、结构简单、价格便宜、抗干扰能力强等优点而被广泛使用。本章是分析和设计机械设备电气控制电路的基础，要求大家熟练掌握，这样对后续学习 PLC 控制系统将会有很大的帮助。

2.1 电气控制电路的绘制原则及标准

电气控制电路是由若干电气元件按照一定的要求用导线连接而成的，并实现一定功能的控制电路。为了表达生产机械电气控制系统的组成、工作原理等设计内容，便于电气系统的安装、调试和维护，需要将这些电气元件及其连接用一定的图形表达出来，这种图就是电气控制系统图或称电气图。

电气控制系统图一般有三种：电气原理图、电气安装接线图和电气元件布置图。它们用统一的图形符号及文字符号绘制而成。在图上用不同的图形符号来表示各种电气元件，并用不同的文字符号来说明电气元件的名称、用途、主要特征等。

2.1.1 电气图中的图形符号及文字符号

电气图形符号是电气技术领域必不可少的工程语言，只有正确识别和使用电气图形符号和文字符号，才能阅读电气图和绘制符合标准的电气图。

常用的电气图形符号及文字符号可参见附录 A。

2.1.2 电气原理图的绘制原则

1. 绘制电气原理图的基本原则

电气原理图是电气控制系统设计的核心，是为了便于阅读和分析控制的各种功能，用图形符号和文字符号、导线连接起来描述全部或部分电气设备工作原理的电路图。它具有结构简单、层次分明的特点。原理图便于详细理解工作原理，为测试和寻找故障提供信息，并作为编制接线图的依据。在原理图中包括了所有电气元件的导电部分和接线端点之间的相互关系，但并不按照电气元件的实际布置位置和实际接线情况来绘制，也不反映电气元件的实际大小。

原理图一般分为主电路和辅助电路两部分。主电路是电气控制电路中大电流通过的部分，包括从电源到电动机之间的电气元件，一般由组合开关、熔断器、接触器主触点、热继电器热元件和电动机等组成。辅助电路是电气控制电路中除主电路以外的电路，包括控制电路、照明电路、信号电路和保护电路，辅助电路中流过的电流较小。其中控制电路是由按钮、接触器和继电器的电磁线圈以及辅助触点、热继电器触点、保护电器触点等组成。现以图 2-1 所示的 CW6132 型车床的电气原理图为例来说明绘制电气原理图的基本原则和注意事项。

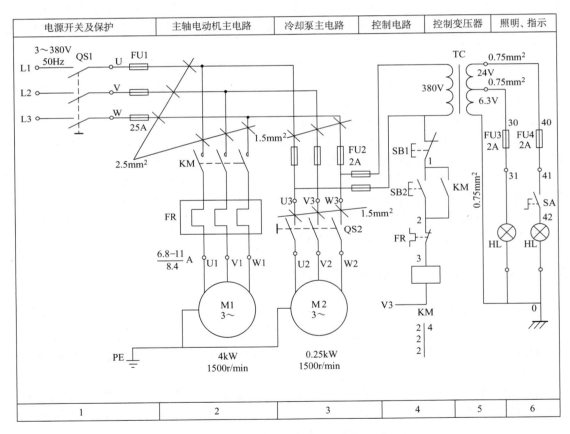

图 2-1　CW6132 型车床的电气原理图

绘制电气原理图的基本原则如下：

1）主电路、控制电路、信号电路等应分别绘出。电气原理图中同一电器的不同组成部分可不画在一起，但文字符号应标注一致。通常主电路用粗实线绘制在图纸的左方，其中电源电路用水平线绘制，受电动力设备（电动机）及其保护电器支路，应垂直于电源电路画出。辅助电路用细实线绘制在图纸的右方，应垂直于电源电路绘制。

2）电气原理图中电气元件的布局，应根据便于阅读的原则安排。无论主电路还是辅助电路，各电气元件一般按动作顺序从上到下、从左到右依次排列。

3）各电气元件不画实际的外形图，但要采用国家标准规定的图形符号和文字符号来绘制。属于同一电器的线圈和触点，都要采用同一文字符号表示。对同类型的电器，在同一电路中的表示可在文字符号后加阿拉伯数字序号来区分。

4）电气原理图中所有电器的触点，应按没有通电和没有外力作用时的开闭状态画出。对于继电器、接触器的触点，按其线圈不通电时的状态画出；控制器按手柄处于零位时的状态画出；对于按钮、行程开关等的触点，按未受到外力作用时的状态画出。

5）事故、备用、报警开关应表示在设备正常使用时的位置。若在特定的位置时，则图上应有说明。

6）应尽可能减少线条和避免交叉线。各导线之间有电联系时，对"T"形连接点，在导线交点处可以画实心圆点，也可以不画；对"＋"形连接点，必须画实心圆点。

7）有机械联系的元器件用虚线连接。

电气控制电路图中各电器的接线端子用规定的字母、数字符号标记。三相交流电源的引入线用 L1、L2、L3、N、PE 标记，直流系统电源正、负极与中线分别用 L＋、L－与 M 标记，三相动力电器的引出线分别按 U、V、W 顺序标记。

辅助电路中连接在一点上的所有导线具有同一电位而标注相同的线号，线圈、指示灯等以上线号标注奇数，线圈、指示灯等以下线号标注偶数。

此外，还有其他应遵循的绘图原则，可详见电气制图国家标准的有关规定。

2. 图面区域的划分

电气原理图下方的 1、2、3、…数字是图区编号，是为了便于检索电气线路、方便阅读分析而设置的。图区编号也可以设置在图的下方。图幅大时可以在图纸左侧加入 a、b、c、…字母图区编号。

图区编号下方的文字表明对应区域下方元器件或电路的功能，使读者能清楚地知道某个元器件或某部分电路的功能，以利于理解整个电路的工作原理。

3. 符号位置的索引

符号位置的索引用图号、页次和图区编号的组合索引法，索引代号的组成如图 2-2 所示。

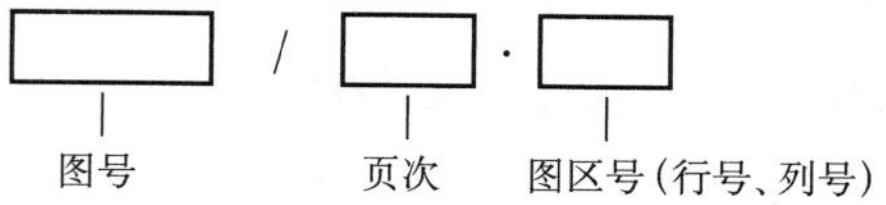

图号是指某设备的电气原理图按功能多册装订时，每册的编号，一般用数字表示。

图 2-2　索引代号的组成

当某图号仅有一页图样时，只写图号和图区的行、列号；在只有一个图号多页图样时，则图号和分隔符可以省略；而元器件的相关触点只出现在一张图样上时，只标出图区号（无行号时，只写列号）。

电气原理图中，接触器和继电器的线圈与触点的从属关系应用附图表示。即在原理图中相应线圈的下方，给出触点的文字符号，并在其下面注明触点的索引代号，对未使用的触点用"×"表明，也可采用省略的表示方法。

对于接触器，附图中各栏的含义如图 2-3 所示。

对于继电器，附图中各栏的含义如图 2-4 所示。

4. 电气原理图中技术数据的标注

电气图中各电气元件的型号，常在电气元件文字符号下方标注出来。电气元件的技术数据，除了在电气元件明细表中标明外，也可用小号字体标注在其图形符号的旁边，如图 2-1 中 FU2

图 2-3　接触器在附图中各栏的含义

图 2-4　继电器在附图中各栏的含义

的额定电流为 2A。

2.1.3　电气安装接线图

电气安装接线图是电气设备进行施工配线、敷线和校线工作时所应依据的图样之一。它必须符合电气设备原理图的要求，并清晰地表示出各个电气元件和装备的相对安装与敷设位置，以及它们之间的电连接关系。它是检修和查找故障时所需的技术文件，根据表达对象和用途不同，接线图有单元接线图、互连接线图和端子接线图等。其主要编制规则如下：

1）各电气元件均按实际安装位置绘出，元件所占图面按实际尺寸以统一比例绘制。

2）一个元件中所有的带电部件均画在一起，并用点画线框起来，即采用集中表示法。

3）各电气元件的图形符号和文字符号必须与电气原理图一致，并符合国家标准。

4）各电气元件上凡是需接线的部件端子都应绘出，并予以编号，各接线端子的编号必须与电气原理图上的导线编号相一致。

5）不在同一安装板或电气柜上的电气元件或信号的电气连接一般应通过端子排连接，并按照电气原理图中的接线编号连接。

6）走向相同、功能相同的相邻多根导线可用单线或线束表示。画连接线时，应标明导线的规格、型号、颜色、根数和穿线管的尺寸。图 2-5 为 CW6132 型车床的电气互连接线图。

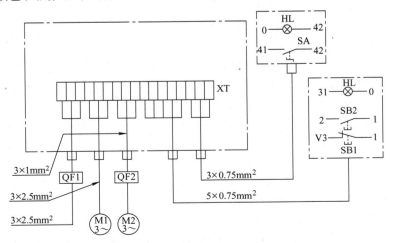

图 2-5　CW6132 型普通车床的电气互连接线图

2.1.4　电气元件布置图

电气元件布置图用来表明电气原理图中各元器件的实际安装位置，为机械电气控制设备的制造、安装、维护、维修提供必要的资料。可视电气控制系统的复杂程度采取集中绘制或单独绘制。在绘制元件布置图时，应遵循以下几条原则：

1) 体积大和较重的电气元件应安装在电气安装板的下方，而发热元件应安装在电气安装板的上方。

2) 强电、弱电应分开，弱电应屏蔽和隔离，防止外界干扰。

3) 需要经常维护、检修、调整的电气元件安装位置不宜过高或过低。

4) 电气元件的布置应考虑整齐、美观、对称的方针。外形尺寸与结构类似的电器应安装在一起，以利安装和配线。

5) 电气元件布置不宜过密，应留有一定间距。若用走线槽，应加大各排电器间距，以利布线和维修。图 2-6 为 CW6132 型车床的电气元件布置图。

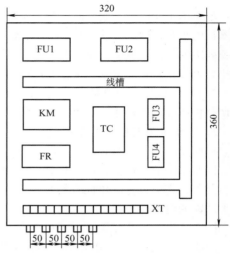

图 2-6　CW6132 型车床的电气元件布置图

2.2　交流电动机的基本控制电路

三相笼型异步电动机由于结构简单、运行可靠、使用维护方便、价格便宜等优点得到了广泛的应用。三相笼型异步电动机的起动、停止、正反转、调速、制动等电气控制电路是最基本的控制电路。本节以三相笼型异步电动机为控制对象，介绍基本电气控制电路。电气控制电路应最大限度地满足生产工艺的要求。

2.2.1　三相笼型异步电动机直接起动控制电路

在电力拖动系统中，起、停控制是最基本的、最主要的一种控制方式。三相笼型异步电动机的起动有直接起动（全电压）和减压起动两种方式。直接起动简单、经济，但起动电流可能达到额定电流的 4~7 倍。过大的起动电流一方面会造成电网电压显著下降，另一方面电动机频繁起动会严重发热，加速绕组的老化。所以直接起动电动机的容量受到一定的限制，一般容量在 10kW 以下的电动机常采用直接起动方式。下面介绍电动机直接起动控制电路，包括电动机单向运行和双向运行控制电路。

1. 电动机单向点动控制电路

图 2-7 为三相笼型异步电动机单向点动控制电路。它是一个最简单的控制电路。由隔离开关 QS、熔断器 FU1、接触器 KM 的常开主触点与电动机 M 构成主电路。FU1 作电动机 M 的短路保护。

按钮 SB、熔断器 FU2、接触器 KM 的线圈构成控制电路。FU2 作控制电路的短路保护。

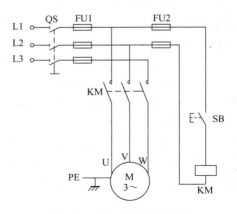

图 2-7　单向点动控制电路

电路图中的电器一般不表示出空间位置，同一电器的不同组成部分可画在一起，但文字符号应标注一致。例如，图 2-7 中接触器 KM 的线圈与主触点不画在一起，但必须用相同的文字符号 KM 来标注。

PE 为电动机 M 的保护接地线。

电路的工作原理：起动时，合上隔离开关 QS，引入三相电源，按下按钮 SB，接触器 KM 的线圈得电吸合，KM 的主触点闭合，电动机 M 因接通电源便起动运转。松开按钮 SB，按钮就在自身弹簧的作用下恢复到原来断开的位置，接触器 KM 的线圈失电释放，KM 的主触点断开，电动机失电停止运转。可见，按钮 SB 兼作停止按钮。

这种"一按（点）就动，一松（放）就停"的电路称为点动控制电路。点动控制电路常用于调整机床、对刀操作等。因短时工作，电路中可不设热继电器。

2. 电动机单向自锁控制电路

单向点动控制电路只适用于机床调整、刀具调整。而机械设备工作时，要求电动机作连续运行，即要求按下按钮后，电动机就能起动并连续运行直至加工完毕为止。单向自锁控制电路就是具有这种功能的电路。

图 2-8 为三相笼型异步电动机单向自锁控制电路。由隔离开关 QS、熔断器 FU1、接触器 KM 的主触点、热继电器 FR 的热元件与电动机 M 构成主电路。

起动按钮 SB2、停止按钮 SB1、接触器 KM 的线圈及常开辅助触点、热继电器 FR 的常闭触点和熔断器 FU2 构成控制电路。

（1）电路的工作原理

起动时，合上 QS，引入三相电源，按下起动按

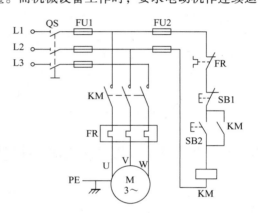

图 2-8　单向自锁控制电路

钮 SB2，交流接触器 KM 的电磁线圈通电，接触器的主触点闭合，电动机因接通电源直接起动运转。同时，与 SB2 并联的 KM 常开辅助触点闭合，这样当手松开，SB2 自动复位时，接触器 KM 的线圈仍可通过接触器 KM 的常开辅助触点使接触器线圈继续通电，从而保持电动机的连续运行。这种依靠接触器自身辅助触点而使其线圈保持通电的现象称为自锁，起自锁作用的辅助触点称为自锁触点。

要使电动机 M 停止运转，只要按下停止按钮 SB1，将控制电路断开即可。这时接触器 KM 的线圈断电释放，KM 的常开主触点将三相电源切断，电动机 M 停止运转。当手松开按钮后，SB1 的常闭触点在复位弹簧的作用下，虽又恢复到原来的常闭状态，但接触器线圈已不再能依靠自锁触点通电了，因为原来闭合的自锁触点早已随着接触器线圈的断电而断开了。

（2）电路的保护环节

1）短路保护。熔断器 FU1、FU2 用作短路保护，但达不到过载保护的目的。为使电动机在起动时熔体不被熔断，熔断器熔体的规格必须根据电动机起动电流的大小作适当选择。

2）过载保护。热继电器 FR 具有过载保护作用。使用时，将热继电器的热元件接在电动机的主电路中做检测元件，用以检测电动机的工作电流，而将热继电器的常闭触点接在控制电路中。当电动机长期过载或严重过载时，热继电器才动作，其常闭触点断开，切断控制电路，接触器 KM 的线圈断电释放，电动机停止运转，实现过载保护。

3）欠电压和失电压保护。该电路依靠接触器本身实现欠电压和失电压保护。当电源电压由于某种原因而严重欠电压或失电压时，接触器的衔铁自行释放，电动机停止运转。而当电源电压

恢复正常时，接触器的线圈也不能自动通电，只有在操作人员再次按下起动按钮 SB2 后电动机才会起动。

控制电路具备了欠电压和失电压保护功能后，有以下三个方面的优点：

第一、防止电压严重下降时，电动机在低电压下运行。

第二、避免多台电动机同时起动而造成的电压严重下降。

第三、防止电源电压恢复时，电动机突然起动运转造成设备和人身事故。

防止电源电压恢复时电动机自起动的保护也称为零电压保护。

单向自锁控制电路不仅能实现电动机的频繁起动控制，而且可以实现远距离的自动控制，是最常用的简单控制电路。这三种保护也是三相笼型异步电动机最常用的保护，它们对电动机安全运行非常重要。

3. 电动机单向点动、自锁混合控制电路

实际生产中，有的生产机械既需要连续运转进行加工生产，又需要在进行调整工作时采用点动控制，这就产生了单向点动、自锁混合控制电路。该电路的主电路同图 2-8，其控制电路可由图 2-9 所示的电路实现。

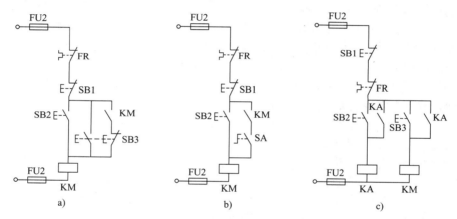

图 2-9 单向点动、自锁混合控制电路

图 2-9a 中采用一个复合按钮 SB3 来实现点动、自锁混合控制。点动控制时，按下复合按钮 SB3，其常闭触点先断开自锁电路，常开触点后闭合，使接触器 KM 的线圈通电，主触点闭合，电动机起动运转；当松开 SB3 时，SB3 的常开触点先断开，常闭触点后合上，接触器 KM 的线圈失电，主触点断开，电动机停止运转，从而实现点动控制。若需要电动机连续运转，则按起动按钮 SB2 即可，停机时需按停止按钮 SB1。复合按钮 SB3 的常闭触点作为联锁触点串联在接触器 KM 的自锁触点电路中。注意：点动时，若接触器 KM 的释放时间大于按钮恢复时间，则点动结束，SB3 的常闭触点复位时，接触器 KM 的常开触点尚未断开，使接触器自保电路继续通电，就无法实现点动了。

图 2-9b 中采用转换开关 SA 来实现点动、自锁混合控制。需要点动时，将 SA 打开，自锁回路断开，按下 SB2 实现点动控制。需要连续运转时，合上转换开关 SA，将 KM 的自锁触点接入，就可实现连续运转了。

图 2-9c 中采用中间继电器 KA 来实现点动、自锁混合控制。按下按钮 SB3 时，KM 的线圈通电，主触点闭合，电动机起动运转。当松开 SB3 时，KM 的线圈断电，主触点断开，电动机停止运转。若需要电动机连续运转，则按下起动按钮 SB2 即可，此时中间继电器 KA 的线圈通电吸合并自锁；KA 的另一触点接通 KM 的线圈。当需要停止电动机运转时，按下停止按钮 SB1 即可。

由于使用了中间继电器 KA，使点动与连续运转联锁可靠。

电动机点动和连续运转控制的关键是自锁触点是否接入。若能实现自锁，则电动机连续运转；若断开自锁回路，则电动机实现点动控制。

4. 电动机正反转控制电路

生产机械的运动部件作正、反两个方向的运动（如车床主轴的正向、反向运转，龙门刨床工作台的前进、后退，电梯的上升、下降等），均可通过控制电动机的正、反转来实现。由三相交流电动机原理可知，将电动机的三相电源进线中的任意两相对调，其旋转方向就会改变。为此，采用两个接触器分别给电动机接入正转和反转的电源，就能够实现电动机正转、反转的切换。

（1）正—停—反控制电路

图 2-10a 为电动机正转—停止—反转的控制电路。图中断路器 QF 作为电源引入开关，它具有短路保护、过载保护和失电压保护的功能。由于两个接触器 KM1、KM2 的主触点所接电源的相序不同，从而可改变电动机的转向。接触器 KM1 和 KM2 的触点不可同时闭合，以免发生相间短路故障，为此就需要在各自的控制电路中串接对方的常闭触点，构成互锁。电动机正转时，按下正向起动按钮 SB2，KM1 的线圈得电并自锁，KM1 的常闭触点断开，这时，即使按下反向起动按钮 SB3，KM2 也无法通电。当需要反转时，先按下停止按钮 SB1，令接触器 KM1 的线圈断电释放，KM1 的常闭触点复位闭合，电动机停转；再按下反向起动按钮 SB3，接触器 KM2 的线圈才能得电，电动机反转。由于电动机由正转切换成反转时，需先停下来，再反向起动，故称该电路为正—停—反控制电路。图 2-10a 中，利用接触器辅助常闭触点互相制约的方法称为互锁，而实现互锁的辅助常闭触点称为互锁触点。

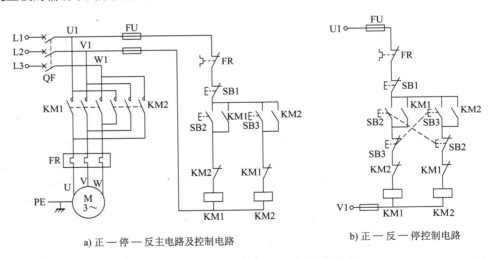

a) 正 — 停 — 反主电路及控制电路

b) 正 — 反 — 停控制电路

图 2-10　三相异步电动机正反转控制电路

（2）正—反—停控制电路

图 2-10a 中，要使电动机由正转切换到反转，需先按停止按钮 SB1，这显然在操作上不便，为了解决这个问题，可利用复合按钮进行控制，将起动按钮的常闭触点串联接入到对方接触器线圈的电路中，就可以直接实现正反转的切换控制了，控制电路如图 2-10b 所示。

正转时，按下正转起动复合按钮 SB2，此时，接触器 KM1 的线圈通电吸合，同时，KM1 的辅助常闭触点断开，辅助常开触点闭合起自锁作用，KM1 的主触点闭合，电动机正转运行。欲切换电动机的转向，只需按下反向起动复合按钮 SB3 即可。按下 SB3 后，其常闭触点先断开接触器 KM1 的线圈回路，接触器 KM1 释放，其主触点断开正转电源，常闭辅助触点复位；复合按钮 SB3 的常开触点后闭合，接通接触器 KM2 的线圈回路，接触器 KM2 的线圈通电吸合且辅助常开触点闭合自锁，接触器 KM2 的主触点闭合，反向电源接入电动机绕组，电动机作反向起动并运转，从而直接实现正、反向切换。要使电动机停止，按下停止按钮 SB1 即可使接触器 KM1 或 KM2 的线圈断电，主触点断开电动机电源而停机。

图 2-10a 中，由接触器 KM1、KM2 常闭触点实现的互锁称为"电气互锁"；图 2-10b 中，由复合按钮 SB2、SB3 常闭触点实现的互锁称为"机械互锁"。图 2-10b 中既有"电气互锁"，又有"机械互锁"，故称为"双重互锁"，该电路进一步保证了 KM1、KM2 不能同时通电，提高了可靠性。

欲使电动机由反向运转直接切换成正向运转，操作过程与上述类似。

5. 自动停止控制电路

具有自动停止的正反转控制电路如图 2-11 所示。它以行程开关作为控制元件来控制电动机的自动停止。在正转接触器 KM1 的线圈回路中，串联接入正向行程开关 SQ1 的常闭触点，在反转接触器 KM2 的线圈回路中，串联接入反向行程开关 SQ2 的常闭触点，这就成为具有自动停止的正反转控制电路。这种电路能使生产机械每次起动后自动停止在规定的地方，它也常用于机械设备的行程极限保护。

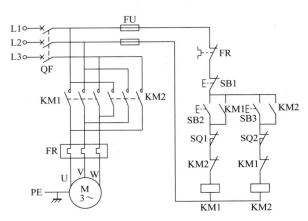

图 2-11　自动停止控制电路

电路的工作原理：当按下正转起动按钮 SB2 后，接触器 KM1 的线圈通电吸合并自锁，电动机正转，拖动运动部件作相应的移动，当位移至规定位置（或极限位置）时，安装在运动部件上的挡铁（撞块）便压下行程开关 SQ1，SQ1 的常闭触点断开，切断 KM1 的线圈回路，KM1 断电释放，电动机停止运转。这时即使再按 SB2，KM1 也不会吸合，只有按反转起动按钮 SB3，电动机反转，使运动部件退回，挡铁脱离行程开关 SQ1，SQ1 的常闭触点复位，为下次正向起动做准备。反向自动停止的控制原理与上述相同。

这种选择运动部件的行程作为控制参量的控制方式称为按行程原则的控制方式。

6. 自动往返控制电路

生产实践中，有些生产机械的工作台需要自动往返控制，如龙门刨床、导轨磨床等，它们是采用复合行程开关 SQ1、SQ2 实现自动往返控制的。行程开关 SQ1、SQ2 的安装示意图如图 2-12a 所示。在图 2-11 所示电路的基础上，将右端行程开关 SQ1 的常开触点并联在 SB3 的两端，左端行程开关 SQ2 的常开触点并联在 SB2 的两端，即构成自动往返控制电路。

电路的工作原理：当按下正转起动按钮 SB2 后，接触器 KM1 的线圈通电吸合并自锁，电动机正转，拖动运动部件向右移动，当位移至规定位置（或极限位置）时，安装在运动部件上的挡铁 1 便压下 SQ1，SQ1 的常闭触点断开，切断 KM1 的线圈回路，KM1 的主触点断开，且 KM1 的辅助常闭触点复位，由于 SQ1 的常闭触点断开后其常开触点闭合，这样，KM2 的线圈得电，其主触点接通反向电源，电动机反转，拖动运动部件向左移动，当挡铁 2 压到 SQ2 时，电动机又切换为正转。如此往返，直至按下停止按钮 SB1。

图 2-12b 中行程开关 SQ3、SQ4 安装在工作台往返运动的极限位置上，以防止行程开关 SQ1、

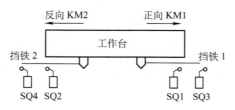

a) 工作台往返运动示意图

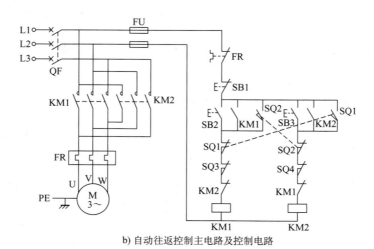

b) 自动往返控制主电路及控制电路

图 2-12　自动往返控制电路

SQ2 失灵，工作台继续运动不停止而造成事故，起到极限保护的作用。

　　自动往返控制电路的运动部件每经过一个自动往返循环，电动机要进行两次反接制动，会出现较大的反接制动电流和机械冲击。因此，该电路一般只适用于电动机容量较小，循环周期较长，电动机转轴具有足够刚性的拖动系统中。另外，接触器的容量应比一般情况下选择的容量大一些。自动往返控制的行程开关频繁动作，如采用机械式行程开关容易损坏，可采用接近开关来实现。

7. 其他典型控制电路

（1）多地控制电路

　　有些机械设备为了操作方便，常在两个或两个以上的地点进行控制。如重型龙门刨床有时在固定的操作台上控制，有时需要站在机床四周，操作悬挂按钮进行控制；又如自动电梯，人在轿厢里时可以控制，人在轿厢外也能控制；再如有些场合为了便于集中管理，由中央控制台进行控制，但每台设备调整、检修时，又需要就地进行控制。为了操作方便，X62W 型万能铣床在工作台的正面和侧面各有一组按钮供操作机床用。

　　两地控制电路如图 2-13 所示。图中，SB1、SB3 为安装在铣床正面的停止按钮和起动按钮，SB2、SB4 为安装在铣床侧面的停止按钮和起动按钮。操作者无论在铣床正面按下起动按钮 SB3，或是在铣床侧面按下起动按钮 SB4，都可使接触器 KM 的线圈得电，其主触点接通电

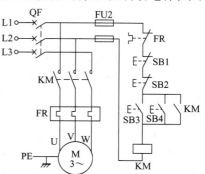

图 2-13　两地控制电路

动机电源而使电动机起动运转。此时若需停车，操作者无论在铣床正面按下 SB1 或在铣床侧面按下 SB2，均可使 KM 的线圈失电，电动机停止运转。

图 2-13 中，两地的起动按钮 SB3、SB4 常开触点并联起来控制接触器 KM 的线圈，只要其中任一按钮闭合，接触器 KM 的线圈就得电吸合；两地的停止按钮 SB1、SB2 常闭触点串联起来控制接触器 KM 的线圈，只要其中有一个触点断开，接触器 KM 的线圈就断电。推而广之，n 地控制电路只要将 n 地的起动按钮的常开触点并联起来，n 地的停止按钮的常闭触点串联起来控制接触器 KM 的线圈，即可实现 n 地起、停控制。

（2）顺序起、停控制电路

具有多台电动机拖动的机械设备，在操作时为了保证设备的安全运行和工艺过程的顺利进行，对电动机的起动、停止，必须按一定的顺序来控制，称为电动机的顺序控制。顺序控制在机械设备中很常见，如某机床的油泵电动机要先于主轴电动机起动。

两台电动机顺序起动控制电路如图 2-14 所示。控制要求电动机 M2 必须在 M1 起动后才能起动；M2 可以单独停止，但 M1 停止时，M2 要同时停止。

图 2-14a 所示电路的工作原理：合上断路器 QF，按下起动按钮 SB2，接触器 KM1 的线圈得电吸合且自锁，电动机 M1 起动运转。自锁触点 KM1 闭合为 KM2 的线圈得电做好准备。这时，按下起动按钮 SB4，接触器 KM2 的线圈得电吸合并自锁，电动机 M2 起动运转。可见，只有使 KM1 的辅助常开触点闭合、电动机 M1 起动后，才为起动 M2 做好准备，从而实现了电动机 M1 先起动、M2 后起动的顺序控制。按下按钮 SB3，电动机 M2 可单独停止；若按下按钮 SB1，则 M1、M2 同时停止。

图 2-14b 为按时间原则实现顺序控制的电路。控制要求电动机 M1 起动 t 秒后，电动机 M2 自动起动。这里利用时间继电器 KT 的延时闭合常开触点来实现顺序控制。

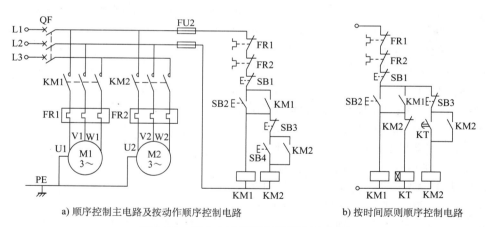

a) 顺序控制主电路及按动作顺序控制电路　　　b) 按时间原则顺序控制电路

图 2-14　两台电动机顺序起动控制电路

（3）步进控制电路

在步进控制电路中，程序是依次自动转换的。采用中间继电器组成的步进控制电路如图 2-15 所示，由每一个中间继电器线圈的"得电"和"失电"来表征某一程序的开始和结束。图中，电磁阀 YV1、YV2、YV3 为第一至第三程序步的执行电器；行程开关 SQ1、SQ2、SQ3 用于检测前三个程序步动作的完成。

电路的工作原理：按下起动按钮 SB2，中间继电器 KA1 的线圈得电吸合且自锁，执行电器电磁阀 YV1 的线圈也得电吸合，执行第一程序步。这时，中间继电器 KA1 的另一个常开触点也已闭合，为继电器 KA2 的线圈得电做好准备。当第一程序步执行完毕后，行程开关 SQ1 动作，其常开触点闭合，使中间继电器 KA2 的线圈得电吸合且自锁，同时 KA2 的常闭触点断开，切断中间继电器 KA1 和电磁阀 YV1 的线圈通电回路，使 KA1、YV1 的线圈失电，即第一程序步结束。这时，电磁阀 YV2 的线圈得电吸合，使程序转到第二程序步。中间继电器 KA2 的常开触点闭合，为 KA3 的线圈得电做好准备……当第三程序步执行完毕后，行程开关 SQ3 动作，使中间继电器 KA4 的线圈得电吸合且自锁，同时切断 KA3、YV3 的线圈通电回路，第三程序步结束。

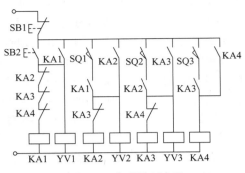

图 2-15　步进控制电路

在上述控制过程中，每一时刻，保证只有一个程序步在工作。每个程序步均包含程序的开始（或程序的转移）、程序的执行、程序的结束三个阶段。这里以上一个程序步动作的完成作为转入下一个程序的转换信号，使程序依次自动地转换执行。

按停止按钮 SB1，中间继电器 KA4 的线圈失电，为下一次步进工作做好准备。

2.2.2　三相笼型异步电动机减压起动控制电路

由于大容量笼型异步电动机的直接起动电流很大，会引起电网电压降低，使电动机转矩减小，甚至起动困难，而且还会影响同一供电网络中其他设备的正常工作，所以容量大（大于 10kW）的笼型异步电动机的起动电流应限制在一定的范围内，不允许直接起动，因而采用减压起动的方法，即起动时降低加在电动机定子绕组上的电压，起动后再将电压恢复到额定值正常运行。由于电枢电流与外加电压成正比，所以，降低电压可达到限制起动电流的目的。但由于电动机转矩与电压的二次方成正比，故减压起动将导致电动机起动转矩大为降低。因此，减压起动适用于空载或轻载下起动。

笼型异步电动机常用的减压起动方法有：定子绕组串电阻减压起动、星-三角减压起动、自耦变压器减压起动、延边三角形减压起动和使用软起动器起动等方法。

1. 电动机定子绕组串电阻减压起动控制电路

电动机定子绕组串电阻减压起动控制电路如图 2-16 所示。电动机起动时，在三相定子电路中串接电阻 R，使电动机定子绕组电压降低；待电动机转速接近额定转速时，再将串接电阻短接，使电动机在额定电压下正常运行。按下 SB2 后，KM1 首先得电并自锁，同时使时间继电器 KT 得电并开始计时，延时时间到，KM2 得电并自锁，电动机定子绕组串接电阻被短接，电动机作正常全电压运行。

这种起动方式不受电动机联结方式的限制，设备简单。在机床控制中，作点动调整控制的电动机，常用串接电阻减压起动方式来限制起动电

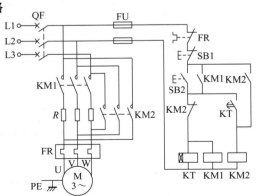

图 2-16　电动机定子绕组串电阻减压起动控制电路

流。起动电阻一般采用由电阻丝绕制的板式电阻或铸铁电阻，电阻功率大，限流能力强，但由于起动过程中能量消耗较大，也常将电阻改用电抗，但电抗价格高，成本大。

2. 星-三角减压起动控制电路

对于正常运行时定子绕组为三角形联结的笼型异步电动机，可采用星-三角减压起动方法来限制起动电流。起动时，定子绕组先接成星形，待转速上升到接近额定转速时，将定子绕组的联结方式由星形改接成三角形，使电动机进入全电压正常运行状态。图 2-17a 为星-三角转换绕组联结示意图。

图 2-17b 为星-三角减压起动主电路及控制电路。该主电路由三只接触器进行控制，其中，KM3 的主触点闭合，则将电动机绕组连接成星形；KM2 的主触点闭合，则将电动机绕组连接成三角形；KM1 的主触点则用来控制电源的通断。KM2、KM3 不能同时吸合，否则将出现三相电源短路事故。

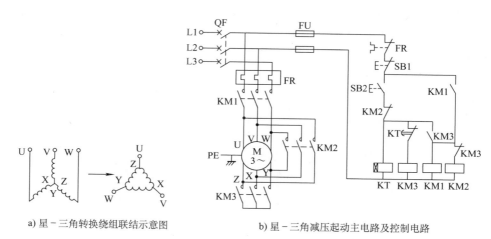

a) 星–三角转换绕组联结示意图　　　　b) 星–三角减压起动主电路及控制电路

图 2-17　星-三角减压起动控制电路

控制电路中，采用时间继电器来实现电动机绕组由星形联结向三角形联结的自动转换。

电路的工作原理：按下起动按钮 SB2，时间继电器 KT、接触器 KM3 的线圈得电，接触器 KM3 的主触点闭合，将电动机绕组接成星形。随着 KM3 得电吸合，KM1 的线圈得电并自锁，电动机绕组在星形联结下起动。待电动机转速接近额定转速时，KT 延时完毕，其常闭延时触点动作，接触器 KM3 失电，其常闭触点复位，KM2 得电吸合，将电动机绕组接成三角形，电动机进入全电压运行状态。该控制电路的特点如下：

1）接触器 KM3 先吸合，KM1 后吸合。这样，KM3 的主触点是在无负载的条件下进行接触，可以延长 KM3 主触点的使用寿命。

2）互锁保护措施。KM3 的常闭触点在电动机起动过程中锁住 KM2 的线圈回路，只有在电动机起动完毕，并且 KM3 的线圈失电后，KM2 才可能得电吸合；KM2 的常闭触点与 SB2 串联，在电动机正常运行时，如果有人误按起动按钮 SB2，KM2 的常闭触点能防止接触器 KM3 得电动作而造成电源短路，使电路工作更为可靠，同时也可防止接触器 KM2 的主触点由于熔焊住或机械故障而没有断开时，可能出现的电源短路事故。

3）电动机绕组由星形联结向三角形联结自动转换后，随着 KM3 失电，KT 失电复位。这样，节约了电能，延长了电器的使用寿命，同时 KT 常闭触点的复位为第二次起动做好准备。

与其他减压起动方法比，星-三角减压起动电路简单、操作方便、价格低，在机床电动机控制中得到了普遍应用。星-三角减压起动时，加到定子绕组上的起动电压降至额定电压的 $1/\sqrt{3}$，起动电流降为三角形联结直接起动时的 1/3，从而限制了起动电流，但由于起动转矩也降低到了原来的 1/3，所以该起动方法仅适用于轻载或空载起动的场合。

3. 自耦变压器减压起动控制电路

在自耦变压器减压起动的控制电路中，电动机起动电流的限制是依靠自耦变压器的降压作用来实现的。电动机起动时，定子绕组得到的电压是自耦变压器的二次电压，一旦起动完毕，自耦变压器便被短接，自耦变压器的一次电压（即额定电压）直接加于定子绕组，电动机进入全电压正常运行状态。

采用时间继电器完成的自耦变压器减压起动控制电路如图2-18所示。起动时，合上电源开关QF，按下起动按钮SB2，接触器KM1、KM3的线圈和时间继电器KT的线圈得电，KT的瞬时动作常开触点闭合，接触器KM1、KM3的主触点闭合将电动机定子绕组经自耦变压器接至电源，开始减压起动。时间继电器经过一定时间延时后，其延时常闭触点打开，使接触器KM1、KM3的线圈失电，KM1、KM3的主触点断开，从而将自耦变压器切除。同时，KT的延时闭合常开触点闭合，使KM2的线圈得电，KM2的常开辅助触点闭合自锁，电动机在全电压下运行，完成整个起动过程。

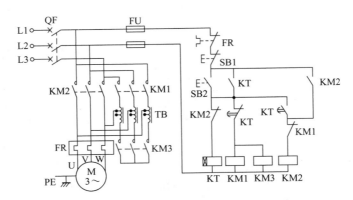

图2-18　自耦变压器减压起动控制电路

自耦变压器减压起动时对电网的电流冲击小，功率损耗小，主要适用于起动较大容量的星形或三角形联结的电动机，起动转矩可以通过改变抽头的连接位置而改变。它的缺点是自耦变压器结构相对复杂，价格较高，而且不允许频繁起动。

2.2.3　三相绕线转子异步电动机起动控制电路

绕线转子异步电动机可以通过集电环在转子绕组中串接外加电阻来达到减小起动电流、提高转子电路的功率因数和增加起动转矩的目的。

串接在三相转子绕组中的外加起动电阻，一般都接成星形。在起动前，外加起动电阻全部接入转子绕组。随着起动过程的结束，外接起动电阻被逐段短接。

图2-19所示的主电路中，串接了两级起动电阻 R_1、R_2，起动过程中逐步短接起动电阻 R_1、R_2。串接起动电阻的级数越多，起动越平稳。接触器KM2、KM3为加速接触器。

控制过程中选择电流作为控制参量进行控制的方式称为电流原则。图2-19所示电路是按电流原则控制绕线转子异步电动机起动的。它采用电流继电器，并依据电动机转子电流的变化，来自动逐段切除转子绕组中所串接的起动电阻。

图2-19中，KI1和KI2为电流继电器，其线圈串接在转子绕组电路中。这两个电流继电器的吸合电流大小相同，但释放电流不一样，KI1的释放电流大，KI2的释放电流小。刚起动时，转子绕组中起动电流很大，电流继电器KI1和KI2的线圈都吸合，它们接在控制电路中的常闭触点都断开，外接起动电阻全部接入转子绕组电路中；待电动机的转速升高后，转子绕组中的电流减

小，使电流继电器 KI1 先释放，KI1 的
常闭触点复位闭合，使接触器 KM2 的线
圈得电吸合，转子绕组电路中 KM2 的主
触点闭合，切除电阻 R_1；当 R_1 被切除
后，转子绕组中的电流重新增大使转速
平稳，随着转速继续上升，转子绕组中
的电流又会减小，使电流继电器 KI2 释
放，其常闭触点复位，接触器 KM3 的线
圈得电吸合，转子绕组电路中 KM3 的主
触点闭合，把第二级电阻 R_2 又短接切
除，至此电动机起动过程结束。

　　图 2-19 中，中间继电器 KA 起转换
作用，保证起动时全部起动电阻接入转
子绕组电路。只有在中间继电器 KA 的

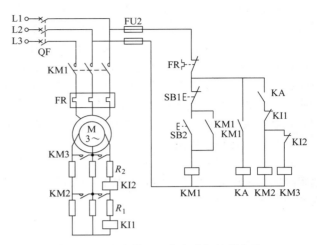

图 2-19　绕线转子异步电动机控制电路

线圈得电，KA 的常开触点闭合后，接触器 KM2 和 KM3 的线圈才有可能得电吸合，然后才能逐
级切除电阻，这样就保证了电动机在串入全部起动电阻的情况下进行起动。

2.2.4　三相笼型异步电动机制动控制电路

　　三相笼型异步电动机从切除电源到完全停止旋转，由于惯性的关系，总要经过一段时间，这
往往不能适应某些生产机械工艺的要求，如万能铣床、卧式镗床、电梯等，为提高生产效率及准
确停位，要求电动机能迅速停车，因此要求对电动机进行制动控制。

　　制动方法一般有两大类：机械制动和电气制动。

　　机械制动是采用机械装置强迫电动机断开电源后迅速停转的制动方法，主要采用电磁抱闸、
电磁离合器等制动，两者都是利用电磁线圈通电后产生磁场，使静铁心产生足够大的吸力吸合
衔铁或动铁心（电磁离合器的动铁心被吸合，动、静摩擦片分开），克服弹簧的拉力而满足现场
的工作要求。电磁抱闸是靠闸瓦的摩擦制动
闸，电磁离合器是利用动、静摩擦片之间足
够大的摩擦力使电动机断电后立即停车的。

　　电气制动是电动机在切断电源的同时给
电动机一个和实际转向相反的电磁转矩（制
动转矩）迫使电动机迅速停车的制动方法。
常用的电气制动方法有反接制动、能耗制动。

1.　反接制动控制电路

　　反接制动是利用改变电动机电源相序，
使定子绕组产生的旋转磁场与转子惯性旋转
方向相反，因而产生制动作用的一种制动
方法。

　　（1）单向运行反接制动控制电路

　　图 2-20 为单向运行反接制动控制电路。
主电路中，接触器 KM1 的主触点用来提供电
动机的工作电源，接触器 KM2 的主触点用来
提供电动机停车时的制动电源。

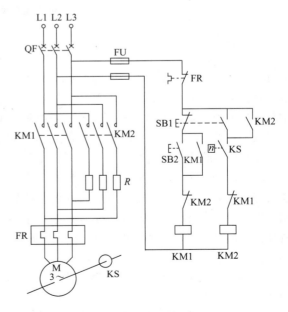

图 2-20　单向运行反接制动电路

　　电路的工作原理：起动时，合上电源开关 QF，按下起动按钮 SB2，接触器 KM1 的线圈得电吸合且自锁，KM1 的主触点闭合，电动机起动运转；当电动机转速升高到一定数值时，速度继电器 KS 的常开触点闭合，为反接制动做好准备。停车时，按停止按钮 SB1，接触器 KM1 的线圈失电释放，KM1 的主触点断开电动机的工作电源；而接触器 KM2 的线圈得电吸合，KM2 的主触点闭合，串入电阻 R 进行反接制动，电动机产生一个反向电磁转矩（即制动转矩），迫使电动机转速迅速下降，当转速降至 100r/min 以下时，速度继电器 KS 的常开触点复位打开，使接触器 KM2 的线圈失电释放，及时切断电动机的电源，防止电动机的反向再起动。

　　（2）可逆运行反接制动控制电路

　　图 2-21 为可逆运行反接制动控制电路。图中，KM1、KM2 为正、反转接触器，KM3 为短接电阻接触器；KA1～KA3 为中间继电器；KS 为速度继电器，其中 KS1 为正转动作触点，KS2 为反转动作触点。

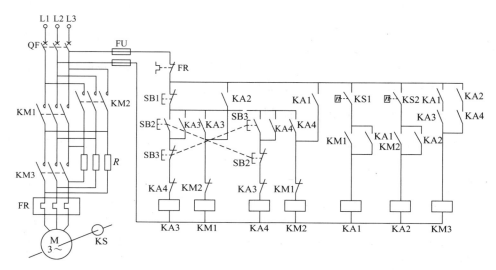

图 2-21　可逆运行反接制动控制电路

　　电路的工作原理，请大家自行分析。

　　由于反接制动时转子与定子旋转磁场的相对速度接近于两倍的同步转速，所以定子绕组中流过的反接制动电流相当于全电压直接起动时电流的两倍。因此，反接制动的特点是制动迅速、效果好，但冲击力大，通常仅用于 10kW 以下的小容量电动机要求制动迅速及系统惯性大，不经常起动与制动的设备，如铣床、镗床等主轴的制动控制。为了减小冲击电流，通常要求在主电路中串接一定的电阻以限制反接制动电流，这个电阻称为反接制动电阻。

2. 能耗制动控制电路

　　能耗制动是在电动机脱离三相交流电源后，立即使其两相定子绕阻加上一个直流电源，即通入直流电流，利用转子感应电流与静止磁场的相互作用来达到制动目的的一种制动方法。该制动方法将电动机旋转的动能转换为电能，消耗在制动电阻上，故称为能耗制动。能耗制动可按时间原则由时间继电器来控制，也可按速度原则由速度继电器来控制。

　　（1）单向运行能耗制动控制电路

　　图 2-22 为单向运行能耗制动控制电路。图中，KM1 为单向运行接触器，KM2 为能耗制动接触器，TR 为整流变压器，VC 为桥式整流电路，R 为能耗制动电阻。

　　图 2-22b 为按时间原则控制的单向运行能耗制动控制电路。电动机起动时，合上电源开

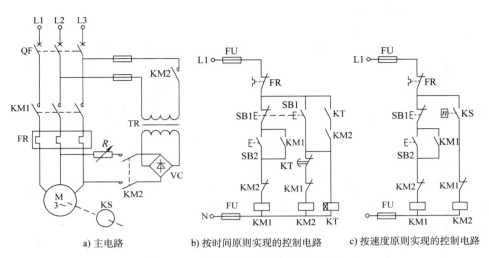

a) 主电路　　　　　b) 按时间原则实现的控制电路　　　c) 按速度原则实现的控制电路

图 2-22　单向运行能耗制动控制电路

关 QF，按下起动按钮 SB2，接触器 KM1 的线圈得电吸合，KM1 的主触点闭合，电动机起动运转。停车时，按下停止按钮 SB1，接触器 KM1 的线圈失电释放，接触器 KM2 和时间继电器 KT 的线圈得电吸合，KM2 的主触点闭合，电动机定子绕组通入全波整流脉动直流电进入能耗制动状态。当转子的惯性转速接近于零时，KT 的动断触点延时断开，接触器 KM2 的线圈失电释放，KM2 的主触点断开全波整流脉动直流电源，电动机能耗制动结束。图中 KT 的瞬时常开触点的作用是为了防止发生时间继电器线圈断线或机械卡住故障时，电动机在按下停止按钮 SB1 后仍能迅速制动，两相的定子绕组不至于长期接入能耗制动的直流电流。所以，在 KT 发生故障后，该电路具有手动控制能耗制动的能力，即只要停止按钮处于按下的状态，电动机就能够实现能耗制动。

图 2-22c 为按速度原则控制的单向运行能耗制动控制电路，其能耗制动过程请读者自行分析。

（2）可逆运行能耗制动控制电路

图 2-23 为采用速度原则控制的可逆运行能耗制动控制电路。图中，KM1、KM2 为正、反转接触器，KM3 为能耗制动接触器；KS 为速度继电器，KS1 为正转动作触点，KS2 为反转动作触点。

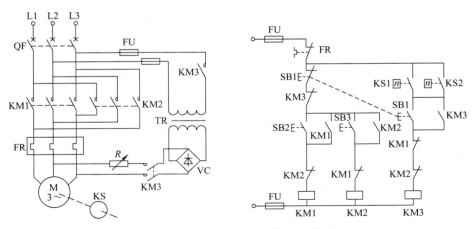

图 2-23　采用速度原则控制的电动机可逆运行能耗制动控制电路

电路的工作原理，请读者自行分析。

可逆运行能耗制动也可按时间原则进行控制，用时间继电器取代速度继电器进行控制。

能耗制动的优点是制动准确、平稳且能量消耗较小，缺点是需要附加直流电源装置，制动效果不及反接制动明显。所以能耗制动一般用于电动机容量较大，起动、制动频繁的场合，如磨床、立式铣床等控制电路中。

2.2.5 三相笼型异步电动机调速控制电路

很多机械设备常要求拖动的三相笼型异步电动机可调速，以满足自动控制要求。电动机调速一般有两类方法：定速电动机与减速箱配合的调速方式和采用自身可调速的电动机。前者常采用机械式或油压式变速器，或者采用电磁转差离合器，其缺点是调速范围小、效率低。电动机直接调速的方法主要有变更定子绕组极对数的变极调速、变频调速和改变转差率调速等方式。变极调速虽然不能实现无级调速，但价格低，控制简单、可靠，因此在有级调速能够满足要求的机械设备上，广泛采用多速异步电动机作为主拖动电动机，如外圆磨床、镗床等。本节主要介绍变极调速原理及控制电路。变频调速的内容请参考其他书籍。

变极调速通过改变定子绕组极对数来改变电动机的转速，一般有双速、三速、四速之分。双速电动机定子装有一套绕组，而三速、四速电动机则有两套绕组。

1. 双速电动机的调速原理

双速电动机的变速是通过改变定子绕组的联结来改变极对数，从而实现转速的改变。常见的定子绕组联结方式有两种：三角形→双星形（△→YY）变换和星形→双星形（Y→YY）变换。

△→YY变换是定子绕组由三角形联结改为双星形联结，即由图 2-24a 所示的联结变换成图 2-24c 所示的联结。图 2-24a 中电动机的三相定子绕组三角形联结，三个绕组的三个连接点有三个出线端 U1（W3）、V1（U3）、W1（V3），每相绕组的中点各接出一个出线端 U2、V2、W2，共有九个出线端。改变这九个出线端与电源的连接方法就可得到两种不同的转速。要使电动机低速工作时，只需将三相电源接至电动机定子绕组三角形联结顶点的出线端 U1（W3）、V1（U3）、W1（V3）上，其余三个出线端 U2、V2、W2 空着不接，此时电动机定子绕组接成△联结，电动机极数为 4 极，同步转速为 1500r/min。若要电动机高速工作时，则将电动机定子绕组的六个出线端 U1、V1、W1、U3、V3、W3 连接在一起，电源接到 U2、V2、W2 三个出线端上，这时电动机定子绕组接成YY联结，如图 2-24c 所示，此时电动机极数为 2 极，同步转速为 3000r/min。

Y→YY变换是定子绕组由星形联结改为双星形联结，即由图 2-24b 所示的联结变换成 2-24c 所示的联结，电动机可由低速转为高速运行。

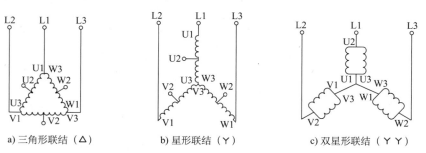

a) 三角形联结（△）　　　b) 星形联结（Y）　　　c) 双星形联结（YY）

图 2-24 双速电动机定子绕组联结图

△和Y这两种联结方式变换成双星形联结均使电动机极对数减少一半，转速增加一倍。但△→YY切换适用于拖动恒功率性质的负载，而Y→YY切换适用于拖动恒转矩性质的负载。

应当注意，变极调速有“反转向”和“同转向”两种方法。若变极后电源相序不变，则电动机反转高速运行；若要保持电动机变极后转向不变，则必须在变极的同时改变电源的相序。

2. 双速电动机的控制电路

双速电动机的控制电路有很多种，用双速手动开关进行控制时，其电路较简单，但不能带负载起动，通常是用交流接触器来进行控制。

（1）接触器控制的双速电动机控制电路

图 2-25 为采用三只接触器实现双速电动机控制的主电路和控制电路。其工作原理如下：

低速控制时，先合上电源开关 QF，然后按下起动按钮 SB2，接触器 KM1 的线圈得电吸合，KM1 的主触点闭合，电动机绕组接成△，低速起动运转。

a) 主电路　　b) 接触器控制电路　　c) 接触器、时间继电器控制电路

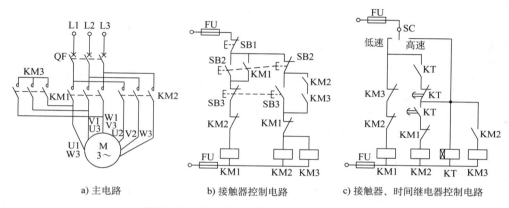

图 2-25　双速电动机的主电路和控制电路

高速控制时，按下高速起动按钮 SB3，切断接触器 KM1 的线圈电路，KM3 和 KM2 的线圈同时得电吸合，KM3 的主触点闭合，将电动机的定子绕组 U1（W3）、V1（U3）、W1（V3）并头，KM2 的主触点闭合，将三相电源通入电动机定子绕组的 U2、V2、W2 端，电动机绕组接成YY，高速起动运转。

运行中，若要变速，则只要直接按下按钮 SB2 或 SB3，就可以实现由高速变低速或由低速变高速的运行。这种控制电路适合于小容量双速电动机的控制。

（2）采用接触器、时间继电器的控制电路

图 2-25c 中采用转换开关和时间继电器来实现电动机绕组由“△”自动切换为“YY”。图中 SC 为具有三个触点的转换开关。当转换开关 SC 扳到中间位置时，电动机停转；当转换开关 SC 扳到“低速”位置时，接触器 KM1 的线圈得电吸合，KM1 的主触点闭合，电动机定子绕组接成△，以低速起动运转；当转换开关 SC 扳到“高速”位置时，时间继电器 KT 的线圈首先得电吸合，KT 的动合触点瞬时闭合，接触器 KM1 的线圈得电吸合，KM1 的主触点闭合，电动机 M 定子绕组接成△低速起动，经过一定的延时后，时间继电器 KT 的动断触点延时断开，接触器 KM1 的线圈失电释放，KT 的动合触点延时闭合，接触器 KM3 和 KM2 的线圈先后得电吸合，电动机定子绕组接成YY高速运转。

显然该控制电路对双速电动机的高速起动是两级起动控制，以减少电动机在高速挡起动时的能量消耗。该控制电路适合于较大容量双速电动机的控制。

2.2.6 组成电气控制电路的基本规律

前面几节主要介绍了三相笼型异步电动机的起动、制动、调速等基本控制电路，这里对组成电气控制电路的基本规律进行总结，以便读者更好地进行电气控制电路的分析与设计。按联锁控制和按控制过程的变化参量进行控制是组成电气控制电路的基本规律。

1. 按联锁控制的规律

电气控制电路中，各电器之间具有互相制约、互相配合的控制，称为联锁控制。在顺序控制电路中，要求接触器 KM1 得电后，接触器 KM2 才能得电，可以将前者的常开触点串接在 KM2 线圈的控制电路中，或者将 KM2 控制线圈的电源从 KM1 的自锁触点后引入。在电动机正、反转控制电路中，要求接触器 KM1 得电后，接触器 KM2 的线圈不能得电吸合，则需将前者的常闭触点串接在 KM2 的线圈电路中，反之亦然。这种联锁关系称为互锁。

在单向点动、自锁混合控制电路中，为了可靠地实现点动控制，要求电动机的正常连续工作与点动工作实现联锁控制，则需用复合按钮作点动控制按钮，并将点动按钮的常闭触点串接在自锁电路中。在具有自动停止的正反转控制电路中，为使运动部件在规定的位置停下来，可以把正向行程开关 SQ1 的常闭触点串联接入正转接触器 KM1 的线圈电路中，把反向行程开关 SQ2 的常闭触点串联接入反转接触器 KM2 的线圈电路中。

综上所述，实现联锁控制的基本方法是采用反映某一运动的联锁触点控制另一运动的相应电器，从而达到联锁控制的目的。联锁控制的关键是正确地选择联锁触点。

2. 按控制过程的变化参量进行控制的规律

在生产过程中，总伴随着一系列的参数变化，如电流、电压、压力、温度、速度、时间等参数。在电气控制中，常选择某些能反映生产过程的变化参数作为控制参量进行控制，从而实现自动控制的目的。

在星-三角减压起动控制电路中，选择时间作为控制参量，采用时间继电器实现电动机绕组由星形联结向三角形联结自动转换的控制。这种选择时间作为控制参量进行控制的方式称为按时间原则的控制方式。

在自动往返控制电路中，选择运动部件的行程作为控制参量，采用行程开关实现运动部件自动往返运动的控制。这种选择行程作为控制参量进行控制的方式称为按行程原则的控制方式。

在反接制动控制电路中，选择速度作为控制参量，采用速度继电器实现及时切断反向制动电源的控制。这种选择速度（转速）作为控制参量进行控制的方式称为按速度原则的控制方式。

在绕线转子异步电动机的起动控制电路中，选择电流作为控制参量，采用电流继电器实现电动机起动过程中逐段短接起动电阻的控制。这种选择电流作为控制参量进行控制的方式称为按电流原则的控制方式。

控制过程中选择电压、压力、温度等控制参量进行控制的方式分别称为按电压原则、压力原则、温度原则的控制方式。

按控制过程的变化参量进行控制的关键是正确选择控制参量、确定控制原则，并选定能反映该控制参量变化的电气元件。例如，按时间原则控制时，则应选用时间继电器来反映时间参量的变化。

2.2.7 电气控制电路中的保护环节

电气控制系统除了应满足生产工艺要求外，还应保证设备长期、安全、可靠、无故障地运行，在发生故障和不正常工作状态下，应能保证操作人员、电气设备和生产机械的安全，并能有效防止事故的扩大。因此，保护环节是所有电气控制系统不可缺少的组成部分。常用的保护环节有短路保护、过电流保护、过载保护、零电压保护、欠电压保护、弱磁保护等，还有保护接地、工作接地等。

1. 短路保护

电动机、电器以及导线的绝缘损坏或线路发生故障时，都可能造成短路事故。短路的瞬时故障电流可达到额定电流的几倍到几十倍，很大的短路电流和电动力可能使电气设备损坏。因此，一旦发生短路故障时，要求控制电路能迅速切除电源。常用的短路保护元件有熔断器和低压断路器。

如图 2-8 所示电路中的 FU1，在对主电路采用三相四线制或对变压器采用中性点接地的三相三线制的供电线路中，必须采用三相短路保护。FU2 是当主电动机容量较大时在控制电路中单独设置短路保护的熔断器。如果电动机容量较小，则控制电路不需要另外设置熔断器，主电路中的熔断器可作为控制电路中的短路保护。

短路保护也可采用断路器，如图 2-10 等所示的电路。此时，断路器除了作为电源引入开关外，还有短路保护和过载保护的功能。其中的过电流线圈具有反时限特性，用作短路保护，热元件用作过载保护。

2. 过电流保护

过电流保护是区别于短路保护的另一种电流型保护，一般采用过电流继电器，其动作电流比短路保护的电流值小，一般动作值为起动电流的 1.2 倍。过电流保护也要求有瞬动保护特性，即只要过电流值达到整定值，保护电器应立即切断电源。

过电流往往是由于不正确的起动和过大的负载引起的，一般比短路电流要小，在电动机运行中产生过电流比发生短路的可能性更大，尤其是在频繁正、反转起动的重复短时工作制电动机中更是如此。过电流保护广泛用于直流电动机或绕线转子异步电动机，对于三相笼型异步电动机，由于其短时过电流不会产生严重后果，故可不设置过电流保护。

3. 过载保护

电动机长期超载运行，绕组温升将超过其允许值，造成绝缘材料变脆、寿命降低，严重时会使电动机损坏，过载电流越大，达到允许温升的时间就越短。常用的过载保护元件是热继电器。过载保护要求保护电器具有反时限特性，即根据电流过载倍数的不同，其动作时间是不同的，它随着电流的增加而减小。

由于热惯性的原因，热继电器不会受电动机短时过载冲击电流或短路电流的影响而瞬时动作，所以在使用热继电器作过载保护的同时，还必须设有短路保护，并且选作短路保护的熔断器熔体的额定电流不应超过 4 倍热继电器发热元件的额定电流。

必须强调指出，短路、过电流、过载保护虽然都是电流保护，但由于故障电流、动作值以及保护特性、保护要求及使用元件的不同，它们之间是不能相互取代的。

4. 零电压保护和欠电压保护

在电动机正常运行中，如果电源电压因某种原因消失而使电动机停转，那么在电源电压恢复时，如果电动机自行起动，就可能造成生产设备损坏，甚至造成人身事故；对于供电电网，同时有许多电动机及其他用电设备自行起动也会引起不允许的过电流及瞬间网络电压下降。为了防止电源消失后恢复供电时电动机自行起动或电气元件的自行投入工作而设置的保护，称为零电压保护。

在单向自锁控制等电路中，起动按钮的自动复位功能和接触器的自锁触点，就使电路本身具有零电压保护的功能。若不采用按钮，而是用不能自动复位的手动开关、行程开关等控制接触器，则必须采用专门的零电压继电器。

当电动机正常运行时，电源电压过分地降低将引起一些电器释放，造成控制电路工作不正常，甚至产生事故；电网电压过低，如果电动机负载不变，则会造成电动机电流增大，引起电动机发热，严重时甚至烧坏电动机。此外，电源电压过低还会引起电动机转速下降，甚至停转。因此，在电源电压降到允许值以下时，需要采用保护措施，及时切断电源，这就是欠电压保护，通常采用欠电压继电器来实现。

2.3 典型生产机械电气控制电路的分析

　　电气控制系统是现在生产机械设备的重要组成部分，是保证机械设备各种运动的协调与准确动作、生产工艺各项要求得到满足、工作安全可靠及操作实现自动化的主要技术手段。电气控制设备种类繁多，拖动方式各异，控制电路也各不相同。本节在学习了基本电气控制电路的基础上，通过典型生产机械 C650 型卧式车床的电气控制电路的分析，使读者掌握其分析方法，从中找出分析规律，逐步提高阅读电气控制电路图的能力，为进行电气控制电路的设计、调试和维护等工作打下良好的基础。

2.3.1　电气控制电路分析的基础

1. 电气控制电路分析的依据

　　分析设备电气控制电路的依据是设备本身的基本结构、运动情况、加工工艺要求、电力拖动要求和电气控制要求等。这些依据来自设备本身的有关技术资料，如设备操作使用说明书、电气原理图、电气安装接线图及电气元件明细表等。

2. 电气控制电路分析的内容和要求

　　分析电气控制电路的具体内容和要求，主要包括以下几个方面。

　　（1）设备操作使用说明书

　　设备操作使用说明书一般由机械（包括液压、气动部分）和电气两大部分组成，在分析时应重点了解以下内容：

　　1）设备的构造组成、工作原理，传动系统的类型及驱动方式，主要性能指标等。

　　2）电气传动方式，电动机及执行电器的数量、规格型号、用途、控制要求及安装位置等。

　　3）设备的操作方式，各种操作手柄、开关、按钮、指示灯的作用与安装位置。

　　4）与机械、液压部分直接关联的电气元器件，如行程开关、电磁阀、电磁离合器、各种传感器等元器件，它们的安装位置、工作状态及与机械、液压部分的关系，在控制中的作用等。

　　（2）电气原理图

　　电气原理图是控制电路分析的中心内容。在分析时，必须与阅读其他技术资料结合起来，例如，各种电动机及执行电器的控制方式、位置及作用，各种与机械设备有关的位置开关、主令电器的状态等。

2.3.2　电气原理图阅读分析的方法与步骤

　　阅读电气原理图的基本方法可总结为：先机后电、先主后辅、化整为零、集零为整。具体的方法是查线分析法，即以某一电动机或电气元件（如接触器或继电器线圈）为对象，从电源开始，自上而下、自左而右，逐一分析其通断关系，并区分出主令信号、联锁条件和保护环节等，根据图区坐标所标注的检索可方便地分析出各控制条件与输出的因果关系。

　　电气原理图的分析方法与步骤如下：

1. 分析主电路

　　从主电路入手，根据每台电动机和执行电器的控制要求去分析各电动机和执行电器的类型、工作方式、起动方式、转向控制、调速和制动等基本控制要求。

2. 分析控制电路

分析控制电路最基本的方法是"查线读图"法。根据主电路中各电动机和执行电器的控制要求，逐一找出控制电路中的控制环节，用前面学过的基本控制电路的知识，将控制电路"化整为零"，按功能不同划分成若干个局部控制电路来进行分析。

3. 分析辅助电路

辅助电路包括执行电器的工作状态显示、电源显示、参数测定、照明和故障报警等部分。辅助电路中很多部分是由控制电路中的元器件来控制的，所以在分析辅助电路时，还要回过头来对照控制电路进行分析。

4. 分析联锁与保护环节

生产机械对于安全性和可靠性有很高的要求。为实现这些要求，除了合理地选择拖动与控制方案外，在控制电路中还设置了一系列电气保护和必要的电气联锁。在分析过程中，电气联锁与电气保护环节是一项重要内容，不能遗漏。

5. 分析特殊控制环节

在某些控制电路中，还设置了一些与主电路、控制电路关系不密切，相对独立的某些特殊环节，如产品计数装置、自动检测系统、晶闸管触发电路、自动调温装置等。这些特殊环节往往自成一个小系统，其读图分析的方法可参照上述分析过程，并灵活运用所学过的电子技术、变流技术、自控原理、检测与转换等知识逐一分析。

6. 总体检查

经过"化整为零"，逐步分析了每一局部电路的工作原理以及各部分之间的控制关系之后，还必须用"集零为整"的方法，检查整个控制电路，以免遗漏。特别要从整体角度去进一步检查和理解各控制环节之间的联系，以达到清楚地理解电路图中每一个电气元器件的作用、工作过程及主要参数。

2.3.3　C650 型卧式车床电气控制电路的分析

卧式车床是一种应用极为广泛的金属切削机床，主要用于车削外圆、内圆，并可通过尾座进行钻孔、铰孔和攻螺纹等切削加工。

卧式车床通常由一台主轴电动机拖动，经由机械传动链，实现切削主运动和刀具进给运动的输出，其运动速度由变速齿轮箱通过手柄操作进行切换。刀具的快速移动、冷却泵和液压泵等常采用单独的电动机驱动。不同型号的卧式车床，其主电动机的工作要求不同，因而由不同的控制电路组成。下面以 C650 型卧式车床为例，进行电气控制电路的分析。

1. 车床的主要结构和运动形式

C650 型卧式车床可加工的最大工件回转直径为 1020mm，最大工件长度为 3000mm，属于中型车床。

C650 型卧式车床由床身、主轴变速箱、进给箱、溜板箱、刀架、尾座、丝杠、光杆等部分组成，其结构示意图如图 2-26 所示。

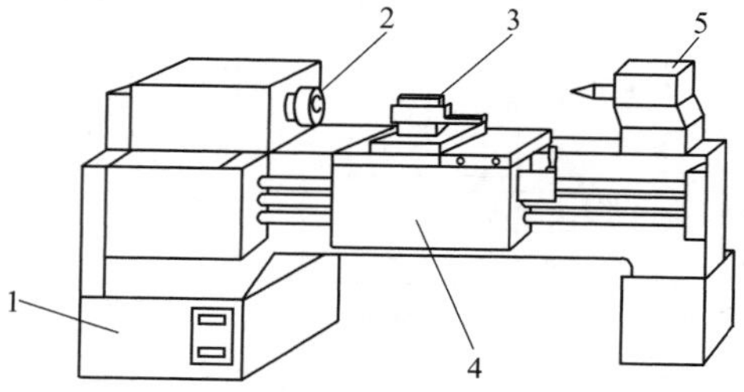

C650 型卧式车床的切削加工包括主运动和进给运动。主运动是安装在床身主轴箱中的主轴转动，由主轴通过卡盘或顶尖带着工件作旋转运动。进给运动是溜板箱中的溜板带动刀架的直线运动，刀具安装在刀架上，与溜板一起随溜板箱沿主轴轴向方向实现进给移动。主轴的转动和溜板箱的移动均由主轴电动机驱动。主轴电动机传来的动力，经过主轴变速箱、挂轮箱传到进给箱，再由光杆或丝杠传

图 2-26　C650 型卧式车床的结构示意图
1—床身　2—主轴　3—刀架　4—溜板箱　5—尾座

到溜板箱，使溜板箱带动刀架沿床身导轨作纵向进给运动；或者传到溜板，使刀架作横向进给运动。所谓纵向进给，是指相对于操作者向左或向右的运动；所谓横向进给，是指相对于操作者往前或往后的运动。

由于加工的工件较长，加工时转动惯量也比较大，需停车时不易立即停止转动，因此必须有停车制动的功能，这里采用反接制动的方法。为了加工螺纹等工件，主轴需要正、反转，主轴的转速应随工件的材料、尺寸要求及刀具的种类不同而变化，所以要求在较宽的范围内进行速度的调节。在加工过程中，还需提供冷却液，并且为减轻操作工的劳动强度和节省辅助工作时间，要求带动刀架移动的溜板能够快速移动。

2. 电力拖动和控制要求

（1）主轴电动机 M1

车床的主轴运动及溜板箱进给运动均由主轴电动机 M1 来拖动。主轴电动机采用直接起动方式，可正、反两个方向旋转，并可进行正、反两个旋转方向的电气停车制动。为加工调整方便，还应具有点动功能。

（2）冷却泵电动机 M2

车削加工时，为防止刀具和工件的温升过高，需要用冷却液冷却，因此需安装一台冷却泵，由冷却泵电动机拖动。它只需要单方向连续运转，采用直接起动及停止方式。

（3）快速移动电动机 M3

M3 拖动刀架快速移动，还可根据使用需要随时进行手动起、停控制。

（4）保护及照明电路

主轴电动机 M1 和冷却泵电动机 M2 应具有必要的短路保护和过载保护功能。

应具有局部照明装置。为安全起见，照明电路采用 36V 安全电压。

3. 电气控制电路的分析

C650 型卧式车床的电气控制电路如图 2-27 所示。使用的电气元件符号与功能说明见表 2-1。

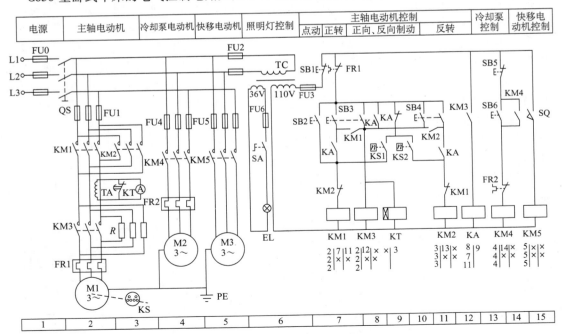

图 2-27　C650 型卧式车床的电气控制电路

表 2-1　电气元件符号及功能说明表

符　号	名称及用途	符　号	名称及用途
M1	主轴电动机	SB1	总停按钮
M2	冷却泵电动机	SB2	主轴电动机正向点动按钮
M3	快速移动电动机	SB3	主轴电动机正向起动按钮
KM1	主轴电动机正转接触器	SB4	主轴电动机反向起动按钮
KM2	主轴电动机反转接触器	SB5	冷却泵电动机停止按钮
KM3	短接限流电阻接触器	SB6	冷却泵电动机起动按钮
KM4	冷却泵电动机起动接触器	TC	控制变压器
KM5	快速移动电动机起动接触器	FU0 ~ FU6	熔断器
KA	中间继电器	FR1	主轴电动机过载保护热继电器
KT	通电延时时间继电器	FR2	冷却泵电动机保护热继电器
SQ	快速移动电动机点动行程开关	R	限流电阻
SA	开关	EL	照明灯
KS	速度继电器	TA	电流互感器
A	电流表	QS	隔离开关

（1）主电路的分析

图 2-27 所示的主电路有三台电动机，电源由隔离开关 QS 引入。主轴电动机 M1 的电路接线分为三部分：第一部分为由正转控制接触器 KM1 和反转控制接触器 KM2 的两组主触点构成电动机的正、反转接线；第二部分为电流表 A 经电流互感器 TA 接在 M1 的主回路上，以监视电动机绕组工作时的电流变化，为防止电流表被起动电流冲击损坏，利用时间继电器的延时动断触点（3 区），在起动时间内将电流表暂时短接掉；第三部分为串联电阻控制部分，接触器 KM3 的主触点控制限流电阻 R 的接入和切除。在进行点动调整时，为防止连续的起动电流造成电动机过载，串入三个限流电阻 R，以保证设备正常工作。速度继电器 KS 的速度检测部分与电动机的主轴同轴相连，在停车制动过程中，当主轴电动机转速低于 KS 的动作值时，其常开触点可将控制电路中反接制动的相应电路切断，完成制动停车。

冷却泵电动机 M2 由接触器 KM4 的主触点的接通或断开来控制。电动机的容量不大，故采用直接起动。快速移动电动机 M3 由接触器 KM5 的主触点控制。

为保证主电路的正常运行，主电路中还设置了熔断器 FU1、FU4、FU5 作短路保护。热继电器 FR1 和 FR2 分别作主轴电动机和冷却泵电动机的过载保护，它们的热元件都接在各自的主电路中。由于快速移动电动机 M3 为短时点动控制运行，故未设过载保护。

（2）控制电路的分析

为安全起见，控制电路采用 110V 交流电压供电，由控制变压器 TC 将 380V 的交流电压降压而得。熔断器 FU3 作短路保护。

1）主轴电动机正、反转起动与点动控制。控制原理：先合上电源开关 QS，按下正转起动按钮 SB3，其两常开触点同时闭合，一常开触点接通接触器 KM3 和时间继电器 KT 的线圈电路，KT 的常闭触点在主电路中短接电流表 A，以防止起动电流对电流表的冲击，经延时断开后，电流表接入电路正常工作。KM3 的主触点将主电路中的限流电阻 R 短接，其辅助动合触点同时将中间继电器 KA 的线圈电路接通，KA 的常闭触点将反接制动的基本电路切断，KA 的常开触点与 SB3 的常开触点均处于闭合状态，控制主轴电动机的接触器 KM1 的线圈电路得电工作并自锁，其主触点闭合，主轴电动机 M1 正向起动运转。接触器 KM1 的自锁电路由它的常开辅助触点和 KM3 线圈上方的 KA 的常开触点组成，来保持 KM1 线圈的通电。反向直接起动控制过程与正向相似，只是起动按钮为 SB4，反转接触器为 KM2。

SB2 为主轴电动机点动控制按钮。按下 SB2，直接接通 KM1 的线圈电路，电动机 M1 正向直接起动，这时 KM3 的线圈电路并没有接通，因此 KM3 的主触点不闭合，限流电阻 R 接入主电路限流，其辅助常开触点不闭合，KA 的线圈不能得电工作，从而使 KM1 的线圈电路不能自锁；松开 SB2，M1 停转，实现了主轴电动机串联电阻限流的点动控制。

2）主轴电动机反接制动控制。C650 型卧式车床采用反接制动的方式进行停车制动，停止按钮按下后开始制动过程。当电动机转速接近零时，速度继电器 KS 的触点打开，结束制动。下面以正转时进行停车制动过程为例，说明电路的工作原理。

当电动机 M1 正向转动时，速度继电器 KS 的常开触点 KS1 闭合，制动电路处于准备状态，按下停止按钮 SB1，切断控制电源，KM1、KM3、KA 的线圈均失电，这时 KA 的常闭触点恢复原状闭合，与 KS2 触点一起，将反转接触器 KM2 的线圈电路接通，电动机 M1 接入反相序电流，反向起动转矩将平衡正向惯性转动转矩，强迫电动机迅速停车。当电动机转速趋近于零时，KS2 复位打开，切断 KM2 的线圈电路，完成正转的反接制动。在反接制动过程中，KM3 失电，所以限流电阻 R 一直起限制反接制动电流的作用。反向转动时的反接制动过程相似，请读者自行分析。

3）冷却泵电动机和刀架快速移动电动机的控制。冷却泵电动机 M2 由起动按钮 SB6、停止按钮 SB5 和接触器 KM4 的辅助触点组成自锁电路，并控制 KM4 线圈电路的通断，来控制电动机 M2 的起动和停止。

刀架快速移动是由转动刀架手柄压动行程开关 SQ，接通快速移动电动机 M3 的控制接触器 KM5 的线圈电路，KM5 的主触点闭合，电动机 M3 起动运行，拖动工作台按要求进给方向快速移动，将刀架手柄复位后，行程开关 SQ 断开，接触器 KM5 失电，车床快速移动电动机 M3 停转。

（3）辅助电路的分析

控制变压器 TC 将 380V 交流电压降到 36V，作为照明电路的安全照明电压，由控制开关 SA 接入照明灯 EL。熔断器 FU6 是照明电路的短路保护。

2.4 电气控制电路的一般设计法

电气控制电路设计是电气控制系统设计的重要内容之一。电气控制电路的设计方法有两种：一般设计法（或称经验设计法）和逻辑设计法。在熟练掌握电气控制电路基本环节并能对一般生产机械电气控制电路进行分析的基础上，可以对简单的控制电路进行设计。对于简单的电气控制系统，由于成本问题，目前还在使用继电器-接触器控制系统，而稍微复杂的电气控制系统，目前大多采用 PLC 控制，所以本节仅简单介绍电气控制电路的一般设计法。

2.4.1 一般设计法的主要原则

一般设计法从满足生产工艺要求出发，利用各种典型控制电路环节，直接设计出控制电路。这种设计方法比较简单，但要求设计人员必须熟悉大量的控制电路，掌握多种典型电路的设计资料，同时具有丰富的设计经验。该方法由于依靠经验进行设计，因而灵活性很大。对于比较复杂的电路，可能要经过多次反复修改、试验，才能得到符合要求的控制电路。另外，设计的电路可能有多种，这就要加以分析，反复修改简化。即使这样，设计出来的电路可能不是最简单的，所用电器及触点不一定最少，设计方案也不一定是最佳方案。

设计电气控制电路时必须遵循以下几个原则：

1）最大限度地实现生产机械和工艺对电气控制电路的要求。

2）在满足生产要求的前提下，控制电路力求简单、经济、安全可靠。尽量选用标准的、常用的或经过实际考验过的电路和环节。

3）电路图中的图形符号及文字符号一律按国家标准绘制。

2.4.2 一般设计法中应注意的问题

1）尽量缩小连接导线的数量和长度。设计控制电路时，应合理安排各电气元件的实际接线。如图 2-28 中，起动按钮 SB1 和停止按钮 SB2 装在操作台上，接触器 KM 装在电气柜内。图 2-28a 所示的接线不合理，若按照该图接线就需要由电气柜引出四根导线到操作台的按钮上。改为图 2-28b 所示的接线后，将起动按钮和停止按钮直接连接，两个按钮之间的距离最小，所需连接导线最短，且只要从电气柜内引出三根导线到操作台上，减少了一根引出线。

2）正确连接触点，并尽量减少不必要的触点以简化电路。在控制电路中，尽量将所有的触点接在线圈的左端或上端，线圈的右端或下端直接接到电源的另一根母线上（左右端和上下端是针对控制电路水平绘制或垂直绘制而言的），这样可以减少电路内产生虚假回路的可能性，还可以简化电气柜的出线。

3）正确连接电器的线圈。交流电器的线圈不能串联使用，即使两个线圈额定电压之和等于外加电压，也不允许串联使用。图 2-29a 为错误的接法，因为每个线圈上所分配到的电压与线圈阻抗成正比，两个电器动作总是有先有后，不可能同时吸合。当其中一个接触器先动作后，该接触器的阻抗要比未吸合的接触器的阻抗大。因此，未吸合的接触器可能会因线圈电压达不到其额定电压而不吸合，同时电路电流将增加，引起线圈烧毁。因此，若需要两个电器同时动作，其线圈应该并联连接，如图 2-29b 所示。

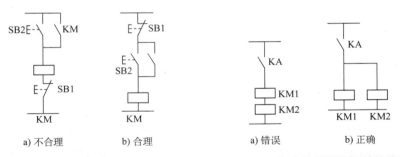

图 2-28 电器接线图   图 2-29 两个接触器线圈的接线图

4）在控制电路中采用小容量继电器的触点来断开或接通大容量接触器的线圈时，要注意计算继电器触点断开或接通容量是否足够，不够时必须加小容量的接触器或中间继电器，否则工作不可靠。

2.4.3 一般设计法控制电路举例

控制要求：现有三台小容量交流异步电动机 M1、M2、M3，试设计一个控制电路，要求电动机 M1 起动 10s 后，电动机 M2 自动起动，运行 5s 后，M2 停止，并同时使电动机 M3 自动起动，再运行 15s 后，电动机全部停止。遇到紧急情况，三台电动机全部停止。三台电动机均只要求单向运转，控制电路应有必要的保护措施。

设计电路及分析：根据控制要求，采用一般设计法，逐步完善。该系统采用三只交流接触器 KM1、KM2、KM3 来控制三台电动机的起、停。有一个总起动按钮 SB2 和一个总停止按钮 SB1。另外，采用三只时间继电器 KT1、KT2、KT3 实现延时，KT1 定时值设为 10s，KT2 定时值设为 5s，KT3 定时值设为 15s。

设计的控制电路如图 2-30 所示。图中的 FR1、FR2、FR3 分别为三台电动机的过载保护用热继电器，如果工作时间很短，如 M2 只有 5s，则 FR2 可以省掉。设计时应根据控制要求考虑。

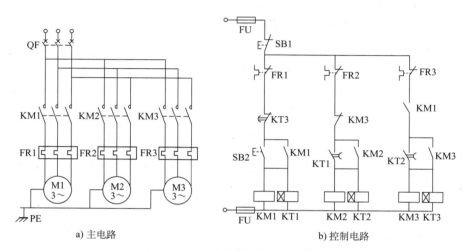

a) 主电路　　　　　　　b) 控制电路

图 2-30　三台电动机起、停控制电路

 习题与思考题

1. 电气图中，SB、SQ、FU、KM、KA、KT 分别是什么电气元件的文字符号？

2. 说明"自锁"控制电路与"点动"控制电路的区别，"自锁"控制电路与"互锁"控制电路的区别。

3. 什么叫减压起动？常用的减压起动方法有哪几种？

4. 电动机在什么情况下应采用减压起动？定子绕组为丫形联结的三相异步电动机能否用丫-△减压起动？为什么？

5. 什么是反接制动？什么是能耗制动？各有什么特点及适应什么场合？

6. 试设计一个具有点动和连续运转功能的混合控制电路，要求有合适的保护措施。

7. 某三相笼型异步电动机可自动切换正反运转，试设计主电路和控制电路，并要求有必要的保护。

8. 试设计一个机床刀架进给电动机的控制电路，并满足如下要求：按下起动按钮后，电动机正转，带动刀架进给；进给到一定位置时，刀架停止，进行无进刀切削；经一段时间后，刀架自动返回，回到原位又自动停止。

9. 一台三级带式运输机，分别由 M1、M2、M3 三台电动机拖动，其动作顺序如下：起动时，按下起动按钮后，要求按 M1→M2→M3 顺序起动；每台电动机顺序起动的时间间隔为 30s；停车时按下停止按钮后，M3 立即停车，再按 M3→M2→M1 顺序停车，每台电动机逆序停止的时间间隔为 10s。试设计其控制电路。

10. 设计小车运行的控制电路，小车由异步电动机拖动，其动作程序如下：小车由原位开始前进，到终端后自动停止，在终端停留 2min 后自动返回原位停止。要求小车在前进或后退途中的任意位置都能停止和起动。

11. 电动机控制的保护环节有哪些？

12. 组成电气控制电路的基本规律是什么？

13. 图 2-12 所示电路是自动往返控制电路，指出该电路中有哪些保护环节？这些保护环节各是采用什么电器实现保护功能的？该电路控制过程中，选择了哪些控制原则？这些控制原则是各采用什么电器实现控制的？

14. 设计三相异步电动机三地控制（即三地均可起动、停止）的电气控制电路。

15. 某机床主轴由一台笼型异步电动机带动，润滑油泵由另一台笼型异步电动机带动。要求：①主轴必须在油泵开动后，才能开动；②主轴要求能用电器实现正反转，并能单独停车；③有短路、零电压及过载保护。试设计满足控制要求的控制电路。

16. 为两台异步电动机设计主电路和控制电路，其要求：①两台电动机互不影响地独立操作起动与停止；②能同时控制两台电动机的停止；③当其中任一台电动机发生过载时，两台电动机均停止。

17. 画出三相笼型异步电动机Y-△减压起动的电气控制电路，说明其工作原理，指出电路的保护环节，并说明该方法的优缺点及适用场合。

18. 有一台△-YY联结的双速电动机，按下列要求设计控制电路：①能低速或高速运行；②高速运行时，先低速起动；③能低速点动；④具有必要的保护环节。

19. 某机床由两台三相笼型异步电动机 M1 与 M2 拖动，其电气控制要求如下，试设计出完整的电气控制电路图。

1）M1 容量较大，采用Y-△减压起动，停车有能耗制动。

2）M1 起动 10s 后方允许 M2 直接起动。

3）M2 停车后方允许 M1 停车制动。

4）M1、M2 的起动、停止均要求两地操作。

5）设置必要的电气保护环节。

第 3 章

可编程序控制器概述

可编程序控制器（PLC）技术是在继电器-接触器控制技术、计算机技术和现代通信技术的基础上逐步发展起来的一项先进的控制技术。在现代工业发展中 PLC 技术、CAD/CAM 技术和机器人技术称为现代工业自动化的三大支柱。PLC 主要以微处理器为核心，用编写的程序进行逻辑控制、定时、计数和算术运算等，并通过数字量和模拟量的输入/输出（I/O）来控制各种生产过程。

3.1 PLC 的产生及定义

3.1.1 PLC 的产生

在 PLC 问世之前，工业控制领域中继电器控制占主导地位。继电器控制系统有着十分明显的缺点：体积大、耗电多、可靠性差、寿命短、运行速度慢、适应性差，尤其当生产工艺发生变化时，就必须重新设计、重新安装，造成时间和资金的严重浪费。为了改变这一状况，1968 年美国最大的汽车制造商通用汽车公司（GM），为了适应汽车型号不断更新的需求，以在激烈竞争的汽车工业中占有优势，提出要研制一种新型的工业控制装置以取代继电器控制装置，并提出了著名的十项招标指标，即著名的"GM 十条"：

1）编程简单，可在现场修改程序。

2）系统维护方便，采用插件式结构。

3）体积小于继电器控制柜。

4）可靠性高于继电器控制柜。

5）成本较低，在市场上可以与继电器控制柜竞争。

6）可将数据直接送入计算机。

7）可直接用交流 115V 输入（注：美国电网电压是 110V）。

8）输出采用交流 115V，可以直接驱动电磁阀、交流接触器等。

9）通用性强，扩展方便。

10）程序可以存储，存储器容量可以扩展到 4KB。

如果说电子技术和电气控制技术是 PLC 出现的物质基础，那么"GM 十条"就是 PLC 出现的技术要求基础，也是当今 PLC 最基本的功能。

1969 年美国数字设备公司（DEC）根据美国通用汽车公司的这种要求，研制成功了世界上第一台 PLC，并在通用汽车公司的自动装配线上试用，取得了很好的效果。PLC 具有体积小、灵活性强、可靠性高、使用寿命长、操作简单以及维护方便等优点，在美国各行业得到迅速推广。从此这项技术迅速发展起来。

3.1.2　PLC 的定义

早期的 PLC 仅有逻辑运算、定时、计数等顺序控制功能，只是用来取代传统的继电器控制，通常称为可编程序逻辑控制器（Programmable Logic Controller），简称为 PLC。随着微电子技术和计算机技术的发展，20 世纪 70 年代中后期，微处理器技术应用到 PLC 中，作为其中央处理单元，使 PLC 不仅具有逻辑控制功能，还增加了算术运算、数据传送和数据处理等功能，可以用于定位、过程控制、PID 控制等控制领域。美国电气制造协会将可编程序逻辑控制器正式命名为可编程序控制器（Programmable Controller），简称为 PC。但由于 PC 容易与个人计算机（Personal Computer，PC）混淆，人们仍习惯将 PLC 作为可编程序控制器的简称。

20 世纪 80 年代以后，随着大规模、超大规模集成电路等微电子技术的迅速发展，16 位和 32 位微处理器应用于 PLC 中，使 PLC 得到迅速发展。PLC 不仅控制功能增强，同时可靠性提高，功耗、体积减小，成本降低，编程和故障检测更加灵活方便，而且具有通信和联网、数据处理和图像显示等功能，使 PLC 真正成为具有逻辑控制、过程控制、运动控制、数据处理、联网通信等功能的名副其实的多功能控制器。

1987 年 2 月，国际电工委员会（IEC）在可编程序控制器标准草案第三稿中对 PLC 做了如下定义：PLC 是一种数字运算操作的电子系统，专为在工业环境下的应用而设计。它采用一类可编程序的存储器，具有用于其内部存储程序、执行逻辑运算、顺序控制、定时、计数和算术操作等面向用户的指令，并通过数字式和模拟式的输入和输出，控制各种类型的机械或生产过程。PLC 及其有关外部设备，都应按易于与工业系统连成一个整体，易于扩充其功能的原则设计。

美国电气制造协会（NEMA）1987 年对 PLC 的定义为：它是一种带有指令存储器、数字或模拟 I/O 接口，以位运算为主，能完成逻辑、顺序、定时、计数和算术运算功能，用于控制机器或生产过程的自动控制装置。

由以上定义可知，PLC 是一种通过事先存储的程序来确定控制功能的工控类计算机，强调了PLC 应直接应用于工业环境，对其通信和可扩展功能做了明确的要求。它必须具有很强的抗干扰能力、广泛的适应能力和应用范围。这是区别于一般微机控制系统的一个重要特征。

3.2　PLC 的发展与应用

3.2.1　PLC 的发展历程

20 世纪 60 年代末 PLC 产生于美国马萨诸塞州，MODICON084 是世界上第一种投入生产的 PLC。PLC 崛起于 20 世纪 70 年代，首先在汽车流水线上大量应用。20 世纪 80 年代 PLC 走向成熟，全面采用微电子处理器技术，得到大量推广应用，年销售始终以高于 20% 的增长率上升，奠定了其在工业控制中不可动摇的地位，在大规模、多控制器的应用场合展现出强大的生命力。

20 世纪 90 年代，随着工控编程语言 IEC 61131-3 的正式颁布，PLC 开始了它的第三个发展时期，在技术上取得新的突破，是 PLC 发展最快的时期，年增长率保持在 30% 以上。PLC 在系统结构上，从传统的单机向多 CPU 和分布式及远程控制系统发展；在编程语言上，图形化和文本化语言的多样性，创造了更具表达控制要求、通信能力和文字处理的编程环境；从应用角度看，除了继续发展机械加工自动生产线的控制系统外，更发展了以 PLC 为基础的集散控制系统（DCS）、监控和数据采集（SCADA）系统、柔性制造系统（FMS）、安全联锁保护（ESD）系统等，全方位地提高了 PLC 的应用范围和水平。从 20 世纪 90 年代末期至今，随着可编程序控制器国际标准 IEC 61131 的逐步完善和实施，特别是标准编程语言的推广，使得 PLC 真正走入了一个开放性和标准化的时代，为在工业自动化中实现互换性、互操作性和标准化带来了极大的方便。

进入工业 4.0 的智能制造时代以来，多样化的人机交互能力成为控制产品发展的重要方向。其中 PLC 作为现场控制层中的主力，需要处理大量数据，并将结果反馈给更高层的控制系统。PLC 在先进自动化系统中扮演的角色日益重要，工业 4.0 制造自动化环境对 PLC 也提出了高性能的要求，并需要其支持安全企业互联和人机界面（HMI）。自从"中国制造 2025"行动战略推出后，我国力争从"中国制造"向"中国智造"转变。工业自动化作为智能制造的关键技术更是不断被业内看好，也给 PLC 行业带来了一个千载难逢的发展良机。

3.2.2　PLC 的发展趋势

随着技术的进步和市场的需求，PLC 总的发展趋势是向高速度、高性能、高集成度、小体积、大容量、信息化、标准化、软 PLC 标准化，以及与现场总线技术紧密结合等方向发展，主要体现在以下几个方面。

1. PLC 通信的网络化和无线化

在信息时代的今天，几乎所有 PLC 制造商都注意到了加强 PLC 通信联网的信息处理能力这一点。小型 PLC 都有通信接口，中、大型 PLC 都有专门的通信模块。随着计算机网络技术的飞速发展，PLC 的通信联网能使其与 PC 和其他智能控制设备很方便地交换信息，实现分散控制和集中管理。也就是说，用户需要 PLC 与 PC 更好地融合，通过 PLC 在软件技术上协助改善被控过程的生产性能，在 PLC 这一级就可以加强信息处理能力了。

小型 PLC 之间通信"傻瓜化"。为了尽量减少 PLC 用户在通信编程方面的工作量，PLC 制造商做了大量工作，使设备之间的通信自动地周期性的进行，而不需要用户为通信编程，用户的工作只是在组成系统时做一些硬件或软件上的初始化设置。例如，欧姆龙公司的两台 CPM1A 之间一对一连接通信，只需用 3 根导线将它们的 RS-232C 通信接口连在一起后，将通信有关的参数写入 5 个指定的数据存储器中，即可方便地实现两台 PLC 之间的通信。

目前的计算机集散控制系统（Distributed Control System，DCS）中已有大量的 PLC 应用。伴随着计算机网络的发展，PLC 作为自动化控制网络和国际通用网络的重要组成部分，将在工业及工业以外的众多领域发挥越来越大的作用。为了加强联网通信能力，PLC 生产厂家之间也在协商制订通用的通信标准，以构成更大的网络系统，PLC 已成为集散控制系统（DCS）不可缺少的重要组成部分。

随着多种控制设备协同工作的迫切需求，人们对 PLC 的 Ethernet 扩展功能以及进一步兼容 Web 技术提出了更高的要求。通过集成 Webserver，用户无需亲临现场即可通过 Internet 浏览器随时查看 CPU 状态；过程变量以图形化方式进行显示，简化了信息的采集操作。以太网接口已成标配，工业网络已经不再是初期的奢侈品，而是现代工业控制系统的基础，这标志着以 PLC 为代表的控制系统正在从基于控制的网络发展成为基于网络的控制。

21 世纪正处于"铜退光进""铜退无线进"的网络通信时代，随之新一代 PLC 硬件上的革命号角也即将吹响。输入/输出部分可以与 PLC 分离，直接留在现场底层，通过光纤或无线与 PLC 以一种新标准的工业信号连接，使得 PLC 将回归它的"可编程序逻辑过程控制"本质功能。未来，PLC 可以与智能手机互联，甚至配置 WiFi，更会带来工业现场的无线化革命。

2. 开放性和编程软件标准化、平台化

早期的 PLC 缺点之一是它的软、硬件体系结构是封闭的而不是开放的，如专用总线、通信网络及协议、I/O 模块互不通用，甚至连机架、电源模块亦各不相同，编程语言之一的梯形图名称虽一致，但组态、寻址、语言结构均不一致。因此，几乎各个公司的 PLC 均互不兼容。现在的 PLC 采用了各种工业标准，如 IEC 61131-3、IEEE 802.3 以太网、TCP/IP、UDP/IP 等，以及

各种事实上的工业标准，如 Windows NT、OPC 等。PLC 的国际标准 IEC 61131-3 为 PLC 从硬件设计、编程语言、通信联网等各方面都制定了详细的规范。

近几年，众多 PLC 厂商都开发了自己的模块型 I/O 或端子型 I/O，而通信总线都符合 IEC 61131-3 标准，使 PLC 迅速向开放式系统发展。

高度分散控制是一种全新的工业控制结构，不但控制功能分散化，而且网络也分散化。所谓高度分散化控制，就是控制算法常驻在该控制功能的节点上，而不是常驻在 PLC 上或 PC 上，凡挂在网络节点上的设备，均处于同等的位置，将"智能"扩展到控制系统的各个环节，从传感器、变送器到 I/O 模块，乃至执行器，无处不采用微处理芯片，因而产生了智能分散系统（SDS）。

为了使 PLC 更具开放性和执行多任务，在一个 PLC 系统中同时装几个 CPU 模块，每个 CPU 模块都执行某一种任务。例如，三菱电机公司的小 Q 系列 PLC 可以在一个机架上插 4 个 CPU 模块，富士电机的 MICREX-ST 系列最多可在一个机架上插 6 个 CPU 模块，这些 CPU 模块可以进行专门的逻辑控制、顺序控制、运动控制和过程控制。这些都是在 Windows 环境下执行 PC 任务的模块，组成混合式的控制系统。

在实际工程中，工程师常常反映不同工控软件平台通信复杂造成低工作效率。为了实现简易编程、软件互通的功能，给软件的一体化和平台化提出了要求。有用户表示"PLC 的软件提高编程的效率，在等待一个类似于微软视窗那样的突破，才能说开创一个全新的 PLC 时代"。在硬件主导市场的自动化领域，已经可以看到跨硬件的一体化设计软件，这是软件平台化的开端。随着软件价值在自动化系统中的提升，未来真正的自动化平台化软件指日可待。

3. 体积小型化、模块化、集成化

PLC 小型化的好处是节省空间、降低成本、安装灵活。目前一些大型 PLC，其外形尺寸比它们前一代的同类产品的安装空间要小 50% 左右。同时，用户对于功能的要求越来越高，意味着产品的集成度更高。下一代 PLC 需要集成更多的操作和维护功能，如内置 CPU 显示屏，集成 DIN 导轨、屏蔽夹等。

近几年，很多 PLC 厂商推出了超小型 PLC，用于单机自动化或组成分布式控制系统。西门子公司的超小型 PLC 称为通用逻辑模块 LOGO!，它采用整体式结构，集成了控制功能、实时时钟和操作显示单元，可用面板上的小型液晶显示屏和 6 个键来编程。LOGO! 超小型 PLC 使用功能块图（FBD）编程语言，有在 PC 上运行的 Windows 98/NT 编程软件。

PLC 的模块化能带来灵活的扩展性，延伸了 PLC 的应用范围。一般要求模块间的连接要抗振性能佳、可靠牢固、端口插拔方便、接线操作简单。西门子 PLC 在模块化设计方面是行业中的前沿，S7-300 是模块化中型 PLC 系统，对不同模块可以进行任意组合来实现不同功能的系统。

4. 运算速度高速化，性能更可靠

运算速度高速化是 PLC 技术发展的重要特点。在硬件上，PLC 的 CPU 模块采用 32 位的 RISC 芯片，使 PLC 的运算速度大为提高，一条基本指令的运算时间仅为数十纳秒（ns）。PLC 主机的运算速度大大提高，与外设的数据交换速度也呈高速化。PLC 的 CPU 模块通过系统总线与装插在基板上的各种 I/O 模块、特殊功能模块、通信模块等交换数据，基板上装的模块越多，PLC 的 CPU 与模块之间数据交换的时间就会增加，在一定程度上会使 PLC 的扫描时间加长。为此，不少 PLC 厂商采用新技术，增加 PLC 系统的带宽，使一次传送的数据量增多。在系统总线数据存取方式上，采用连续成组传送技术实现连续数据的高速批量传送，大大缩短了存取每个字所需的时间；通过向系统总线相连接的模块实现全局传送，即针对多个模块同时传送同一数据的技术，有效地利用系统总线。

当前，不少 PLC 厂商采用了多 CPU 并行处理方式，用专门 CPU 处理编程及监控服务，大大减轻了对执行控制程序的 CPU 的影响，只让执行控制程序的 CPU 进行顺控和逻辑运算。未来，PLC 将拥有与 PC 相媲美的运算能力和数据处理能力。

当前 PLC 已经具有较强的抗干扰能力和较高的可靠性，但随着 PLC 控制系统的应用领域越来越广泛，使用环境越来越复杂，系统经受的干扰也随之增多。用户对下一代 PLC 的抗干扰能力和可靠性提出了更高的要求，应该具备更好的故障检测和处理能力。统计表明，在所有系统故障中，CPU 和 I/O 口故障仅占两成，其余都为外部故障，其中传感器占 45%、执行器占 30%、接线占 5%。依靠 PLC 本身的硬软件就能实现对 CPU 和 I/O 口故障的自检测和处理，因此，应进一步研发检测外围故障的专用智能模块，来提高控制系统的抗干扰能力和可靠性。

5. 向超大型、超小型两个方向发展

当前市场上中小型 PLC 比较多，为了适应市场的需要，今后 PLC 会向超大型和超小型两个方向发展。现有 I/O 点数达 14336 点的超大型 PLC，其使用 32 位微处理器和大容量存储器，多 CPU 并行工作，功能强。在不久的将来，大型 PLC 会全部使用 64 位 RISC 芯片。

小型 PLC 整体结构向小型模块化结构发展，使配置更加灵活。目前已开发了各种简易、经济的超小型或微型 PLC，最小配置的 I/O 点数为 8 ~ 16 点，以适应单机及小型自动控制的需要。根据统计结果，小型和微型 PLC 所占市场份额保持在七成左右，所以未来市场对超小型 PLC 的需求很大。

6. 软 PLC 的发展

所谓软 PLC，实际就是在 PC 的平台上，在 Windows 操作环境下，用软件来实现 PLC 的功能。也就是说，软 PLC 是一种基于 PC 开发结构的控制系统，它具有硬 PLC 的功能、可靠性、速度、故障查找等方面的特点，利用软件技术可以将标准的工业 PC 转换为全功能的 PLC 过程控制器。软 PLC 综合了计算机和 PLC 的开关量控制、模拟量控制、数学运算、数值处理、网络通信等功能，通过一个多任务控制内核，提供强大的指令集、快速而准确的扫描周期、可靠的操作和可连接各种 I/O 系统及网络的开放式结构。许多智能化的 I/O 模块本身带有 CPU，占用主 CPU 的时间很少，减小了对 PLC 扫描速度的影响，具有很强的信息处理能力和控制功能。配置上远程 I/O 和智能 I/O 后，软 PLC 能完成复杂的分布式控制任务。基于 PC + 现场总线 + 分布式 I/O 的控制系统简化了复杂控制系统的体系结构，提高了通信效率和速度，降低了投资成本。

Fanuc 公司推出了一种外形类似笔记本电脑的 PC，以 Windows CE 为操作系统，可实现 PLC 的 CPU 模块的功能，通过以太网和 I/O 模块、通信模块用于工厂的现场控制。在美国底特律汽车城，大多数汽车装配自动生产线、热处理工艺生产线等都已由传统 PLC 控制改为软 PLC 控制。

随着市场的需求和技术的发展，嵌入式软 PLC 技术也应运而生，这是对软 PLC 技术的一项重大突破。嵌入式软 PLC 技术是软 PLC 技术与嵌入式系统相结合的产物。嵌入式软 PLC 技术在提高生产监控环节的监控能力中有着无可比拟的优势，被广泛应用于工业控制环节，起着不可替代的作用。这项技术能够跨多个平台运行，而且具有执行速度快等优势，影响并且改变着世界工业的发展方向。

目前软 PLC 并没有出现预期中那样占据相当市场份额的局面。因为软 PLC 对维护和服务人员的要求较高，在绝大多数的低端应用场合，软 PLC 没有优势可言。一旦发生电源故障，对系统影响较大，在可靠性方面和对工业环境的适应性方面，与硬 PLC 无法相提并论。同时，PC 发展速度太快，技术支持不容易得到保证。相信随着生产厂家的努力和技术的发展，软 PLC 会找到合适的应用场合，高性价比的软 PLC 会成为今后高档 PLC 的发展方向。

3.2.3 PLC 的应用领域

目前，PLC 在国内外已广泛应用于钢铁、石油、化工、电力、建材、机械制造、汽车、轻纺、交通运输、环保及文化娱乐等各个行业，使用情况大致可归纳为以下几类。

1. 中小型单机电气控制系统

中小型单机电气控制系统是 PLC 应用最广泛的领域，如注塑机、印刷机、订书机械、组合机床、磨床、包装生产线、电镀流水线及电梯控制等。这些设备对控制系统的要求大都属于逻辑顺序控制，所以也是最适合 PLC 使用的领域。在这里 PLC 用来取代传统的继电器顺序控制，应用于单机控制、多机群控等。

2. 制造业自动化

制造业是典型的工业类型之一，在该领域主要对物体进行品质处理、形状加工、组装，以位置、形状、力、速度等机械量和逻辑控制为主。其电气自动控制系统中的开关量占绝大多数，有些场合，数十台、上百台单机控制设备组合在一起形成大规模的生产流水线，如汽车制造和装配生产线等。由于 PLC 性能的提高和通信功能的增强，使得它在制造业领域的大中型控制系统中也占绝对主导的地位。

3. 运动控制

PLC 可用于圆周运动或直线运动的控制。从控制机构配置来说，早期直接用开关量 I/O 模块连接位置传感器和执行机构，现在一般使用专用的运动控制模块，如可驱动步进电动机或伺服电动机的单轴或多轴位置控制模块。世界上各主要 PLC 厂家的产品几乎都有运动控制功能，PLC 的运动控制功能可用于精密金属切削机床、机械手、机器人等设备的控制。PLC 具有逻辑运算、函数运算、矩阵运算等数学运算，数据传输、转换、排序、检索和移位以及数制转换、位操作、编码、译码等功能，能完成数据采集、分析和处理，可应用于大中型控制系统，如数控机床、柔性制造系统、机器人控制系统。总之，PLC 运动控制技术的应用领域非常广泛，遍及国民经济的各个行业。例如：

1）冶金行业中的电弧炉控制、轧机轧辊控制、产品定尺控制等。

2）机械行业中的机床定位控制和加工轨迹控制等。

3）制造业中各种生产线和机械手的控制。

4）信息产业中的绘图机、打印机的控制，磁盘驱动器的磁头定位控制等。

5）军事领域中的雷达天线和各种火炮的控制等。

6）其他各种行业中的智能立体仓库和立体车库的控制等。

4. 过程控制

过程控制是指对温度、压力、流量等模拟量的闭环控制，从而实现这些参数的自动调节。作为工业控制计算机，PLC 能编制各种各样的控制算法程序，完成闭环控制。从 20 世纪 90 年代以后，PLC 具有了控制大量过程参数的能力，对多路参数进行 PID 调节也变得非常容易和方便。因为大、中型 PLC 都有 PID 模块，目前许多小型 PLC 也具有此功能模块。PID 处理一般是运行专用的 PID 子程序。另外，和传统的集散控制系统相比，其价格方面也具有较大优势，再加上在人机界面和联网通信性能方面的完善和提高，PLC 控制系统在过程控制领域也占据了相当大的市场份额。

目前，世界上有 200 多个厂家生产 300 多种 PLC 产品，主要应用在汽车、粮食加工、化学/制药、金属/矿山、纸浆/造纸等行业。在我国应用的 PLC 几乎涵盖了世界所有的品牌，但从行业上分，有各自的适用范围。大中型集控系统采用欧美 PLC 居多，小型控制系统、机床、设备单体自动化及 OEM 产品采用日本的 PLC 居多。欧美 PLC 在网络和软件方面具有优势，而日本 PLC 在灵活性和价位方面占有优势。

5. 数据处理

现代 PLC 控制器具有数学运算（含矩阵运算、函数运算、逻辑运算）、数据传送、数据转换、排序、查表、位操作等功能，可以完成数据的采集、分析及处理。这些数据可以与存储在存储器中的参考值比较，完成一定的控制操作，也可以利用通信功能传送到别的智能装置，或将它们打印制表。数据处理一般用于大型控制系统，如无人控制的柔性制造系统；也可用于过程控制系统，如造纸、冶金、食品工业中的一些过程控制系统。

3.3 PLC 的特点

PLC 技术之所以高速发展，除了工业自动化的客观需要外，主要是因为它具有许多独特的优点，较好地解决了工业领域中普遍关心的可靠、安全、灵活、方便、经济等问题。PLC 主要有以下特点：

1. 可靠性高、抗干扰能力强

可靠性高、抗干扰能力强是 PLC 最重要的特点之一。PLC 的平均无故障时间可达几十万小时，之所以有这么高的可靠性，是由于它采用了一系列的硬件和软件的抗干扰措施。

硬件方面：对所有的 I/O 接口电路均采用光电隔离，有效地抑制了外部干扰源对 PLC 的影响；对供电电源及线路采用多种形式的滤波，从而消除或抑制了高频干扰；对 CPU 等重要部件采用良好的导电、导磁材料进行屏蔽，以减少空间电磁干扰；对有些模块设置了联锁保护、自诊断电路等。

软件方面：PLC 采用扫描工作方式，减少了由于外界环境干扰引起的故障；在 PLC 系统程序中设有故障检测和自诊断程序，能对系统硬件电路等故障实现检测和判断；当由外界干扰引起故障时，能立即将当前重要信息加以封存，禁止任何不稳定的读/写操作，一旦外界环境正常后，便可恢复到故障发生前的状态，继续原来的工作。

对于大型 PLC 系统，还可以采用由双 CPU 构成冗余系统或由三 CPU 构成表决系统，使系统的可靠性更进一步提高。

2. 控制系统结构简单、通用性强

为了适应各种工业控制的需要，除了单元式的小型 PLC 以外，绝大多数 PLC 均采用模块化结构。PLC 的各个部件，包括 CPU、电源、I/O 等均采用模块化设计，由机架及电缆将各模块连接起来，系统的规模和功能可根据用户的需要自行组合。用户在硬件设计方面，只是确定 PLC 的硬件配置和 I/O 通道的外部接线。在 PLC 构成的控制系统中，只需在 PLC 的端子上接入相应的输入、输出信号即可，不需要诸如继电器之类的物理电子器件和大量繁杂的硬件接线线路。PLC 的输入/输出可直接与交流 220V、直流 24V 等负载相连，并具有较强的带负载能力。

3. 丰富的 I/O 接口模块

PLC 针对不同的工业现场信号，如交流或直流、开关量或模拟量、电压或电流、脉冲或电位、强电或弱电等，都能选择到相应的 I/O 模块与之匹配。对于工业现场的元器件或设备，如按钮、行程开关、接近开关、传感器及变送器、电磁线圈、控制阀等，都能选择到相应的 I/O 模块与之相连接。

另外，为了提高操作性能，它还有多种人-机对话的接口模块；为了组成工业局部网络，它还有多种通信联网的接口模块等。

4. 编程简单、使用方便

目前，大多数 PLC 采用的编程语言是梯形图语言，它是一种面向生产、面向用户的编程语言。梯形图与电气控制电路图相似，形象、直观，很容易让广大工程技术人员掌握。当生产流程需要改变时，可以现场改变程序，使用方便、灵活。同时，PLC 编程软件的操作和使用也很简单，这也是 PLC 获得普及和推广的主要原因之一。许多 PLC 还针对具体问题，设计了各种专用编程指令及编程方法，进一步简化了编程。

5. 设计安装简单、维修方便

由于 PLC 用软件代替了传统电气控制系统的硬件，控制柜的设计、安装接线工作量大为减少。PLC 的用户程序大部分可在实验室进行模拟调试，缩短了应用设计和调试周期。在维修方面，PLC 的故障率极低，维修工作量很小；而且 PLC 具有很强的自诊断功能，如果出现故障，可根据 PLC 上指示或编程器上提供的故障信息，迅速查明原因，维修方便。

6. 体积小、重量轻、能耗低

由于 PLC 采用了半导体集成电路，其结构紧凑、体积小、能耗低，而且设计结构紧凑，易于装入机械设备内部。对于复杂的控制系统，使用 PLC 后，可以减少大量的中间继电器和时间继电器，小型 PLC 的体积仅相当于几个继电器的大小，因此可将开关柜的体积缩小到原来的 1/2 ~ 1/10，因而是实现机电一体化的理想控制设备。

7. 功能完善、适应面广、性价比高

PLC 有丰富的指令系统、I/O 接口、通信接口和可靠的自身监控系统，不仅能完成逻辑运算、计数、定时和算术运算功能，配合特殊功能模块还可实现定位控制、过程控制和数字控制等功能。PLC 既可以控制一台单机、一条生产线，也可以控制多个机群、多条生产线；可以现场控制，也可以远距离控制。在大系统控制中，PLC 可以作为下位机与上位机或同级的 PLC 之间进行通信，完成数据处理和信息交换，实现对整个生产过程的信息控制和管理。与相同功能的继电器-接触器控制系统相比，具有很高的性价比。

总之，PLC 是专为工业环境应用而设计制造的控制器，具有丰富的输入、输出接口，并且具有较强的驱动能力。但 PLC 产品并不针对某一具体工业应用，在实际应用时，其硬件需根据实际需要进行选用配置，其软件需根据控制要求进行设计编程。

3.4　PLC 的分类

PLC 产品种类繁多，其规格和性能也各不相同。对 PLC 的分类，通常根据其结构形式的不同、功能的差异和 I/O 点数的多少等进行大致分类。

3.4.1　按结构形式分类

目前按 PLC 的硬件结构形式，可将 PLC 分为四种基本形式：整体式、模块式、叠装式以及分布式。它们的特点分别如下：

1. 整体式 PLC

整体式 PLC 是一种整体结构、I/O 点数固定的小型 PLC（也称微型 PLC），如图 3-1 所示。其处理器、存储器、电源、输入/输出接口、通信接口等都安装于基本单元上，I/O 点数不能改变，且无 I/O 扩展模块接口。

它的主要特点是结构紧凑、体积小、安装简单，适用于 I/O 控制要求固定、点数较少（10 ~ 30 点）的机电一体化设备或仪器的控制，特别是在产品批量较大时，可以降低生产成本，提高性能价格比。

图 3-1　整体式固定 I/O 型 PLC

作为功能的扩展，此类 PLC 一般可以安装少量的通信接口、显示单元、模拟量输入等微型功能选件，以增加必要的功能。

整体式 PLC 品种、规格较少，比较常用的有德国西门子公司的 S7-200（CPU221）、日本三菱公司的 FXLS-10/14/20/30 系列等。

73

2. 模块式 PLC

模块式 PLC 是将 PLC 各组成部分，分别做成若干个单独的模块，如 CPU 模块、I/O 模块、电源模块（有的含在 CPU 模块中）以及各种功能模块，如图 3-2 所示。模块式 PLC 由机架或基板和各种模块组成，模块装在机架或基板的插座上。这种 PLC 的特点是配置灵活，可根据需要选配不同规模的系统，而且装配方便，便于扩展和维修。大、中型 PLC 一般采用模块式结构。

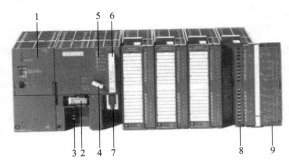

图 3-2　模块式 PLC 的示意图

1—电源模块　2—电池　3—电源连接端　4—工作模式选择开关
5—状态指示灯　6—存储器卡　7—接口　8—连接器　9—盖板

3. 叠装式 PLC

叠装式 PLC（也称基本单元加扩展型 PLC）如图 3-3 所示。叠装式 PLC 是一种由整体结构、I/O 点数固定的基本单元和可选择扩展 I/O 模块构成的小型 PLC。PLC 的处理器、存储器、电源、固定数量的输入/输出接口、通信接口等安装于基本单元上，通过基本单元的扩展接口，可以连接扩展 I/O 模块与功能模块，进行 I/O 点数与控制功能的扩展。

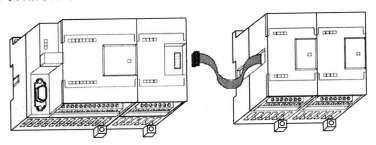

图 3-3　叠装式 PLC

叠装式 PLC 是将整体式和模块式的特点相结合，既具有整体式 PLC 结构紧凑、体积小、安装简单的特点，同时又可以根据设备的 I/O 点数与控制要求，增加 I/O 点数或功能模块，因此具有 I/O 点数可变与功能扩展容易的特点，可以灵活适应控制要求的变化。

叠装式 PLC 的主要特点：

1）叠装式 PLC 的基本单元本身具有集成、固定点数的 I/O，基本单元可独立使用。

2）叠装式 PLC 自成单元，不需要安装基板（或机架），因此在控制要求变化时，可在原有基础上，很方便地对 PLC 的配置进行改变。

3）叠装式 PLC 可以使用功能模块，由于基本单元具有扩展接口，因此可以连接其他功能模块。

叠装式 PLC 的最大 I/O 点数通常可以达到 256 点以上，功能模块的规格与品种也较多，有模拟量输入/输出模块、位置控制模块、温度测量与调节模块、网络通信模块等。这类 PLC 在机电一体化产品中的实际用量最大，大部分生产厂家的小型 PLC 都采用了这种结构形式，如德国西门子公司的 S7-200 系列（CPU222/224/224X/226）、日本三菱公司的 FX1N/FXLNC/FX2N/FX2NC/FX3UC 系列等。

4. 分布式 PLC

分布式 PLC 是一种用于大型生产设备或者生产线实现远程控制的 PLC，一般是通过在 PLC 上增加用于远程控制的"主站模块"实现对远程 I/O 点的控制，如图 3-4 所示。中央控制 PLC 的结构形式原则上无固定的要求，即可以是叠装式 PLC 或者模块式 PLC。小型控制系统选用整体式结构主机模块，DI/DO 点在8 或 16 点之内。中大型控制系统选用模块式结构，采用机架或导轨式安装，除了主机架外还有扩展机架和远程 I/O 机架；采用层次化网络结构，从下至上依次分为数据采集层、直接控制层和操作管理层。

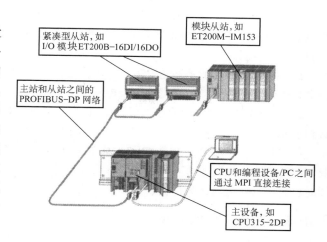

图 3-4 分布式 PLC 的组成示意图

分布式 PLC 的特点是各组成模块可以安装在不同的工作场所，如可以将 CPU、存储器、显示器等以中央控制 PLC（通常称为主站）的形式安装于控制室，将 I/O 模块（通常称为远程 I/O）与功能模块以工作站（通常称为从站）的形式安装于生产现场的设备上。

在 PLC 及其网络中存在两类通信：一类是并行通信，另一类是串行通信。并行通信一般发生在 PLC 的内部，它指的是多处理器 PLC 中多台处理器之间的通信，以及 PLC 中 CPU 单元与智能模板的 CPU 之间的通信。前者是在协处理器的控制与管理下，通过共享存储区实现多处理器之间的数据交换；后者则是经过公用总线通过双口 RAM 实现通信。

中央控制 PLC（主站）与工作站（从站）之间一般需要通过总线（如西门子公司的 PROFI-BUS-DP 等）进行连接与通信，构成了简单的 PLC 与功能模块间的网络系统。大多数设备可以作为 DP 主站或 DP 从站连接至 PROFIBUS-DP，唯一的限制是它们的行为必须符合标准 IEC 61784-1：2002 Ed1 CP 3/1。在主从通信过程中，所谓主从就是主站可以与每个从站直接通信，下达命令接收反馈。从站与从站之间不能相互通信。

3.4.2 按功能分类

根据 PLC 所具有的功能不同，可将 PLC 分为低档、中档、高档三类。

1）低档 PLC：具有逻辑运算、定时、计数、移位以及自诊断、监控等基本功能，还可有少量模拟量输入/输出、算术运算、数据传送和比较、通信等功能，主要用于逻辑控制、顺序控制或少量模拟量控制的单机控制系统。

2）中档 PLC：除具有低档 PLC 的功能外，还具有较强的模拟量输入/输出、算术运算、数据传送和比较、数制转换、远程 I/O、子程序、通信联网等功能，有些还可增设中断控制、PID 控制等功能，适用于复杂控制系统。

3）高档 PLC：除具有中档 PLC 的功能外，还增加了带符号算术运算、矩阵运算、位逻辑运算、平方根运算及其他特殊功能函数的运算、制表及表格传送功能等。高档 PLC 具有更强的通信联网功能，可用于大规模过程控制或构成分布式网络控制系统，实现工厂自动化。

3.4.3 按 I/O 点数分类

根据 PLC 的 I/O 点数的多少，可将 PLC 分为小型、中型和大型三类。

1）小型 PLC：I/O 点数在 256 点以下的为小型 PLC，内存容量为 1～3.6KB。其中，I/O 点数小于 64 点的为超小型或微型 PLC，内存容量为 256～1000B。小型或超小型 PLC 常用于小型设备的开关量控制。

2）中型 PLC：I/O 点数在 256～2048 点之间的为中型 PLC，内存容量为 3.6～13KB，增加了数据处理能力，适用于小规模的综合控制系统。

3）大型 PLC：I/O 点数在 2048 点以上的为大型 PLC，内存容量为 13KB 以上。其中，I/O 点数超过 8192 点的为超大型 PLC，多用于大规模的过程控制、集散式控制和工厂自动化控制。

在实际中，一般 PLC 功能的强弱与其 I/O 点数的多少是相互关联的，即 PLC 的功能越强，其可配置的 I/O 点数越多。因此，通常所说的小型、中型、大型 PLC，除指其 I/O 点数不同外，同时也表示其对应功能为低档、中档、高档。

3.4.4 按生产厂家分类

PLC 的生产厂家很多，遍布国内外，其点数、容量、功能各有差异，自成系列，其中影响力较大的厂家如下：

1）德国西门子（SIEMENS）公司的 S7 系列 PLC。

2）美国 Rockwell Allen-Bradley（AB）自动化公司的 Micro800 系列、MicroLogix 系列和 CompactLogix 系列 PLC。

3）日本三菱（Mitsubishi）公司的 F、F1、F2、FX2 系列 PLC。

4）美国通用电气（GE）公司的 GE 系列 PLC。

5）日本欧姆龙（Omron）公司的 C 系列 PLC。

6）日本松下（Panasonic）电工公司的 FP1 系列 PLC。

7）日本日立（Hitachi Limited）公司的箱式的 E 系列和模块式的 EM 系列 PLC。

8）法国施耐德（Schneider）公司的 TM218、TWD、TM2、BMX、M340/258/238 系列 PLC。

9）其他 PLC 主要有台湾的台达、永宏、丰炜，以及北京和利时、无锡信捷、上海正航、南大傲拓 PLC 等。

3.5 PLC 的硬件结构和各部分的作用

PLC 的硬件主要由中央处理器（CPU）、存储器、输入单元、输出单元、通信接口、扩展接口、电源等部分组成。其中，CPU 是 PLC 的核心，输入单元与输出单元是连接现场输入/输出设备与 CPU 之间的接口电路，通信接口用于与编程器、上位计算机等外设连接。

对于整体式 PLC，所有部件都装在同一机壳内，其组成框图如图 3-5 所示。

尽管整体式与模块式 PLC 的结构不太一样，但各部分的功能作用是相

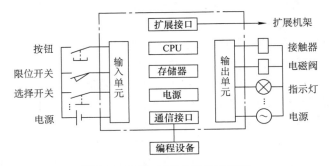

图 3-5 整体式 PLC 的组成框图

同的，下面对 PLC 各主要组成部分进行简单介绍。

1. 中央处理器（CPU）

中央处理器是 PLC 的核心部分，它包括微处理器和控制接口电路。

微处理器是 PLC 的运算和控制中心，由它实现逻辑运算、数字运算，协调控制系统内部各部分的工作。它的运行是按照系统程序所赋予的任务进行的。其主要任务有：控制从编程器输入的用户程序和数据的接收与存储；用扫描的方式通过输入部件接收现场的状态或数据，并存入输入映像寄存器或数据存储器中；诊断电源、PLC 内部电路的工作故障和编程中的语法错误等；PLC 进入运行状态后，从存储器逐条读取用户指令，经过命令解释后按指令规定的任务进行数据传递、逻辑运算或数字运算等；根据运算结果，更新有关标志位的状态和输出映像寄存器的内容，再经由输出部件实现输出控制、制表打印或数据通信等功能。

PLC 常用的微处理器主要有通用微处理器、单片机、位片式微处理器。

一般说来，小型 PLC 大多采用 8 位微处理器或单片机作为 CPU，如 Z80A、8085、8031 等，具有价格低、普及通用性好等优点。

对于中型 PLC，大多采用 16 位微处理器或单片机作为 CPU，如 Intel 8086、Intel 96 系列单片机，具有集成度高、运行速度快、可靠性高等优点。

对于大型 PLC，大多采用高速位片式微处理器，它具有灵活性强、速度快、效率高等优点。

2. 存储器

存储器主要有两种：一种是随机读写存储器 RAM，另一种是只读存储器 ROM、PROM、EPROM 和 EEPROM。在 PLC 中，存储器主要用于存放系统程序、用户程序及工作数据。

系统程序关系到 PLC 的性能，是由 PLC 制造厂家编写的，直接固化在只读存储器中，用户不能访问和修改。系统程序与 PLC 的硬件组成有关，用来完成系统诊断、命令解释、功能子程序调用和管理、逻辑运算、通信及各种参数设置等功能，提供 PLC 运行的平台。

用户程序是由用户根据对象生产工艺的控制要求而编制的应用程序。为了便于读出、检查和修改，用户程序一般存放于 CMOS 静态 RAM 中，用锂电池作为后备电源，以保证掉电时不会丢失信息。为了防止干扰对 RAM 中程序的破坏，当用户程序经过运行正常，不需要改变时，可将其固化在只读存储器 EPROM 中。现在有许多 PLC 直接采用 EEPROM 作为用户程序存储器。

工作数据是 PLC 运行过程中经常变化、经常存取的一些数据。它存放在 RAM 中，以适应随机存取的要求。在 PLC 的工作数据存储器中，设有存放输入/输出继电器、辅助继电器、定时器、计数器等逻辑器件状态的存储区，这些器件的状态都是由用户程序的初始设置和运行情况而确定的。根据需要，部分数据在掉电时用后备电池维持其现有的状态，这部分在掉电时可保存数据的存储区域称为保持数据区。

由于系统程序及工作数据与用户无直接联系，所以在 PLC 产品样本或使用手册中所列存储器的形式及容量是指用户程序存储器。当 PLC 提供的用户程序存储器容量不够用时，许多 PLC 还提供存储器扩展功能。

3. 输入/输出单元

输入/输出单元是 PLC 的 CPU 与现场输入/输出装置或其他外部设备之间的连接接口部件。

输入单元将现场的输入信号经过输入单元接口电路的转换，转换为中央处理器能接收和识别的低电压信号，送给中央处理器进行运算；输出单元则将中央处理器输出的低电压信号转换为控制器件所能接收的电压、电流信号，以驱动信号灯、电磁阀、电磁开关等。

所有输入/输出单元均带有光电耦合电路，其目的是把 PLC 与外部电路隔离开来，以提高 PLC 的抗干扰能力。

为了滤除信号的噪声和便于 PLC 内部对信号的处理，输入单元还有滤波、电平转换、信号锁存电路;输出单元也有输出锁存、显示、电平转换、功率放大电路。

通常,PLC 的输入单元类型有直流、交流和交直流方式;PLC 的输出单元类型有晶体管输出方式、晶闸管输出方式和继电器输出方式。此外,PLC 还提供一些智能型输入/输出单元。

4. 通信接口

PLC 配有各种通信接口,这些通信接口一般都带有通信处理器。PLC 通过这些通信接口可与打印机、监视器、其他 PLC、计算机等设备实现通信。PLC 与打印机连接,可将过程信息、系统参数等输出打印;与监视器连接,可将控制过程图像显示出来;与其他 PLC 连接,可组成多机系统或连成网络,实现更大规模的控制;与计算机连接,可组成多级分布式控制系统,实现控制与管理相结合。

远程 I/O 系统也必须配备相应的通信接口模块。

5. 智能接口模块

智能接口模块是一独立的计算机系统,它有自己的 CPU、系统程序、存储器以及与 PLC 系统总线相连的接口。它作为 PLC 系统的一个模块,通过总线与 PLC 相连,进行数据交换,并在 PLC 的协调管理下独立地进行工作。

PLC 的智能接口模块种类很多,如高速计数模块、闭环控制模块、运动控制模块、中断控制模块等。

6. 编程设备

编程设备用来编辑、调试、输入用户程序,也可在线监控 PLC 内部状态和参数,与 PLC 进行人机对话。它是开发、应用、维护 PLC 不可缺少的工具。编程设备可以是专用编程器,也可以是配有专用编程软件包的通用计算机系统。专用编程器是由 PLC 厂家生产,专供该厂家生产的某些 PLC 产品使用,它主要由键盘、显示器和外存储器接插口等部件组成。

专用编程器只能对指定厂家的几种 PLC 进行编程,使用范围有限,价格较高。同时,由于 PLC 产品不断更新换代,所以专用编程器的生命周期也十分有限。因此,现在的趋势是使用以个人计算机为基础的编程设备,用户只需购买 PLC 厂家提供的编程软件和相应的硬件接口装置。这样,用户只用较少的投资即可得到高性能的 PLC 程序开发系统。

基于个人计算机的程序开发系统功能强大。它既可以编制、修改 PLC 的梯形图程序,又可以监视系统运行、打印文件、系统仿真等。配上相应的软件还可实现数据采集和分析等许多功能。

7. 电源

PLC 配有开关电源,以供内部电路使用。与普通电源相比,PLC 电源的稳定性好、抗干扰能力强。对电网提供的电源稳定度要求不高,一般允许电源电压在其额定值 ±15% 的范围内波动。许多 PLC 还向外提供直流 24V 稳压电源,用于对外部传感器供电。

8. 其他外部设备

除了以上所述的部件和设备外,PLC 还有许多外部设备,如 EPROM 写入器、外存储器、人-机接口装置等。

EPROM 写入器是用来将用户程序固化到 EPROM 存储器中的一种 PLC 外部设备。为了使调试好的用户程序不易丢失,经常用 EPROM 写入器将 PLC 内 RAM 的内容保存到 EPROM 中。

PLC 内部的半导体存储器称为内存储器。有时可用外部的软盘和用半导体存储器做成的存储盒等来存储 PLC 的用户程序,这些存储器件称为外存储器。外存储器一般是通过编程器或其他智能模块提供的接口实现与内存储器之间相互传送用户程序的。

人机界面(Human Machine Interface,HMI)是用来实现操作人员与 PLC 控制系统对话的。最简单、最普遍的人机界面由安装在控制台上的按钮、转换开关、拨码开关、指示灯、LED 显示器、声光报警器等器件构成。

3.6 PLC 的工作原理

3.6.1 PLC 控制系统的组成

PLC 控制系统可分为三部分：输入部分、逻辑部分、输出部分，如图 3-6 所示。

输入部分由系统中全部输入器件构成，如控制按钮、操作开关、限位开关、传感器等。输入器件与 PLC 输入端子相连接，在 PLC 存储器中有一输入映像寄存器区与输入端子相对应。通过 PLC 内部输入接口电路，将信号隔离、电平转换后，由 CPU 在固定的时刻读入相应的输入映像寄存器区。

输出部分由系统中的全部输出器件构成，如接触器线圈、电磁阀线圈等执行器件及信号灯，输出器件与 PLC 输出端子相连接。在 PLC 存储器中有一输出映像寄存器区域与输出端子相对应。CPU 执行完用户程序后会改写输出映像寄存器中的状态值，输出映像寄存器中的状态位，通过输出锁存器、输出接口电路隔离和功率放大后使输出端负载通电或断电。

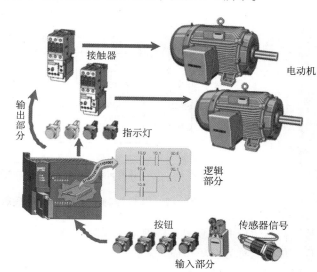

图 3-6 PLC 控制系统的组成

逻辑部分由微处理器、存储器组成，由计算机软件替代继电器控制电路，实现"软接线"，可以灵活编程。尽管 PLC 与继电器控制系统的逻辑部分组成器件不同，但在控制系统中所起的逻辑控制作用是一致的。因而可以把 PLC 内部看作由许多"软继电器"组成，如"输入继电器""输出继电器""中间继电器""时间继电器"等。这样，就可以模拟继电器控制系统的编程方法，仍然按照设计继电器控制电路的形式来编制程序，这就是梯形图编程方法。使用梯形图编程时，完全可以不考虑微处理器内部的复杂结构，也不必使用计算机语言，使用起来极为方便。

虽然最初研制生产的 PLC 主要用于代替传统的继电器-接触器控制系统，且 PLC 梯形图与继电器控制电路图相呼应，但两者的运行方式是不相同的。继电器-接触器控制系统是一种"硬件逻辑系统"，如图 3-7a 所示。它的三条支路是并行工作的，当按下按钮 SB1 后，中间继电器 KA 得电，KA 的三个常开触点同时闭合，接触器和电磁阀的线圈同时得电并产生动作，故继电器-接触器控制系统采用的是并行工作方式。

而 PLC 是一种工业控制计算机，它的工作原理是建立在计算机的工作原理基础之上的，即通过执行反映控制要求的用户程序来实现控制逻辑，如图 3-7b 所示。CPU 是以分时操作方式来处理各项任务的，计算机在每一瞬间只能做一件事，所以程序的执行是按程序顺序依次完成相应各存储器单元（即软继电器）的写操作，它属于串行工作方式。

3.6.2 PLC 循环扫描的工作过程

PLC 通电后，首先对硬件和软件做一些初始化操作。为了使 PLC 的输出及时响应各种输入

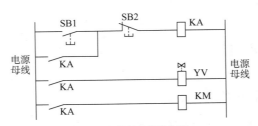

a) 继电器－接触器控制电路

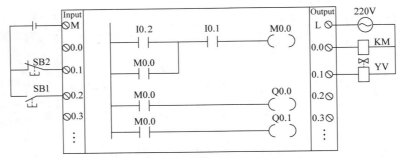

b) 用 PLC 实现控制功能的示意图

图 3-7　PLC 控制系统与继电器-接触器控制系统的比较

信号，初始化后 PLC 反复不停地分阶段处理各种不同的任务，如图 3-8 所示。这种周而复始的循环工作模式称为循环扫描。

　　PLC 的整个扫描工作过程可分为以下三部分：

　　第一部分是上电处理。PLC 上电后对 PLC 系统进行一次初始化工作，包括硬件初始化、I/O 模块配置运行方式检查、停电保持范围设置及其他初始化处理等。

　　第二部分是主要工作过程。PLC 上电处理完成以后进入主要工作过程。先完成输入处理，其次完成与其他外设的通信处理，再次进行时钟、特殊寄存器更新。当 CPU 处于 STOP 方式时，转入执行自诊断检查。当 CPU 处于 RUN 方式时，完成用户程序的执行和输出处理后，再转入执行自诊断检查。

　　第三部分是出错处理。PLC 每扫描一次，执行一次自诊断检查，确定 PLC 自身的动作是否正常，如 CPU、电池电压、程序存储器、I/O、通信等是否异常或出错，当检查出异常时，CPU 面板上的 LED 及异常继电器会接通，在特殊寄存器中会存入出错代码。当出现致命错误时，CPU 被强制为 STOP 方式，所有的扫描停止。

　　PLC 运行正常时，扫描周期的长短与 CPU 的运算速度、I/O 点的情况、用户应用程序的长短及编程情况等均有关。通常用 PLC 执行 1KB 指令所需时间来说明其扫描速度（一般 1～10ms/KB）。值得注意的是，不同指令其执行时间是不同的，从零点几微秒到上百微秒不等，故选用不同指令所用的扫描时间将会不同。若用于高速系统要缩短扫描周期时，可从软硬件上考虑。

3.6.3　PLC 用户程序的工作过程

　　PLC 只有在 RUN 方式下才执行用户程序，下面对 RUN 方式下执行用户程序的过程做详尽的讨论，以便对 PLC 循环扫描的工作方式有更深入的理解。

　　PLC 是按图 3-8 所示的工作流程进行工作的。当 PLC 上电后，处于正常工作运行时，将不断地循环重复执行图 3-8 中的各项任务。分析其主要工作过程，如果对远程 I/O、特殊模块、更新时钟和其他通信服务等枝叶项内容暂不考虑，这样主要工作过程就剩下"输入采样""用户程序执行"和"输出刷新"三个阶段，如图 3-9 所示。这三个阶段是 PLC 工作过程的中心内容，也是 PLC 工作原理的实质所在，理解透 PLC 工作过程的这三个阶段是学习好 PLC 的基础。

1. 输入采样阶段

在输入采样阶段，PLC 把所有外部数字量输入电路的 I/O 状态（或称 ON/OFF 状态）读入至输入映像寄存器中，此时输入映像寄存器被刷新。接着系统进入用户程序执行阶段，在此阶段和输出刷新阶段，输入映像寄存器与外界隔离，无论输入信号如何变化，其内容保持不变，直到下一个扫描周期的输入采样阶段，才重新写入输入端子的新内容。所以，一般来说，输入信号的宽度要大于一个扫描周期，或者说输入信号的频率不能太高，否则很可能造成信号的丢失。

2. 用户程序执行阶段

PLC 在用户程序执行阶段，在无中断或跳转指令的情况下，根据梯形图程序从首地址开始按自左向右、自上而下的顺序，对每条指令逐句进行扫描（即按存储器地址递增的方向进行），扫描一条，执行一条。当指令中涉及输入、输出状态时，PLC 就从输入映像寄存器中"读入"对应输入端子的状态，从元件映像寄存器中"读入"对应元件

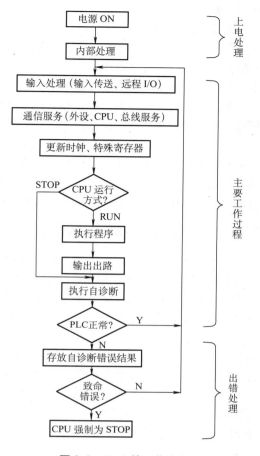

图 3-8 PLC 的工作流程

（"软继电器"）的当前状态，然后进行相应的运算，最新的运算结果立即再存入到相应的元件映像寄存器中。对除了输入映像寄存器以外的其他的元件映像寄存器来说，每一个元件的状态会随着程序的执行过程而刷新。

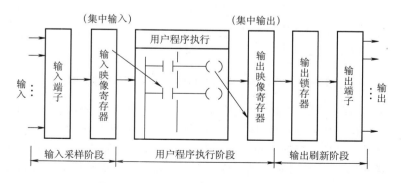

图 3-9 PLC 主要工作过程的中心内容

PLC 的用户程序执行既可以按固定的顺序进行，也可以按用户程序所指定的可变顺序进行。这不仅仅因为有的程序不需要每个扫描周期都执行，也因为在一个大控制系统中需要处理的 I/O 点数较多，通过不同的组织模块安排，采用分时分批扫描执行的办法，可缩短循环扫描的周期和

提高控制的实时响应性能。

3. 输出刷新阶段

CPU 执行完用户程序后，将输出映像寄存器中所有"输出继电器"的状态（1/0）在输出刷新阶段一起转存到输出锁存器中。在下一个输出刷新阶段开始之前，输出锁存器的状态不会改变，从而相应输出端子的状态也不会改变。

输出锁存器的状态为"1"，输出信号经输出模块隔离和功率放大后，接通外部电路使负载通电工作。输出锁存器的状态为"0"，断开对应的外部电路使负载断电，停止工作。

用户程序执行过程中，集中输入与集中输出的工作方式是 PLC 的一个特点，在采样期间，将所有输入信号（不管该信号当时是否要用）一起读入，此后在整个程序处理过程中 PLC 系统与外界隔开，直至输出控制信号。外界信号状态的变化要到下一个工作周期才会在控制过程中有所反应。这样从根本上提高了系统的抗干扰能力，提高了工作的可靠性。

3.6.4　PLC 工作过程举例说明

下面用一个简单的例子来进一步说明 PLC 循环扫描的工作过程。如果用 PLC 来控制一台三相异步电动机，组成一个主电路如图 2-8 所示的 PLC 控制系统，只需将输入设备 SB1、SB2 的触点与 PLC 的输入端连接，输出设备 KM 的线圈与 PLC 的输出端连接。设热继电器 FR 动作（其常闭触点断开）后需要手动复位，将 FR 的常闭触点与接触器 KM 的线圈串联。

图 3-10 所示梯形图中的 I0.0 和 I0.1 是输入变量，Q0.1 是输出变量，它们都是梯形图中的编程元件。I0.0 和 I0.1 的值取决于对应输入映像寄存器中的值，Q0.1 的值存放在对应的输出映像寄存器中。梯形图以指令的形式存储在 PLC 的用户程序存储器中。

在输入采样阶段，CPU 将 SB1 和 SB2 触点的 ON/OFF 状态读入至相应的输入映像寄存器中，外部触点接通时将二进制数"1"存入寄存器，反之存入"0"。如图 3-10 所示，若按下起动按钮 SB2，则输入映像寄存器 I0.1 中的值为"1"。

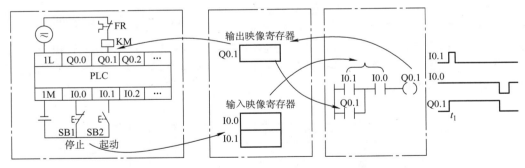

图 3-10　PLC 控制电动机起停外部接线图与梯形图

在用户程序执行阶段，PLC 读取相应存储器中的值，按照用户程序进行"与"、"或"、"非"逻辑运算，并把逻辑运算结果写入至相应的存储器单元，本例中为 Q0.1。

在输出刷新阶段，CPU 将各输出映像寄存器中的二进制数传送给输出模块并锁存起来，如果输出映像寄存器 Q0.1 中存放的是二进制数"1"，外接的 KM 线圈得电，从而使电动机起动运行，反之电动机将停止。

3.6.5　输入、输出延迟响应

由于 PLC 采用循环扫描的工作方式，即对信息采用串行处理方式，必定导致输入、输出延迟响应。当 PLC 的输入端有一个输入信号发生变化时到 PLC 输出端对该输入变化作出反应，需要一段时间，这段时间就称为响应时间或滞后时间（通常滞后时间为几十毫秒）。这种现象称为输入、输出延迟响应或滞后现象。

响应时间与以下因素有关：

1）输入电路的滤波时间，它由 RC 滤波电路的时间常数决定。改变时间常数可调整输入延迟时间。

2）输出电路的滞后时间，它与输出电路的输出方式有关。继电器输出方式的滞后时间为 10ms 左右；双向晶闸管输出方式，在接通负载时滞后时间约为 1ms，切断负载时滞后时间小于 10ms；晶体管输出方式的滞后时间小于 1ms。

3）PLC 循环扫描的工作方式。

4）用户程序中语句的安排。

因素 3）是由 PLC 的工作原理决定的，是无法改变的。但有些因素是可以通过恰当选择、合理编程得到改善的，如选用晶闸管输出方式或晶体管输出方式，则可以加快响应速度等。

由于 PLC 采用的是周期循环扫描工作方式，因此响应时间与收到输入信号的时刻有关，在此对最短和最长响应时间进行讨论。

1. 最短响应时间

如果在一个扫描周期刚结束之前收到一个输入信号，在下一个扫描周期进入输入采样阶段，这个输入信号就被采样，使输入更新，这时响应时间最短，如图 3-11 所示。最短响应时间为

最短响应时间 = 输入延迟时间 + 一个扫描时间 + 输出延迟时间

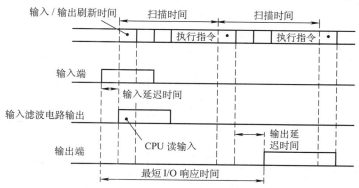

图 3-11　PLC 的最短响应时间

2. 最长响应时间

如果收到的一个输入信号经输入延迟后，刚好错过 I/O 刷新时间，在该扫描周期内这个输入信号无效，要到下一个扫描周期的输入采样阶段才被读入，使输入更新，这时响应时间最长，如图 3-12 所示。最长响应时间为

最长响应时间 = 输入延迟时间 + 两个扫描时间 + 输出延迟时间

由图 3-11 可见，输入信号至少应持续一个扫描周期的时间，才能保证被系统捕捉到。对于持续时间小于一个扫描周期的窄脉冲，可以通过设置脉冲捕捉功能，使系统捕捉到。设置脉冲捕捉功能后，输入端信号的状态变化被锁存并一直保持到下一个扫描周期的输入采样阶段。这样，可使一个持续时间很短的窄脉冲信号保持到 CPU 读到为止。

3. 用户程序的语句安排影响响应时间

用户程序的语句安排也会影响响应时间，分析图 3-13 所示梯形图中各元件状态的时序图可以看出这一点。

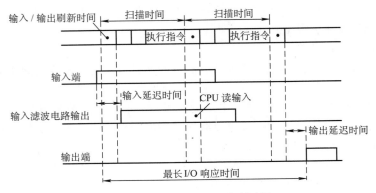

图 3-12   PLC 的最长响应时间

图 3-13 中，输入信号在第一个扫描周期的程序执行阶段被激励，该输入信号到第二个扫描周期的输入采样阶段才被读入，存入输入映像寄存器 I0.2。而后进入程序执行阶段，由于 I0.2 = 1，Q0.0 被激励为"1"，Q0.0 = 1 的状态存入输出映像寄存器 Q0.0，同时位存储器 M2.1 = 1。最后进入输出刷新阶段，将输出映像寄存器 Q0.0 = 1 的状态，转存到输出锁存器，直至输出端子 Q0.0 = 1，这是 PLC 的实际输出。位存储器 M2.0 要到第三个扫描周期才能被激励，这是由于 PLC 执行程序时是按顺序扫描所致的。如果将网络 1（Network1）、网络 5（Network5）的位置对调一下，则位存储器 M2.0 在第二个扫描周期也能响应。可见，程序语句的安排影响了响应时间。

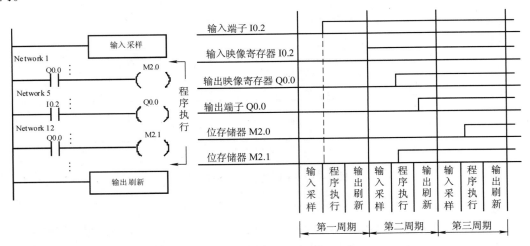

图 3-13   梯形图及各元件状态时序图

3.6.6   PLC 对输入、输出的处理规则

PLC 与继电器控制系统对信息的处理方式是不同的：继电器控制系统是"并行"处理方式，只要电流形成通路，就可能有几个电器同时动作；而 PLC 是以扫描的方式处理信息的，它是顺序地、连续地、循环地逐条执行程序，在任何时刻它只能执行一条指令，即以"串行"处理方式进行工作。因而在考虑 PLC 的输入、输出之间的关系时，应充分注意它的周期扫描工作方式。在用户程序执行阶段 PLC 对输入、输出的处理必须遵守以下规则：

1）输入映像寄存器的数据，由上一个扫描周期输入端子板上各输入点的状态决定。

2）输出映像寄存器的状态，由程序执行期间输出指令的执行结果决定。

3）输出锁存器中的数据，由上一次输出刷新期间输出映像寄存器中的数据决定。

4）输出端子的接通和断开状态，由输出锁存器来决定。

5）执行程序时所用的输入、输出状态值，取决于输入、输出映像寄存器的状态。

尽管 PLC 采用周期循环扫描的工作方式，而产生输入、输出响应滞后的现象，但只要使它的一个扫描周期足够短，采样频率足够高，足以保证输入变量条件不变，即如果在第一个扫描周期内对某一输入变量的状态没有捕捉到，保证在第二个扫描周期执行程序时使其存在。这样完全符合实际系统的工作状态。从宏观上讲，我们认为 PLC 恢复了系统对输出变量控制的并行性。

扫描周期的长短既与程序的长短有关，也与每条指令执行时间的长短有关。而后者又与指令的类型和 CPU 的主频（即时钟）有关。一般 PLC 的扫描周期均小于 50～60ms。

 习题与思考题

1. PLC 的定义是什么？

2. 简述 PLC 的发展概况和发展趋势。

3. PLC 有哪些主要功能？

4. PLC 有哪些基本组成部分？

5. 简述 PLC 输入接口、输出接口电路的作用。

6. PLC 开关量输出接口按输出开关器件的种类不同，有哪几种形式？

7. PLC 控制系统与传统的继电器控制系统有何区别？

8. 梯形图与继电器控制电路图存在哪些差异？

9. PLC 的工作原理是什么？简述 PLC 的扫描工作过程。

10. PLC 的输入、输出延迟响应时间由哪些因素决定？

第 4 章

S7-200 PLC的系统配置与接口模块

本章主要介绍西门子 S7-200 PLC 的硬件特点和系统配置，包括 S7-200 PLC 控制系统的基本构成，各种扩展模块的功能、特点和使用方法，PLC 控制系统的配置以及外部电源系统的接线等内容。要求掌握 S7-200 各种 CPU 模块的基本技术指标、数字量扩展模块的接口电路及其特点、PLC 对模拟量信号的处理方式和模拟量扩展模块的数据格式，并能正确对扩展模块的外部端子接线；掌握 S7-200 PLC 系统配置的原则并能正确编址；掌握 PLC 外部电源系统的接线方法。

4.1 S7-200 PLC 控制系统的基本构成

一个最基本的 S7-200 PLC 控制系统由基本单元（S7-200 CPU 模块）、个人计算机或编程器、STEP7-Micro/WIN 编程软件及通信电缆构成。在需要进行系统扩展时，系统组成中还可包括数字量/模拟量扩展模块、智能模块、通信网络设备、人机界面及相应的工业控制软件等，如图 4-1 所示。

1. 基本单元

基本单元（S7-200 CPU 模块）也称为主机。由中央处理器（CPU）、电源以及数字量输入/输出模块组成，它们都被紧凑地安装在一个独立的装置中。基本单元可以构成一个独立的控制系统。

目前 S7-200PLC 主要有 CPU221、CPU222、CPU224、CPU224XP、CPU226 五种规格。虽然其外形略有区别，但基本结构相同或相似。

（1）S7-200 CPU 的外形

S7-200 CPU 的外形结构如图 4-2 所示。

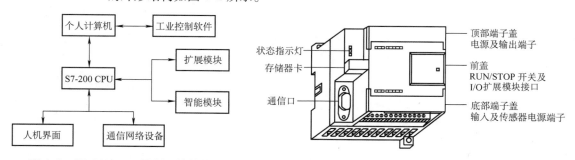

图 4-1　S7-200 PLC 控制系统的构成　　　　图 4-2　S7-200 CPU 的外形结构

状态指示灯（LED）指示 CPU 的工作方式、主机 I/O 的当前状态、系统错误状态。存储器卡接口可以插入存储卡。

通信口连接 RS-485 总线的通信电缆，是 PLC 主机实现人-机对话、机-机对话的通道。通过它，PLC 可以和编程器、彩色图形显示器、打印机等外部设备相连，也可以和其他 PLC 或上位计算机连接。

顶部端子盖下面是输出端子和 PLC 供电电源端子。输出端子的运行状态可以由顶部端子盖下方的一排指示灯显示，ON 状态对应的指示灯亮。

底部端子盖下面是输入端子和传感器电源端子。输入端子的运行状态可以由底部端子盖下方的一排指示灯显示，ON 状态对应的指示灯亮。

前盖下面有运行、停止开关和扩展模块接口。将开关拨向 STOP 位置时，PLC 处于停止状态，此时可以对其编写程序；将开关拨向 RUN 位置时，PLC 处于运行状态，此时不能对其编写程序；将开关拨向 TERM 位置时，可以运行程序，同时还可以监控程序运行的状态。扩展模块接口用于连接扩展模块实现 I/O 扩展。

（2）S7-200 CPU22 * 的性能参数

S7-200 PLC 的 CPU221、CPU222、CPU224、CPU224XP、CPU226 五种规格中，其性能依次提高，特别是用户程序存储器容量、I/O（数字量与模拟量）数量、高速计数功能等方面有明显区别。其中，CPU221 为整体式固定 I/O 型结构，I/O 点数固定为 6/4 点，处理器、存储器、电源、基本输入/输出接口、通信接口等都安装于模块上，I/O 点数不能改，且无 I/O 扩展模块接口。

其余的 CPU222、CPU224、CPU224XP、CPU226 均为基本单元加扩展模块的结构。PLC 的 CPU、存储器、电源、基本输入/输出接口、通信接口等都安装于基本单元上，基本单元带有集成的 I/O 点，I/O 扩展模块以及网络通信功能通过 PLC 的扩展接口与基本单元连接，如图 4-3 所示。

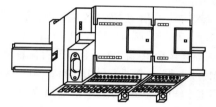

图 4-3 带有扩展模块的 S7-200 CPU 模块

S7-200 CPU22 * 的主要技术指标见表 4-1。

表 4-1 S7-200 CPU22 * 的主要技术指标

指 标	CPU221	CPU222	CPU224	CPU224XP	CPU226
程序存储器/B 在线程序编辑时 非在线程序编辑时	4096 4096	8192 12288	12288 16384	16384 24576	
数据存储器/B	2048	8192	10240		
掉电保持 （超级电容）/h	50	100			
本机数字量 I/O	6 入/4 出	8 入/6 出	14 入/10 出		24 入/16 出
本机模拟量 I/O			2 入/1 出		
扩展模块数量		2	7		
数字量 I/O 映像区	128 入/128 出				
模拟量 I/O 映像区		16 入/16 出	32 入/32 出		
脉冲捕捉输入/个	6	8	14		24
高速计数器/个	4		6		
高速脉冲输出/个	2（20kHz，DC）			2（100kHz，DC）	2（20kHz，DC）

（续）

指　　标	CPU221	CPU222	CPU224	CPU224XP	CPU226
布尔指令执行速度	0.22μs/指令				
定时器/计数器	256/256				
定时中断/个	2，1ms 分辨率				
模拟量调节电位器/个	1（8 位分辨率）		2（8 位分辨率）		
实时时钟	有（时钟卡）		内置		
RS-485 通信口/个	1			2	
供电能力 /mA　DC 5V	0	340	660		1000
供电能力 /mA　DC 24V	180		280		400

（3）外部端子接线图

图 4-4 为 CPU226 AC/DC/继电器模块的外部端子接线图。"AC"表示 PLC 采用交流电源供电；"DC"表示输入模块为直流输入模块；"继电器"表示输出采用继电器方式输出。24 个数字量输入点分成两组：第一组由输入端子 I0.0 ~ I0.7、I1.0 ~ I1.4 共 13 个输入点组成，每个外部输入的开关信号均由各输入端子接入，经一个直流电源终至公共端 1M；第二组由输入端子 I1.5 ~ I1.7、I2.0 ~ I2.7 共 11 个输入点组成，每个外部输入信号由各输入端子接入，经一个直流电源终至公共端 2M。由于是直流输入模块，所以采用直流电源作为检测各输入接点状态的电源。M、L+ 两个端子提供 DC 24V/400mA 传感器电源，可以作为传感器的电源，也可以作为输入端的检测电源。16 个数字量输出点分成三组：第一组由输出端子 Q0.0 ~ Q0.3 共 4 个输出点与公共端 1L 组成；第二组由输出端子 Q0.4 ~ Q0.7、Q1.0 共 5 个输出点与公共端 2L 组成；第三组由输出端子 Q1.1 ~ Q1.7 共 7 个输出点与公共端 3L 组成。每个负载的一端与输出点相连，另一端经电源与公共端相连。由于是继电器输出方式，所以既可带直流负载，也可带交流负载。负载的激励源由负载性质确定。输出端子排的右端 N、L1 端子是供电电源 AC 120V/240V 输入端。该电源电压允许范围为 AC 85 ~ 264V。该模块的输入电路和输出电路请参见本章 4.2 节。

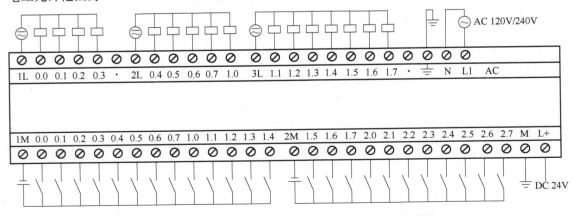

图 4-4　CPU226 AC/DC/继电器模块的外部端子接线图

2. 编程设备

编程设备的功能是编制程序、修改程序、测试程序，并将测试合格的程序下载到 PLC 系统中。为了降低编程设备的成本，目前广泛采用个人计算机作为编程设备，但需配置西门子提供的专用编程软件。S7-200 PLC 的编程软件是 STEP7-Micro/WIN，该软件系统在 Windows 平台上运行；支持语句表、梯形图、功能块图三种编程语言；具有指令向导功能和密码保护功能；内置 USS 协议库、Modbus 从站协议指令、PID 整定控制界面和数据归档等；使用 PPI 协议通信电缆或 CP 通信卡，实现 PC 与 PLC 之间进行通信、上传和下载程序；支持 TD400、TD400C 等文本显示界面。

3. 通信电缆

西门子 PLC 的通信电缆主要有三种：PC/PPI 通信电缆、RS-232C/PPI 多主站通信电缆和 USB/PPI 多主站通信电缆。这些通信电缆将 S7-200 PLC 与计算机连接后，用 STEP7- Micro/WIN 编程软件设置即可实现计算机与 S7-200 PLC 间的通信和数据传输。

4. 人机界面

人机界面（Human Machine Interface，HMI）主要指专用操作员界面，如操作员面板、触摸屏、文本显示器等，这些设备可以使用户通过友好的操作界面完成各种调试和控制任务。

（1）文本显示器

应用于 S7-200 PLC 的文本显示器有 TD200C、TD400C 等，如图 4-5 所示。通过它们，可以查看、监控和改变应用程序中的过程变量。利用 STEP7- Micro/WIN 中文版组态，HMI 程序存储于 PLC，无需单独下载。使用编程软件中的文本显示向导对文本显示器组态，可以实现文本信息和其他应用程序数据的显示和输入。

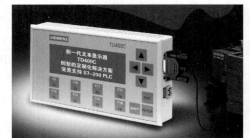

图 4-5　TD400C 文本显示器

（2）触摸屏

触摸屏就是电气控制系统的控制屏。西门子 S7-200 PLC 系统有多种触摸屏，如 TP070、TP170A、TP170B、TP177micro、K-TP178micro 等。其中，K-TP178micro 是为中国用户量身定做的触摸屏。通过点对点连接（PPI 或者 MPI）完成和 S7-200 控制器的连接，可以显示图形、变量和操作按钮，为用户提供一个友好的人机界面。除了 TP070 之外，这些触摸屏用西门子人机界面组态软件 WinCC flexible 组态。

5. WinCC flexible 和 WinCC V7 组态软件

WinCC flexible 为 SIMATIC HMI 操作员提供工程软件，从而达到控制和监视设备的目的；同时为基于 Windows 2000/XP 的单个用户提供运行版可视化软件。在这种情况下，可将项目传输到不同的 HMI 平台，并在其上运行而无需转变。基于 Windows- CE 的设备，WinCC flexible 软件完全兼容 ProTool 制作的项目，即可通过 WinCC flexible 使用先前的工程。

西门子视窗控制中心 SIMATIC WinCC（Windows Control Corner）是 HMI/SCADA 软件中的后起之秀，1996 年进入世界工控组态软件市场，以最短的时间发展成第三个在世界范围内成功的 SCADA 系统。WinCC V7.0 采用标准 Microsoft SQL Server 2000 数据库进行生产数据的归档，同时具有 Web 浏览器功能，可使监控人员在办公室看到生产流程的动态画面，从而更好地调度指挥生产，是工业企业中 MES 和 ERP 系统首选的生产实时数据平台软件。WinCC 可与 SIMATIC S5、S7 和 505 系列 PLC 实现方便连接和高效通信；也可与 STEP7 编程软件紧密结合；并可对 SIMAT- IC PLC 进行系统诊断，为硬件提供维护。

4.2　S7-200 PLC 的输入/输出接口模块

当 S7-200 PLC 主机的 I/O 点数不能满足控制要求时，可以选配各种输入/输出接口模块来扩展。通常，I/O 扩展包括 I/O 点数扩展和功能扩展两类。S7-200 PLC 的接口模块有数字量模块、模拟量模块、智能模块等。

4.2.1 数字量模块

数字量模块有数字量输入模块、数字量输出模块、数字量输入输出模块三种，见表 4-2。

表 4-2 S7-200 PLC 数字量扩展模块一览表

模 块 名 称	模 块 描 述	电流消耗（DC 5V）/mA
数字量输入模块	EM221 DI8 × DC 24V	30
	EM221 DI8 × AC 120V/230V	30
	EM221 DI16 × DC 24V	70
数字量输出模块	EM222 DO4 × DC 24V	40
	EM222 DO4 × 继电器	30
	EM222 DO8 × DC 24V	50
	EM222 DO8 × AC 120V/230V	110
	EM222 DO8 × 继电器	40
数字量输入输出模块	EM223 DI4/DO4 × DC 24V	40
	EM223 DI4/DO4 × DC 24V/继电器	40
	EM223 DI8/DO8 × DC 24V	80
	EM223 DI8/DO8 × DC 24V/继电器	80
	EM223 DI16/DO16 × DC 24V	160
	EM223 DI16/DO16 × DC 24V/继电器	150
	EM223 DI32/DO32 × DC 24V	240
	EM223 DI32/DO32 × DC 24V/继电器	205

1. 数字量输入模块

数字量输入模块（EM221 模块）的每一个输入点可接收一个来自用户设备的开关量信号（ON/OFF），典型的输入设备有按钮、限位开关、选择开关、继电器触点等。每个输入点与一个且仅与一个输入电路相连，通过输入接口电路把现场开关信号变成 CPU 所能接收的标准电信号。数字量输入模块可分为直流输入模块和交流输入模块，以适应实际生产中输入信号电平的多样性。

（1）直流输入模块

图 4-6 为 EM221 DI8 × DC 24V 模块的端子接线图。图中 8 个数字量输入点分成两组，1M、2M 分别是两组输入点内部电路的公共端，每组需用户提供一个 DC 24V 电源。

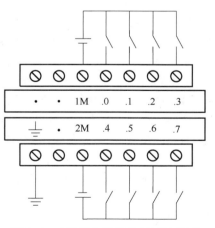

图 4-6 直流输入模块的端子接线图

图 4-7 所示为直流输入模块的输入电路，图中仅画出了两路输入电路，其他各路输入电路的原理图与其相同。图中，电阻 R_1 为限流电阻，限制输入电压信号的输入电流大小，同时还可与 C 一起组成一个低通滤波器以抑制输入信号中的高频干扰；电阻 R_2 为滤波电容 C 上电荷的泄放

电阻，当输入信号是一个开关或触点送来的 24V 直流电压时，在开关或触点打开后，输入呈开路状态，此时 C 上的电荷通过 R_2 泄放掉；双向光耦合器的目的是为了防止现场强电信号干扰进入 PLC，实现现场与 PLC 电气上的隔离，使外部信号通过光耦合变成内部电路能接收的标准电信号，从而保持系统的可靠性；双向发光二极管 VL 用作状态指示。

直流输入电路的工作原理：当现场开关闭合后，经 R_1、双向光耦合器的发光二极管、VL 构成通路，输入指示灯 VL 亮，表明该路输入的开关量状态为"1"，输入信号经光耦合器隔离后，经内部电路与 CPU 相连，将外部输入开关的状态"1"输入 PLC 内部；当现场开关断开后，R_1、双向光耦合器的发光二极管、VL 没有构成通路，输入指示灯 VL 不亮，表明该路输入的开关量状态为"0"，输入信号经光耦合器隔离后，经内部电路与 CPU 相连，将外部输入开关的状态"0"输入 PLC 内部。

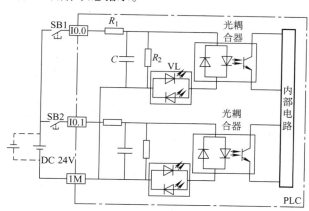

图 4-7　直流输入电路

（2）交流输入模块

图 4-8 为 EM221 DI8 × AC 120V/230V 模块的端子接线图。图中有 8 个分隔式数字量输入端子，每个输入点都占用两个接线端子，它们各使用一个独立的交流电源（由用户提供），这些交流电源可以不同相。

图 4-9 所示为交流输入模块的输入电路。图中，R_1 为取样电阻，同时具有吸收浪涌的作用；C 为电容，具有隔离直流、接通交流的作用；R_2 和 R_3 对交流电压起到分压作用；VL 为状态指示灯。

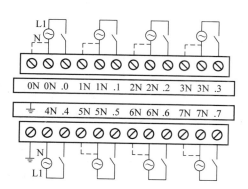

图 4-8　交流输入模块的端子接线图

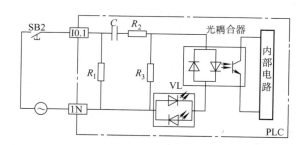

图 4-9　交流输入电路

交流输入电路的工作原理：当现场开关闭合后，交流电源经 C、R_2、双向光耦合器的发光二极管，通过光耦合使得光敏晶体管接收光信号，并将该信号送至 PLC 内部电路，供 CPU 处理，同时状态指示灯 VL 亮，表明该路输入的开关量状态为"1"；反之，当现场开关断开后，对应该路输入的开关量状态为"0"。

2. 数字量输出模块

数字量输出模块（如 EM222 模块）的每一个输出点能控制一个用户的离散型（ON/OFF）

负载。典型的负载包括继电器线圈、接触器线圈、电磁阀线圈、指示灯等。每一个输出点与一个且仅与一个输出电路相连，通过输出电路把 CPU 运算处理的结果转换成驱动现场执行机构的各种大功率的开关信号。

现场执行机构所需电流是多种多样的，因此数字量输出模块分为直流输出模块（晶体管输出方式）、交流输出模块（双向晶闸管输出方式）、交直流输出模块（继电器输出方式）三种。

（1）直流输出模块（晶体管输出方式）

图 4-10 为 EM222 DO8 × DC 24V 模块的端子接线图。图中 8 个数字量输出点分成两组，1L +、2L + 分别是两组输出点内部电路的公共端，每组需用户提供一个 DC 24V 的电源。

图 4-11 所示为直流输出模块的输出电路。光耦合器实现光电隔离，场效应晶体管作为功率驱动的开关器件，稳压管用于防止输出端过电压以保护场效应晶体管，发光二极管 VL 用于指示输出状态。

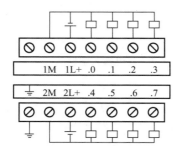

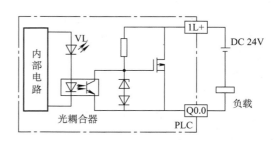

图 4-10　直流输出模块的端子接线图　　　　图 4-11　直流输出电路

直流输出电路的工作原理：当 PLC 进入输出刷新阶段时，通过数据总线把 CPU 的运算结果由输出映像寄存器集中传送给输出锁存器，当对应的输出映像寄存器为"1"状态时，输出锁存器的输出使光耦合器的发光二极管发光，光敏晶体管受光导通后，使场效应晶体管饱和导通，相应的直流负载在外部直流电源的激励下通电工作；反之，当对应的输出映像寄存器为"0"状态时，外部负载断电，停止工作。

晶体管输出方式的特点是响应速度快，从光耦合器动作到晶体管导通的时间为 15μs。

（2）交流输出模块（双向晶闸管输出方式）

图 4-12 为 EM222 DO8 × AC 120V/230V 模块的端子接线图。该模块有 8 个分隔式数字量输出点，每个输出点占用两个接线端子，它们各自都由用户提供一个独立的交流电源，这些交流电源可以不同相。

图 4-13 所示为交流输出模块的输出电路。双向晶闸管 VTH，可看作两个普通晶闸管的反并联（驱动信号是单极性的），只要门极为高电平，就使 VTH 双向导通，从而接通交流电源向负载供电。图中，电阻 R_2 和电容 C 组成高频滤波电路；压敏电阻 RV 起过电压保护作用，消除尖峰电压；电阻 R_3 是将光耦合器输出的电流信号转换成电压信号，用以驱动 VTH 的门极。光耦合器输出电流如不足以驱动 VTH 正常导通时，可增加一级电流放大电路。

交流输出电路的工作原理：若输出映像寄存器输出为"0"，则光耦合器的发光二极管不能发光，双向晶闸管 VTH 的门极没有信号，VTH 也不会导通，此时无论外接电源电压如何，模块的输出端也不会有电压；若输出映像寄存器输出为"1"，则光耦合器的输入二极管导通，在外接电压的正半周，VTH 中正向的导通，反之则反向的导通。

晶闸管输出方式的特点是启动电流大。

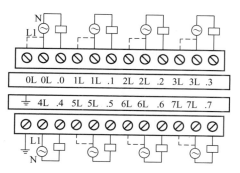

图 4-12　交流输出模块的端子接线图

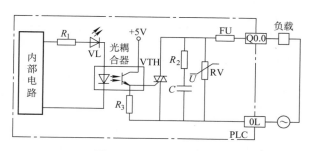

图 4-13　交流输出电路

（3）交直流输出模块（继电器输出方式）

图 4-14 为 EM222 DO8 × 继电器模块的端子接线图。该模块有 8 个输出点，分成两组，1L、2L 是每组输出点内部电路的公共端，每组需用户提供一个外部电源（可以是直流或交流电源）。

图 4-15 所示为继电器输出电路。图中，继电器作为功率放大的开关器件，同时又是电气隔离器件。为消除继电器触点的火花，并联有阻容熄弧电路。电阻 R_1 和发光二极管 VL 组成输出状态显示电路。

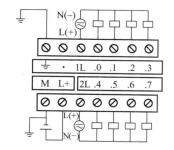

图 4-14　继电器输出模块的端子接线图

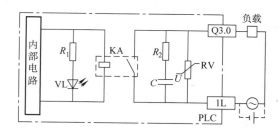

图 4-15　继电器输出电路

继电器输出电路的工作原理：若输出映像寄存器输出为 "0"，则继电器线圈失电，继电器触点断开，负载与电源不会形成回路；若输出映像寄存器输出为 "1"，则输出接口电路使继电器线圈得电，继电器触点闭合使负载回路接通，同时状态指示发光二极管 VL 点亮。根据负载的性质（直流负载或交流负载）来选用负载回路的电源（直流电源或交流电源）。

继电器输出方式的特点是输出电流大（可达 2~4A），可带交流、直流负载，适应性强，但响应速度慢，从继电器线圈得电（或失电）到输出触点接通（或断开）的响应时间约为 10ms。

3. 数字量输入输出模块

S7-200 PLC 配有数字量输入输出模块（EM223 模块）（见表 4-2）。在一个模块上既有数字量输入点又有数字量输出点，这种模块称为组合模块或输入输出模块。数字量输入输出模块的输入电路及输出电路的类型与上述介绍的相同。在同一个模块上，输入、输出电路类型的组合是多种多样的，用户可根据控制需求选用。有了数字量输入输出模块可使系统配置更加灵活。

4.2.2　模拟量模块

工业控制中，除了用数字量信号来控制外，有时还要用模拟量信号来进行控制。模拟量模块有模拟量输入模块、模拟量输出模块、模拟量输入输出模块，见表 4-3。

表 4-3　S7-200 PLC 模拟量扩展模块

模块类型及名称		分辨率	电流消耗（DC 5V）/mA
模拟量输入模块	EM231 AI4	12 位	20
	EM231 AI8		20
模拟量输出模块	EM232 AQ2	12 位（电压输出）	20
	EM232 AQ4	11 位（电流输出）	20
模拟量输入输出模块	EM235 AI4/AQ1	输入同 EM231 模块 输出同 EM232 模块	30

1. PLC 对模拟量的处理

工业控制中，某些输入（如压力、位移、温度、速度等）是模拟量，某些执行机构（如变频器和电动调节阀等）要求 PLC 输出模拟量信号，而 PLC 的 CPU 只能处理数字量。因此应用 PLC 控制时，模拟量首先被传感器和变送器转换成标准量程的电流或电压信号（如 4～20mA 的直流电流信号，0～5V 或 −5～+5V 的直流电压信号等），该信号经过滤波、放大后，PLC 用 A/D 转换器将它们转换成数字量信号，经光耦合器进入 PLC 内部电路，在输入采样阶段送入模拟量输入映像寄存器，执行用户程序后，PLC 输出的数字量信号存放在模拟量输出映像寄存器，在输出刷新阶段由内部电路送至光耦合器的输入端，再进入 D/A 转换器，转换后的直流模拟量信号经运算放大器放大后驱动输出，如图 4-16 所示。模拟量 I/O 模块的主要任务就是实现 A/D 转换（模拟量输入）和 D/A 转换（模拟量输出）。

图 4-16　S7-200 PLC 对输入/输出模拟量的处理

例如，在恒温控制实验中，电热丝的温度用 Pt100 温度传感器检测，变送器将温度转换为 4～20mA 的标准电信号后送入 PLC 的模拟量输入模块，经 A/D 转换后得到与温度值成正比的数字量，CPU 将此值与温度设定值比较，并运用 PID 算法对差值进行运算，将运算结果（数字量）送给模拟量输出模块，经 D/A 转换后，以 0～20mA 模拟量输出到晶闸管调功器来控制电热丝的加热功率，实现对温度的闭环控制。

2. 模拟量输入模块

（1）模拟量输入模块的输入特性

模拟量输入模块（EM231 AI4）具有 4 个模拟量输入端口，每个通道占用存储器 AI 区域 2 个字节，且输入值为只读数据。电压输入范围：单极性 0～10V、0～5V，双极性 −5～+5V、−2.5～+2.5V；电流输入范围：0～20mA。模拟量到数字量的最大转换时间为 250μs。该模块需要 DC 24V 供电，可由 CPU 模块的传感器电源 DC 24V/400mA 供电，也可由用户提供外部电源。

模拟量输入模块的分辨率通常以 A/D 转换后的二进制数字量的位数来表示，EM231 模块的分辨率为 12 位，如图 4-17 所示。图中的 MSB 和 LSB 分别是最高有效位和最低有效位。

在单极性数据格式中，最高位为 0，表示是正值数据；最低位为连续的 3 个 0，相当于 A/D 转换值被乘以 8；中间 12 位数据的最大值应为 $2^{15} − 8 = 32760$。满量程对应的数字量为 0～32000，差值 $32760 − 32000 = 760$ 则用于偏置/增益，由系统完成。

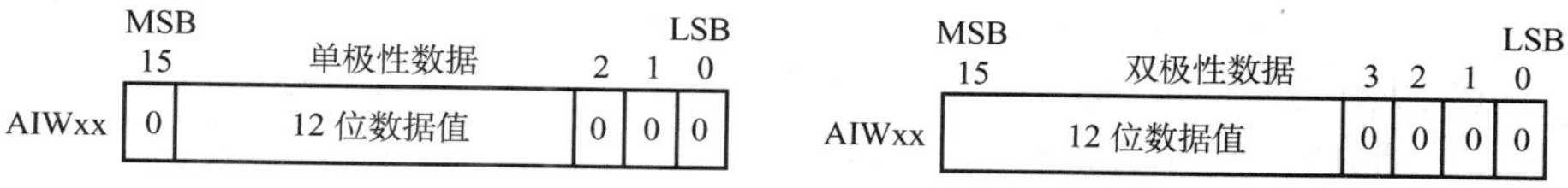

图 4-17　模拟量输入模块的输入数据格式

在双极性数据格式中，最高有效位为符号位，0 表示正值，1 表示负值；最低位为连续的 4 个 0，相当于 A/D 转换值被乘以 16。满量程对应的数字量为 −32000 ~ +32000。

（2）模拟量输入模块的端子接线图

图 4-18 为 EM231 模拟量输入模块的端子接线图。模块上部共有 12 个端子，每 3 个点为一组（如 RA、A +、A −）可作为一路模拟量的输入通道，共 4 组，对于电压信号只用两个端子（如图 4-18 中的 A +、A −），电流信号需用 3 个端子（如图 4-18 中的 RC、C +、C −），其中 RC 与 C + 端子短接，对于未用的输入通道应短接（如图 4-18 中的 B +、B − 与 D +、D −）。模块下部左端 M、L + 两端应接入 DC 24V 电源，右端分别是校准电位器和配置设定开关（DIP）。

（3）模拟量输入模块的输入数据值转换为实际的物理量

转换时应考虑现场信号变送器的输入/输出量程（如 4 ~ 20mA）与模拟量输入输出模块的量程（如 0 ~ 20mA），找出被测物理量与 A/D 转换后的二进制数值之间的关系。

【例】　量程为 0 ~ 10NTU 的浊度仪的输出信号为 4 ~ 20mA 的电流，模拟量输入模块将 0 ~ 20mA 的电流信号转换为 0 ~ 32000 的数字量，设转换后的二进制数为 x，试求以 NTU 为单位的浊度值 y。

【解】　由于浊度仪的输出信号为电流，模拟量输入模块应采用 0 ~ 20mA 的量程，因此 A/D 转换后的二进制数据应是一个单极性的数据（数字量输出范围为 0 ~ 32000）。4 ~ 20mA 的模拟量对应于数字量 6400 ~ 32000，即 0 ~ 10NTU 对应于数字量 6400 ~ 32000，如图 4-19 所示。因此，当转换后的二进制数为 x 时，对应的浊度为

$$y = \frac{(10 - 0)}{(32000 - 6400)}(x - 6400)\text{NTU} = \frac{x - 6400}{2560}\text{NTU}$$

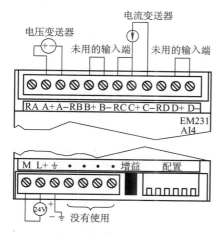

图 4-18　EM231 模拟量输入模块的端子接线图

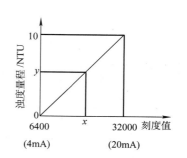

图 4-19　浊度刻度值换算比例图

3. 模拟量输出模块

（1）模拟量输出模块的输出特性

模拟量输出模块（EM232 AQ2）具有 2 个模拟量输出端口，每个通道占用存储器 AQ 区域 2B。输出信号的范围：电压输出为 −10 ~ +10V，电流输出为 0 ~ 20mA。电压输出的设置时间为

100μs，电流输出的设置时间为 2ms。最大驱动能力：电压输出时负载电阻最小为 5000Ω，电流输出时负载电阻最大为 500Ω。该模块需要 DC 24V 供电，可由 CPU 模块的传感器电源 DC 24V/400mA 供电，也可由用户外部提供电源。

模拟量输出模块的分辨率通常以 D/A 转换前待转换的二进制数字量的位数来表示，电压输出和电流输出的分辨率分别为 12 位和 11 位，如图 4-20 所示。图中的 MSB 和 LSB 分别是最高有效位和最低有效位。

对于电流输出的数据，其 2B 的存储单元的低 4 位均为 0；最高有效位为 0，表示是正值数据。满量程对应的数字量为 0～32000。

对于电压输出的数据，其 2B 的存储单元的低 4 位均为 0；最高有效位为符号位，0 表示正值，1 表示负值。满量程对应的数字量为 -32000～+32000。

在 D/A 转换前，低位的 4 个 0 被截断，不会影响输出信号值。

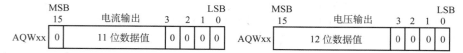

图 4-20　模拟量输出模块的输出数据格式

（2）模拟量输出模块的端子接线图

图 4-21 为 EM232 模拟量输出模块的端子接线图。模块上部有 7 个端子，左端起的每 3 个点为一组，作为一路模拟量输出，共两组。第一组 V0 端接电压负载、I0 端接电流负载，M0 为公共端；第二组 V1、I1、M1 的接法与第一组类同。模块下部 M、L+ 两端接入 DC 24V 供电电源。

4. 模拟量输入输出模块

模拟量输入输出模块 EM235 AI4/AQ1 具有 4 个模拟量输入端口和 1 个模拟量输出端口。该模块的模拟量输入功能同 EM231 模拟量输入模块，技术参数基本相同，只是电压输入范围有所不同，单极性为 0～10V、0～5V、0～1V、0～500mV、0～100mV、0～50mV，双极性为 -10～+10V、-5～+5V、-2.5～+2.5V、-1～+1V、-500～+500mV、-250～+250mV、-100～+100mV、-50～+50mV、-25～+25mV。该模块的模拟量输出功能同 EM232 模拟量输出模块，技术参数也基本相同。该模块需要 DC 24V 供电，可由 CPU 模块的传感器电源 DC 24V/400mA 供电，也可由用户提供外部电源。图 4-22 为 EM235 模拟量输入输出模块的端子接线图。

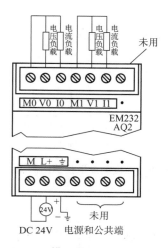

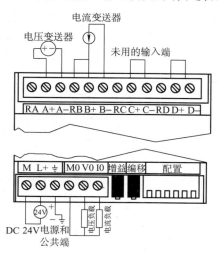

图 4-21　EM232 模拟量输出模块的端子接线图　　**图 4-22　EM235 模拟量输入输出模块的端子接线图**

4.2.3　S7-200 PLC 的智能模块

为了满足更加复杂的控制功能的需要，S7-200 PLC 还配有多种智能模块，以适应工业控制的多种需求。

1. EM231 测温模块

S7-200 PLC 的测温模块包括热电偶模块（EM231 AI4×热电偶）和热电阻模块（EM231 AI2 ×RTD）两种，是为 CPU222、CPU224、CPU224XP 和 CPU226 设计的，是模拟量模块的特殊形式，可以直接连接 TC（热电偶）和 RTD（热电阻）来测量温度。用户程序可以访问相应的模拟量通道，直接读取温度值。EM231 热电偶、热电阻模块具有冷端补偿电路，如果环境温度迅速变化，则会产生额外的误差。建议将热电偶和热电阻模块安装在稳定的温度、湿度环境中，才能达到最大的准确度和重复性，提供最优性能。

EM231 热电偶输入模块有 4 个输入通道，提供一个方便的、隔离的接口，用于七种热电偶类型：J、K、E、N、S、T、和 R 型。它允许 S7-200PLC 连接微小的模拟量信号，输出的电压范围为 −80～+80mV，模块输出 15 位加符号位的二进制数。组态 DIP 开关位于模块的底部，可以选择热电偶的类型、断线检测、温度范围和冷端补偿，所有连到模块上的热电偶必须是相同类型，如图 4-23 所示。为了使 DIP 开关设置起作用，用户需要给 PLC 和用户的电源断电再通电。

EM231 热电阻输入模块有两个模拟量输入端口，提供了 S7-200PLC 与多种热电阻的连接接口，通过设置相应的 DIP 开关（1、2、3、4、5、6）来选择热电阻的类型。其 DIP 开关的设置和使用与 EM231 热电偶输入模块相同，如图 4-23 所示。改变 DIP 开关后必须将 PLC 断电后再通电，新的设置才起作用。

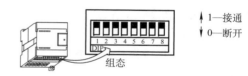

图 4-23　EM231 热电偶/热电阻模块的 DIP 开关

2. 通信模块

S7-200 PLC 提供 PROFIBUS-DP 模块、AS-i 接口模块和工业以太网卡供用户选择，以适应不同的通信方式，详见 8.1 节。

4.3　S7-200 PLC 的系统配置

S7-200 PLC 任一型号的主机都可单独构成基本配置，作为一个独立的控制系统。S7-200PLC 各型号主机的 I/O 配置是固定的，它们具有固定的 I/O 地址。可以采用主机带扩展模块的方法扩展 S7-200 PLC 的系统配置，采用数字量模块或模拟量模块可扩展系统的控制规模，采用智能模块可扩展系统的控制功能。

4.3.1　主机加扩展模块的最大 I/O 配置

S7-200PLC 主机带扩展模块进行扩展配置时会受到相关因素的限制。每种 CPU 的最大 I/O 配置必须服从以下限制：

1. 允许主机所带扩展模块的数量

S7-200PLC 各类主机可带扩展模块的数量是不同的。CPU221 模块不允许带扩展模块；CPU222 模块最多可带 2 个扩展模块；CPU224 模块、CPU224XP 模块、CPU226 模块最多可带 7

个扩展模块，且 7 个扩展模块中最多只能带 2 个智能扩展模块。

2. 数字量输入/输出映像寄存器区的大小

S7-200 PLC 各类主机提供的数字量 I/O 映像区区域为：128 个输入映像寄存器（I0.0 ~ I15.7）和 128 个输出映像寄存器（Q0.0 ~ Q15.7），数字量的最大 I/O 配置不能超出此区域。

3. 模拟量输入/输出映像寄存器区的大小

S7-200 PLC 各类主机提供的模拟量 I/O 映像区区域为：CPU222 模块为 16 入/16 出，CPU224 模块、CPU224XP 模块、CPU226 模块为 32 入/32 出，模拟量的最大 I/O 配置不能超出此区域。

4.3.2 I/O 点数的扩展与编址

编址就是对 I/O 模块上的 I/O 点进行编码，以便程序执行时可以唯一地识别每个 I/O 点。其方法是同种类型输入点或输出点的模块进行顺序编址，其他类型模块的有无以及所处的位置都不影响本类型模块的编号。具体有以下几个原则：

1）S7-200 CPU 有一定数量的本机 I/O，本机 I/O 有固定的地址。可以用扩展 I/O 模块来增加 I/O 点数，扩展模块安装在 CPU 模块的右边，其 I/O 点的地址由模块类型和同类 I/O 模块链中的位置来决定，按照由左至右的顺序对地址编码依次排序。

2）数字量 I/O 点的编址是以字节长（8 位）为单位，采用存储器区域标识符（I 或 Q）、字节号、位号的组成形式，在字节号和位号之间以点分隔。每个 I/O 点具有唯一地址，如 I0.3、Q1.5 等。

3）数字量扩展模块是以一个字节（8 位）递增的方式来分配地址的，若本模块实际位数不满 8 位，未用位不能分配给 I/O 链的后续模块。对于输出模块，将保留字节中未用的位，可以用作内部标志位存储器；而对于输入模块，每次更新时都将输入字节中未用的位清零，因此不能将它们用作内部标志位存储器。例如，CPU224 有 10 个输出点，但它却要占用逻辑输出区 16 个点的地址，而一个 4DI/4DO 模块占用逻辑空间的 8 个输入点和 8 个输出点。

4）模拟量 I/O 点的编址是以字长（16 位）为单位，在读/写模拟量信息时，模拟量 I/O 以字为单位读/写。模拟量输入只能进行读操作，而模拟量输出只能进行写操作。每个模拟量 I/O 点都是一个模拟量端口，模拟量端口的地址由存储器区域标识符（AI 或 AQ）、数据长度标志（W）、字节地址（0 ~ 62 之间的十进制偶数）组成。模拟量端口的地址从 0 开始，以 2 递增（如 AIW0、AIW2 和 AQW0、AQW2 等），对模拟量端口进行奇数编址是不允许的。

5）模拟量扩展模块是以 2 个端口（4 字节）递增的方式来分配地址的。例如，EM235 模块具有 4 个模拟量输入和 1 个模拟量输出，但它却分别占用了 4 个输入端口的地址和 2 个输出端口的地址。

例如，基本单元采用 CPU224，扩展单元由 1 个 EM221 模块、1 个 EM223 模块、2 个 EM235 模块构成，其链接形式如图 4-24 所示，各模块的编址情况见表 4-4。表中浅灰色斜体字排列的地址为后续模块不能使用的地址间隙。

图 4-24 扩展模块的链接形式

表 4-4　各模块的编址情况

主机	模块 1	模块 2		模块 3		模块 4	
CPU224	8IN	4IN/4OUT		4AI/1AQ		4AI/1AQ	
I0.0　Q0.0	I2.0	I3.0	Q2.0	AIW0	AQW0	AIW8	AQW4
I0.1　Q0.1	I2.1	I3.1	Q2.1	AIW2	*AQW2*	AIW10	*AQW6*
I0.2　Q0.2	I2.2	I3.2	Q2.2	AIW4		AIW12	
I0.3　Q0.3	I2.3	I3.3	Q2.3	AIW6		AIW14	
I0.4　Q0.4	I2.4	*I3.4*　*Q2.4*					
I0.5　Q0.5	I2.5	*I3.5*　*Q2.5*					
I0.6　Q0.6	I2.6	*I3.6*　*Q2.6*					
I0.7　Q0.7	I2.7	*I3.7*　*Q2.7*					
I1.0　Q1.0							
I1.1　Q1.1							
I1.2　*Q1.2*							
I1.3　*Q1.3*							
I1.4　*Q1.4*							
I1.5　*Q1.5*							
I1.6　*Q1.6*							
I1.7　*Q1.7*							

4.3.3　内部电源的负载能力

1. PLC 内部 DC 5V 电源的负载能力

CPU 模块和扩展模块正常工作时，需要 DC 5V 工作电源。S7-200 PLC 内部电源模块提供的 DC 5V 电源为 CPU 模块和扩展模块提供了工作电源，其中扩展模块所需的 DC 5V 工作电源是由 CPU 模块通过总线连接器提供的。CPU 模块向其总线扩展接口提供的电流值是有限制的，因此在配置扩展模块时，应注意 CPU 模块所提供 DC 5V 电源的负载能力。电源超载会发生难以预料的故障或事故，因此为确保电源不超载，应使各扩展模块消耗 DC 5V 电源的电流总和不超过 CPU 模块所提供的电流值。否则的话，要对系统重新配置。因此系统配置后，必须对 S7-200 主机内部的 DC 5V 电源的负载能力进行校验。

S7-200 PLC 各类主机（CPU 模块）为扩展模块所能提供 DC 5V 电源的最大电流和各扩展模块对 DC 5V 电源的电流消耗，见表 4-1、表 4-2 和表 4-3。

例如，图 4-24 中所示主机带扩展模块的形式，CPU224 提供 DC 5V 电源的电流为 660mA，4 个扩展模块消耗 DC 5V 电源的总电流为 30mA + 40mA + 30mA + 30mA = 130mA，小于 660mA，因此配置是可行的。

2. PLC 内部 DC 24V 电源的负载能力

S7-200 主机的内部电源单元除了提供 DC 5V 电源外，还提供 DC 24V 电源。DC 24V 电源也称为传感器电源，用户可以使用该电源作为扩展模块的 24V 工作电源。当使用该电源为主机输入点、扩展模块输入点、扩展模块继电器线圈供电时，需要校验 DC 24V 电源的负载能力，使 CPU 模块及各扩展模块所消耗电流的总和不超过内部 DC 24V 电源所提供的最大电流。如果超过 CPU 模块所能提供的 DC 24V 电源电流，可以增加外部 DC 24V 电源给扩展模块供电。

4.3.4　PLC 外部接线与电源要求

1. 现场接线的要求

S7-200PLC 采用截面积 0.5 ~ 1.5mm² 的导线，导线要尽量成对使用，应将交流线、电流大且变化迅速的直流线与弱电信号线分隔开，干扰严重时应设置浪涌抑制设备。

2. 使用隔离电路时的接地点与电路参考点

CPU 直流电源的 0V 是其供电电路的参考点。将相距较远的参考点连接在一起时，由于各参考点的电位不同，可能出现预想不到的电流，导致逻辑错误或损坏设备。使用同一个电源且有同一个参考点的电路时，其参考点只能有一个接地点。将 CPU 为传感器和输入电路供电的 DC 24V 电源的 M 端子接地，可以提高抑制噪声的能力。

S7-200PLC 的交流电源线和 I/O 点之间的隔离电压为 AC 1500V，可以作为交流线和低压电路之间的安全隔离。

将几个具有不同地电位的 CPU 连到一个 PPI 通信网络时，应使用隔离的 RS-485 中继器。

3. 交流电源系统的外部电路

交流电源系统的外部电路如图 4-25 所示。用刀开关将电源与 PLC 隔离开，可以用过电流保护设备（如低压断路器）保护 CPU 的电源和 I/O 电路，也可以为输出点分组或分点设置熔断器。所有的地线端子集中到一起后，在最近的接地点用截面积 1.5mm^2 的导线一点接地。

以 CPU222 模块为例，它的 8 个输入点 I0.0～I0.7 分为两组，1M 和 2M 分别是两组输入点内部电路的公共端，L+ 和 M 端子分别是模块提供的 DC 24V 电源的正极和负极，图中用该电源作为输入电路的电源；6 个输出点 Q0.0～Q0.5 分为两组，1L 和 2L 分别是两组输出点内部电路的公共端。

PLC 的交流电源接在 L1（相线）和 N（零线）端，此外还有保护接地（PE）端子。

4. 直流电源系统的外部电路

直流电源系统的外部电路如图 4-26 所示。用刀开关将电源与 PLC 隔离开，过电流保护设备、短路保护和接地的处理与交流电源系统相同。在外部 AC/DC 电源的输出端接大容量的电容器，负载突变时可以维持电压稳定，以确保 DC 电源有足够的抗冲击能力。把所有的 DC 电源接地可以获得最佳的噪声抑制。

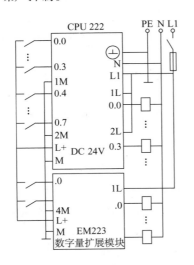

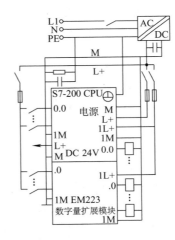

图 4-25　交流电源系统的外部电路　　图 4-26　直流电源系统的外部电路

未接地的 DC 电源的公共端 M 与保护接地 PE 之间用 RC 并联电路连接，电阻和电容的典型值分别为 1MΩ 和 4700pF，其中电阻提供了静电释放通路，电容用来提供高频噪声通路。

DC 24V 电源回路与设备之间、AC 220V 电源与危险环境之间应提供安全的电气隔离。

5. 对感性负载的处理

感性负载有储能作用，触点断开时，电路中的感性负载会产生高于电源电压数倍甚至数十倍的反电动势；触点闭合时，会因触点的抖动而产生电弧，它们都会对系统产生干扰。对此可以采取以下措施：

输出端接有直流感性负载时，应在其两端并联续流二极管和稳压管的串联电路，如图4-27a所示。

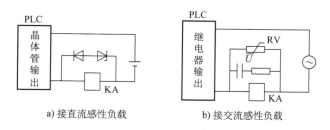

a) 接直流感性负载   b) 接交流感性负载

图 4-27　输出电路感性负载的处理

输出端接有交流感性负载时，应在其两端并联 RC 电路，如图4-27b所示。电容可选 $0.1\mu F$，电阻可选 $100 \sim 120\Omega$。也可以用压敏电阻（RV）来限制尖峰电压，其工作电压应比正常电源电压的峰值高 20% 以上。

普通白炽灯的工作温度在 $1000°C$ 以上，冷态电阻比工作时的电阻小得多，其浪涌电流是工作电流的 $10 \sim 15$ 倍。可以驱动 AC 220V、2A 电阻负载的继电器输出点只能驱动 200W 的白炽灯。频繁切换的白炽灯负载应使用浪涌抑制器。

6. 电源的选择

S7-200PLC 的 CPU 模块有一个内部电源，它为 CPU 模块、扩展模块和 DC 24V 用户供电，应根据下述原则来确定电源的配置。

每一个 CPU 模块都有一个 DC 24V 传感器电源，它为本机的输入点或扩展模块的继电器线圈供电，如果要求的负载电流大于该电源的额定值，应增加一个 DC 24V 电源为扩展模块供电。

CPU 模块为扩展模块提供 DC 5V 电源，如果扩展模块对 DC 5V 电源的需求超过其额定值，必须减少扩展模块。

S7-200PLC 的 DC 24V 传感器电源不能与外部的 DC 24V 电源并联，否则可能会使一个或两个电源失效，并使 PLC 产生不正确的操作，因此上述两个电源之间只能有一个连接点。

 习题与思考题

1. 简述 S7-200 PLC 系统的基本构成。

2. S7-200 CPU22 * 系列有哪些产品？各产品之间有什么差异？

3. 画出 CPU226AC/DC/继电器模块输入/输出单元的接线图。

4. 数字量输出模块有哪几种类型？各有什么特点？

5. S7-200 PLC 模拟量扩展模块的性能指标有哪些？如何正确使用模拟量扩展模块？

6. 用于测量温度（$0 \sim 99°C$）的变送器输出信号为 $4 \sim 20mA$，模拟量输入模块将 $0 \sim 20mA$ 转换为数字量 $0 \sim 32000$，试求当温度为 $40°C$ 时，转换后得到的二进制数 N？

7. S7-200 PLC 的通信模块有哪些？

8. S7-200 PLC 主机扩展配置时，应考虑哪些因素？I/O 是如何编址的？

9. 一个由 CPU222 和扩展模块组成的系统，其数字量和模拟量的首地址分别为 I0.0、Q0.0、I1.0、Q1.0、AIW0、AQW0。试画出该系统的硬件图。

10. 一个 PLC 控制系统如果需要数字量输入点 37 个，数字量输出点 20 个，模拟量输入端口 6 个，模拟量输出端口 2 个。请给出两种配置方案：

1）CPU 主机型号；

2）扩展模块型号和数量；

3）画出主机与各个扩展模块的连接示意图，并进行地址分配；

4）对主机内部的 DC 5V 电源的负载能力进行校验。

第 5 章

S7- 200 PLC的基本指令及程序设计

本章主要介绍 S7-200PLC 的基本逻辑指令、定时器指令、计数器指令及其使用方法。本章是学习 PLC 编程的重点。通过学习，大家应掌握基本逻辑指令的使用方法，掌握不同类型的定时器、计数器的工作原理和应用方法，掌握顺序控制继电器指令（SCR）和移位寄存器指令（SHRB）的使用方法；了解 PLC 编程规则。

本章详细介绍了一些 PLC 典型实例程序，每个实例注重程序设计的步骤和完整性，大多给出了输入/输出接线图。同时，通过针对同一种控制要求，介绍多种编程方法，让大家能更好地理解 PLC 基本指令的功能，编写出满足要求的 PLC 控制程序。

5.1 S7-200 PLC 的编程语言

编程语言是 PLC 的重要组成部分，不同厂家生产的 PLC 为用户提供了多种类型的编程语言，以适应不同用户的需要。PLC 的编程语言通常有梯形图、功能块图、语句表、顺序功能图、结构化文本等类型。虽然同一厂家 PLC 使用不同的编程语言编写的程序可以通过编程软件相互转换，但不同厂家的 PLC 用同一类编程语言编写的程序还不能相互转换，这大大限制了 PLC 使用的开放性、可移植性和互换性。为此，国际电工委员会（IEC）制定了 IEC 61131（1998 年以前的"IEC 1131"）国际标准，其中的 IEC 61131-3 是关于 PLC 编程语言的国际标准。它是 IEC 工作组在对不同 PLC 厂家的编程语言合理地吸收、借鉴基础上，形成的一套针对工业控制系统的国际编程语言标准，它不但适用于 PLC 控制系统，而且还适用于更广泛的工业控制领域，为 PLC 编程语言的全球规范化做出了重要的贡献。目前，大多数 PLC 制造商提供符合 IEC 61131-3 标准的产品。

为了编写应用程序，IEC 61131-3 提供了三种图形化语言和两种文本语言。三种图形化语言，即梯形图（Ladder Diagram，LAD）、功能块图（Function Block Diagram，FBD）和顺序功能图（Sequential Function Chart，SFC）（图形版本）；两种文本语言，即指令表（Instruction List，IL）和结构化文本（Structured Text，ST）。不同的编程语言有各自的特点和其使用场合，不同国家的电气工程师对编程语言的使用习惯也不一样。在我国，大多数使用者习惯使用梯形图编程。

S7-200PLC 支持两种指令集，即 IEC 61131-3 指令集和 SIMATIC 指令集。IEC 61131-3 指令集支持系统完全数据类型检查，通常该指令集的指令执行时间较长。SIMATIC 指令集是西门子公司为 S7-200PLC 设计的专用指令集，该指令集中的大多数指令符合 IEC 61131-3 标准，但不支持系统完全数据类型检查。通常 SIMATIC 指令集的指令具有专用性强、执行速度快等优点。使用 SIMATIC 指令集，可以用梯形图（LAD）、功能块图（FBD）和语句表（STL）编程语言编程。本书主要介绍 SIMATIC 指令集，基于梯形图和语句表这两种编程语言介绍 S7-200PLC 的基本指令。

1. 梯形图（LAD）

梯形图（LAD）是使用得最多、最普遍的一种 PLC 编程语言，是与电气控制电路图相呼应的一种图形语言。它沿用了继电器、触点、串并联等术语和类似的图形符号，还增加了一些功能性的指令。梯形图是融逻辑操作、控制于一体，面向对象的图形化编程语言。梯形图信号流向清楚、简单、直观、易懂，很容易被电气工程人员接受。通常各 PLC 生产商都把它作为第一用户语言。

2. 功能块图（FBD）

功能块图（FBD）是另一种图形化的编程语言，沿用了半导体逻辑电路中逻辑框图的表达方式。一般用一种功能模块（或称功能框）表示一种特定的功能，模块内的符号表示该功能块图的功能。一个功能框通常有若干个输入端和若干个输出端，左侧输入端是功能框的运算条件，右侧输出端是功能框的运算结果。输入、输出端的小圆圈表示"非"运算。

功能块图有基本逻辑功能、计时和计数功能、运算和比较功能及数据传送功能等。可以通过"软导线"把所需的功能块图连接起来，用于实现系统的控制。

图 5-1 所示的 FBD，没有梯形图中的触点和线圈，也没有左、右母线。程序逻辑由这些功能框之间的连接决定，"能流"自左向右流动。一个功能框（如 AND）的输出连接到另一个功能框（如定时器 T33）的允许输入端，建立所需的控制逻辑。FBD 的这种表示格式有利于程序流的跟踪，它的直观性大大方便了设计人员的编程和组态，有较好的操作性。

功能块图与梯形图可以互相转换。对于熟悉逻辑电路和逻辑程序设计经验丰富的技术人员来说，使用功能块图编程是非常方便的。

3. 语句表（STL）

S7 系列 PLC 将指令表（IL）称为语句表（STL）。语句表用助记符表达 PLC 的各种控制功能。它类似于计算机的汇编语言，但比汇编语言直观易懂，编程简单，因此也是应用很广泛的一种编程语言。这种编程语言可使用简易编程器编程，但比较抽象，一般与梯形图语言配合使用，互为补充。目前，大多数 PLC 都有语句表编程功能，但各厂家生产的 PLC 语句表所用的助记符互不相同，不能兼容。图 5-2 所示为梯形图与对应的语句表。

图 5-1　功能块图	图 5-2　梯形图与对应的语句表

通常梯形图程序、功能块图程序、语句表程序可以有条件地进行转换，如 S7 系列 PLC 利用 STEP7-Micro/WIN 编程软件就可以实现程序的转换。但是，用语句表可以编写用梯形图或功能块图无法实现的程序。熟悉 PLC 和逻辑编程的有经验的程序员最适合使用语句表语言编程。

5.2　S7-200 PLC 的数据类型与存储区域

5.2.1　位、字节、字、双字和常数

计算机内部的数据都以二进制形式存储，二进制数的 1 位（bit）只有"1"和"0"两种取值，可以用来表示开关量（或数字量）的两种不同状态，如触点的接通和断开、线圈的通电和断电等。如果二进制位值为"1"，则表示梯形图中的常开触点（─┤├─）的位状态为"1"和常闭触点（─┤/├─）的位状态为"0"；反之，如果二进制位值为"0"，则表示梯形图中的常开触点

（ᅥᅡ）的位状态为 "0" 和常闭触点（ᅥᅥ）的位状态为 "1"。位数据的数据类型为布尔型（BOOL）。

由 8 位二进制数组成 1 个字节（BYTE），其中第 0 位为最低位（LSB），第 7 位为最高位（MSB）。两个字节组成 1 个字（WORD），两个字组成 1 个双字（DWORD）。

在编程中经常会使用常数，常数的数据长度可分为字节、字和双字，CPU 以二进制形式存储常数。但常数的表示可以用二进制、十进制、十六进制、ASCII 或实数（浮点数）等多种形式，见表 5-1。

表 5-1　常数的几种表示形式

进　　制	书　写　格　式	举　　例
二进制	2#二进制数值	2#0101_1010_1100_0010
十进制	十进制数值	2010
十六进制	16#十六进制数值	16#4AE8
ASCII	'ASCII 文本'	'file'
浮点数	按照 ANSI/IEEE 754—1985 标准（单精度）格式	125.2 或 1.252×10^2

注意：表 5-1 中的 "#" 为常数的进制格式说明符，如果常数无任何格式说明符，则系统默认为十进制数。浮点数的书写必须有小数点。

5.2.2　数据类型及范围

S7-200 系列 PLC 的基本数据类型有布尔型（BOOL）、字节型（BYTE）、无符号整数型（WORD）、有符号整数型（INT）、无符号双字整数型（DWORD）、有符号双字整数型（DINT）、实数型（REAL）。不同的数据类型具有不同的数据长度和数值范围，见表 5-2。

表 5-2　S7-200PLC 的基本数据类型及范围

基本数据类型		数据的位数	表示范围	
			十进制	十六进制
布尔型（BOOL）		1	0, 1	
无符号数	字节型 B（BYTE）	8	0 ~ 255	0 ~ FF
	字型 W（WORD）	16	0 ~ 65535	0 ~ FFFF
	双字型 D（DWORD）	32	$0 ~ (2^{32} - 1)$	0 ~ FFFF FFFF
有符号数	字节型 B（BYTE）	8	− 128 ~ + 127	80 ~ 7F
	整型（INT）	16	− 32768 ~ + 32767	8000 ~ 7FFF
	双整型（DINT）	32	$-2^{31} ~ (2^{31} - 1)$	8000 0000 ~ 7FFF FFFF
实数型（REAL）		32	$\pm 1.75495 \times 10^{-38} ~ \pm 3.402823 \times 10^{38}$	

5.2.3　数据的存储区

1. 存储区的分类

PLC 的存储区分为程序存储区、系统存储区、数据存储区。

程序存储区用于存放用户程序，存储器为 EEPROM。

系统存储区用于存放有关 PLC 配置结构的参数，如 PLC 主机及扩展模块的 I/O 配置和编址、

PLC 站地址的配置，设置保护口令、停电记忆保持区、软件滤波功能等，存储器为 EEPROM。

数据存储区是 S7-200 CPU 提供给用户的编程元件的特定存储区域。它包括输入映像寄存器（I）、输出映像寄存器（Q）、变量存储器（V）、内部标志位存储器（M）、顺序控制继电器存储器（S）、特殊标志位存储器（SM）、局部存储器（L）、定时器存储器（T）、计数器存储器（C）、模拟量输入映像寄存器（AI）、模拟量输出映像寄存器（AQ）、累加器（AC）、高速计数器（HC）。数据存储区是用户程序执行过程中的内部工作区域，它使 CPU 的运行更快、更有效。存储器采用 EEPROM 和 RAM。

用户对程序存储区、系统存储区和部分数据存储区进行编辑，编辑后写入 PLC 的 EEPROM。RAM 为 EEPROM 存储器提供备份存储区，用于 PLC 运行时动态使用。RAM 由大容量电容作停电保持。

2. 数据区存储器的编址格式

存储器是由许多存储单元组成的，每个存储单元都有唯一的地址，可以依据存储器地址来存取数据。S7-200PLC 的存储单元按字节进行编址，数据区存储器地址的表示格式有位、字节、字、双字地址格式。

（1）位地址格式

数据区存储器区域的某一位的地址格式是由存储器区域标识符、字节地址及位号构成的。例如，I5.4 表示图 5-3 中黑色标记的位地址，I 是输入映像寄存器的区域标识符，5 是字节地址，4 是位号，在字节地址 5 与位号 4 之间用点号"·"隔开。

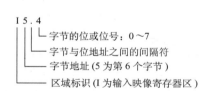

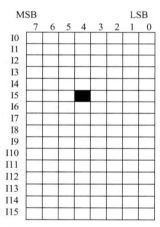

图 5-3 存储器中的位地址表示示例

（2）字节、字、双字地址格式

数据区存储器区域的字节、字、双字地址格式由区域标识符、数据长度以及该字节、字或双字的起始字节地址构成。例如，IB2 表示输入字节，由 I2.0～I2.7 这 8 位组成。图 5-4 中，用 VB100、VW100、VD100 分别表示字节、字、双字的地址。VW100 表示由 VB100、VB101 相邻的两个字节组成的一个字，VD100 表示由 VB100～VB103 四个字节组成的一个双字，100 为起始字节地址。

（3）其他地址格式

数据区存储器区域中，还包括定时器存储器（T）、计数器存储器（C）、累加器（AC）、高速计数器（HC）等，它们是模拟的相关电气元件。它们的地址格式由区域标识符和元件号构成。例如 T24 表示某定时器的地址，T 是定时器的区域标识符，24 是定时器号。

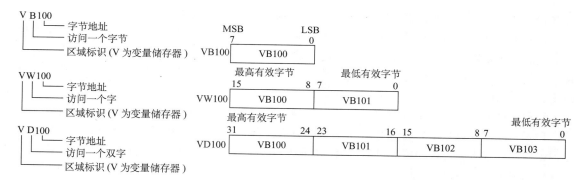

图 5-4　存储器中的字节、字、双字地址表示示例

5.3　S7-200 PLC 的编程元件

　　PLC 的数据区存储器区域在系统软件的管理下，划分出若干小区，并将这些小区赋予不同的功能，由此组成了各种内部元件，这些内部元件就是 PLC 的编程元件。每一种 PLC 提供的编程元件的数量是有限的。编程元件的种类和数量因不同厂家、不同系列、不同规格的 PLC 而异，其数量和种类决定了 PLC 的规模和数据处理能力。这些编程元件沿用了传统继电器控制电路中继电器的名称，并根据其功能，分别称为输入继电器、输出继电器、辅助继电器、变量存储器、定时器、计数器等。

　　在 PLC 内部，这些具有一定功能的编程元件，并不是真正存在的实际物理器件，而是由电子电路、寄存器和存储器单元等组成，有固定的地址。例如，输入继电器是由输入电路和输入映像寄存器构成的；输出继电器是由输出电路和输出映像寄存器构成的；定时器和计数器是由特定功能的寄存器构成的。它们虽具有继电器特性，但却没有机械触点。为了将这些编程元件与传统的物理继电器区别开来，有时又称为软元件或软继电器。这些软继电器的特点如下：

　　1）软继电器是看不见、摸不着的，没有实际的物理触点。

　　2）每个软继电器可提供无限多个常开触点和常闭触点，可放在同一程序的任何地方，即其触点可以无限次地使用。一般可认为软继电器和继电器、接触器类似，具有线圈和常开、常闭触点。触点的状态随线圈的状态而变化，当线圈有"能流"通过时，常开触点闭合，常闭触点断开；当线圈没有"能流"通过时，常闭触点接通，常开触点断开。实际上，常开触点"┤├"表示的物理意义为取某存储单元的位状态，常闭触点"┤/├"表示的物理意义为取某存储单元的位状态的反。因此，可以无限次使用常开、常闭触点。

　　3）体积小、功耗低、寿命长。

　　各种编程元件，各自占有一定数量的存储单元，编程时，只要使用这些编程元件的地址编号（如 I0.0、Q2.1、IB1、QB1、MW10、T1 和 MD20 等）即可，实际上就是对相应的存储单元以位、字节、字（或通道）或双字的形式进行存取。

5.3.1　编程元件

　　S7-200PLC 提供的编程元件如下：

1. 输入继电器（I）

　　输入继电器就是位于 PLC 数据存储区的输入映像寄存器。其外部有一个物理的输入模块端子与之对应，该输入模块端子用于接收来自现场的开关信号，如控制按钮、行程开关、接近开关及各种传感器的输入信号，都是通过输入继电器的物理端子接入到 PLC 的。

每一个输入模块端子与输入映像寄存器的相应位相对应。现场输入信号的状态，在每个扫描周期的输入采样阶段读入，并将采样值通过输入模块存入输入映像寄存器，供程序执行阶段使用。当外部常开按钮闭合时，则对应的输入映像寄存器的位状态为"1"，在程序中其常开触点闭合，常闭触点打开。

注意：输入继电器（输入映像寄存器）只能由外部输入信号驱动，而不能由程序指令来改变。现场实际输入点数不能超过 PLC 所提供的具有外部接线端子的输入继电器的数量，具有地址而未使用的输入映像寄存器区可能剩余，为避免出错，建议将这些地址空着，不挪作它用。

输入继电器（I）的地址格式为：

位地址：I［字节地址］.［位地址］，如 I0.1、I3.6。

字节、字、双字地址：I［数据长度］［起始字节地址］，如 IB4、IW6、ID10。

CPU226 模块输入映像寄存器的有效地址范围为：I（0.0 ~ 15.7）；IB（0 ~ 15）；IW（0 ~ 14）；ID（0 ~ 12）。

2. 输出继电器（Q）

输出继电器就是位于 PLC 数据存储区的输出映像寄存器。其外部有一个物理的输出模块端子与之对应，该输出模块端子可与各种现场被控负载相连，如接触器线圈、指示灯、电磁阀等。

每一个输出模块端子与输出映像寄存器的相应位相对应，或者说以字节为单位的输出映像寄存器的每 1 位对应 1 个数字量输出端子。CPU 将输出结果存放在输出映像寄存器中，而不是直接送到输出模块端子。在每个扫描周期的结尾，CPU 以批处理方式集中将输出映像寄存器的数值送到输出锁存器，对相应的输出模块端子刷新，作为控制外部负载的开关信号。可见，PLC 的输出模块端子是 PLC 向外部负载发出控制命令的窗口。当程序使得输出映像寄存器的某位状态为"1"时，相应的输出模块端子开关闭合，对应的外部负载接通；同时，程序中其常开触点闭合，常闭触点打开。

注意：输出继电器使用时不能超过 PLC 所提供的具有外部输出模块接线端子的数量，具有地址而未使用的输出映像寄存器区可能剩余，为避免出错，建议将这些地址空着，不挪作它用。

输出继电器（Q）的地址格式为：

位地址：Q［字节地址］.［位地址］，如 Q0.0、Q1.1。

字节、字、双字地址：Q［数据长度］［起始字节地址］，如 QB5、QW8、QD11。

CPU226 模块输出映像寄存器的有效地址范围为：Q（0.0 ~ 15.7）；QB（0 ~ 15）；QW（0 ~ 14）；QD（0 ~ 12）。

I/O 映像区实际上就是外部输入、输出设备状态的映像区，PLC 通过 I/O 映像区的各个位与外部物理设备建立联系。I/O 映像区每个位都可以映像输入、输出模块上的对应端子状态。

在程序的执行过程中，对于输入或输出的读写通常是通过映像寄存器，而不是实际的输入、输出端子。S7-200 CPU 执行有关输入、输出程序时的操作过程如图 5-5 所示。

在执行梯形图程序时，输入映像寄存器相应位的状态取决于输入继电器的状态，而输出继电器的状态取决于输出映像寄存器相位的状态。这使得系统在程序执行期间完全与外界隔

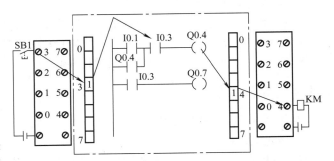

图 5-5　S7-200 CPU 输入、输出的操作

108

开，从而提高了系统的抗干扰能力。建立了 I/O 映像区，用户程序存取映像寄存器中的数据比存取输入、输出物理点要快得多，加快了运算速度。此外，外部输入点的存取只能按位进行，而 I/O 映像寄存器的存取可按位、字节、字、双字进行，因而使操作更快、更灵活。

3. 辅助继电器（M）

辅助继电器（或称中间继电器）就是位于 PLC 数据存储区的内部标志位存储器，其作用和物理的中间继电器相似，用于存放中间操作状态，或存储其他相关的数据。辅助继电器没有外部的输入端子或输出端子与之对应，因此它不能受外部输入信号的直接控制，其触点也不能直接驱动外部负载，这是与输入继电器和输出继电器的主要区别。每个辅助继电器对应着数据存储区的一个存储单元，可按位为单位使用，也可按字节、字、双字为单位使用。

辅助继电器（M）的地址格式为：

位地址：M［字节地址］.［位地址］，如 M0.2、M12.7、M3.5。

字节、字、双字地址：M［数据长度］［起始字节地址］，如 MB11、MW23、MD26。

CPU226 模块辅助继电器的有效地址范围为：M（0.0 ～ 31.7）；MB（0 ～ 31）；MW（0 ～ 30）；MD（0 ～ 28）。

4. 变量存储器（V）

变量存储器用来存放全局变量、程序执行过程中控制逻辑操作的中间结果或其他相关的数据。变量存储器全局有效。全局有效是指同一个存储器可以在任一程序分区（主程序、子程序、中断程序）被访问。变量存储器可按位为单位使用，也可按字节、字、双字为单位使用。

变量存储器（V）的地址格式为：

位地址：V［字节地址］.［位地址］，如 V10.2、V100.5。

字节、字、双字地址：V［数据长度］［起始字节地址］，如 VB20、VW100、VD320。

CPU226 模块变量存储器的有效地址范围为：V（0.0 ～ 5119.7）；VB（0 ～ 5119）；VW（0 ～ 5118）；VD（0 ～ 5116）。

5. 局部存储器（L）

局部存储器用来存放局部变量。局部存储器局部有效。局部有效是指某一变量只能在某一特定程序（主程序、子程序或中断程序）中使用。局部存储器常用于带参数的子程序调用过程中。

S7-200 PLC 提供 64 个字节的局部存储器（其中 LB60 ～ LB63 为 STEP7-Micro/WIN V4.0 及其以后版本软件所保留），可用作暂时存储器或为子程序传递参数。主程序、子程序和中断程序都有 64 个字节的局部存储器可以使用，不同程序的局部存储器不能互相访问。程序运行时，根据需要动态分配局部存储器，在执行主程序时，分配给子程序或中断程序的局部存储器是不存在的，只有当子程序调用或出现中断时，才为之分配局部存储器。局部存储器使用时可以按位、字节、字、双字访问。

局部存储器（L）的地址格式为：

位地址：L［字节地址］.［位地址］，如 L0.0、L50.4。

字节、字、双字地址：L［数据长度］［起始字节地址］，如 LB33、LW44、LD55。

CPU226 模块局部存储器的有效地址范围为：L（0.0 ～ 63.7）；LB（0 ～ 63）；LW（0 ～ 62）；LD（0 ～ 60）。

6. 顺序控制继电器（S）

顺序控制继电器用于顺序控制或步进控制。顺序控制继电器（SCR）指令是基于顺序功能图（SFC）的编程指令。SCR 指令将控制程序进行逻辑分段，从而实现顺序控制。顺序控制继电器使用时可以按位、字节、字、双字访问。

顺序控制继电器（S）的地址格式为：

位地址：S［字节地址］.［位地址］，如 S3.1、S2.5。

字节、字、双字地址：S［数据长度］［起始字节地址］，如 SB4、SW10、SD21。

CPU226 模块顺序控制继电器的有效地址范围为：S（0.0 ~ 31.7）；SB（0 ~ 31）；SW（0 ~ 30）；SD（0 ~ 28）。

7. 特殊继电器（SM）

有些辅助继电器具有特殊功能或用来存储系统的状态变量及有关的控制参数和信息，称为特殊继电器或特殊存储器（Special Memory）。它为用户提供一些特殊的控制功能及系统信息，用户对操作的一些特殊要求也可通过特殊继电器通知系统。特殊继电器标志位区域分为只读区域（SM0 ~ SM29）和可读写区域。只读特殊继电器与输入继电器一样，不能通过编程的方式改变其状态，用户只能使用其触点。例如，SMB0 有 8 个状态位 SM0.0 ~ SM0.7，部分含义如下：

SM0.0：PLC 在 RUN 方式时，SM0.0 总为 1，即该位始终接通为 ON；

SM0.1：PLC 由 STOP 转为 RUN 方式时，SM0.1 接通一个扫描周期，常用作初始化脉冲；

SM0.2：当 RAM 中保存的数据丢失时，SM0.2 接通一个扫描周期；

SM0.3：PLC 上电进入 RUN 方式时，SM0.3 接通一个扫描周期，可在不断电的情况下代替 SM0.1 的功能；

SM0.4：分时钟脉冲，占空比为 50%，30s 闭合、30s 断开，周期为 1min 的脉冲串；

SM0.5：秒时钟脉冲，占空比为 50%，0.5s 闭合、0.5s 断开，周期为 1s 的脉冲串。

可读写特殊继电器用于特殊控制功能，例如，用于自由口通信设置的 SMB30 和 SMB130，用于定时中断间隔时间设置的 SMB34 和 SMB35，用于高速计数器设置的 SMB36 ~ SMB65，用于脉冲串输出控制的 SMB66 ~ SMB85 等。

附录 B 列出了关于特殊继电器（SM）的详细信息。特殊继电器可按位来存取数据，也可按字节、字、双字来存取数据。

特殊继电器（SM）的地址格式为：

位地址：SM［字节地址］.［位地址］，如 SM0.1、SM1.5。

字节、字、双字地址：SM［数据长度］［起始字节地址］，如 SMB86、SMW100、SMD12。

CPU226 模块特殊继电器的有效地址范围为：SM（0.0 ~ 549.7）；SMB（0 ~ 549）；SMW（0 ~ 548）；SMD（0 ~ 546）。

8. 定时器（T）

定时器是 PLC 中重要的编程元件，是累计时间增量的内部元件。其作用类似于继电器控制系统中的时间继电器，用于需要延时控制的场合。S7-200 PLC 定时器有三种类型：接通延时定时器 TON、断开延时定时器 TOF、保持型接通延时定时器 TONR。定时器的定时时基有三种：1ms、10ms、100ms。使用时需要提前设置时间设定值，通常设定值由程序赋予，需要时也可通过外部触摸屏等设置。

与定时器相关的有两个变量：定时器的当前值和定时器的状态位。

定时器当前值为 16 位的有符号整数，用于存储定时器累计的时基增量值（1 ~ 32767）。

定时器状态位用来描述定时器延时动作的触点状态。当定时器的输入条件满足时开始计时，当前值从 0 开始按一定的时间单位（取决于定时器的定时时基，又称分辨率）增加，当定时器的当前值大于或等于设定值时，定时器状态位被置为 1，梯形图中对应的常开触点闭合，常闭触点断开。

定时器（T）的地址格式为：T［定时器号］，如 T24、T37、T38。

S7-200 PLC 定时器的有效地址范围为：T（0 ~ 255）。

9. 计数器（C）

计数器用来累计其计数输入端脉冲电平由低到高的次数，常用来对产品进行计数或进行特定功能的编程。S7-200 PLC 计数器有三种类型：增计数器、减计数器、增减计数器。使用时需要提前设置计数设定值，通常设定值由程序赋予，需要时也可通过外部触摸屏等设置。

与计数器相关的有两个变量：计数器当前值和计数器状态位。

计数器当前值为 16 位的有符号整数，用于存储计数器累计的脉冲个数（0～32767）。

计数器状态位用来描述计数器动作的触点状态。当计数器的输入条件满足时，计数器当前值从 0 开始累计它的输入端脉冲上升沿（正跳变）的次数，当计数器的计数值大于或等于设定值时，计数器状态位被置为 1，梯形图中对应的常开触点闭合，常闭触点断开。

计数器（C）的地址格式为：C［计数器号］，如 C3、C22。

S7-200 PLC 计数器的有效地址范围为：C（0～255）。

10. 模拟量输入映像寄存器（AI）

模拟量输入模块电路将外部输入的模拟信号转换成 1 个字长（16 位）的数字量，存放在模拟量输入映像寄存器（AI）中，供 CPU 运算处理。AI 中的值为只读值，只能进行读取操作。

模拟量输入映像寄存器（AI）的地址格式为：AIW［起始字节地址］，如 AIW4。AI 的地址必须用偶数字节地址（如 AIW0、AIW2、AIW4、…）来读取。

CPU226 模块模拟量输入映像寄存器的有效地址范围为：AIW（0～62）。

11. 模拟量输出映像寄存器（AQ）

CPU 运算的相关结果存放在模拟量输出映像寄存器（AQ）中，供 D/A 转换器将 1 个字长的数字量转换为模拟量，以驱动外部模拟量控制的设备。AQ 中的数字量为只写值，用户不能读取模拟量输出值。

模拟量输出映像寄存器（AQ）的地址格式为：AQW［起始字节地址］，如 AQW10。同样，AQ 的地址也必须使用偶数字节地址（如 AQW0、AQW2、AQW4、…）来存放。

CPU226 模块模拟量输出映像寄存器的有效地址范围为：AQW（0～62）。

12. 累加器（AC）

累加器是用来暂时存储计算中间值的存储器，也可用于向子程序传递参数或返回参数。S7-200 PLC 提供了 4 个 32 位累加器（AC0、AC1、AC2、AC3）。

累加器（AC）的地址格式为：AC［累加器号］，如 AC0。

CPU226 模块累加器的有效地址范围为：AC（0～3）。

累加器可进行读、写两种操作，可按字节、字、双字来存取累加器中的数据。由指令标识符决定存取数据的长度，例如，MOVB 指令存取累加器的字节，DECW 指令存取累加器的字，IN-CD 指令存取累加器的双字。按字节、字存取时，只存取累加器中数据的低 8 位、低 16 位；按双字存取时，则存取累加器的 32 位。具体示例如图 5-6 所示。

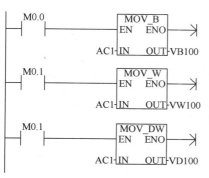
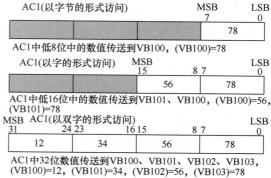

图 5-6　按字节、字和双字来存取累加器中数据的示例

111

13. 高速计数器（HC）

高速计数器用来累计比 CPU 扫描速率更快的高速脉冲信号，计数过程与扫描周期无关。高速计数器的当前值为双字（32 位）整数，且为只读值。读取高速计数器当前值应以双字来寻址。

高速计数器（HC）的地址格式为：HC［高速计数器号］，如 HC1、HC2。

CPU226 模块高速计数器的有效地址范围为：HC（0~5）。

5.3.2 编程元件及操作数的寻址范围

S7-200 PLC 提供的编程元件及有效地址范围见表 5-3。编程时，应注意各类编程元件的有效地址范围和数据类型。

表 5-3　S7-200 PLC 编程元件及有效地址范围

存取方式	元件名称	CPU 221	CPU 222	CPU 224、CPU 226	CPU 226XM
位存取	V	0.0~2047.7		0.0~5119.7	0.0~10239.7
	I、Q	0.0~15.7			
	M、S	0.0~31.7			
	SM	0.0~179.7	0.0~299.7	0.0~549.7	
	T、C	0~255			
	L	0.0~63.7			
字节存取	VB	0~2047		0~5119	0~10239
	IB、QB	0~15			
	MB、SB	0~31			
	SMB	0~179	0~299	0~549	
	LB	0~63			
	AC	0~3			
字存取	VW	0~2046		0~5118	0~10238
	IW、QW	0~14			
	MW、SW	0~30			
	SMW	0~178	0~298	0~548	
	T、C	0~255			
	LW	0~62			
	AC	0~3			
	AIW、AQW	0~30		0~62	
双字存取	VD	0~2044		0~5116	0~10236
	ID、QD	0~12			
	MD、SD	0~28			
	SMD	0~176	0~296	0~546	
	LD	0~60			
	AC	0~3			
	HC	0, 3, 4, 5		0~5	

5.4　寻址方式

PLC 编程时，无论采用何种语言，均需给出每条指令的操作码和操作数。操作码指出这条指令的功能是什么，操作数则指明操作码所需要的数据。编程时如何提供操作数或操作数地址，称为寻址方式。S7-200 PLC 的寻址方式有立即寻址、直接寻址、间接寻址。

1. 立即寻址

指令直接给出操作数，操作数紧跟着操作码，在取出指令的同时也就取出了操作数，所以称为立即操作数或立即寻址。立即寻址方式可用来提供常数、设置初始值等。例如，传送指令"MOVD 256，VD100"的功能就是将十进制常数 256 传送到 VD100 单元，这里 256 就是源操作数，直接跟在操作码后，不用再去寻找源操作数了，所以这个操作数称为立即数，这种寻址方式就是立即寻址方式。

指令中立即数常使用常数。常数值可以分为字节、字、双字等类型。CPU 以二进制方式存储所有常数，指令中可用十进制、十六进制、ASCII 码和浮点数形式来表示。

必须指出：S7-200 CPU 不支持数据类型或数据的检查。例如，加法指令可以将 VW200 中的值作为一个带符号的整数来使用，而字逻辑指令也可以将 VW200 中的值作为一个带符号的二进制数来使用。

2. 直接寻址

指令中直接给出操作数地址的寻址方式称为直接寻址。操作数的地址应按规定的格式表示，如采用位地址寻址格式，或字节、字、双字地址寻址格式。一般使用时必须指出数据存储区的区域标识符（编程元件名称）、数据长度及起始地址。举例如下：

位寻址：A Q5.5

这里操作数以位地址格式 Q5.5 给出。可以进行位寻址的编程元件有：输入继电器（I）、输出继电器（Q）、辅助继电器（M）、特殊继电器（SM）、局部存储器（L）、变量存储器（V）和顺序控制继电器（S）。

字寻址：MOVW AC0，AQW2

双字寻址：MOVD VD100，VD200

双字寻址的指令功能是将起始地址为 100 的变量存储器（V）中的双字数据传送到起始地址为 200 的变量存储器（V）中，指令中的源操作数的数值并未在指令中给出，而是给出了操作数存放的地址 VD100，寻址时要到 VD100 中寻找操作数，也即到 VB100、VB101、VB102、VB103 中寻找。

PLC 存储区中还有一些编程元件，不用指出它们的字节地址，而是在区域标识符后直接写出其编号。这类元件包括定时器（T）、计数器（C）、高速计数器（HC）和累加器（AC），如 T39、C20、HC1、AC0 等。其中 T 和 C 的地址编号均包含两个含义，如 C20，既表示计数器的位状态信息，又表示计数器的当前值。

3. 间接寻址

指令中给出了存放操作数地址的存储单元的地址称为间接寻址。存储单元地址的地址称为地址指针。可以使用指针进行间接寻址的存储器区域有：I、Q、V、M、S、T（仅当前值）、C（仅当前值）。不可以对独立的位值和模拟量进行间接寻址。

使用间接寻址存取数据的步骤如下：

（1）建立指针

使用间接寻址对某个存储单元读、写前，应先建立地址指针。地址指针为双字长，存放所要访问的存储单元的 32 位物理地址。以指针中的内容值为地址就可以进行间接寻址了。可作为指针的存储器有变量存储器（V）、局部存储器（L）或累加器（AC1、AC2、AC3），AC0 不能用作间接寻址的指针。建立指针时，必须使用双字传送指令（MOVD），将存储器所要访问单元的地址移入另一存储器或累加器中作为指针。建立指针后，就可借用指针从指针处取出的数值完成指令所需的操作运算。

例如，执行指令 MOVD &VB200，AC1，把"VB200"的地址送入 AC1 建立指针。这里的"VB200"地址只是一个 32 位的直接地址编号，并不是它的物理地址。指针中的第二个地址的数据长度必须为双字长，如 LD、VD 和 AC。指令操作数"&VB200"中的"&"符号，表示取存储器的地址，而不是取存储器的内容。

（2）使用指针来存取数据

编程时在指令中的操作数前加"＊"，表示该操作数为一个指针，并依据指针中的内容值作为地址存取数据。例如，执行指令 MOVW ＊AC1，AC0，AC1 为地址指针，存放 VB200 的地址，由于指令 MOVW 的标识符是"W"，因而指令操作数的数据长度应是字型，把 VB200、VB201 处 2 个字节的内容传送到 AC0，如图 5-7 所示。指针所指向存储单元的值（即 1234）为字型数据，指令执行后，将其存入 AC0。使用指针可存取字节、字、双字型的数据。

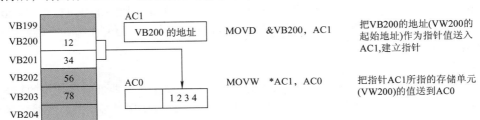

图 5-7　使用指针间接寻址

（3）修改指针

存取连续地址的存储单元中的数据时，通过修改指针可以非常方便地存取数据。

在 S7-200 PLC 中，指针的内容不会自动改变，可用自增或自减等指令修改指针值，这样就可连续地存取存储单元中的数据了。指针中的内容为双字型数据，应使用双字指令来修改指针值。

图 5-8 中，用两次自增指令 INCD AC1，AC1 中的内容加 2 即为 VB202 的地址，指针即指向 VB202。执行指令 MOVW ＊AC1，AC0，这样就可在变量存储器（V）中连续地存取数据，将 VB202、VB203 两个字节的数据（5678）传送到 AC0。

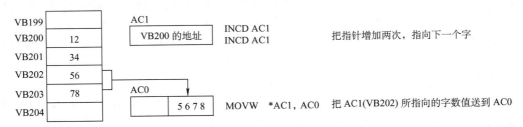

图 5-8　存取字数据值时指针的修改

修改指针值时，应根据存取的数据长度来进行调整。若对字节进行存取，指针值加 1（或减 1）；若对字进行存取，或对定时器、计数器的当前值进行存取，指针值加 2（或减 2）；若对双字进行存取，则指针值加 4（或减 4）。图 5-8 中，存取的数据长度是字型数据，因而指针值加 2。

5.5　程序结构和编程规约

5.5.1　程序结构

S7-200 PLC 的程序结构一般由用户程序、数据块和参数块三部分构成。

1. 用户程序

用户程序在存储器空间也称为组织块，它处于最高层次，可以管理其他块。用户程序一般由一个主程序、若干个子程序和若干个中断程序组成。

主程序（OB1）是用户程序的主体，每一个项目都必须有且仅有一个主程序。CPU 在每个扫描周期都要执行一次主程序指令。

子程序是用户程序的可选部分，只有被其他程序调用时，才能够执行。在重复执行某项功能时，使用子程序是非常有用的，同一子程序可以在不同的地方被多次调用。合理使用子程序，可以优化程序结构，减少扫描时间。

中断程序也是用户程序的可选部分，用来处理预先规定的中断事件。中断程序不是被主程序调用，而是当中断事件发生时，由 PLC 的操作系统调用。

可以通过 STEP7-Micro/WIN 编程软件的程序编辑窗口下部的标签来选择主程序、子程序和中断程序的编辑。因为各个程序已被分开，各程序结束时不需要加入无条件结束指令或无条件返回指令。

2. 数据块

数据块（DB1）为可选部分，主要用来存放用户程序运行所需的数据。使用数据块可以完成一些有特定数据处理功能的程序设计，如为变量存储器指定初始值。

3. 参数块

参数块中存放的是 CPU 组态数据，如果在编程软件或其他编程工具上没有进行 CPU 的组态，则系统以默认值进行自动配置。除非有特殊要求的输入/输出设置、掉电保持设置等，一般情况下均使用默认值。

5.5.2　编程的一般规约

1. 网络

网络（Network）是 S7-200 PLC 编程软件中的一个特殊标记。网络由触点、线圈和功能框组成，每一个网络就是完成一定功能的最小的、独立的逻辑块。一个梯形图程序就是由若干个网络组成的，程序被网络分成了若干程序段。图 5-9 为单台电动机起停控制的梯形图程序，由 3 个网络组成，每个网络按顺序编号，如 Network 1、Network 2。

在功能块图和语句表程序中，也使用网络概念给程序分段。

使用 STEP7-Micro/WIN 编程软件的梯形图、功能块图、语句表编辑器，均可以网络为单位给程序添加注

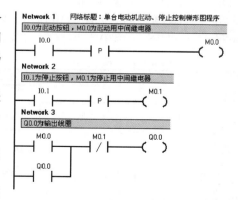

图 5-9　电动机起停控制梯形图程序

释，并可添加一个总标题，以增加程序的可读性。

只有对梯形图、功能块图、语句表使用网络进行程序分段后，才可通过编程软件实现它们之间自动的相互转换。限于篇幅，后面的一些实例程序中省略了"Network"这个关键字。

2. 梯形图（LAD）、功能块图（FBD）

梯形图中的左、右垂直线称为左、右母线。STEP7-Micro/WIN 梯形图编辑器在绘图时，通常将右母线省略。在左、右母线之间是由触点、线圈或功能框组合的有序网络。梯形图的输入总是在图形的左边，输出总是在图形的右边。因而从左母线开始，经过触点和线圈（或功能框），终止于右母线，从而构成一个梯级。可把左母线看作是提供能量的母线。在一个梯级中，左、右母线之间是一个完整的"电路"，"能流"只能从左到右流动，不允许"短路"、"开路"，也不允许"能流"反向流动。

梯形图中的基本编程元素有触点、线圈和功能框。

触点：代表逻辑控制条件。触点闭合时表示能流可以流过。触点分为常开触点（ —| |— ）和常闭触点（ —|/|— ）两种形式。

线圈：通常代表逻辑"输出"的结果。"能流"到，则该线圈被"激励"。

功能框：代表某种特定功能的指令。"能流"通过功能框时，则执行功能框所代表的功能。功能框所代表的功能有多种，如定时器、计数器、数据运算等。

梯形图中，每个输出元素（线圈或功能框）可以构成一个梯级。每个梯形图网络由一个或多个梯级组成。

梯形图与继电器控制电路图相呼应，但绝不是一一对应。由于 PLC 的结构、工作原理与继电器控制系统截然不同，因而梯形图与继电器控制电路图之间又存在着许多差异。

功能块图中输入总是在功能框的左边，输出总是在功能框的右边，如图 5-10 的例子所示。

3. 允许输入端（EN）、允许输出端（ENO）

在梯形图、功能块图中，功能框的 EN 端是允许输入端，功能框的允许输入端必须存在"能流"，才能执行该功能框的功能。

在语句表中没有 EN 允许输入端，但是允许执行 STL 指令的条件是栈顶的值必须为"1"。

在梯形图、功能块图中，功能框的 ENO 端是允许输出端，允许功能框的布尔量输出，用于指令的级联。

如果允许输入端（EN）存在"能流"，且功能框准确无误地执行了其功能，那么允许输出端（ENO）将把"能流"传到下一个功能框，此时，ENO = 1。如果执行过程中存在错误，那么"能流"就在出现错误的功能框终止，即 ENO = 0。ENO 可作为下一个功能框的 EN 输入，将几个功能框串联在一行，如图 5-10 所示。只有前一个功能框被正确执行，后一个功能框才可能被执行。EN 和 ENO 的操作数均为能流，数据类型为布尔型。

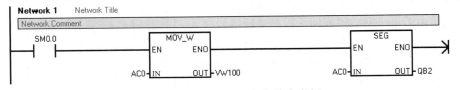

图 5-10　允许输入、允许输出举例

在语句表中用 AENO（And ENO）指令访问，可以产生与功能框的允许输出端（ENO）相同的效果。

4. 条件输入、无条件输入

必须有"能流"通过才能执行的线圈或功能框称为条件输入指令。它们不允许直接与左母线连接，如 SHRB、MOVB、SEG 等指令。如果需要无条件执行这些指令，可以在左母线上连接 SM0.0（该位始终为 1）的常开触点来驱动它们。

无须"能流"就能执行的线圈或功能框称为无条件输入指令。与"能流"无关的线圈或功能框可以直接与左母线连接，如 LBL、NEXT、SCR、SCRE 等指令。

不能级联的功能框没有 ENO 输出端和"能流"流出，如 CALL SBR_N 子程序调用指令和 LBL、SCR、SCRE、CRET、JMP、LBL、NEXT 等指令。

5.6　S7-200 PLC 的基本指令

S7-200 PLC 使用西门子公司的 SIMATIC 指令系统，虽支持国际标准 IEC 61131-3，但在指令系统、编程环境及编程语言的种类方面还有一定的差异。本书主要介绍 SIMATIC 指令集中的主要指令，包括最基本的逻辑控制指令和完成特殊任务的功能指令。

本节通过实例着重介绍 S7-200 PLC 的基本逻辑指令的功能及编程方法，并介绍梯形图和语句表程序，为满足多种需要，对功能块图指令做简略介绍。

基本逻辑指令以位逻辑操作为主，在位逻辑指令中，除另有说明外，可用作操作数的编程元件有 I、Q、M、SM、T、C、V、S、L，且数据类型是布尔型（如 I0.0、Q0.0）。

5.6.1　位逻辑指令

1. 标准触点指令

梯形图（LAD）中常开和常闭触点指令用触点表示，常闭触点中带有"/"符号，如图 5-11 所示。图中左边为梯形图，右边为与梯形图对应的语句表。当存储器某地址的位（bit）值为 1 时，则与之对应的常开触点的位（bit）值也为 1，表示该常开触点闭合；而与之对应的常闭触点的位（bit）值为 0，表示该常闭触点断开。

功能块图（FBD）中常开触点指令用 AND/OR 等方框表示，常闭触点指令用 AND/OR 等方框并在输入信号上加一个取非的圆圈来表示。AND/OR 指令方框最多可以使用 7 个输入端，如图 5-12 所示。

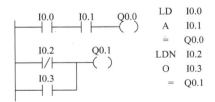

图 5-11　触点指令举例（LAD、STL）

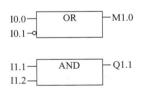

图 5-12　触点指令举例（FBD）

在语句表（STL）中，触点指令有 LD（Load）、LDN（Load Not）、A（And）、AN（And Not）、O（Or）、ON（Or Not），见表 5-4。

表 5-4　标准触点指令

语　句	功 能 描 述
LD bit	取指令，用于逻辑梯级开始的常开触点与母线的连接
A bit	与指令，用于单个常开触点的串联
O bit	或指令，用于单个常开触点的并联

(续)

语　句	功　能　描　述
LDN bit	取非指令，用于逻辑梯级开始的常闭触点与母线的连接
AN bit	与非指令，用于单个常闭触点的串联
ON bit	或非指令，用于单个常闭触点的并联

　　LD（取）指令表示一个逻辑梯级的编程开始，用于常开触点与左母线的连接（包括在分支点引出的母线）。A（与）指令、O（或）指令分别表示串联、并联单个常开触点，可以连续使用。而 LDN（取非）、AN（与非）和 ON（或非）指令是对常闭触点编程，分别表示逻辑梯级的编程开始、串联和并联单个常闭触点，其中 AN 和 ON 指令可以连续使用。具体编程例子如图 5-11 所示。

2. 输出指令

　　输出指令又称为线圈驱动指令，表示对继电器输出线圈（包括内部继电器线圈和输出继电器线圈）编程。

　　在梯形图（LAD）中，用"（　）"表示线圈。当执行输出指令时，"能流"到，则线圈被"激励"，输出映像寄存器或其他存储器的相应位为"1"，反之为"0"。输出指令应放在梯形图的最右边。不同编址的继电器线圈可以采用并联输出结构。

　　在语句表（STL）中，用"="表示输出指令。当执行输出指令时，将栈顶值复制到由操作数地址指定的存储器位（bit）。输出指令执行前后堆栈各级栈值不变。

3. 置位和复位指令

　　置位 S（Set）和复位 R（Reset）指令的梯形图和语句表的形式及功能见表 5-5。

表 5-5　置位和复位指令的形式与功能

指　令	LAD	STL	功　能
置位指令	bit —（ S ） N	S bit, N	把从指令操作数（bit）指定地址（位地址）开始的连续 N 个元件置位（置 1）并保持
复位指令	bit —（ R ） N	R bit, N	把从指令操作数（bit）指定地址（位地址）开始的连续 N 个元件复位（清零）并保持

　　在梯形图（LAD）或功能块图（FBD）中，只要"能流"到，就能执行置位或复位指令。执行置位指令时，把从指令操作数（bit）指定地址开始的 N 个元件置位并保持，置位后即使"能流"断，仍保持置位，除非对它复位；执行复位指令时，把从指令操作数（bit）指定地址开始的 N 个元件复位并保持，复位后即使"能流"断，仍保持复位。

　　置位和复位指令的使用举例如图 5-13 所示。该实例可用于两台电动机的同时起动、同时停止控制程序。

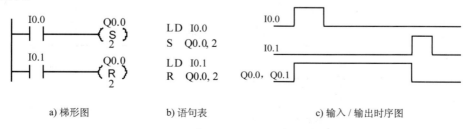

a) 梯形图　　　　　b) 语句表　　　　　c) 输入 / 输出时序图

图 5-13　置位、复位指令的使用举例

使用置位和复位指令时应注意以下几点：

1）置位或复位的元件数 N 的常数范围为 1～255。图 5-13 所示例子中的 N 均为 2。N 也可为 VB、IB、QB、MB、SMB、SB、LB、AC、∗VD、∗AC、∗LD，一般情况下均使用常数。

2）当用复位指令对定时器位（T）或计数器位（C）复位时，定时器或计数器被复位，同时定时器或计数器的当前值将被清零。

3）由于 PLC 采用循环扫描工作方式，程序中写在后面的指令有优先权。如图 5-13 中，若 I0.0 和 I0.1 同时为 1，则 Q0.0 和 Q0.1 肯定处于复位状态，为 0。

5.6.2　立即 I/O 指令

前面介绍的指令均遵循 CPU 的扫描规则，程序执行过程中梯形图的各输入继电器、输出继电器触点的状态取自于 I/O 映像寄存器。为了加快输入、输出响应速度，S7-200 PLC 引入立即 I/O 指令。该指令允许对物理输入点和输出点进行快速直接存取，不受 PLC 循环扫描工作方式的影响。立即 I/O 指令包括立即触点指令、立即输出指令和立即置位、立即复位指令。

1. 立即触点指令

执行立即触点指令时，直接读取物理输入点的值，相应的输入映像寄存器中的值并不更新。指令操作数仅限于输入物理点的值。

在梯形图（LAD）中，立即触点指令用常开和常闭立即触点表示。触点中的"I"表示立即之意，如图 5-14a 所示。当某物理输入点的触点闭合时，相应的常开立即触点的位（bit）值为 1，常闭立即触点的位（bit）值为 0。

在语句表（STL）中，常开立即触点编程由 LDI、AI、OI 指令描述，常闭立即触点编程由 LDNI、ANI、ONI 指令描述，如图 5-14b 所示。

执行 LDI（立即取）指令时，把物理输入点的位（bit）值立即装入栈顶。

执行 AI（立即与）指令时，把物理输入点的位（bit）值"与"栈顶值，运算结果仍存入栈顶。

执行 OI（立即或）指令时，把物理输入点的位（bit）值"或"栈顶值，运算结果仍存入栈顶。

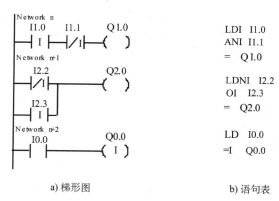

a) 梯形图　　　　　b) 语句表

图 5-14　立即 I/O 指令编程

执行 LDNI、ANI、ONI 指令时，把物理输入点的位（bit）值取反后，再做相应的"装载"、"与"、"或"操作。

2. 立即输出指令

立即输出指令（=I）只能用于输出继电器（Q）。执行该指令时，栈顶值被同时立即写到指定的物理输出点和相应的输出映像寄存器（立即赋值），而不受扫描过程的影响。这就不同于一般的输出指令，后者只是把新值写到输出映像寄存器。立即输出指令的使用如图 5-14 中的 Q0.0。

立即 I/O 指令不受 PLC 循环扫描工作方式的约束，允许对输入、输出物理点进行快速直接存取。执行立即触点指令时，CPU 绕过输入映像寄存器，直接读入物理输入点的状态作为程序执行期间的数据依据，输入映像寄存器不作刷新处理；执行立即输出指令时，则将结果同时立即写到物理输出点和相应的输出映像寄存器，而不是等待程序执行阶段结束后，转入输出刷新阶

119

段时才把结果传送到物理输出点，从而加快了输入、输出响应速度。

必须指出：立即 I/O 指令是直接访问物理输入、输出点的，比一般指令访问输入、输出映像寄存器占用的 CPU 时间要长，因而不能盲目地使用立即指令，否则，会加长扫描周期的时间，反而对系统造成不利的影响。

3. 立即置位和立即复位指令

当执行立即置位（Set Immediate，SI）或立即复位（Reset Immediate，RI）指令时，从指令操作数指定的位地址开始的 N 个连续的物理输出点将被立即置位或立即复位且保持。N 的常数范围为 1 ~ 128。该指令只能用于输出继电器。执行该指令时，新值被同时写到物理输出点和相应的输出映像寄存器。

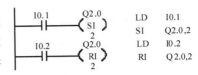

图 5-15　立即置位、复位指令的使用举例

立即置位、复位指令的使用举例如图 5-15 所示。

5.6.3　逻辑堆栈指令

S7-200 PLC 使用一个 9 层的逻辑堆栈（Stack）来处理所有逻辑操作。该逻辑堆栈是一组能够存储和取出数据的暂存单元，栈顶用来存储逻辑运算的结果，下面的 8 层用来存储中间运算结果。堆栈中的数据一般按照"先进后出"的原则存取。每一次进行入栈操作，新值放入栈顶，栈底值丢失；每一次进行出栈操作，栈顶值弹出，栈底值补进随机数。

逻辑堆栈指令主要用来对复杂的逻辑关系进行编程，且只用于语句表编程。使用梯形图、功能块图编程时，软件编辑器会自动插入相关的指令处理堆栈操作；而使用语句表编程时，必须由用户写入 LPS、LRD 和 LPP 指令。逻辑堆栈指令见表 5-6。

表 5-6　逻辑堆栈指令

语　　　句	功　能　描　述
ALD	栈装载"与"，用于两个或两个以上的触点组的串联编程
OLD	栈装载"或"，用于两个或两个以上的触点组的并联编程
LPS	逻辑入栈，用于分支电路的开始
LRD	逻辑读栈，将堆栈中第 2 层的值复制到栈顶，第 2 ~ 9 层的数据不变
LPP	逻辑出栈，用于分支电路的结束
LDS	装入堆栈，用于复制堆栈中的第 n 层的值到栈顶

1. 栈装载与（ALD）指令

ALD（And Load）指令用于两个或两个以上的触点组的串联编程。执行 ALD 指令时，将堆栈中的第 1 层和第 2 层的值进行逻辑"与"操作，结果置于栈顶（堆栈第 1 层），并将堆栈中的第 3 ~ 9 层的值依次上弹一层。

2. 栈装载或（OLD）指令

OLD（Or Load）指令用于两个或两个以上的触点组的并联编程。执行 OLD 指令时，将堆栈中的第 1 层和第 2 层的值进行逻辑"或"操作，结果放入栈顶，并将堆栈中其余各层的内容依次上弹一层。

栈装载与和栈装载或指令的操作过程如图 5-16 所示，图中"×"表示不确定值。

使用 ALD 和 OLD 指令时，注意与 LD、A、O、LDN、AN、ON 指令的区别。

执行 LD（取）指令时，将指令指定的位地址中的二进制数装载入栈顶。执行 A（与）指令

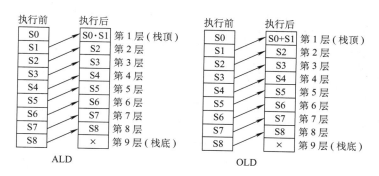

图 5-16 栈装载"与"、栈装载"或"指令的操作过程

时,将指令指定的位地址中的二进制数和栈顶中的二进制数相"与",结果存入栈顶。执行 O(或)指令时,将指令指定的位地址中的二进制数和栈顶中的二进制数相"或",结果存入栈顶。执行常闭触点对应的 LDN、AN、ON 指令时,取出指令指定的位地址中的二进制数,将它取反(将 1 变为 0,0 变为 1),再作相应的"装载"、"与"、"或"操作,结果存入栈顶。

触点的串、并联指令只能将单个触点与别的触点或电路串、并联,而 ALD、OLD 指令用于两个或两个以上的触点组的串、并联。在触点组开始时要使用 LD、LDN 指令,每完成一次触点组的串或并联操作,要写上一个 ALD 或 OLD 指令。ALD 和 OLD 指令均无操作数。

ALD、OLD 指令的使用举例如图 5-17 所示。

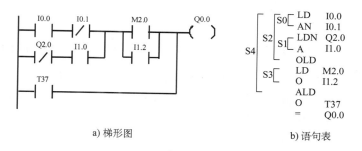

a) 梯形图   b) 语句表

图 5-17 ALD、OLD 指令的使用举例

3. 逻辑入栈(LPS)、逻辑读栈(LRD)、逻辑出栈(LPP)、装入堆栈(LDS)指令

执行 LPS(Logic Push)指令时,复制栈顶的值并将这个值压入栈顶的下一层,原堆栈中各层栈值依次下压一层,栈底值丢失。LPS 指令用于分支电路的开始,即用于生成一条新的左母线。

执行 LRD(Logic Read)指令时,把堆栈中第 2 层的值复制到栈顶,原栈顶值被新的复制值取代,第 2~9 层的数据不变。

执行 LPP(Logic POP)指令时,将原堆栈各层的值依次上弹一层,堆栈第 2 层的值成为新的栈顶值,原来栈顶的值从栈中消失。LPP 指令用于分支电路的结束,即新母线结束,返回原母线。

执行 LDS(Load Stack)指令时,复制堆栈中的第 n 层的值到栈顶,栈底值丢失,原堆栈中各层栈值依次下压一层。n 为 0~8 的整数。编程时一般很少使用该指令。

LPS、LRD、LPP、LDS 指令的堆栈操作过程如图 5-18 所示,图中"×"表示不确定值。

LPS、LRD、LPP 指令的使用举例如图 5-19、图 5-20 所示。

121

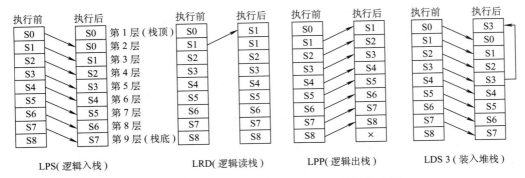

图 5-18 LPS、LRD、LPP、LDS 指令的操作过程

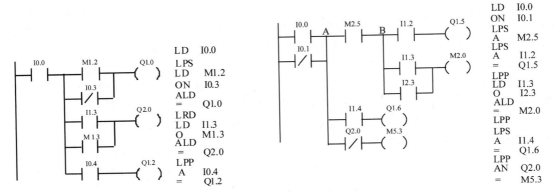

图 5-19 逻辑堆栈指令的使用举例 1   图 5-20 逻辑堆栈指令的使用举例 2

合理运用 LPS、LRD、LPP 指令可达到简化程序的目的，但应注意以下几点。

1）由于受堆栈空间的限制（9 层堆栈），LPS、LPP 指令连续使用时应少于 9 次。

2）LPS 与 LPP 指令必须成对使用，它们之间可以使用 LRD 指令。

3）LPS、LRD、LPP 指令均无操作数。

5.6.4 取反指令和空操作指令

1. 取反（NOT）指令

取反（NOT）指令可用来改变"能流"的状态。"能流"到达取反触点时，"能流"就停止；"能流"未到达取反触点时，"能流"就通过。

在梯形图（LAD）中，取反指令用取反触点"┤NOT├"表示，将它左边的逻辑运算结果取反。

在语句表（STL）中，取反指令对堆栈的栈顶值进行取反操作，改变栈顶值。栈顶值由 0 变为 1，或者由 1 变为 0。取反指令无操作数。

取反指令的使用举例如图 5-21 所示。该例中，当 I0.0 接通，"能流"通过时，Q1.5 断开，而 Q1.6 接通，Q1.5 和 Q1.6 输出相反。当然，也可以使用其他指令实现该功能。

2. 空操作（NOP）指令

空操作（NOP）指令主要是为了方便对程序的检查和修改，预先在程序中设置了一些 NOP 指令，在修改和增加其他指令时，可使程序地址的更改量减小。NOP 指令对程序的执行和运算结果没有影响。其指令格式为：NOP N，操作数 N 是一个 0 ~ 255 之间的常数。

122

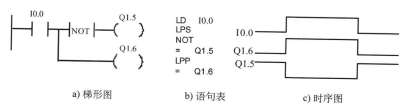

a) 梯形图   b) 语句表   c) 时序图

图 5-21 取反指令的使用举例

5.6.5 正/负跳变触点指令

正跳变（Positive Transition）触点指令在检测到每一次正跳变（触点的输入信号由 OFF 到 ON）时，让"能流"通过一个扫描周期的时间，产生一个宽度为一个扫描周期的脉冲。

负跳变（Negative Transition）触点指令在检测到每一次负跳变（触点的输入信号由 ON 到 OFF）时，让"能流"通过一个扫描周期的时间，产生一个宽度为一个扫描周期的脉冲。

正/负跳变触点指令在梯形图（LAD）和语句表（STL）中的表示和功能见表 5-7。

表 5-7 正/负跳变触点指令

指令名称	LAD	STL	功 能
正跳变触点指令	─┤P├─	EU	在上升沿产生一个宽度为一个扫描周期的脉冲
负跳变触点指令	─┤N├─	ED	在下降沿产生一个宽度为一个扫描周期的脉冲

在梯形图（LAD）中，正/负跳变指令用正/负跳变触点表示。在语句表（STL）中，正跳变触点指令由 EU（Edge Up）描述，一旦发现栈顶的值出现正跳变（由 0 到 1）时，该栈顶值被置"1"，并持续一个扫描周期的时间；负跳变触点指令由 ED（Edge Down）来描述，一旦发现栈顶的值出现负跳变（由 1 到 0）时，该栈顶值被置"1"，并持续一个扫描周期的时间。可以用正/负跳变触点检测上升沿/下降沿信号。

正/负跳变触点指令编程举例如图 5-22 所示。

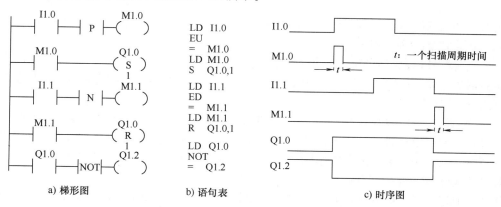

a) 梯形图   b) 语句表   c) 时序图

图 5-22 正/负跳变触点指令编程举例

5.6.6 定时器指令

S7-200 PLC 为用户提供了三种类型的定时器：接通延时定时器（TON）、有记忆接通延时定

123

时器（TONR）、断开延时定时器（TOF）。这三种定时器指令的表示形式见表 5-8，表中的"????"表示需要输入的地址或数值。

表 5-8　定时器指令的表示形式

类型	接通延时定时器	有记忆接通延时定时器	断开延时定时器
LAD	T??? —┤ IN　TON ├— ????—┤PT　　???ms ├	T??? —┤ IN　TONR ├— ????—┤PT　　???ms ├	T??? —┤ IN　TOF ├— ????—┤PT　　???ms ├
STL	TON T＊＊＊, PT	TONR T＊＊＊, PT	TOF T＊＊＊, PT

S7-200 PLC 定时器的分辨率（时基）有三种：1ms、10ms 和 100ms。定时器的分辨率由定时器号决定，见表 5-9。使用 STEP7-Micro/WIN V4.0 版本的编程软件会在定时器方框内右下角出现定时器的分辨率，V3.2 版本则不会出现分辨率。

表 5-9　定时器号和分辨率

定时器类型	分辨率/ms	计时最大值/s	定时器号
TONR	1	32.767	T0、T64
	10	327.67	T1 ~ T4, T65 ~ T68
	100	3276.7	T5 ~ T31, T69 ~ T95
TON、TOF	1	32.767	T32、T96
	10	327.67	T33 ~ T36, T97 ~ T100
	100	3276.7	T37 ~ T63, T101 ~ T255

S7-200 PLC 共有 256 个定时器，定时器号的范围为 T0 ~ T255。使用时必须指明定时器号，即表 5-8 中的 T???，如 T39、T64 等。一旦定时器号确定，其分辨率也就确定了。

使用定时器时，还必须给出设定值 PT（Preset Time），设定值为 16 位有符号整数（INT），其常数范围为 1 ~ 32767。操作数还可为：VW、IW、QW、MW、SW、SMW、LW、AIW、T、C、AC 等。

定时器的定时时间 T = 设定值（PT）× 分辨率。例如，TON 指令使用 T40（分辨率为 100ms），设定值 PT = 20，则实际定时时间为 20 × 100ms = 2000ms。

每个定时器号包含两个变量信息：定时器的当前值和定时器的位。

定时器的当前值：累计定时时间的当前值，它存放在定时器的当前值寄存器中，其数据类型为 16 位有符号整数（INT）。

定时器的位：当定时器的当前值等于或大于设定值时，定时器触点动作（置位或复位）。

可以通过使用定时器号（如 T3、T20）来存取这些变量。定时器的位或当前值的存取取决于使用的指令：位操作数指令存取定时器的位，字操作数指令存取定时器的当前值。

1. 接通延时定时器（TON）

接通延时定时器（On-Delay Timer，TON）模拟通电延时型物理时间继电器的功能，用于单一时间间隔的定时。上电初期或首次扫描时，定时器位为 OFF，当前值为 0。当输入端（IN）接通或"能流"通过时，定时器位为 OFF，当前值从 0 开始计数，当定时器的当前值等于或大于设定值时，该定时器位被置位为 ON，当前值仍继续计数，一直计到最大值 32767。输入端（IN）一旦断开，定时器立即复位，定时器位为 OFF，当前值为 0。

接通延时定时器（TON）指令的使用举例如图 5-23 所示。

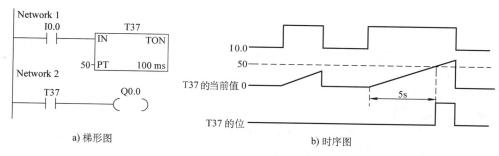

图 5-23　TON 指令的使用举例

图 5-23 中，当定时器 T37 的允许输入端 I0.0 为 ON 时，T37 开始计时，T37 的当前值从 0 开始增加。当 T37 的当前值达到设定值 50（设定时间为 $50 \times 100ms = 5s$）时，T37 的位为 ON，T37 的常开触点立即接通，使得 Q0.0 为 ON。此时，只要 I0.0 仍然为 ON，T37 的当前值就继续累加，直到最大值 32767，T37 的位仍保持为 ON。一旦 I0.0 断开为 OFF 时，T37 复位，定时器的位状态为 OFF，常开触点断开，同时当前值清零。在程序中也可以使用复位（R）指令使得定时器复位。

2. 有记忆接通延时定时器（TONR）

有记忆接通延时定时器（Retentive On-Delay Timer，TONR）用于多个时间间隔的累计定时。上电初期或首次扫描时，定时器的位为掉电前的状态，当前值保持在掉电前的值。当输入端（IN）接通或"能流"通过时，定时器的当前值从上次的保持值开始再往上累计时间，继续计时，当累计当前值等于或大于设定值时，该定时器的位被置位为 ON，当前值可继续计数，一直计数到最大值 32767。当输入端（IN）断开时，定时器的当前值保持不变，定时器的位不变。当输入端（IN）再次接通时，定时器的当前值从原保持值开始再往上累计时间，继续计时。可以用有记忆接通延时定时器（TONR）累计多次输入信号的接通时间。

有记忆接通延时定时器（TONR）可利用复位（R）指令清除定时器的当前值，复位后定时器的位状态为 OFF，当前值为 0。

有记忆接通延时定时器（TONR）指令的使用举例如图 5-24 所示。

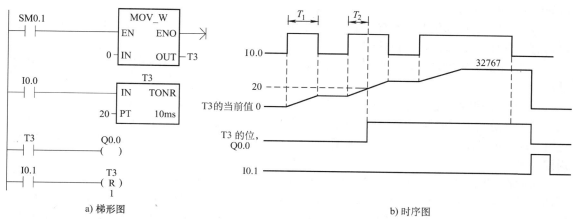

图 5-24　TONR 指令的使用举例

图 5-24 中，第 1 个网络实现有记忆接通延时定时器 T3 的上电清零。当 T3 的允许输入端 I0.0 为 ON 时，T3 从 0 开始增加，经过 T_1（$T_1 < 200ms$）时间后，I0.0 为 OFF 时，T3 的当前值

125

保持。当 I0.0 再次为 ON 时，T3 的当前值在保持值的基础上继续累加，直到当前值达到设定值 PT（本例为 $20 \times 10ms = 200ms$，即 $T_1 + T_2 = 200ms$）时，T3 的位状态为 ON，T3 的常开触点闭合，使得 Q0.0 为 ON。此时，T3 的当前值继续累加，即使 I0.0 再次为 OFF，T3 也不会复位。当 I0.0 又一次为 ON 时，T3 的当前值继续累加到最大值 32767。直到 I0.1 接通，T3 才立即复位，当前值为 0，定时器位为 OFF。

3. 断开延时定时器（TOF）

断开延时定时器（Off-Delay Timer，TOF）可以模拟断电延时型物理时间继电器的功能，用于允许输入端断开后的单一时间间隔的定时。

上电初期或首次扫描时，定时器位为 OFF，当前值为 0。当输入端（IN）接通（为 ON）时，定时器位立即为 ON，并把当前值设为 0。

当输入端由 ON 到 OFF 时，定时器开始计时，当前值从 0 开始增加，当累计当前值等于设定值时，定时器位为 OFF，并且停止计时。当输入端再次有 OFF 变为 ON 时，TOF 复位，定时器位为 ON，当前值为 0。TOF 指令必须用负跳变（由 ON 到 OFF）的输入信号启动计时。断开延时定时器（TOF）指令的使用举例如图 5-25 所示。

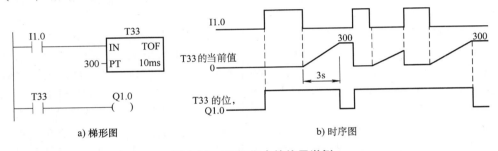

a) 梯形图　　　　　　　　　　　　b) 时序图

图 5-25　TOF 指令的使用举例

4. 应用定时器指令的注意事项

1）不能把一个定时器号同时用作断开延时定时器（TOF）和接通延时定时器（TON）（相当于同一定时器号既用作模拟断电延时型物理时间继电器的功能，又用作模拟通电延时型物理时间继电器的功能）。

2）在第一个扫描周期，所有的定时器位被清零。使用复位（R）指令对定时器复位后，定时器的位为 OFF，定时器的当前值为 0。

3）对于断开延时定时器（TOF），需在输入端有一个负跳变（由 ON 到 OFF）的输入信号启动计时。

4）不同分辨率的定时器，它们当前值的刷新周期是不同的，具体情况如下：

① 1ms 分辨率定时器。1ms 分辨率定时器启动后，定时器对 1ms 的时间间隔（即时基信号）进行计时。定时器的当前值每隔 1ms 刷新一次，在一个扫描周期中可能要刷新多次，而不和扫描周期同步。

1ms 定时器的使用举例如图 5-26 所示。在图 5-26a 中，定时器 T32 每隔 1ms 刷新一次。当定时器的当前值 200 在图示 A 处刷新时，Q1.0 可以接通一个扫描周期，若在其他位置刷新，Q1.0 则永远不会接通。而在 A 点刷新的概率是很小的。若改为图 5-26b，就可保证当定时器的当前值达到设定值时，Q1.0 会接通一个扫描周期。

② 10ms 分辨率定时器。10ms 分辨率定时器启动后，定时器对 10ms 的时间间隔进行计时。程序执行时，在每个扫描周期的开始对定时器的位和当前值刷新，定时器的位和当前值在整个扫描周期内保持不变。图 5-26a 的模式同样不适合 10ms 分辨率定时器，而图 5-26b 的模式一样

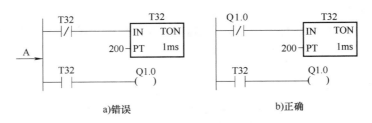

a)错误　　　　　　　　　　　　b)正确

图 5-26　1ms 定时器的使用举例

可用于 10ms 分辨率定时器在定时时间到时产生宽度为一个扫描周期的脉冲信号。

③ 100ms 分辨率定时器。100ms 分辨率定时器启动后，定时器对 100ms 的时间间隔进行计时。只有在执行定时器指令时，定时器的位和当前值才被刷新。为使定时器正确的定时，100ms 定时器只能用于每个扫描周期内同一定时器指令必须执行一次且仅执行一次的场合。

在子程序和中断程序中不宜用 100ms 定时器。子程序和中断程序不是每个扫描周期都执行，那么在子程序和中断程序中的 100ms 定时器的当前值就不能及时刷新，造成时基脉冲丢失，致使计时失准。在主程序中，不能重复使用同一编号的 100ms 定时器，否则该定时器指令在一个扫描周期中多次被执行，定时器的当前值在一个扫描周期中被多次刷新。这样，该定时器就会多计了时基脉冲，同样造成计时失准。

图 5-27 所示的梯形图同样可产生宽度为一个扫描周期的脉冲信号。该 100ms 定时器是一种自复位式的定时器，定时器 T39 的常开触点每隔 $30 \times 100ms = 3s$ 就闭合一次，且持续一个扫描周期，可以利用这种特性产生脉宽为一个扫描周期的脉冲信号。改变定时器的设定值，就可改变脉冲信号的频率。T39 和 Q0.0 常开触点状态的时序图如图 5-28 所示。

实际应用中，只有正确使用不同分辨率的定时器，才能达到预期的定时效果。

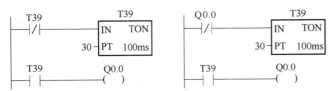

图 5-27　100ms 定时器的使用举例

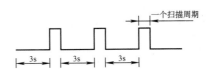

图 5-28　T39 和 Q0.0 常开触点状态的时序图

5.6.7　计数器指令

定时器是对 PLC 内部的时钟脉冲进行计数，而计数器是对外部的或由程序产生的计数脉冲进行计数。S7-200 PLC 为用户提供了三种类型的计数器：增计数器（CTU）、减计数器（CTD）、增/减计数器（CTUD）。这三种计数器指令的表示形式见表 5-10。

表 5-10　计数器指令的表示形式

类型	增计数器	减计数器	增/减计数器
LAD	C??? CU　CTU R ????　PV	C??? CD　CTD LD ????　PV	C??? CU　CTUD CD R ????　PV
STL	CTU C＊＊＊, PV	CTD C＊＊＊, PV	CTUD C＊＊＊, PV

127

S7-200 PLC 共有 256 个计数器，计数器号的范围为 C0 ~ C255。使用时必须指明计数器号，如 C20、C53 等。同时必须给出设定值 PV，设定值的数据类型为 16 位有符号整数（INT），其常数范围为 1 ~ 32767。操作数还可为 VW、IW、QW、MW、SW、SMW、LW、AIW、T、C、AC 等。

每个计数器号包含两个变量信息：计数器的当前值和计数器的位。

计数器的当前值：累计计数脉冲的个数，其值存储在计数器的当前值寄存器（16 位）中。

计数器的位：当计数器的当前值等于或大于设定值时，计数器的位被置为"1"。

1. 增计数器（CTU）

增计数器（Count Up，CTU）首次扫描时，计数器的位为 OFF，当前值为 0。当计数输入端（CU）有一个计数脉冲的上升沿（由 OFF 到 ON）信号时，增计数器被启动，计数器的当前值从 0 开始加 1，计数器作递增计数，累计其计数输入端的计数脉冲由 OFF 到 ON 的次数，直至最大值 32767 时停止计数。当计数器的当前值等于或大于设定值（PV）时，该计数器的位被置位（ON）。当复位输入端（R）有效或对计数器执行复位指令时，计数器被复位，计数器位为 OFF，当前值被清零。

增计数器指令的使用举例如图 5-29 所示。

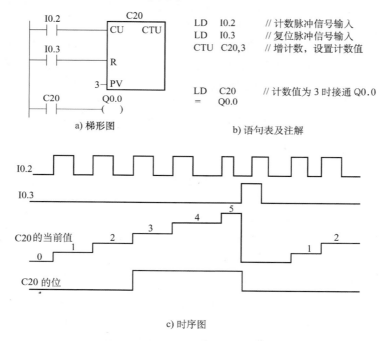

图 5-29　增计数器指令的使用举例

2. 减计数器（CTD）

减计数器（Count Down，CTD）首次扫描时，计数器的位为 OFF，当前值为设定值 PV。当计数输入端（CD）有一个计数脉冲的上升沿（由 OFF 到 ON）信号时，计数器从设定值开始作递减计数，直至计数器的当前值等于 0 时停止计数，同时计数器位被置位。减计数器指令在复位输入端（LD）接通时，使计数器复位并把设定值装入当前值寄存器中。

减计数器指令的使用举例如图 5-30 所示。注意：减计数器的复位端为 LD，而不是 R。

3. 增/减计数器（CTUD）

增/减计数器（CTUD）有两个计数脉冲输入端和一个复位输入端（R）。两个计数脉冲输入

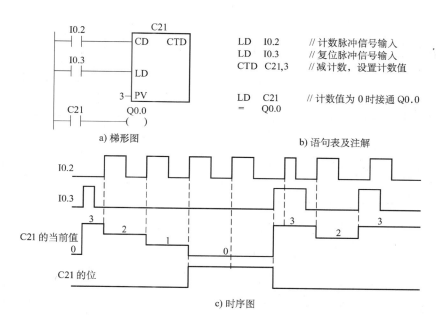

a) 梯形图

b) 语句表及注解

c) 时序图

图 5-30　减计数器指令的使用举例

端为: 增计数脉冲输入端 (CU) 和减计数脉冲输入端 (CD)。

首次扫描时, 计数器的位为 OFF, 当前值为 0。当 CU 端有一个计数脉冲的上升沿 (由 OFF 到 ON) 信号时, 计数器的当前值加 1; 当 CD 端有一个计数脉冲的上升沿 (由 OFF 到 ON) 信号时, 计数器的当前值减 1。当计数器的当前值等于或大于设定值 (PV) 时, 该计数器的位被置位。当复位输入端 (R) 有效或用复位 (R) 指令对计数器执行复位操作时, 计数器被复位, 即计数器位为 OFF, 且当前值清零。

计数器在达到计数最大值 (32767, 十六进制数 16#7FFF) 后, 下一个 CU 端输入上升沿将使计数值变为最小值 (-32768, 十六进制数 16#8000); 同样在达到计数最小值 (-32768) 后, 下一个 CD 端输入上升沿将使计数值变为最大值 (32767)。

在语句表中, 栈顶值是复位输入 R, 减计数输入 CD 在堆栈的第 2 层, 加计数输入 CU 在堆栈的第 3 层。编程时 CU、CD、R 的顺序不能错误。

增/减计数器指令的使用举例如图 5-31 所示。

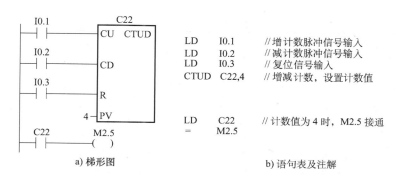

a) 梯形图

b) 语句表及注解

图 5-31　增/减计数器的使用举例

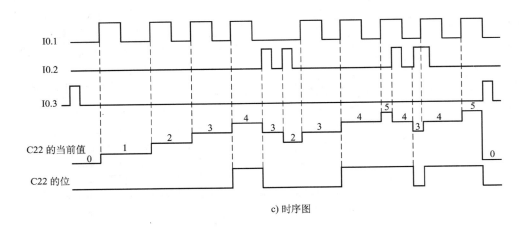

c) 时序图

图 5-31 增/减计数器的使用举例（续）

CTU、CTD、CTUD 计数器使用时均应注意：每个计数器只有一个 16 位的当前值寄存器地址。在一个程序中，同一计数器号不能重复使用，更不可分配给几个不同类型的计数器。

5.6.8 比较指令

比较指令用来比较两个操作数（IN1、IN2）的大小。在梯形图（LAD）中，如果"能流"存在，则执行比较指令，该指令将两个操作数（IN1、IN2）按指定的比较条件作比较，比较条件成立则比较触点闭合。所以比较指令实际上也是一种位指令。比较指令为上、下限控制及数值条件判断提供了方便。

在语句表（STL）中，比较触点使用 LD 指令时，比较条件成立则将栈顶置 1；使用 A/O 指令时，比较条件成立则在栈顶执行 AND/OR 操作，并将结果放入栈顶。

数值比较指令的运算符有六种：=（等于）、>=（大于等于）、<=（小于等于）、>（大于）、<（小于）和 <>（不等于）。字符串比较指令只有 = 和 <> 两种。

比较指令的两个操作数（IN1、IN2）的数据类型可以是字节型（BYTE）、有符号整数型（INT）、有符号双字整数型（DINT）、实数型（REAL）和字符串型。按操作数的数据类型，比较指令的类型可分为字节比较、整数比较、双字整数比较、实数比较和字符串比较指令。各类比较指令见表 5-11。

表 5-11 比较指令

形式	字节比较	整数比较	双字整数比较	实数比较	字符串比较
LAD	IN1 ⊣==B⊢ IN2	IN1 ⊣==I⊢ IN2	IN1 ⊣==D⊢ IN2	IN1 ⊣==R⊢ IN2	IN1 ⊣==S⊢ IN2
STL	LDB = = IN1, IN2 AB = = IN1, IN2 OB = = IN1, IN2 LDB < > IN1, IN2 AB < > IN1, IN2 OB < > IN1, IN2	LDW = = IN1, IN2 AW = = IN1, IN2 OW = = IN1, IN2 LDW < > IN1, IN2 AW < > IN1, IN2 OW < > IN1, IN2	LDD = = IN1, IN2 AD = = IN1, IN2 OD = = IN1, IN2 LDD < > IN1, IN2 AD < > IN1, IN2 OD < > IN1, IN2	LDR = = IN1, IN2 AR = = IN1, IN2 OR = = IN1, IN2 LDR < > IN1, IN2 AR < > IN1, IN2 OR < > IN1, IN2	LDS = IN1, IN2 AS = IN1, IN2 OS = IN1, IN2 LDS < > IN1, IN2 AS < > IN1, IN2 OS < > IN1, IN2

（续）

形式	字节比较	整数比较	双字整数比较	实数比较	字符串比较
STL	LDB < 　 IN1，IN2 AB < 　 IN1，IN2 OB < 　 IN1，IN2 LDB < = 　 IN1，IN2 AB < = 　 IN1，IN2 OB < = 　 IN1，IN2 LDB > 　 IN1，IN2 AB > 　 IN1，IN2 OB > 　 IN1，IN2 LDB > = 　 IN1，IN2 AB > = 　 IN1，IN2 OB > = 　 IN1，IN2	LDW < 　 IN1，IN2 AW < 　 IN1，IN2 OW < 　 IN1，IN2 LDW < = 　 IN1，IN2 AW < = 　 IN1，IN2 OW < = 　 IN1，IN2 LDW > 　 IN1，IN2 AW > 　 IN1，IN2 OW > 　 IN1，IN2 LDW > = 　 IN1，IN2 AW > = 　 IN1，IN2 OW > = 　 IN1，IN2	LDD < 　 IN1，IN2 AD < 　 IN1，IN2 OD < 　 IN1，IN2 LDD < = 　 IN1，IN2 AD < = 　 IN1，IN2 OD < = 　 IN1，IN2 LDD > 　 IN1，IN2 AD > 　 IN1，IN2 OD > 　 IN1，IN2 LDD > = 　 IN1，IN2 AD > = 　 IN1，IN2 OD > = 　 IN1，IN2	LDR < 　 IN1，IN2 AR < 　 IN1，IN2 OR < 　 IN1，IN2 LDR < = 　 IN1，IN2 AR < = 　 IN1，IN2 OR < = 　 IN1，IN2 LDR > 　 IN1，IN2 AR > 　 IN1，IN2 OR > 　 IN1，IN2 LDR > = 　 IN1，IN2 AR > = 　 IN1，IN2 OR > = 　 IN1，IN2	
IN1 和 IN2 的寻址范围	IB、 QB、 MB、 SMB、 VB、 SB、 LB、AC、* VD、* AC、 * LD、常数	IW、 QW、 MW、 SMW、 VW、 SW、 LW、AC、* VD、* AC、 * LD、常数	ID、 QD、 MD、 SMW、 VW、 SW、 LW、AC、* VD、* AC、 * LD、常数	ID、 QD、 MD、 SMW、 VW、 SW、 LW、AC、* VD、* AC、 * LD、常数	VB、 LB、 * VD、* AC、* LD

注：梯形图中，只示出了"＝＝"的比较条件。

字节比较指令用于两个无符号的整数字节 IN1 和 IN2 的比较。

整数比较指令用于两个有符号的整数 IN1 和 IN2 的比较，整数的范围为 16#8000 ~ 16#7FFF。

双字整数比较指令用于两个有符号的双字整数 IN1 和 IN2 的比较，双字整数的范围为 16#8000 0000 ~ 16#7FFF FFFF。

实数比较指令用于两个有符号的双字长实数 IN1 和 IN2 的比较，正实数的范围为 +1.175495E−38 ~ +3.402823E+38，负实数的范围为 −1.175495E−38 ~ −3.402823E+38。

字符串比较指令用于比较两个字符串的 ASCII 字符是否相等。字符串的长度不能超过 254 个字符。

比较指令的使用举例如图 5-32 所示。

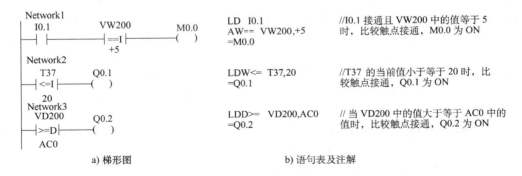

a) 梯形图　　　　　　　　　　　　　　b) 语句表及注解

图 5-32　比较指令的使用举例

5.6.9　移位寄存器指令

移位寄存器（SHRB）指令可用来进行顺序控制、物流及数据流控制。在梯形图中，该指令以功能框形式编程，如图 5-33 所示。

当移位寄存器指令的允许输入端（EN）有效时，该指令把数据输入端（DATA）的数值（位值）移入移位寄存器，并进行移位。S_BIT 指定移位寄存器最低位的地址，变量 N 指定移位寄存器的长度和移位方向。当 N 为正数时，表示正向移位；当 N 为负数时，表示反向移位。SHRB 指令移出的位放在溢出位（SM1.1）。SHRB 指令的使用举例如图 5-33 所示。

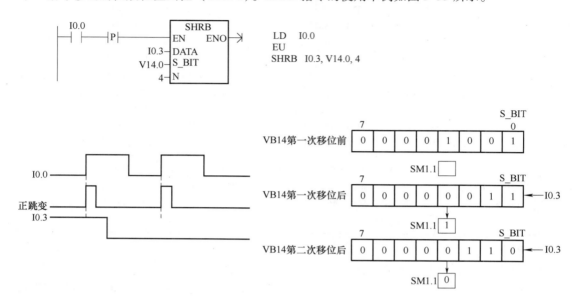

图 5-33 移位寄存器指令的使用举例

当允许输入端（EN）有效时，SHRB 指令使移位寄存器各位在每个扫描周期都移动一位，且在 EN 端的每个上升沿（由 OFF 到 ON）时刻对数据输入端（DATA）采样一次，把 DATA 端的数值移入移位寄存器。正向移位时，输入数据从移位寄存器的最低有效位移入，从最高有效位移出；反向移位时，输入数据从移位寄存器的最高有效位移入，从最低有效位移出。移出的数据送入溢出存储器位（SM1.1）。N 为字节型数据类型，最大长度为 64 位。操作数 DATA 均为布尔型数据类型。

由移位寄存器的最低有效位（S_BIT）和移位寄存器的长度（N）可计算出移位寄存器最高有效位（MSB.b）的地址。计算公式为

$$MSB.b = [S\_BIT\ 的字节号 + (|N| - 1 + S\_BIT\ 的位号) \div 8].[被\ 8\ 除所得余数]$$

例如，如果 S_BIT 为 V22.5，N 为 8，那么 MSB.b 为 V23.4。具体计算过程如下：

$$MSB.b = V22 + (8 - 1 + 5) \div 8 = V22 + 12 \div 8 = V22 + 1.(余数为\ 4) = V23.4$$

5.6.10 顺序控制继电器指令

工业控制中常有顺序控制的要求。所谓顺序控制，是指使生产过程按工艺要求事先安排的顺序自动地进行控制。

顺序功能图（Sequential Function Chart，SFC）编程语言是 IEC 61131 标准规定的用于顺序控制的标准化语言，它是一种基于工艺流程的高级语言。顺序功能图主要由步、有向连线、转换、转换条件、动作（或命令）组成。

顺序控制继电器（SCR）指令是基于顺序功能图的编程方式。它依据被控对象的 SFC 进行

编程，将控制程序进行逻辑分段，从而实现顺序控制。用 SCR 指令编制的顺序控制程序清晰、明了、规范、可读性强，尤其适合初学者和不熟悉继电器控制系统的人员运用。

SCR 指令包括 LSCR（程序段的开始）、SCRT（程序段的转换）和 SCRE（程序段的结束）指令，从 LSCR 开始到 SCRE 结束的所有指令组成一个 SCR 程序段。一个 SCR 程序段对应顺序功能图中的一个顺序步，简称步。

1. 装载顺序控制继电器指令

装载顺序控制继电器（Load Sequential Control Relay，LSCR）指令用来表示一个顺序控制继电器（SCR）程序段（或一个步）的开始。其操作数是顺序控制继电器的 S 位，表示形式和范围为 S0.0 ~ S31.7。每个 S 位都表示顺序功能图中的一种状态。可用 LSCR 指令把 S 位（如 S0.1）的值装载到 SCR 堆栈和逻辑堆栈的栈顶。SCR 堆栈的值决定该 SCR 段是否执行。当 SCR 程序段的 S 位置位（如 S0.1 为 1）时，允许该 SCR 程序段工作。

在梯形图中，LSCR 指令用功能框形式编程，直接连接到左母线上。

2. 顺序控制继电器转换指令

顺序控制继电器转换（Sequential Control Relay Transition，SCRT）指令执行 SCR 程序段的转换。当"能流"通过 SCRT 指令时，一方面使当前激活的 SCR 程序段的 S 位复位，使该 SCR 程序段停止工作；另一方面使下一个将要执行的 SCR 程序段 S 位置位，以便下一个 SCR 程序段工作。在梯形图中，SCRT 指令以线圈形式编程。

3. 顺序控制继电器结束指令

顺序控制继电器结束（Sequential Control Relay End，SCRE）指令表示一个 SCR 程序段的结束。它使程序退出一个激活的 SCR 程序段，SCR 程序段必须由 SCRE 指令结束。在梯形图中，SCRE 指令以线圈形式编程，直接连接到左母线上。

使用 SCR 指令时应注意以下几点：

1）每一个 SCR 程序段中均包含三个要素。

输出对象：在这一步序中应完成的动作。

转换条件：满足转换条件后，实现 SCR 程序段的转换。

转换目标：转换到下一个步序。

2）SCR 指令的操作数只能是 S 位（如 S0.2、S1.5 等），但 S 位也具有一般继电器的功能，不仅可用在 SCR 指令中，还可用于 LD、LDN、A、AN、O、ON、=、S、R 等指令中，作为操作数。

3）SCRE 与下一个 LSCR 之间的指令逻辑不影响下一个 SCR 程序段的执行。

4）同一地址的 S 位不可用于不同的程序分区。例如，不可把 S0.5 同时用于主程序和子程序中。

5）在一个 SCR 程序段内，一般不允许使用 FOR、NEXT、END 指令。

6）使用 SCR 指令时，状态位 S 的地址编号一般按顺序编排，但也可不按顺序编排。

4. SCR 指令的编程举例

根据舞台灯光效果的要求，控制红、绿、黄三色灯。

控制要求：红灯先亮，2s 后绿灯亮，再过 3s 后黄灯亮，待红、绿、黄灯全亮 3min 后，全部熄灭，试用 SCR 指令设计其控制程序。

分析：根据控制要求，需要 1 个起动按钮作输入信号和 3 个输出信号控制三色灯。

I/O 地址编号分配见表 5-12。I/O 接线图如图 5-34 所示。用 SCR 指令编写的梯形图程序如图 5-35 所示，该程序共由 15 个网络组成。

表 5-12　I/O 地址编号表

种类	名称	地址
输入信号	起动按钮 SB1	I 0.1
输出信号	红灯	Q 0.0
	绿灯	Q 0.1
	黄灯	Q 0.2

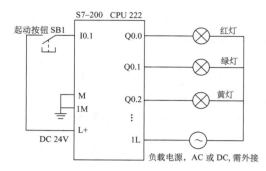

图 5-34　I/O 接线图

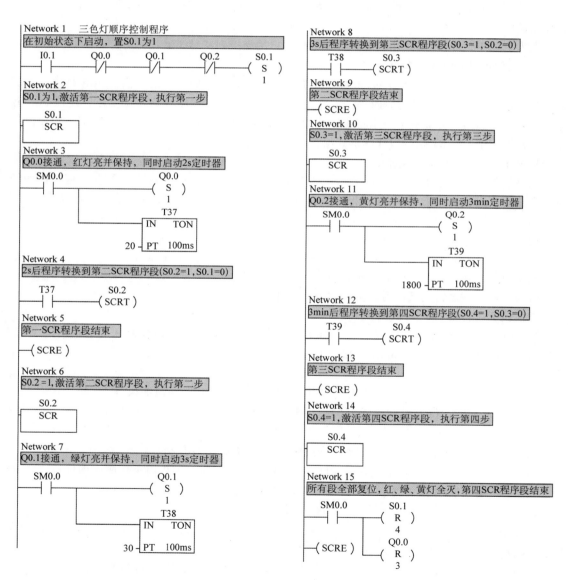

图 5-35　用 SCR 指令编程

5.7　典型控制环节的 PLC 程序设计

应用 PLC 的基本逻辑指令，就可以实现一些简单的逻辑控制。复杂的应用程序可由一些典型的基本环节有机组合而成。本节通过一些实用的典型控制程序的介绍，让大家更好地掌握基本指令的使用，提高程序设计水平，同时也可在工程设计中借鉴和使用这些典型的控制程序。

5.7.1　单向运转电动机起动、停止控制程序

电动机的起动和停止控制是最基本的、最简单的控制，通常采用起动按钮、停止按钮及接触器等电器进行控制。选用 S7-200 CPU222 进行控制时，控制主电路、梯形图程序和时序图如图 5-36 所示。提供给 PLC 输入信号的有起动按钮（I0.0）和停止按钮（I0.1）两个设备，PLC 输出信号（Q0.0）控制接触器 KM。

a) 主电路　b) 输入/输出接线图　c) 停止优先起动、停止控制程序　d) 起动优先起动、停止控制程序　e) 用置、复位指令实现起停控制程序　f)I/O 时序图

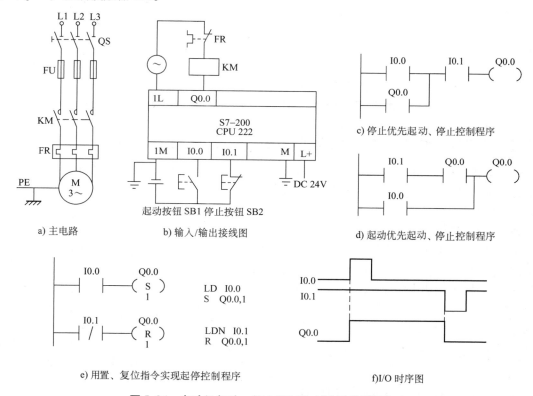

图 5-36　电动机起动、停止控制主电路及梯形图程序

图 5-36c 中采用 Q0.0 的常开触点组成自锁回路，实现起、停控制。为确保安全，通常电动机的起、停控制总是选用图 5-36c 所示的停止优先控制程序。对于该程序，若同时按下起动和停止按钮，则停止优先。

对于有些控制场合（如消防水泵的起动），需要选用图 5-36d 所示的起动优先的控制程序。对于该程序，若同时按下起动和停止按钮，则起动优先。

图 5-36e 中采用了置位、复位指令来实现起、停控制。若同时按下起动和停止按钮，则复位优先。必须指出：该例程中，没有将热继电器 FR 的常闭触点作为输入设备，而是将其串接在 PLC 输出控制设备——接触器 KM 的回路中，这样不仅可以起到过载保护作用，还可以节省输入

点。当然，也可以将 FR 的常闭触点作为 PLC 的输入设备，这时要多占用一个输入点，且控制程序要进行相应修改。

5.7.2 单按钮起动、停止控制程序

上例中，一台电动机的起动、停止控制是通过起动、停止两只按钮分别控制的，如控制多台具有起、停操作的设备时，就要占用很多输入端子（点），为了节省输入点，可采用单按钮，通过软件编程来实现起动、停止控制。实现单按钮起、停控制的方法很多，图 5-37 为其中一种。图中 I0.0 作为起动、停止按钮的地址，第一次按下时 Q0.0 有输出，第二次按下时 Q0.0 无输出，第三次按下时 Q0.0 又有输出，如此反复。

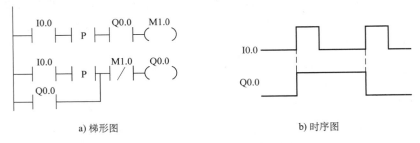

a) 梯形图　　　　　　　　　　b) 时序图

图 5-37　单按钮起动、停止控制程序及时序图

5.7.3 具有点动调整功能的电动机起动、停止控制程序

有些设备的运动部件的位置常常需要进行调整，这就要用到具有点动调整的功能。这样，除了上述起动按钮、停止按钮外，还需要增添点动按钮 SB3。I/O 地址分配表见表 5-13，PLC 的 I/O 接线图如图 5-38 所示。

在继电器控制系统中，点动的控制可采用复合按钮实现，即利用常开、常闭触点的先断后合的特点实现。而 PLC 梯形图中的"软继电器"的常开触点和常闭触点的状态转换是同时发生的，这时，可采用图 5-39 所示的位存储器 M2.0 及其常闭触点来模拟先断后合型电器的特性。该程序中运用了 PLC 的周期循环扫描工作方式而造成的输入、输出延迟响应来达到先断后合的效果。注意：若将 M2.0 内部线圈与 Q0.1 输出线圈两个线圈的位置对调一下，则不能产生先断后合的效果。

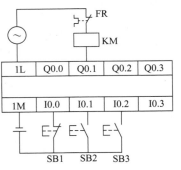

图 5-38　I/O 接线图

5.7.4 电动机的正、反转控制程序

电动机的正、反转控制是常用的控制形式，输入设备设有停止按钮 SB1、正向起动按钮 SB2、反向起动按钮 SB3，输出设备设有正、反转接触器 KM1、KM2。I/O 地址分配表见表 5-14，I/O 接线图如图 5-40 所示。

电动机可逆运行方向的切换是通过两只接触器 KM1、KM2 的切换来实现的，切换时要改变电源的相序。在设计程序时，必须防止由于电源换相所引起的短路事故。例如，由正向运转切换到反向运转时，当正转接触器 KM1 断开时，由于其主触点内瞬时产生的电弧，使这个触点仍处于接通状态，如果这时使反转接触器 KM2 闭合，就会使电源短路。因此，必须在完全没有电弧的情况下才能使反转的接触器闭合。

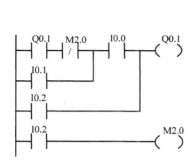

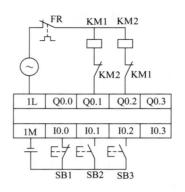

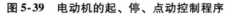

图 5-39 电动机的起、停、点动控制程序   图 5-40 I/O 接线图

由于 PLC 内部处理过程中，同一元件的常开、常闭触点的切换没有时间的延迟，因此必须采用防止电源短路的方法。图 5-41 所示的梯形图中，采用定时器 T33、T34 分别作为正转、反转切换的延迟时间，从而防止切换时发生电源短路故障。另外，为防止电源短路，在 I/O 接线图中还采用了硬件互锁方式。

表 5-13 I/O 地址分配表

输　入　信　号		输　出　信　号	
停止按钮 SB1	I0.0	正转接触器 KM	Q0.1
起动按钮 SB2	I0.1		
点动按钮 SB3	I0.2		

表 5-14 I/O 地址分配表

输　入　信　号		输　出　信　号	
停止按钮 SB1	I0.0	正转接触器 KM1	Q0.1
正向起动按钮 SB2	I0.1	反转接触器 KM2	Q0.2
反向起动按钮 SB3	I0.2		

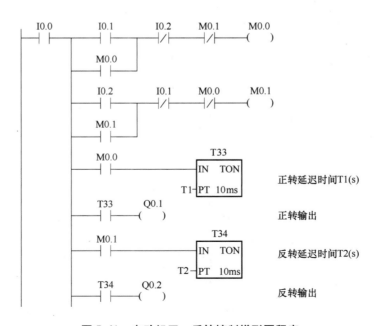

图 5-41 电动机正、反转控制梯形图程序

137

5.7.5 大功率电动机的星-三角减压起动控制程序

大功率电动机的星-三角减压起动控制的主电路，如图 2-17 所示。图中，电动机由接触器 KM1、KM2、KM3 控制，其中 KM3 将电动机绕组连接成星形联结，KM2 将电动机绕组连接成三角形联结。KM2 与 KM3 不能同时吸合，否则将产生电源短路。在程序设计过程中，应充分考虑由星形向三角形切换的时间，即当电动机绕组从星形切换到三角形时，由 KM3 完全断开（包括灭弧时间）到 KM2 接通这段时间应锁定住，以防电源短路。

PLC 的输入信号由停止按钮 SB1、起动按钮 SB2 提供，输出信号提供给接触器 KM1、KM2、KM3。I/O 地址分配表见表 5-15，I/O 接线图如图 5-42 所示。

图 5-43 为电动机星-三角减压起动控制梯形图程序。图中用定时器 T38 使 KM3 断电 T2 后再让 KM2 通电，保证 KM3、KM2 不同时接通，避免电源相间短路。定时器 T37、T38、T39 的延时时间 T1、T2、T3 可根据电动机起动电流的大小、所用接触器的型号，通过实验调整，选定合适的数值（均可取 1s）。T1、T2、T3 的值过长或过短均对电动机起动不利。

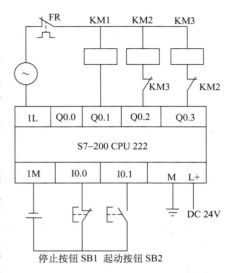

图 5-42 电动机星-三角减压起动控制的 I/O 接线图

表 5-15 I/O 地址分配表

输　入　信　号		输　出　信　号	
停止按钮 SB1	I0.0	接触器 KM1	Q0.1
起动按钮 SB2	I0.1	接触器 KM2	Q0.2
		接触器 KM3	Q0.3

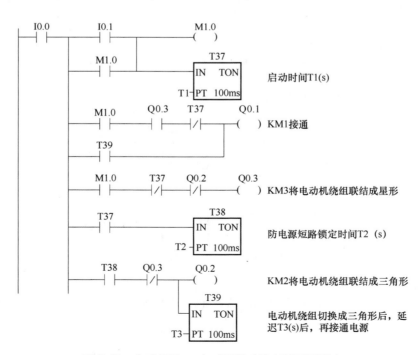

图 5-43 电动机星-三角减压起动控制梯形图程序

5.7.6　闪烁控制程序

闪烁电路常用在景观照明、娱乐、报警等场所。闪烁电路实际上就是一个时钟电路，它可以等间隔的通断，也可以不等间隔的通断。图 5-44 为闪烁控制梯形图及信号时序图。当输入信号 I0.1 有效（I0.1 = 1）时，定时器 T37 开始计时，1s 后使输出信号 Q0.1 激励，同时定时器 T38 开始计时；2s 后，定时器 T37 复位，Q0.1 失励，定时器 T38 也复位。一个扫描周期后，定时器 T37 又开始计时，重复上述过程，使输出线圈 Q0.1 每隔 1s，持续接通 2s 的时间。调整 T37、T38 的设定值，就可以改变闪烁频率了。

这里输入信号 I0.1 可由带锁键的按钮驱动，使其在工作期间，始终保持接通状态，直至工作结束时，再次按此按钮使其断开。

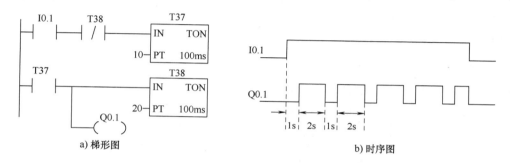

图 5-44　闪烁控制梯形图及信号时序图

5.7.7　瞬时接通/延时断开程序

在有些场合，要求输入信号有效时，立即有输出；而输入信号断开时，输出信号延时一段时间才断开。该要求可以用断开延时定时器 TOF 来实现（见图 5-25），也可以用接通延时定时器 TON 来实现，程序及信号时序图如图 5-45 所示。

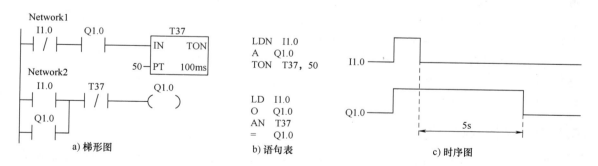

图 5-45　瞬时接通/延时断开梯形图程序及信号时序图

图 5-45 中，当 I1.0 有效时，Q1.0 立即接通，而当 I1.0 为 OFF 时，T37 开始计时，5s 后，断开 Q1.0，同时 T37 复位。Network1 中利用了 I1.0 的常闭触点来启动定时器 T37。该例程可以用于楼梯照明灯的程序控制，对于多层公寓楼梯灯的程序控制也可参照该例编程。当然，楼梯照明灯的程序控制还可以采用置位、复位指令编程。

5.7.8 定时器、计数器的扩展

S7-200 PLC 单一定时器的最大计时时间为 3276.7s，当需要设置的定时值超过该值时，可通过扩展的方法来扩大定时器的计时范围。

1. 定时器串联扩展计时范围

两个或多个定时器的串联组合可扩大定时器的计时范围，程序如图 5-46 所示。图中，从输入信号 I2.0 接通后到输出线圈 Q2.0 有输出，共延时 $T = (30000 + 30000) \times 0.1s = 6000s$。若还要增大计时范围，可增加串联的定时器数目。

2. 定时器、计数器串联扩展计时范围

扩大计时范围也可采用定时器和计数器串联的方法，程序如图 5-47 所示。从电源接通到输出线圈 Q2.0 有输出，共延时 $T = 3000.0s \times 20000 = 6 \times 10^7 s$。若还要增大计时范围，可增加串联的计数器数目。

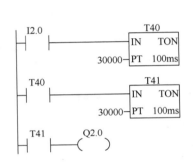

图 5-46 定时器串联使用

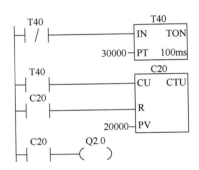

图 5-47 定时器、计数器串联使用

3. 计数器串联扩展计数范围

S7-200 CPU226 模块的最大计数值为 32767，若需要更大的计数范围可将多个计数器串联使用。图 5-48 中，若增计数器 C51 的输入信号 I0.3 是一个光电脉冲（如用来计工件数），从第一个工件产生的光电脉冲到输出线圈 Q1.0 有输出，共计数 $N = 30000 \times 30000 = 9 \times 10^8$ 个工件，即当 I0.3 的上升沿脉冲数到 9×10^8 时，Q1.0 才有输出。

使用时应注意计数器复位输入端的逻辑信号，图 5-48 中，C51 计数到 30000 时，在计数器 C52 计数 1 次之后的下一个扫描周期，C51 的常开触点使得自己复位。I0.4 为外置公共复位信号，一旦由 OFF 变为 ON，C52 立即复位。

5.7.9 高精度时钟程序

图 5-49 所示为高精度时钟程序。秒脉冲特殊存储器 SM0.5 作为秒发生器，用作增计数器 C51 的计数脉冲信号，当计数器 C51 的计数累计值达到设定值 60 次时（即为 1min 时），计数器置位 "1"，即 C51 的常开触点闭合，该信号将作为计数器 C52 的计数脉冲信号；计数器 C51 的另一个常开触点使计数器 C51 复位（称为自复位式）后，计数器 C51 从 0 开始重新计数。类似地，计数器 C52 计数到 60 次时（即为 1h 时），其两个常开触点闭合，一个作为计数器 C53 的计数脉冲信号，另一个使计数器 C52 自复位，又重新开始计数；计数器 C53 计数到 24 次时（即为 1 天时），其常开触点闭合，使计数器 C53 自复位，又重新开始计数，从而实现时钟功能。输入信号 I0.4、I0.2 用于建立期望的时钟设置，即调整分针、时针。

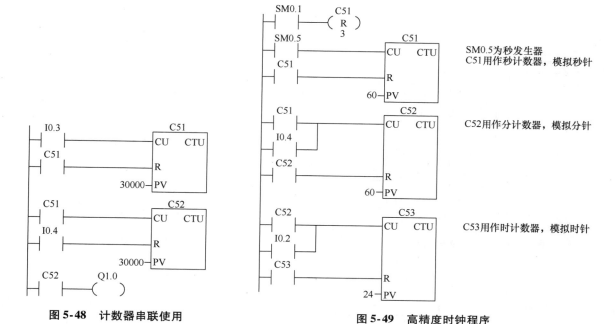

图 5-48　计数器串联使用

图 5-49　高精度时钟程序

5.7.10　多台电动机顺序起动、停止控制程序

在一些生产机械中，常要求多台电动机的起动和停止按一定顺序进行。例如，要求三台电动机 M1、M2、M3 在按下自动起动按钮后顺序起动，起动的顺序为 M1→M2→M3，顺序起动的时间间隔为 1min，起动完毕，三台电动机正常运行；按下停止按钮后逆序停止，停止的顺序为 M3→M2→M1，停止的时间间隔为 30s。

对于该控制要求，可选用 S7-200 CPU222 进行控制，主电路如图 5-50 所示。输入/输出信号的地址分配见表 5-16。PLC 的输出信号控制三只接触器的线圈 KM1、KM2、KM3，三只接触器的主触点用在各自主电路中。PLC 的 I/O 外部接线图如图 5-51 所示。对于该控制要求可用多种方法编程。

表 5-16　I/O 地址分配表

种　类	名　称	地　址	种　类	名　称	地　址
输入信号	自动起动按钮 SB1	I0.1	输出信号	接触器 KM1	Q0.1
	停止按钮 SB2	I0.2		接触器 KM2	Q0.2
				接触器 KM3	Q0.3

1. 采用定时器指令实现

采用定时器指令实现控制要求的梯形图程序如图 5-52 所示。图中使用 T37、T38 两个定时器来控制三台电动机的顺序起动，使用 T39、T40 两个定时器来控制三台电动机的逆序停止。

2. 采用比较指令实现

采用比较指令实现控制要求的梯形图程序如图 5-53 所示。图中使用了断开延时定时器 T38。注意：T38 计时值到设定值时，当前值停在设定值处，而不像接通延时定时器会继续向上计时。

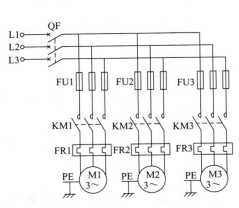

图 5-50　三台电动机的主电路

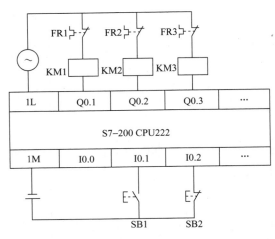

图 5-51　PLC 的 I/O 接线图

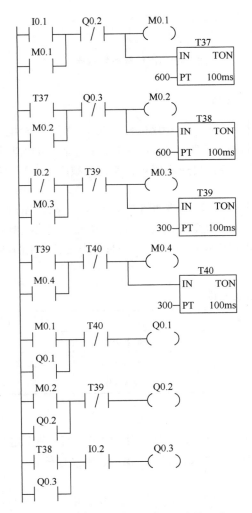

图 5-52　采用定时器指令编写的程序

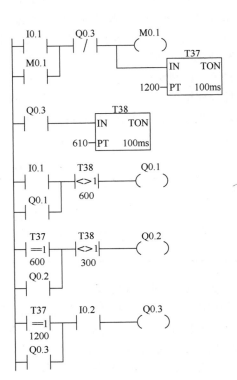

图 5-53　采用比较指令编写的程序

3. 采用移位寄存器指令实现

图 5-54 为采用移位寄存器（SHRB）指令实现控制要求的梯形图程序。该程序使用了 JMP 指令和 LBL 指令，可以缩短程序扫描周期。这里主要是为了示例说明这两个指令的使用方法，

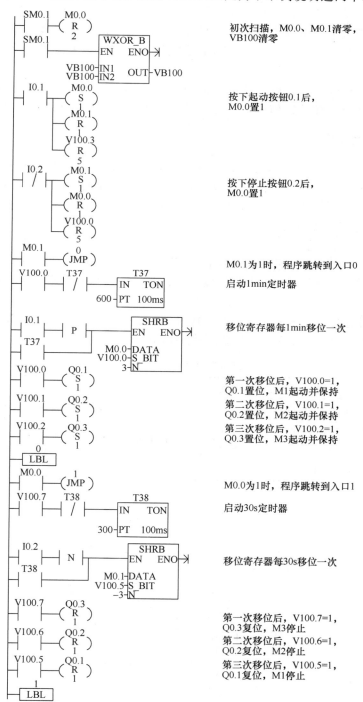

初次扫描，M0.0、M0.1清零，
VB100清零

按下起动按钮0.1后，
M0.0置1

按下停止按钮0.2后，
M0.0置1

M0.1为1时，程序跳转到入口0

启动1min定时器

移位寄存器每1min移位一次

第一次移位后，V100.0=1，
Q0.1置位，M1起动并保持
第二次移位后，V100.1=1，
Q0.2置位，M2起动并保持
第三次移位后，V100.2=1，
Q0.3置位，M3起动并保持

M0.0为1时，程序跳转到入口1

启动30s定时器

移位寄存器每30s移位一次

第一次移位后，V100.7=1，
Q0.3复位，M3停止
第二次移位后，V100.6=1，
Q0.2复位，M2停止
第三次移位后，V100.5=1，
Q0.1复位，M1停止

图 5-54　采用 SHRB 指令编写的程序

143

该程序去掉与 JMP 和 LBL 相关的网络并不会影响程序执行结果。为避免程序死循环，初学者应慎用 JMP 和 LBL 指令。该程序还需注意的是，程序中起动按钮 I0.1 和停止按钮 I0.2 到底用常开触点还是常闭触点，取决于外部接线（见图 5-51）。实际工程应用中，一般起动按钮采用物理的常开触点，停止按钮采用物理的常闭触点，因此，程序中第二个移位寄存器指令的使能端应采用下降沿触发。如果停止按钮实际的外部接线采用常开触点，则程序中 I0.2 均应该使用常开触点，同时 SHRB 指令的使能端改为上升沿触发，读者编程时要注意这一点。

对于多台电动机的顺序起动、停止控制除了可以使用定时器指令、计数器指令和移位寄存器指令来编程外，还可以使用 SCR 指令编程，限于篇幅，这里不再给出程序。

5.7.11 故障报警程序

故障报警是电气自动控制系统中不可缺少的重要环节，标准的报警功能应该是声光报警。当故障发生时，报警指示灯闪烁，报警电铃或蜂鸣器鸣响。操作人员知道故障发生后，按下消铃按钮关掉电铃，报警指示灯从闪烁变为长亮。故障消失后，报警指示灯熄灭。另外，还应设置试灯、试铃按钮，用于平时检测报警指示灯和电铃的好坏。

在实际应用系统中可能出现多种故障，一般一种故障对应一个故障指示灯，但一个系统只能有一个电铃。报警指示灯采用闪烁控制，利用两个定时器配合实现脉冲输出控制故障指示灯。当任何一种故障发生时，按下消铃按钮后，不能影响其他故障发生时报警电铃的正常鸣响。

假设报警信号有两个，分别来自电动机 M1 和 M2 的过载信号。输入/输出信号的地址分配见表 5-17，I/O 接线图如图 5-55 所示，PLC 控制程序如图 5-56 所示。

表 5-17 I/O 地址分配表

种类	名　称	地址	种类	名　称	地址
输入信号	电动机 M1 过载信号 FR1	I0.0	输出信号	电动机 M1 过载指示 HL1	Q0.0
	电动机 M2 过载信号 FR2	I0.1		电动机 M2 过载指示 HL2	Q0.1
	消铃按钮 SB1	I0.2		报警电铃	Q0.2
	试灯、试铃按钮 SB2	I0.3			

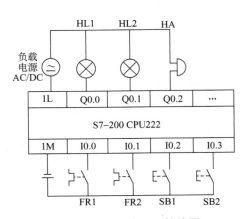

图 5-55 PLC 的 I/O 接线图

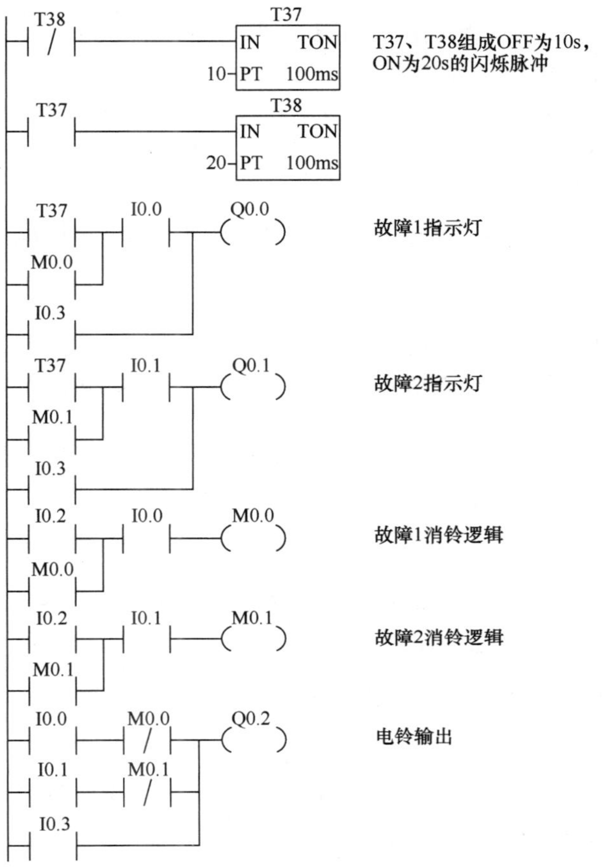

图 5-56　故障报警 PLC 控制程序

5.8　梯形图编写规则

　　PLC 中的编程元件可看成和物理继电器类似的元件，具有常开、常闭触点及线圈，且线圈的得电及失电将导致触点的相应动作。再用母线代替电源线，用"能流"概念来代替继电器电路中的电流概念，采用绘制继电器电路图类似的思路绘出梯形图，但采用梯形图编程有它自身的特点，使用时应注意与继电器-接触器控制系统的区别，这里归纳如下：

　　1）PLC 采用梯形图编程是模拟继电器控制系统的表示方法，因而梯形图内各种元件也沿用了继电器的叫法，称为"软继电器"。梯形图中的"软继电器"不是物理继电器，每个"软继电器"实为存储器中的一位，相应位为"1"，表示该继电器线圈"通电"，故称为"软继电器"。

　　2）梯形图中流过的"电流"不是物理电流，而是"能流"，它只能从左到右、自上而下流动，且不允许倒流。"能流"到，线圈则接通。"能流"流向的规定顺应了 PLC 的扫描过程是自左向右、自上而下顺序地进行的。

　　3）梯形图中的常开、常闭触点不是现场物理开关的触点。它们对应输入、输出映像寄存器或数据寄存器中的相应位的状态，而不是现场物理开关的触点状态。梯形图中的常开触点应理解为"取位状态"操作，常闭触点应理解为"位状态取反"操作。因此，在梯形图中同一元件的一对常开、常闭触点的切换没有时间的延迟，常开、常闭触点只是互为相反状态。而继电器控制系统中同一电器的复合常开、常闭触点是属于先断后合型。

4）梯形图中的输出线圈不是物理线圈，不能用它直接驱动现场执行机构。输出线圈的状态对应输出映像寄存器相应位的状态，而不是现场物理开关的实际状态。逻辑运算结果可以立即被后面的程序使用。

5）PLC 的输入/输出继电器、中间继电器、定时器、计数器等编程元件的常开、常闭触点可无限次反复使用，因为存储单元中的位状态可取用任意次。而继电器控制系统中的继电器触点数是有限的。

编写梯形图程序时，还应遵循下列规则：

1）梯形图由多个网络组成，每个网络开始于左母线，终止于右母线，线圈与右母线直接相连（S7-200PLC 绘图时，将右母线省略），触点不能放在线圈的右边，如图 5-57 所示。

图 5-57　梯形图画法示例 1

2）梯形图中的线圈、定时器、计数器和功能指令框一般不能直接连接在左母线上，可通过特殊的中间继电器 SM0.0 来完成，如图 5-58 所示。

3）在同一程序中，同一地址编号的线圈只能出现一次，通常不能重复使用，但是它的触点可以无限次使用。同一地址编号的线圈使用两次及两次以上称为双线圈输出，S7-200 PLC 不允许双线圈输出。但是在置位、复位指令中，允许出现双线圈输出，置位指令将某继电器线圈置位或激励，复位指令又可将该继电器线圈复位或失励。这时程序中出现的双线圈是允许的，它们实际上是一个继电器线圈的两个输入端。

图 5-58　梯形图画法示例 2

4）几个串联支路的并联，应将串联多的触点组尽量安排在最上面；几个并联回路的串联，应将并联回路多的触点组尽量安排在最左边，如图 5-59 所示。按此规则编制的梯形图程序可减少用户程序步数，缩短程序扫描时间。

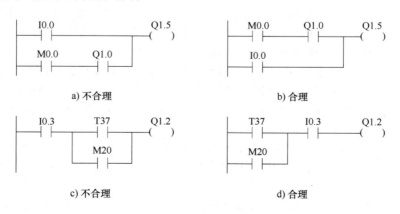

图 5-59　梯形图的合理画法

习题与思考题

1. S7-200PLC 的指令参数所用的基本数据类型有哪些？

2. 立即 I/O 指令有何特点？它应用于什么场合？

3. 逻辑堆栈指令有哪些？各用于什么场合？

4. 定时器有几种类型？各有何特点？与定时器相关的变量有哪些？梯形图中如何表示这些变量？

5. 计数器有几种类型？各有何特点？与计数器相关的变量有哪些？梯形图中如何表示这些变量？

6. 不同分辨率的定时器的当前值是如何刷新的？

7. 写出图 5-60 所示梯形图的语句表程序。

8. 写出图 5-61 所示梯形图的语句表程序。

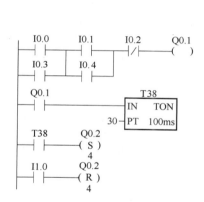

图 5-60　习题 7 的梯形图

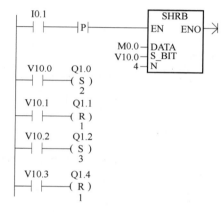

图 5-61　习题 8 的梯形图

9. 用自复位式定时器设计一个周期为 5s、脉宽为一个扫描周期的脉冲串信号程序。

10. 设计一个计数范围为 50000 的计数器。

11. 试设计一个 2h 30min 的长延时电路程序。

12. 用置位、复位指令设计一台电动机的起、停控制程序。

13. 用顺序控制继电器（SCR）指令设计一个居室通风系统控制程序，使三个居室的通风机自动轮流地打开和关闭，轮换时间间隔为 1h。

14. 用移位寄存器（SHRB）指令设计一个路灯照明系统的控制程序，4 盏路灯按 H1→H2→H3→H4 的顺序依次点亮，各路灯之间点亮的间隔时间为 10s。

15. 用移位寄存器（SHRB）指令设计一组彩灯控制程序，8 路彩灯串按 H1→H2→H3→…→H8 的顺序依次点亮，且不断重复循环，各路彩灯之间的间隔时间为 1s。

16. 指出图 5-62 所示梯形图中的语法错误，并改正。

17. 图 5-63 为脉冲宽度可调电路的梯形图及输入时序图，试分析梯形图执行过程，并画出 Q1.0 输出的时序图。

18. 试设计满足图 5-64 所示时序图的梯形图程序。

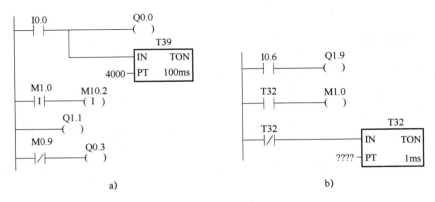

a)　　　　　　　　　　　　　b)

图 5-62　习题 16 的梯形图

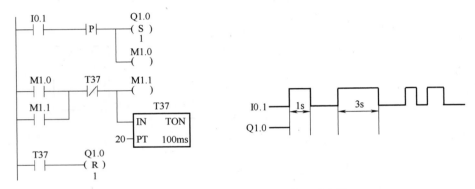

图 5-63　习题 17 的梯形图及输入时序图

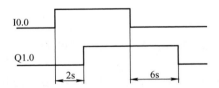

图 5-64　习题 18 的输入/输出时序图

第6章

S7-200 PLC的功能指令及使用

本章结合实例重点讲解 S7-200 PLC 的基本功能指令（数据传送指令、数学运算指令、数据处理指令）、程序控制指令、子程序指令、中断指令、PID 回路指令和高速处理类指令等。通过对本章的学习，应能掌握功能指令的使用方法，深入了解功能指令的作用及指令的执行过程，并能根据需要对比较复杂的控制系统设计出梯形图程序。

S7-200 PLC 具有丰富的功能指令，它们极大地拓宽了 PLC 的应用领域，增强了 PLC 编程的灵活性。功能指令的主要作用：完成更为复杂的控制程序的设计；完成特殊工业控制环节的任务；使程序设计更加优化和方便。功能指令涉及的数据类型较多，由于 S7-200 PLC 不支持完全数据类型检查，编程时要格外注意操作数所选的数据类型应与指令标识符相匹配，同时应保证操作数在表 5-3 规定的范围内。

6.1 S7-200 PLC 的基本功能指令

6.1.1 数据传送指令

数据传送指令可用于各个存储单元之间的数据传送，即将源存储单元中的数据复制到目的存储单元中，也可用于对存储单元进行赋值。传送过程中数据值保持不变。传送指令可用于存储单元的清零、程序的初始化等场合。

1. 单一数据传送指令

单一数据传送指令用来进行一个数据的传送，在不改变原值的情况下将输入端（IN）指定的数据传送到输出端（OUT）。数据传送指令按操作数的数据类型可分为字节传送（MOVB）、字传送（MOVW）、双字传送（MOVD）和实数传送（MOVR）指令。

单一数据传送指令格式见表6-1。

表6-1　单一数据传送指令格式

指令名称	梯　形　图	语　句　表	操　作　数	功　能
字节传送	MOV_B EN　ENO ????-IN　OUT-????	MOVB　IN, OUT	IN: IB、QB、VB、MB、SMB、SB、LB、AC、*VD、*LD、*AC、常数 OUT: IB、QB、VB、MB、SMB、SB、LB、AC、*VD、*LD、*AC	当 EN = 1 时，将一个无符号单字节数据由 IN 传送到 OUT

（续）

指令名称	梯形图	语句表	操作数	功能
字传送	MOV_W EN ENO ????—IN OUT—????	MOVW IN, OUT	IN：IW、QW、VW、MW、SMW、SW、T、C、LW、AIW、AC、*VD、*LD、*AC、常数 OUT：IW、QW、VW、MW、SMW、SW、T、C、LW、AQW、AC、*VD、*LD、*AC	当 EN = 1 时，将一个单字长数据由 IN 传送到 OUT
双字传送	MOV_DW EN ENO ????—IN OUT—????	MOVD IN, OUT	IN：ID、QD、VD、MD、SMD、SD、LD、HC、AC、&VB、&IB、&QB、&MB、&SB、&T、&C、&SMB、&AIW、&AQW、*VD、*LD、*AC、常数 OUT：ID、QD、VD、MD、SMD、SD、LD、AC、*VD、*LD、*AC	当 EN = 1 时，将一个双字长数据由 IN 传送到 OUT
实数传送	MOV_R EN ENO ????—IN OUT—????	MOVR IN, OUT	IN：ID、QD、VD、MD、SMD、SD、LD、AC、*VD、*LD、*AC、常数 OUT：ID、QD、VD、MD、SMD、SD、LD、AC、*VD、*LD、*AC	当 EN = 1 时，将一个双字长的实数数据由 IN 传送到 OUT

EN 为使能输入端，ENO 为使能输出端。当 EN 端有效时，指令才被执行，当指令正确执行后，ENO 输出为 1。

2. 数据块传送指令

数据块传送指令为多个数据传送指令，可把从输入端（IN）指定地址起始的 N 个连续字节、字、双字的存储单元中的内容传送到从输出端（OUT）指定地址起始的 N 个连续字节、字、双字的存储单元中。N 的数据范围为 1 ~ 255。数据块传送指令按操作数的数据类型可分为字节块传送（BMB）、字块传送（BMW）、双字块传送（BMD）指令。

数据块传送指令格式见表 6-2。

表 6-2　数据块传送指令格式

指令名称	梯形图	语句表	操作数	功能
字节块传送	BLKMOV_B EN ENO ????—IN OUT—???? ????—N	BMB IN, OUT, N	IN：IB、QB、VB、MB、SMB、SB、LB、*VD、*LD、*AC OUT：IB、QB、VB、MB、SMB、SB、LB、*VD、*LD、*AC N：IB、QB、VB、MB、SMB、SB、LB、AC、*VD、*LD、*AC、常数	当 EN = 1 时，将从 IN 开始的 N 个字节型数据传送到 OUT 开始的 N 个字节型存储单元

（续）

指令名称	梯 形 图	语 句 表	操 作 数	功 能
字块传送	BLKMOV_W EN　ENO ????—IN　OUT—???? ????—N	BMW　IN, OUT, N	IN：IW、QW、VW、MW、SMW、SW、T、C、LW、AIW、* VD、* LD、* AC OUT：IW、QW、VW、MW、SMW、SW、T、C、LW、AQW、* VD、* LD、* AC N：IB、QB、VB、MB、SMB、SB、LB、AC、* VD、* LD、* AC、常数	当 EN = 1 时，将从 IN 开始的 N 个字型数据传送到 OUT 开始的 N 个字型存储单元
双字块传送	BLKMOV_D EN　ENO ????—IN　OUT—???? ????—N	BMD　IN, OUT, N	IN：ID、QD、VD、MD、SMD、SD、LD、* VD、* LD、* AC OUT：ID、QD、VD、MD、SMD、SD、LD、* VD、* LD、* AC N：IB、QB、VB、MB、SMB、SB、LB、AC、* VD、* LD、* AC、常数	当 EN = 1 时，将从 IN 开始的 N 个双字型数据传送到 OUT 开始的 N 个双字型存储单元

3. 交换字节指令

交换字节（SWAP）指令将输入端（IN）指定字型数据的高字节内容与低字节内容互相交换，交换结果仍存放在输入端（IN）指定的地址中。操作数的数据类型为无符号整数（WORD）。交换字节指令格式见表6-3。

表 6-3　交换字节指令格式

指令名称	梯 形 图	语 句 表	操 作 数	功 能
交换字节	SWAP EN　ENO ????—IN	SWAP　IN	IN：IW、QW、VW、MW、SMW、SW、T、C、LW、AC、* VD、* LD、* AC	当 EN = 1 时，将 IN 中的高字节内容与低字节内容互相交换，交换的结果仍存放在 IN 指定的地址中

4. 字节传送立即读、写指令

字节传送立即读（BIR）指令读取输入端（IN）指定字节地址的物理输入点（IB）的值，并写入输出端（OUT）指定字节地址的存储单元中，相应的输入映像寄存器并不刷新。该指令用于对输入端子信号的立即响应。

字节传送立即写（BIW）指令将输入端（IN）指定字节地址的内容写入输出端（OUT）指定字节地址的物理输出点（QB），同时刷新相应的输出映像寄存器。该指令用于把运算结果立即输出到输出端子。

字节传送立即读、写指令格式见表6-4。

151

表6-4 字节传送立即读、写指令格式

指令名称	梯形图	语句表	操作数	功能
字节传送立即读	MOV_BIR EN ENO ????—IN OUT—????	BIR IN, OUT	IN：IB、*VD、*LD、*AC OUT： IB、 QB、 VB、 MB、 SMB、SB、LB、*VD、*LD、*AC	当 EN＝1 时，读取 IN 指定的物理字节输入，并传送到 OUT 指定的存储单元
字节传送立即写	MOV_BIW EN ENO ????—IN OUT—????	BIW IN, OUT	IN：IB、QB、VB、MB、SMB、 SB、LB、AC、*VD、*LD、*AC、 常数 OUT：QB、*VD、*LD、*AC	当 EN＝1 时，将 IN 中的字节型数据传送到 OUT 指定的物理输出点

【例6-1】 传送指令的使用举例，如图6-1所示。

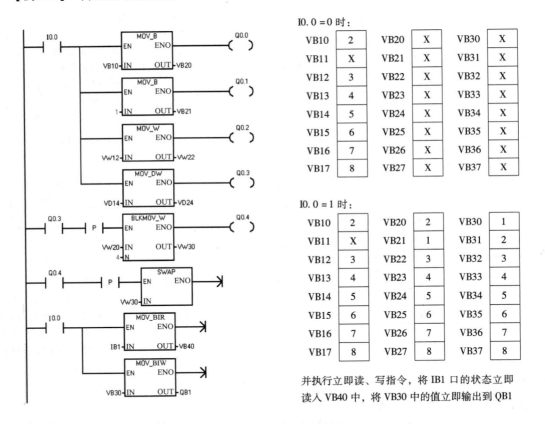

图6-1 传送指令的使用举例

6.1.2 数学运算指令

1. 四则运算指令

（1）加法指令

加法指令对两个输入端（IN1、IN2）指定的有符号数进行相加操作，结果送到输出端（OUT）指定的存储单元中。

加法指令可分为整数、双整数、实数加法指令，它们各自对应的操作数的数据类型分别为有符号整数（INT）、有符号双整数（DINT）、实数（REAL）。

在 LAD 中，执行结果为 IN1 + IN2→OUT；在 STL 中，通常将操作数 IN2 与 OUT 共用一个地址单元，因而执行结果为 IN1 + OUT→OUT。

（2）减法指令

减法指令对两个输入端（IN1、IN2）指定的有符号数进行相减操作，结果送到输出端（OUT）指定的存储单元中。

减法指令可分为整数、双整数、实数减法指令，各自对应的操作数的数据类型分别为有符号整数（INT）、有符号双整数（DINT）、实数（REAL）。

在 LAD 中，执行结果为 IN1 – IN2→OUT；在 STL 中，通常将操作数 IN1 与 OUT 共用一个地址单元，因而执行结果为 OUT – IN2→OUT。

加法、减法指令格式见表 6-5。

表 6-5　加法、减法指令格式

指令名称	梯 形 图	语 句 表	操 作 数	功　能
整数加法	ADD_I EN ENO ????-IN1 OUT-???? ????-IN2	+I IN1, OUT	IN：IW、QW、VW、MW、SMW、SW、T、C、LW、AIW、AC、*VD、*LD、*AC、常数 OUT：IW、QW、VW、MW、SMW、SW、T、C、LW、AC、*VD、*LD、*AC	当 EN = 1 时，将两个单字长的有符号整数 IN1 和 IN2 相加，结果为单字长的有符号整数存入 OUT
双整数加法	ADD_DI EN ENO ????-IN1 OUT-???? ????-IN2	+D IN1, OUT	IN：ID、QD、VD、MD、SMD、SD、LD、AC、HC、*VD、*LD、*AC、常数 OUT：ID、QD、VD、MD、SMD、SD、LD、AC、*VD、*LD、*AC	当 EN = 1 时，将两个双字长的有符号整数 IN1 和 IN2 相加，结果为双字长的有符号整数存入 OUT
实数加法	ADD_R EN ENO ????-IN1 OUT-???? ????-IN2	+R IN1, OUT	IN：ID、QD、VD、MD、SMD、SD、LD、AC、*VD、*LD、*AC、常数 OUT：ID、QD、VD、MD、SMD、SD、LD、AC、*VD、*LD、*AC	当 EN = 1 时，将两个 32 位实数 IN1 和 IN2 相加，结果为 32 位实数存入 OUT
整数减法	SUB_I EN ENO ????-IN1 OUT-???? ????-IN2	–I IN2, OUT	同整数加法指令	当 EN = 1 时，将两个单字长的有符号整数 IN1 和 IN2 相减，结果为单字长的有符号整数存入 OUT
双整数减法	SUB_DI EN ENO ????-IN1 OUT-???? ????-IN2	–D IN2, OUT	同双整数加法指令	当 EN = 1 时，将两个双字长的有符号整数 IN1 和 IN2 相减，结果为双字长的有符号整数存入 OUT

153

（续）

指令名称	梯 形 图	语 句 表	操 作 数	功 能
实数减法	SUB_R ─EN ENO─ ????─IN1 OUT─???? ????─IN2	– R IN2，OUT	同实数加法指令	当 EN = 1 时，将两个 32 位实数 IN1 和 IN2 相减，结果为 32 位实数存入 OUT

（3）乘法指令

乘法指令对两个输入端（IN1、IN2）指定的有符号数进行相乘操作，结果送到输出端（OUT）指定的存储单元中。

乘法指令可分为整数、双整数、实数乘法指令和整数完全乘法指令。前三种指令各自对应的操作数的数据类型分别为有符号整数、有符号双整数、实数。整数完全乘法指令，把输入端（IN1、IN2）指定的两个 16 位整数相乘，产生一个 32 位双整数乘积，并送到输出端（OUT）指定的存储单元中。

在 LAD 中，执行结果为 IN1 * IN2→OUT；在 STL 中，通常将操作数 IN2 与 OUT 共用一个地址单元，因而执行结果为 IN1 * OUT→OUT。

加法、减法、乘法指令影响的特殊存储器位：SM1.0（零）、SM1.1（溢出）、SM1.2（负）。

（4）除法指令

除法指令对两个输入端（IN1、IN2）指定的有符号数进行相除操作，结果送到输出端（OUT）指定的存储单元中。

除法指令可分为整数、双整数、实数除法指令和整数完全除法指令。前三种指令各自对应的操作数的数据类型分别为有符号整数、有符号双整数、实数。整数和双整数除法指令执行时，只保留商不保留余数。实数除法指令，结果为 32 位的实数。整数完全除法指令，把输入端（IN1、IN2）指定的两个 16 位整数相除，产生一个 32 位结果，并送到输出端（OUT）指定的存储单元中。其中高 16 位为余数，低 16 位为商。

在 LAD 中，执行结果为 IN1/IN2→OUT；在 STL 中，通常将操作数 IN1 与 OUT 共用一个地址单元，因而执行结果为 OUT/ IN2→OUT。

除法指令影响的特殊存储器位：SM1.0（零）、SM1.1（溢出）、SM1.2（负）、SM1.3（除数为 0）。

乘法、除法指令格式见表 6-6。

表 6-6 乘法、除法指令格式

指令名称	梯 形 图	语 句 表	操 作 数	功 能
整数乘法	MUL_I ─EN ENO─ ????─IN1 OUT─???? ????─IN2	* I IN1，OUT	IN：IW、QW、VW、MW、SMW、SW、T、C、LW、AIW、AC、* VD、* LD、* AC、常数 OUT：IW、QW、VW、MW、SMW、SW、T、C、LW、AC、* VD、* LD、* AC	当 EN = 1 时，将两个单字长的有符号整数 IN1 和 IN2 相乘，结果为单字长的有符号整数存入 OUT

（续）

指令名称	梯　形　图	语　句　表	操　作　数	功　能
双整数乘法	MUL_DI EN ENO ????-IN1 OUT-???? ????-IN2	*D IN1, OUT	IN: ID、QD、VD、MD、SMD、SD、LD、AC、HC、*VD、*LD、*AC、常数 OUT: ID、QD、VD、MD、SMD、SD、LD、AC、*VD、*LD、*AC	当 EN = 1 时，将两个双字长的有符号整数 IN1 和 IN2 相乘，结果为双字长的有符号整数存入 OUT
实数乘法	MUL_R EN ENO ????-IN1 OUT-???? ????-IN2	*R IN1, OUT	IN: ID、QD、VD、MD、SMD、SD、LD、AC、*VD、*LD、*AC、常数 OUT: ID、QD、VD、MD、SMD、SD、LD、AC、*VD、*LD、*AC	当 EN = 1 时，将两个 32 位实数 IN1 和 IN2 相乘，结果为 32 位实数存入 OUT
整数完全乘法	MUL EN ENO ????-IN1 OUT-???? ????-IN2	MUL IN1, OUT	IN: IW、QW、VW、MW、SMW、SW、T、C、LW、AIW、AC、*VD、*LD、*AC、常数 OUT: ID、QD、VD、MD、SMD、SD、LD、AC、*VD、*LD、*AC	当 EN = 1 时，将两个单字长的有符号整数 IN1 和 IN2 相乘，结果为双字长的有符号整数存入 OUT
整数除法	DIV_I EN ENO ????-IN1 OUT-???? ????-IN2	/I IN2, OUT	同整数乘法指令	当 EN = 1 时，将两个单字长的有符号整数 IN1 和 IN2 相除，结果为单字长的有符号整数存入 OUT
双整数除法	DIV_DI EN ENO ????-IN1 OUT-???? ????-IN2	/D IN2, OUT	同双整数乘法指令	当 EN = 1 时，将两个双字长的有符号整数 IN1 和 IN2 相除，结果为双字长的有符号整数存入 OUT
实数除法	DIV_R EN ENO ????-IN1 OUT-???? ????-IN2	/R IN2, OUT	同实数乘法指令	当 EN = 1 时，将两个 32 位实数 IN1 和 IN2 相除，结果为 32 位实数存入 OUT
整数完全除法	DIV EN ENO ????-IN1 OUT-???? ????-IN2	DIV IN2, OUT	同整数完全除法指令	当 EN = 1 时，将两个单字长的有符号整数 IN1 和 IN2 相除，产生一个 32 位双整数结果存入 OUT，其中低 16 位为商，高 16 位为余数

155

【例6-2】 四则运算指令的使用举例，如图6-2所示。

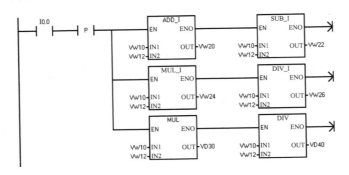

图6-2 四则运算指令的使用举例

本例中若 VW10 = 100、VW12 = 15，则执行完该段程序后，各存储单元的数值为 VW20 = 115、VW22 = 85、VW24 = 1500、VW26 = 6、VD30 = 1500、VW40 = 10、VW42 = 6。

（5）加1和减1指令

加1和减1指令又称为自增和自减指令，把输入端（IN）指定的无符号或有符号整数进行自加1或减1操作，并把结果存放到输出端（OUT）指定的存储单元中。数据长度可分为字节、字、双字。

在 LAD 中，执行结果为 IN + 1→OUT 和 IN − 1→OUT；在 STL 中，通常将操作数 IN 与 OUT 共用一个地址单元，因而执行结果为 OUT + 1→OUT 和 OUT − 1→OUT。

字节加1和减1指令的操作数的数据类型为无符号字节（BYTE），指令影响的特殊存储器位为 SM1.0（零）、SM1.1（溢出）。

字、双字加1和减1指令的操作数的数据类型分别为有符号整数（INT）、有符号双字整数（DINT），指令影响的特殊存储器位为 SM1.0（零）、SM1.1（溢出）、SM1.2（负）。

加1、减1指令格式见表6-7。

表6-7 加1、减1指令格式

指令名称	梯 形 图	语 句 表	操 作 数	功 能
字节加1	INC_B ─EN ENO─ ????─IN OUT─????	INCB OUT	IN：IB、QB、VB、MB、SMB、SB、LB、AC、* VD、* LD、* AC、常数 OUT：IB、QB、VB、MB、SMB、SB、LB、AC、* VD、* LD、* AC	当 EN = 1 时，将单字节长的无符号输入数 IN 加1，结果为单字节长无符号整数存入 OUT
字加1	INC_W ─EN ENO─ ????─IN OUT─????	INCW OUT	IN：IW、QW、VW、MW、SMW、SW、LW、T、C、AC、AIW、* VD、* LD、* AC、常数 OUT：IW、QW、VW、MW、SMW、SW、LW、T、C、AC、* VD、* LD、* AC	当 EN = 1 时，将单字长的有符号输入数 IN 加1，结果为单字长有符号整数存入 OUT

（续）

指令名称	梯 形 图	语 句 表	操 作 数	功　能
双字加 1	INC_DW EN　ENO ????－IN　OUT－????	INCD　OUT	IN: ID、QD、VD、MD、SMD、SD、LD、HC、AC、*VD、*LD、*AC、常数 OUT: ID、QD、VD、MD、SMD、SD、LD、AC、*VD、*LD、*AC	当 EN = 1 时，将双字长的有符号输入数 IN 加 1，结果为双字长有符号整数存入 OUT
字节减 1	DEC_B EN　ENO ????－IN　OUT－????	DECB　OUT	同字节加 1 指令	当 EN = 1 时，将单字节长的无符号输入数 IN 减 1，结果为单字节长无符号整数存入 OUT
字减 1	DEC_W EN　ENO ????－IN　OUT－????	DECW　OUT	同字加 1 指令	当 EN = 1 时，将单字长的有符号输入数 IN 减 1，结果为单字长有符号整数存入 OUT
双字减 1	DEC_DW EN　ENO ????－IN　OUT－????	DECD　OUT	同双字加 1 指令	当 EN = 1 时，将双字长的有符号输入数 IN 减 1，结果为双字长有符号整数存入 OUT

【例 6-3】　加 1、减 1 指令的使用举例，如图 6-3 所示。

本例中 I0.0 有两个上升沿，若 VW10 = 50、VD20 = 150，则执行完该段程序后，各存储单元的最终数值为 VW10 = 52、VD20 = 148。

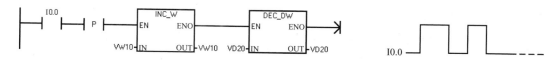

图 6-3　加 1、减 1 指令的使用举例

2. 数学功能指令

数学功能指令包括平方根、自然对数、自然指数、三角函数（正弦、余弦、正切）指令。数学功能指令的操作数均为实数（REAL），运算结果若大于 32 位实数的表示范围，则产生溢出。

（1）平方根指令

实数的平方根（SQRT）指令将输入端（IN）指定的 32 位实数开方，得到 32 位实数结果，并把结果存放到输出端（OUT）指定的存储单元中。

（2）自然对数指令

自然对数（LN）指令将输入端（IN）指定的 32 位实数取自然对数，结果存放到输出端（OUT）指定的存储单元中。

求以 10 为底的常用对数（lg$x$）时只要将其自然对数（ln$x$）除以 2.302585（ln 10）即可。

（3）自然指数指令

自然指数（EXP）指令将输入端（IN）指定的 32 位实数取以 e 为底的指数，结果存放到输出端（OUT）指定的存储单元中。

自然指数指令与自然对数指令相配合，即可完成以任意实数为底的指数运算。例如，求 X 的 Y 次幂，使用公式为 $\exp(Y \times \ln(X))$。

例如：

$$5^3 = \exp(3 \times \ln 5) = 125$$

$$\sqrt[3]{125} = \exp\left(\frac{\ln 125}{3}\right) = 5$$

$$\sqrt{5^3} = \exp\left(\frac{3}{2} \times \ln 5\right)$$

（4）正弦、余弦、正切指令

正弦、余弦、正切指令，对输入端（IN）指定的 32 位实数的弧度值取正弦、余弦、正切，结果存放到输出端（OUT）指定的存储单元中。如果输入值为角度值，应先将该角度值转换为弧度值。数学功能指令格式见表 6-8。

数学功能指令影响的特殊存储器位：SM1.0（零），SM1.1（溢出），SM1.2（负）。

表 6-8　数学功能指令格式

指令名称	梯 形 图	语 句 表	操 作 数	功 能
平方根	SQRT —EN　ENO— ????—IN　OUT—????	SQRT　IN, OUT	IN：ID、QD、VD、MD、SMD、SD、LD、AC、*VD、*LD、*AC、常数 OUT：ID、QD、VD、MD、SMD、SD、LD、AC、*VD、*LD、*AC	当 EN = 1 时，将双字长的实数 IN 开平方，结果为 32 位的实数存入 OUT
自然对数	LN —EN　ENO— ????—IN　OUT—????	LN　IN, OUT		当 EN = 1 时，将双字长的实数 IN 取自然对数，结果为 32 位的实数存入 OUT
自然指数	EXP —EN　ENO— ????—IN　OUT—????	EXP　IN, OUT		当 EN = 1 时，将双字长的实数 IN 取 e 为底的指数，结果为 32 位的实数存入 OUT
正弦	SIN —EN　ENO— ????—IN　OUT—????	SIN　IN, OUT		当 EN = 1 时，将双字长的实数弧度值 IN 取正弦，结果为 32 位的实数存入 OUT
余弦	COS —EN　ENO— ????—IN　OUT—????	COS　IN, OUT		当 EN = 1 时，将双字长的实数弧度值 IN 取余弦，结果为 32 位的实数存入 OUT
正切	TAN —EN　ENO— ????—IN　OUT—????	TAN　IN, OUT		当 EN = 1 时，将双字长的实数弧度值 IN 取正切，结果为 32 位的实数存入 OUT

【**例 6-4**】　数学功能指令的使用举例，如图 6-4 所示。

本例中求 75° 的余弦值，将结果置于 AC1 中。

3. 逻辑运算指令

逻辑运算指令是对无符号的操作数进行逻辑处理。按运算性质的不同，分为逻辑"与"、逻辑"或"、逻辑"异或"和取反等指令；按参与运算的操作数的类型，分为字节、字和双字逻辑运算操作。

（1）逻辑"与"指令

逻辑"与"指令对两个输入端（IN1、IN2）指定的操作数按位"与"，结果存放到输出端（OUT）指定的存储单元中。

逻辑"与"指令按操作数的数据类型可分为字节"与"、字"与"、双字"与"指令。

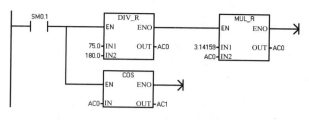

图6-4　数学功能指令的使用举例

（2）逻辑"或"指令

逻辑"或"指令对两个输入端（IN1、IN2）指定的操作数按位"或"，结果存放到输出端（OUT）指定的存储单元中。

逻辑"或"指令按操作数的数据类型可分为字节"或"、字"或"、双字"或"指令。

（3）逻辑"异或"指令

逻辑"异或"指令对两个输入端（IN1、IN2）指定的操作数按位"异或"，结果存放到输出端（OUT）指定的存储单元中。

逻辑"异或"指令按操作数的数据类型可分为字节"异或"、字"异或"、双字"异或"指令。

在 STL 中，逻辑"与"、"或"和"异或"运算指令通常将操作数 IN2 与 OUT 共用一个地址单元。

（4）取反指令

取反指令对输入端（IN）指定的操作数按位取反，结果存放到输出端（OUT）指定的存储单元中。取反指令按操作数的数据类型可分为字节、字、双字取反指令。

在 STL 中，取反指令通常将操作数 IN 与 OUT 共用一个地址单元。

逻辑运算指令影响的特殊存储器位：SM1.0（零）。

逻辑运算指令格式见表6-9。

表6-9　逻辑运算指令格式

指令名称	梯 形 图	语 句 表	操 作 数	功 能
字节"与"	WAND_B EN ENO ????-IN1 OUT-???? ????-IN2	ANDB　IN1，OUT	IN：IB、QB、VB、MB、SMB、SB、LB、AC、*VD、*LD、*AC、常数 OUT：IB、QB、VB、MB、SMB、SB、LB、AC、*VD、*LD、*AC	当 EN = 1 时，将单字节长的无符号操作数 IN 按位进行"与"、"或"、"异或"或"取反"操作，结果为单字节长无符号数存入 OUT
字节"或"	WOR_B EN ENO ????-IN1 OUT-???? ????-IN2	ORB　IN1，OUT		
字节"异或"	WXOR_B EN ENO ????-IN1 OUT-???? ????-IN2	XORB　IN1，OUT		
字节"取反"	INV_B EN ENO ????-IN OUT-????	INVB　OUT		

159

（续）

指令名称	梯 形 图	语 句 表	操 作 数	功 能
字"与"	WAND_W EN ENO ????－IN1 OUT－???? ????－IN2	ANDW IN1, OUT	IN：IW、QW、VW、MW、SMW、SW、LW、T、C、AC、AIW、*VD、*LD、*AC、常数 OUT：IW、QW、VW、MW、SMW、SW、LW、T、C、AC、*VD、*LD、*AC	当 EN=1 时，将单字长的无符号操作数 IN 按位进行"与"、"或"、"异或"或"取反"操作，结果为单字长无符号数存入 OUT
字"或"	WOR_W EN ENO ????－IN1 OUT－???? ????－IN2	ORW IN1, OUT		
字"异或"	WXOR_W EN ENO ????－IN1 OUT－???? ????－IN2	XORW IN1, OUT		
字"取反"	INV_W EN ENO ????－IN OUT－????	INVW OUT		
双字"与"	WAND_DW EN ENO ????－IN1 OUT－???? ????－IN2	ANDD IN1, OUT	IN：ID、QD、VD、MD、SMD、SD、LD、HC、AC、*VD、*LD、*AC、常数 OUT：ID、QD、VD、MD、SMD、SD、LD、AC、*VD、*LD、*AC	当 EN=1 时，将双字长的无符号操作数 IN 按位进行"与"、"或"、"异或"或"取反"操作，结果为双字长无符号数存入 OUT
双字"或"	WOR_DW EN ENO ????－IN1 OUT－???? ????－IN2	ORD IN1, OUT	IN：ID、QD、VD、MD、SMD、SD、LD、HC、AC、*VD、*LD、*AC、常数 OUT：ID、QD、VD、MD、SMD、SD、LD、AC、*VD、*LD、*AC	
双字"异或"	WXOR_DW EN ENO ????－IN1 OUT－???? ????－IN2	XORD IN1, OUT		
双字"取反"	INV_DW EN ENO ????－IN OUT－????	INVD OUT		

【例 6-5】 逻辑运算指令的使用举例，如图 6-5 所示。

6.1.3 数据处理指令

1. 移位和循环移位指令

移位和循环移位指令均为对无符号数进行操作。

（1）移位指令

移位指令有左移指令和右移指令两种，根据所移位数的长度可分为字节型、字型和双字型。字节、字、双字移位指令的实际最大可移位数分别为 8、16、32。

左移位指令把输入端（IN）指定的数据左移 N 位，最右边移走的位依次用 0 填充，其结果存入输出端（OUT）指定的存储单元中。

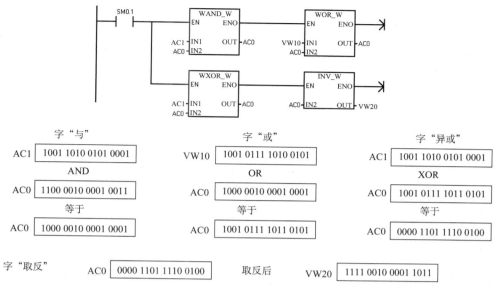

图 6-5　逻辑运算指令的使用举例

右移位指令把输入端（IN）指定的数据右移 N 位，最左边移走的位依次用 0 填充，其结果存入输出端（OUT）指定的存储单元中。

移位次数输入端（N）的数据类型为 BYTE 型。

移位后溢出位（SM1.1）的值就是最后一次移出的位值。如果移位的结果为 0，零存储器位（SM1.0）就置位。

在 STL 中，移位指令通常将操作数 IN 与 OUT 共用一个地址单元。

移位指令格式见表 6-10。

表 6-10　移位指令格式

指令名称	梯形图	语句表	操作数	功能
字节左移	SHL_B EN ENO ????-IN OUT-???? ????-N	SLB OUT, N	IN：IB、QB、VB、MB、SMB、SB、LB、AC、*VD、*LD、*AC、常数 OUT：IB、QB、VB、MB、SMB、SB、LB、AC、*VD、*LD、*AC N：IB、QB、VB、MB、SMB、SB、LB、AC、*VD、*LD、*AC、常数	当 EN＝1 时，将单字节长的输入无符号数 IN 按位进行左移或右移 N 位，移位后空位补 0，结果存入 OUT
字节右移	SHR_B EN ENO ????-IN OUT-???? ????-N	SRB OUT, N		
字左移	SHL_W EN ENO ????-IN OUT-???? ????-N	SLW OUT, N	IN：IW、QW、VW、MW、SMW、SW、LW、T、C、AC、AIW、*VD、*LD、*AC、常数 OUT：IW、QW、VW、MW、SMW、SW、LW、T、C、AC、*VD、*LD、*AC N：IB、QB、VB、MB、SMB、SB、LB、AC、*VD、*LD、*AC、常数	当 EN＝1 时，将单字长的输入无符号数 IN 按位进行左移或右移 N 位，移位后空位补 0，结果存入 OUT
字右移	SHR_W EN ENO ????-IN OUT-???? ????-N	SRW OUT, N		

（续）

指令名称	梯 形 图	语 句 表	操 作 数	功 能
双字左移	SHL_DW EN ENO ????—IN OUT—???? ????—N	SLD OUT, N	IN：ID、QD、VD、MD、SMD、SD、LD、HC、 AC、＊VD、＊LD、＊AC、常数 OUT：ID、 QD、 VD、MD、SMD、SD、LD、AC、＊VD、＊LD、＊AC N：IB、QB、VB、MB、SMB、SB、LB、AC、＊VD、＊LD、＊AC、常数	当 EN = 1 时，将双字长的输入无符号数 IN 按位进行左移或右移 N 位，移位后空位补 0，结果存入 OUT
双字右移	SHR_DW EN ENO ????—IN OUT—???? ????—N	SRD OUT, N		

（2）循环移位指令

循环移位指令有循环左移指令和循环右移指令两种，根据所移操作数的长度可分为字节型、字型和双字型。

循环移位数据存储单元的移出端既与另一端相连，同时又与特殊存储器溢出位 SM1.1 相连，所以最后移出的位被移到另一端的同时，也被存入 SM1.1 位存储单元。如在循环右移时，移位数据的最右端位移入最左端，同时又进入 SM1.1，SM1.1 始终存放最后一次被移出的位。

循环左移指令把输入端（IN）指定的数据循环左移 N 位，其结果存入输出端（OUT）指定的存储单元中。

循环右移指令把输入端（IN）指定的数据循环右移 N 位，其结果存入输出端（OUT）指定的存储单元中。

移位次数输入端（N）的数据类型为 BYTE 型。对于字节、字、双字循环移位指令，如果所需移位次数 N 小于 8、16、32，则执行 N 次移位；如果所需移位次数 N 大于或等于 8、16、32，那么在执行循环移位前，先对 N 取以 8、16、32 为底的模，其余数 0～7、0～15、0～31 为实际移动位数。所以，对于字节、字、双字循环移位指令，所需移位次数 N 为 8、16、32 的倍数时，实际并不执行移位操作。

执行循环移位后如果移位的结果为 0，零存储器位（SM1.0）就置位。移位和循环移位指令影响的特殊存储器位：SM1.0（零）、SM1.1（溢出）。

在 STL 中，循环移位指令通常将操作数 IN 与 OUT 共用一个地址单元。

循环移位指令格式见表 6-11。

表 6-11 循环移位指令格式

指令名称	梯 形 图	语 句 表	操 作 数	功 能
字节循环左移	ROL_B EN ENO ????—IN OUT—???? ????—N	RLB OUT, N	IN：IB、QB、VB、MB、SMB、SB、LB、AC、＊VD、＊LD、＊AC、常数 OUT： IB、 QB、 VB、 MB、SMB、SB、LB、AC、 ＊VD、＊LD、＊AC N：IB、QB、VB、MB、SMB、SB、LB、AC、＊VD、＊LD、＊AC、常数	当 EN = 1 时，将单字节长的输入无符号数 IN 按位进行循环左移或右移 N 位，结果存入 OUT
字节循环右移	ROR_B EN ENO ????—IN OUT—???? ????—N	RRB OUT, N		

（续）

指令名称	梯形图	语句表	操作数	功能
字循环左移	ROL_W EN　ENO ????-IN　OUT-???? ????-N	RLW　OUT, N	IN: IW、QW、VW、MW、SMW、SW、LW、T、C、AC、AIW、*VD、*LD、*AC、常数 OUT: IW、QW、VW、MW、SMW、SW、LW、T、C、AC、*VD、*LD、*AC	当 EN＝1 时，将单字长的输入无符号数 IN 按位进行循环左移或右移 N 位，结果存入 OUT
字循环右移	ROR_W EN　ENO ????-IN　OUT-???? ????-N	RRW　OUT, N	N: IB、QB、VB、MB、SMB、SB、LB、AC、*VD、*LD、*AC、常数	
双字循环左移	ROL_DW EN　ENO ????-IN　OUT-???? ????-N	RLD　OUT, N	IN: ID、QD、VD、MD、SMD、SD、LD、HC、AC、*VD、*LD、*AC、常数 OUT: ID、QD、VD、MD、SMD、SD、LD、AC、*VD、*LD、*AC	当 EN＝1 时，将双字长的输入无符号数 IN 按位进行循环左移或右移 N 位，结果存入 OUT
双字循环右移	ROR_DW EN　ENO ????-IN　OUT-???? ????-N	RRD　OUT, N	N: IB、QB、VB、MB、SMB、SB、LB、AC、*VD、*LD、*AC、常数	

【例 6-6】　移位和循环移位指令的使用举例，如图 6-6 所示。

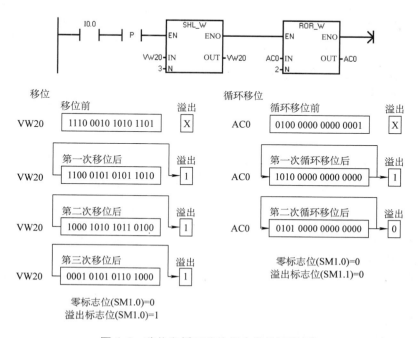

图 6-6　移位和循环移位指令的使用举例

2. 数据转换指令

数据转换指令是指对操作数的类型进行转换，包括数据的类型转换、码的转换以及数据和码之间的类型转换。PLC 中主要的数据类型包括字节、整数、双整数和实数；主要的码制有 BCD 码、ASCII 码和十进制数等。不同的指令往往对操作数的类型有不同的要求，在指令使用前应将操作数转换为相应的类型。

（1）BCD 码与整数的转换指令

BCD 码转换为整数（BCDI）指令将输入端（IN）指定的 BCD 码转换成整数，并将结果存放到输出端（OUT）指定的存储单元中。输入数据的范围为 0 ~ 9999 的 BCD 码。

整数转换为 BCD 码（IBCD）指令将输入端（IN）指定的整数转换成 BCD 码，并将结果存放到输出端（OUT）指定的存储单元中。输入数据的范围为 0 ~ 9999 的整数。

BCD 码与整数的转换是无符号操作，输入和输出的数据类型均为字型，指令影响的特殊存储器位为 SM1.6（非法 BCD）。

在 STL 中，BCD 码与整数的转换指令通常将操作数 IN 与 OUT 共用一个地址单元。

BCD 码与整数的转换指令格式见表 6-12。

表 6-12　BCD 码与整数的转换指令格式

指令名称	梯 形 图	语 句 表	操 作 数	功 能
BCD 码转换为整数	BCD_I　EN ENO　????-IN OUT-????	BCDI OUT	IN：IW、QW、VW、MW、SMW、SW、LW、T、C、AC、AIW、*VD、*LD、*AC、常数	当 EN = 1 时，将 IN 指定的 BCD 码转换成整数，并将结果存放到 OUT，输入数据的范围为 0 ~ 9999 的 BCD 码
整数转换为 BCD 码	I_BCD　EN ENO　????-IN OUT-????	IBCD OUT	OUT：IW、QW、VW、MW、SMW、SW、LW、T、C、AC、*VD、*LD、*AC	当 EN = 1 时，将 IN 指定的整数转换成 BCD 码，并将结果存放到 OUT，输入数据的范围为 0 ~ 9999 的整数

【例 6-7】　BCD 码与整数的转换指令的使用举例，如图 6-7 所示。

本例中各个存储单元的最终数值为 VW10 = 1234、VW20 = 16#1234。

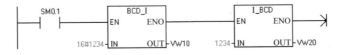

图 6-7　BCD 码与整数的转换指令的使用举例

（2）双整数与实数的转换指令

双整数转换为实数（DTR）指令将输入端（IN）指定的 32 位有符号整数转换成 32 位实数，并将结果存放到输出端（OUT）指定的存储单元中。

实数转换为双整数指令可分为四舍五入取整（ROUND）和舍去尾数后取整（TRUNC）指令。

ROUND 取整指令将输入端（IN）指定的实数转换成有符号双字整数，结果存放到输出端（OUT）指定的存储单元中。转换时实数的小数部分四舍五入。

TRUNC 取整指令将输入端（IN）指定的实数舍去小数部分后，再转换成有符号双字整数，结果存放到输出端（OUT）指定的存储单元中。转换时实数的小数部分直接舍去。

取整指令被转换的输入值应是有效的实数，如果实数值太大，使输出无法表示，那么溢出位

（SM1.1）被置位。

双整数与实数的转换指令格式见表 6-13。

表 6-13　双整数与实数的转换指令格式

指令名称		梯 形 图	语 句 表	操 作 数	功　能
双整数转换为实数		DI_R	DTR　IN，OUT		当 EN＝1 时，将 32 位有符号双整数 IN 转换成 32 位实数，并将结果存放到 OUT
实数转换为双整数	四舍五入取整	ROUND	ROUND　IN，OUT	IN：ID、QD、VD、MD、SMD、SD、LD、HC、AC、*VD、*LD、*AC、常数 OUT：ID、QD、VD、MD、SMD、SD、LD、AC、*VD、*LD、*AC	当 EN＝1 时，将实数 IN 转换成有符号双整数，并将结果存放到 OUT，转换时实数的小数部分四舍五入
	舍尾取整	TRUNC	TRUNC　IN，OUT		当 EN＝1 时，将实数 IN 转换成有符号双整数，并将结果存放到 OUT，转换时实数的小数部分直接舍去

（3）双整数与整数的转换指令

双整数转换为整数（DTI）指令把输入端（IN）指定的有符号双整数转换成整数，并将结果存放到输出端（OUT）指定的存储单元中。被转换的输入值应是有效的双整数，否则溢出位（SM1.1）被置位。

整数转换为双整数（ITD）指令把输入端（IN）指定的有符号整数转换成双整数，并将结果存放到输出端（OUT）指定的存储单元中。此时，要进行符号扩展。

欲将整数转换为实数，可先用 ITD 指令把整数转换为双整数，然后再用 DTR 指令把双整数转换为实数。

双整数与整数的转换指令格式见表 6-14。

表 6-14　双整数与整数的转换指令格式

指令名称	梯 形 图	语 句 表	操 作 数	功　能
双整数转换为整数	DI_I	DTI　IN，OUT	IN：ID、QD、VD、MD、SMD、SD、LD、HC、AC、*VD、*LD、*AC、常数 OUT：IW、QW、VW、MW、SMW、SW、LW、T、C、AC、*VD、*LD、*AC	当 EN＝1 时，将有符号双整数 IN 转换成整数，并将结果存放到 OUT
整数转换为双整数	I_DI	ITD　IN，OUT	IN：IW、QW、VW、MW、SMW、SW、LW、T、C、AC、AIW、*VD、*LD、*AC、常数 OUT：ID、QD、VD、MD、SMD、SD、LD、AC、*VD、*LD、*AC	当 EN＝1 时，将有符号整数 IN 转换成双整数，并将结果存放到 OUT

（4）字节与整数的转换指令

字节转换为整数（BTI）指令把输入端（IN）指定的字节型数据转换成整数型数据，并将结果存放到输出端（OUT）指定的存储单元中。由于字节型数据是无符号的，无需进行符号扩展。

整数转换为字节（ITB）指令把输入端（IN）指定的无符号整数转换成一个字节型数据，并将结果存放到输出端（OUT）指定的存储单元中。被转换的值应是 0 ~ 255 的有效整数，否则溢出位（SM1.1）被置位。

字节与整数的转换指令格式见表6-15。

表6-15 字节与整数的转换指令格式

指令名称	梯 形 图	语 句 表	操 作 数	功 能
字节转换为整数	B_I EN ENO ????-IN OUT-????	BTI IN, OUT	IN：IB、QB、VB、MB、SMB、SB、LB、AC、*VD、*LD、*AC、常数 OUT：IW、QW、VW、MW、SMW、SW、LW、T、C、AC、*VD、*LD、*AC	当 EN = 1 时，将字节数值 IN 转换成整数，并将结果存放到 OUT
整数转换为字节	I_B EN ENO ????-IN OUT-????	ITB IN, OUT	IN：IW、QW、VW、MW、SMW、SW、LW、T、C、AC、AIW、*VD、*LD、*AC、常数 OUT：IB、QB、VB、MB、SMB、SB、LB、AC、*VD、*LD、*AC	当 EN = 1 时，将整数 IN 转换成字节数值，并将结果存放到 OUT

【例6-8】 数据类型转换指令的使用举例，如图6-8所示。

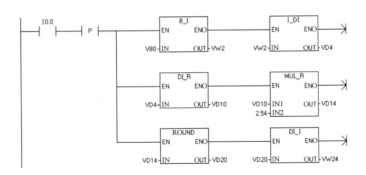

图6-8 数据类型转换指令的使用举例

本例中在进行公英制单位转换时，若 VB0 = 101in，则各存储单元的最终数值为 VW2 = 101in，VD4 = 101in，VD10 = 101.0in，VD14 = 256.54cm，VD20 = 257cm，VW24 = 257cm。

（5）译码、编码指令

译码（DECO）指令根据输入字节型数据（IN）低4位的二进制值所对应的十进制数（0 ~ 15），置输出字型数据（OUT）的相应位为"1"，其他位置"0"。

编码（ENCO）指令将输入字型数据（IN）中值为"1"的最低有效位的位号编码成4位二进制数，写入输出字型数据（OUT）的低4位。

译码、编码指令格式见表6-16。

表 6-16　译码、编码指令格式

指令名称	梯 形 图	语 句 表	操 作 数	功 能
译码	DECO EN　ENO ????-IN　OUT-????	DECO IN, OUT	IN：IB、QB、VB、MB、SMB、SB、LB、AC、*VD、*LD、*AC、常数 OUT：IW、QW、VW、MW、SMW、SW、LW、AQW、T、C、AC、*VD、*LD、*AC	当 EN = 1 时，将字节数值 IN 的低 4 位进行译码来置 OUT 的相应位为"1"，其他位清零
编码	ENCO EN　ENO ????-IN　OUT-????	ENCO IN, OUT	IN：IW、QW、VW、MW、SMW、SW、LW、T、C、AC、AIW、*VD、*LD、*AC、常数 OUT：IB、QB、VB、MB、SMB、SB、LB、AC、*VD、*LD、*AC	当 EN = 1 时，将字型输入数据 IN 中为"1"的最低有效位位号编码并存入 OUT 字节单元的低 4 位

【例 6-9】　译码、编码指令的使用举例，如图 6-9 所示。

本例中，AC0 = 5，译码指令使 VW10 的第 5 位置"1"；VW20 中为"1"的最低有效位位号为 9，则编码指令将 9 送入 VB30。

图 6-9　译码、编码指令的使用举例

167

（6）段码指令

段码（SEG）指令将输入端（IN）指定的字节型数据低 4 位的有效值（16#0 ~ F）转换成七段显示码，送入输出端（OUT）指定的字节单元中。

表 6-17 给出了段码（SEG）指令的七段显示码编码。每个七段显示码占用一个字节，用它显示一个字符。段码指令格式见表 6-18。

表 6-17　七段显示编码

输入 LSD	七段码 显示	输出								七段码 显示器	输入 LSD	七段码 显示	输出								七段码 显示器
		-	g	f	e	d	c	b	a				-	g	f	e	d	c	b	a	
0		0	0	1	1	1	1	1	1		8		0	1	1	1	1	1	1	1	
1		0	0	0	0	0	1	1	0		9		0	1	1	0	0	1	1	1	
2		0	1	0	1	1	0	1	1		A		0	1	1	1	0	1	1	1	
3		0	1	0	0	1	1	1	1		B		0	1	1	1	1	1	0	0	
4		0	1	1	0	0	1	1	0		C		0	0	1	1	1	0	0	1	
5		0	1	1	0	1	1	0	1		D		0	1	0	1	1	1	1	0	
6		0	1	1	1	1	1	0	1		E		0	1	1	1	1	0	0	1	
7		0	0	0	0	0	1	1	1		F		0	1	1	1	0	0	0	1	

表 6-18   段码指令格式

指令名称	梯 形 图	语 句 表	操 作 数	功 能
段码		SEG IN, OUT	IN：IB、QB、VB、MB、SMB、SB、LB、AC、*VD、*LD、*AC、常数　　OUT：IB、QB、VB、MB、SMB、SB、LB、AC、*VD、*LD、*AC	当 EN=1 时，将输入端 IN 指定的字节型数据低 4 位的有效值转换成七段显示码，送到输出端 OUT 指定的字节单元中

【例 6-10】   段码指令的使用举例，如图 6-10 所示。

图 6-10   段码指令的使用举例

（7）ASCII 码与十六进制数的转换指令

ASCII 码转换为十六进制数（ATH）指令将输入端（IN）指定的起始长度为 LEN 的 ASCII 码字符串转换为十六进制数，并将结果存放到输出端（OUT）为起始字节地址的指定存储区中。LEN 最大为 255 个字符。

十六进制数转换为 ASCII 码（HTA）指令是 ATH 指令的逆操作。HTA 指令把从输入端（IN）指定的起始字节地址开始，长度为 LEN 的十六进制数转换成 ASCII 码字符串，并将结果存放到输出端（OUT）为起始字节地址的指定存储区中。最多可转换 255 个十六进制数。

十六进制数（0～F）对应的合法的 ASCII 码字符为：30～39 和 41～46 之间。

ATH、HTA 指令的操作数的数据类型均为字节型，指令影响的特殊存储器位为 SM1.7（非法 ASCII 码）。

ASCII 码与十六进制数的转换指令格式见表 6-19。

【例 6-11】   ASCII 码与十六进制数的转换指令的使用举例，如图 6-11 所示。

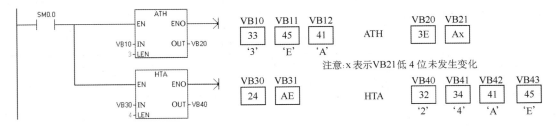

图 6-11   ASCII 码与十六进制数的转换指令的使用举例

（8）整数、双整数、实数转换为 ASCII 码指令

1）整数转换为 ASCII 码（ITA）指令   把输入端（IN）指定的有符号整数（INT）转换成 ASCII 码字符串，转换的结果存入以输出端（OUT）为起始字节地址的 8 个连续字节的输出缓冲区中。指令的格式操作数（FMT）指定 ASCII 码字符串中分隔符的位置和表示方法。FMT 的定义如图 6-12 所示。FMT 占用一个字节，高 4 位必须为 0，c 位指定整数和小数之间的分隔符：c=1，用逗号"，"分隔；c=0，用小数点"·"分隔。nnn 位用于指定输出缓冲区中分隔符右侧的

位数，其数值有效范围为 0~5。若 nnn = 0，将指定输出缓冲区中分隔符右侧的位数定为 0，表示转换值中没有分隔符；若 nnn > 5（如 nnn 为 110），为非法格式，此时无输出，输出缓冲区用 ASCII 码空格填充。

左图：

```
        MSB              LSB
        7 6 5 4 3 2 1 0
FMT [ 0 0 0 0 c n n n ]
   c=1(逗号)或 0(点号)
   nnn=分隔符右侧的位数
```

	OUT	OUT+1	OUT+2	OUT+3	OUT+4	OUT+5	OUT+6	OUT+7
IN=12				0	·	0	1	2
IN=−123			−	0	·	1	2	3
IN=1234				1	·	2	3	4
IN=−12345		−	1	2	·	3	4	5

图 6-12　ITA 指令的 FMT 操作数格式及举例

输出缓冲区的大小始终为 8 个字节（可表示 8 个 ASCII 码字符），如图 6-12 所示。图中将输入端（IN）指定的整数（INT）按 FMT 格式进行格式化：若 FMT = 3（00000011），则 c = 0，表示用小数点作分隔符；nnn = 3，说明小数点右边有 3 位数字。例如，将整数（INT） − 12345 转换为 ASCII 码 − 12. 345。

输出缓冲区格式化的规则如下：

Ⅰ. 正值不带符号写入输出缓冲区。

Ⅱ. 负值带负号写入输出缓冲区。

Ⅲ. 对分隔符左边的无效零进行删除处理。

Ⅳ. 在输出缓冲区中数值采用右对齐。

2）双整数转换为 ASCII 码（DTA）指令　把输入端（IN）指定的双整数（DINT）转换成 ASCII 码字符串，转换的结果存入以输出端（OUT）为起始字节地址的 12 个连续字节的输出缓冲区中。

DTA 指令的输出缓冲区为 12 个字节。指令的格式操作数（FMT）的定义和输出缓冲区格式化的规则与 ITA 指令相同。

图 6-13 中，若指令的格式操作数 FMT = 4（00000100），则 c = 0，nnn = 100。那么，格式化的数据格式：采用小数点作为整数和小数之间的分隔符，在小数点右边有 4 位数字。

```
        MSB                  LSB
        7                    0
FMT [ 0 0 0 0 c n n n ]
```

	OUT	OUT+1	OUT+2	OUT+3	OUT+4	OUT+5	OUT+6	OUT+7	OUT+8	OUT+9	OUT+10	OUT+11
IN=−12						−	0	·	0	0	1	2
IN=1234567					1	2	3	·	4	5	6	7

图 6-13　DTA 指令的 FMT 操作数格式及举例

3）实数转换为 ASCII 码（RTA）指令　把输入端（IN）指定的实数（REAL）转换成 ASCII 码字符串，转换的结果存入以输出端（OUT）为起始字节地址的 3~15 个连续字节的输出缓冲区中。

指令的格式操作数（FMT）的定义如图 6-14 所示。FMT 操作数占用一个字节，高 4 位 ssss 区的值指定输出缓冲区的大小（3~15 个字节），并规定输出缓冲区的大小应大于输入实数小数点右边的位数。例如，实数 − 3. 67526，小数点右边有 5 位，ssss 应大于 5，至少为 6，即输出缓冲区应至少为 6 个字节。

169

c 位及 nnn 区值的定义与 ITA 指令相同。

输出缓冲区格式化的规则如下：

Ⅰ. ITA 指令输出缓冲区格式化的 4 条规则都适用。

Ⅱ. 转换前实数的小数部分的位数若大于 nnn 区的值，则用四舍五入的方法删去多余的小数部分。

Ⅲ. 输出缓冲区的大小必须不小于 3 个字节，还要大于输入实数小数点右边的位数。

图 6-14 中，指令的格式操作数（FMT）的高 4 位取 ssss = 0110，输出缓冲区的大小为 6 个字节；FMT 的低 4 位取 c = 0、nnn = 001。那么，格式化的数据格式：采用小数点作为整数和小数之间的分隔符，在小数点右边有一位数字。例如，输入端（IN）指定的实数为 3. 67525，因其小数部分有 5 位多于 nnn 区的值（nnn = 001），则用四舍五入的方法删去多余的小数部分 4 位，转换结果为 3. 7。

	MSB 7							LSB 0
FMT	s	s	s	s	c	n	n	n

ssss=输出缓冲区的大小
c=1(逗号)或 0(点号)
nnn=分隔符右侧的位数

	OUT	OUT +1	OUT +2	OUT +3	OUT +4	OUT +5
IN=1234.5	1	2	3	4	·	5
IN=−0.0004				0	·	0
IN=3.67526				3	·	7
IN=1.95				2	·	0

图 6-14　RTA 指令的 FMT 操作数格式及举例

整数、双整数、实数转换为 ASCII 码指令格式见表 6-19。

表 6-19　ASCII 码的转换指令格式

指令名称	梯　形　图	语　句　表	操　作　数	功　　能
ASCII 码转换为十六进制数	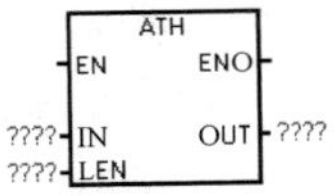	ATH　IN，OUT，LEN	IN：IB、QB、VB、MB、SMB、SB、LB、* VD、* LD、* AC OUT：IB、QB、VB、MB、SMB、SB、LB、* VD、* LD、* AC LEN：IB、QB、VB、MB、SMB、SB、LB、AC、* VD、* LD、* AC、常数	当 EN = 1 时，将从 IN 开始的长度为 LEN 的 ASCII 码转换为十六进制数，并送入 OUT 开始的字节单元
十六进制数转换为 ASCII 码	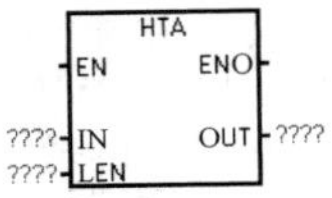	HTA　IN，OUT，LEN		当 EN = 1 时，将从 IN 开始的长度为 LEN 的十六进制数转换为 ASCII 码，并送入 OUT 开始的字节单元
整数转换为 ASCII 码	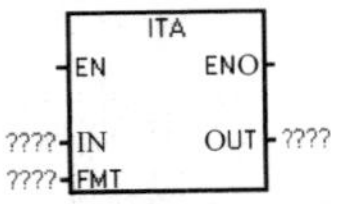	ITA　IN，OUT，FMT	IN（ITA）：IW、QW、VW、MW、SMW、SW、LW、T、C、AC、AIW、* VD、* LD、* AC、常数 IN（DTA）：ID、QD、VD、MD、SMD、SD、LD、HC、AC、* VD、* LD、* AC、常数 IN（RTA）：ID、QD、VD、MD、SMD、SD、LD、AC、* VD、* LD、* AC、常数 OUT：IB、QB、VB、MB、SMB、SB、LB、* VD、* LD、* AC FMT：IB、QB、VB、MB、SMB、SB、LB、AC、* VD、* LD、* AC、常数	当 EN = 1 时，将整数、双整数、实数 IN 转换为 ASCII 码字符串，并送入 OUT 开始的字节单元。FMT 指定分隔符是逗号还是点号，并指定分隔符右侧的位数
双整数转换为 ASCII 码	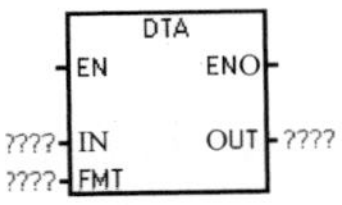	DTA　IN，OUT，FMT		
实数转换为 ASCII 码	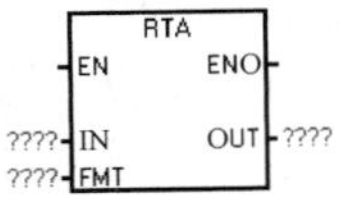	RTA　IN，OUT，FMT		

【例 6-12】 整数、实数转换为 ASCII 码指令的使用举例，如图 6-15 所示。

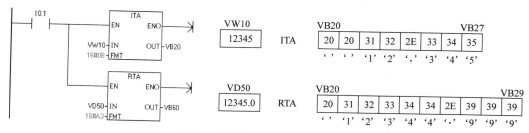

图 6-15 整数、实数转换为 ASCII 码指令的使用举例

本例中，16#0B 表示用逗号作分隔符，分隔符右侧保留 3 位数；16#A3 表示 OUT 的大小为 10 个字节，用点号作分隔符，分隔符右侧保留 3 位数。

注意：12345.0 转换后结果应为 12345.000，但由于受精度的影响，结果会出现误差，所以实际结果为 12344.999。

3. 表功能指令

（1）填表、查表指令

填表（ATT）指令将输入的字型数据（DATA）添加到指定表格中。TBL 指明表格的首地址，用以指明被访问的表格。表中第一个数是最大填表数（TL），第二个数是实际填表数（EC），指出已填入表的数据个数。新的数据填加在表的末尾。每向表中填加一个新的数据，EC 会自动加 1，最多可向表中填入 100 个数据。DATA 数据类型为 INT 型，TBL 为 WORD 型。

【例 6-13】 填表指令的使用举例，如图 6-16 所示。

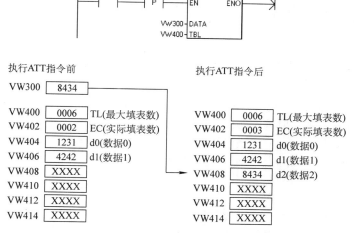

图 6-16 填表指令的使用举例

查表（FND）指令可以从表格中查找出符合条件的数据在表中的编号。TBL 指明被访问表格的首地址；PTN 端用来描述查表时进行比较的数据；命令参数 CMD 表明查找条件，它是一个 1～4 的数值，分别代表 =、＜＞、＜、＞ 符号；INDX 用来指定表中符合查找条件的数据的编号，表中数据的编号总数（搜索区域）为 0～99。

如果发现一个符合条件的数据，那么 INDX 指向表中该数的编号。为了查找下一个符合条件的数据，在激活查表指令前，必须先对 INDX 加 1。如果没有发现符合条件的数据，那么 INDX 等于 EC。

指令操作数 TBL 为 WORD 型，PTN 为 INT 型，INDX 为 WORD 型，CMD 为 BYTE 型。

填表、查表指令格式见表 6-20。

【例 6-14】 查表指令的使用举例，如图 6-17 所示。

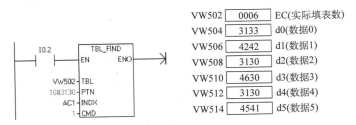

图 6-17 查表指令的使用举例

为了从表头开始查找，AC1 必须置 0。当 I0.2 = 1 时，从表头开始查找符合条件即数值为 16#3130 的数据项编号。查找完后，AC1 的数值为 2，表明查找到一个符合条件的数据，其位置在 VW508。如果还想继续往下查找，令 AC1 加 1，再执行一次查找。查找完后，AC1 的数值为 4，表明又查找到一个符合条件的数据，其位置在 VW512。如果还想继续往下查找，令 AC1 加 1，再执行一次查找。查找完后，AC1 中的数值为 6（EC），表明整个表已查完，没有发现符合条件的数据。再次重新查表前，AC1 应复位到 0。

（2）先进先出、后进先出指令

先进先出（FIFO）指令从表（TBL）中移走第一个数据（最先进入表中的数据），并将此数输出到 DATA 所指定的存储单元中。每执行一次指令，剩余数据依次上移一个位置，表中的实际填表数（EC）减 1。

后进先出（LIFO）指令从表（TBL）中移走最后一个数据（最后进入表中的数据），并将此数输出到 DATA 所指定的存储单元中。每执行一次指令，表中的实际填表数（EC）减 1，剩余数据保持不变。

FIFO、LIFO 指令操作数 TBL 为 WORD 型，DATA 为 INT 型。FIFO、LIFO 指令影响的特殊存储器位：SM1.5（表空）。

先进先出、后进先出指令格式见表 6-20。

【例 6-15】 先进先出、后进先出指令的使用举例，如图 6-18 所示。

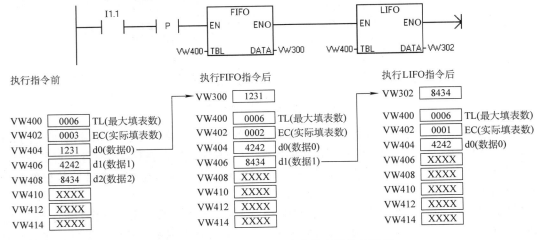

图 6-18 先进先出、后进先出指令的使用举例

（3）存储器填充指令

存储器填充（FILL）指令用字型数据输入值（IN）填充从输出端（OUT）为起始字节地址的 N 个字型存储单元。N 为 1 ~ 255。指令操作数 IN、OUT 为 WORD 型，N 为 BYTE 型。

存储器填充指令格式见表 6-20。

【例 6-16】　存储器填充指令的使用举例，如图 6-19 所示。

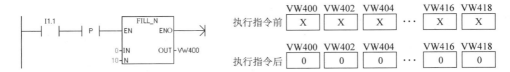

图 6-19　存储器填充指令的使用举例

本例中，执行 FILL 指令后，VW400 ~ VW418 的区域被清零。

表功能指令格式见表 6-20。

表 6-20　表功能指令格式

指令名称	梯 形 图	语 句 表	操 作 数	功 能
填表	AD_T_TBL EN　ENO ????-DATA ????-TBL	ATT　DATA, TBL	DATA: IW、QW、VW、MW、SMW、SW、LW、T、C、AC、AIW、*VD、*LD、*AC、常数 TBL: IW、QW、VW、MW、SMW、SW、LW、T、C、*VD、*LD、*AC	当 EN = 1 时，将输入的字型数据 DATA 添加到 TBL 指定的表格中
查表	TBL_FIND EN　ENO ????-TBL ????-PTN ????-INDX ????-CMD	FND =　TBL, PTN, INDX （查表条件：= PTN） FND < >　TBL, PTN, INDX （查表条件：< > PTN） FND <　TBL, PTN, INDX （查表条件：< PTN） FND >　TBL, PTN, INDX （查表条件：> PTN）	TBL: IW、QW、VW、MW、SMW、LW、T、C、*VD、*LD、*AC PTN: IW、QW、VW、MW、SMW、SW、LW、T、C、AC、AIW、*VD、*LD、*AC、常数 INDX: IW、QW、VW、MW、SMW、SW、LW、T、C、AC、*VD、*LD、*AC CMD: 1（=）、2（< >）、3（<）、4（>）	当 EN = 1 时，在 TBL 指定的表格中查找符合条件的数据在表格中的编号
先进先出	FIFO EN　ENO ????-TBL　DATA-????	FIFO　DATA, TBL	TBL: IW、QW、VW、MW、SMW、SW、LW、T、C、*VD、*LD、*AC DATA: IW、QW、VW、MW、SMW、SW、LW、T、C、AC、AQW、*VD、*LD、*AC	当 EN = 1 时，从在 TBL 指定的表格中移走第一个（最后一个）数据并送入 DATA
后进先出	LIFO EN　ENO ????-TBL　DATA-????	LIFO　DATA, TBL		

（续）

指令名称	梯 形 图	语 句 表	操 作 数	功 能
存储器填充	FILL_N EN ENO ????–IN OUT–???? ????–N	FILL IN, OUT, N	IN: IW、QW、VW、MW、SMW、SW、LW、T、C、AC、AIW、*VD、*LD、*AC、常数 OUT: IW、QW、VW、MW、SMW、SW、LW、T、C、AQW、*VD、*LD、*AC N: IB、QB、VB、MB、SMB、SB、LB、AC、*VD、*LD、*AC、常数	当 EN = 1 时，用字型数据输入值 IN 填充从输出端 OUT 为起始地址的 N 个字型存储单元

4. 读、写实时时钟指令

读实时时钟（TODR）指令从实时时钟读取当前时间和日期，并装入以 T 为起始字节地址的 8 个字节缓冲区，依次存放年、月、日、时、分、秒、0 和星期。操作数 T 的数据类型为字节型。

写实时时钟（TODW）指令把含有当前时间和日期的 8 个字节缓冲区（起始地址是 T）的内容装入时钟。

时钟缓冲区格式见表 6-21。

表 6-21　时钟缓冲区格式

字节	T	T+1	T+2	T+3	T+4	T+5	T+6	T+7
含义	年	月	日	小时	分钟	秒	保留	星期
范围	00～99	01～12	01～31	00～23	00～59	00～59	00	0～7

注：1. 所有日期和时间值必须采用 BCD 码格式。

2. 表示年份时，只用最低两位数，如 2009 年表示为 16#09。

3. 表示星期时，16#1 = 星期日，16#7 = 星期六，16#0 禁止星期表示法。

4. 例如，缓冲区中存放的数值为 16#0410011430150003，则表示日期和时间为 04 年 10 月 1 日 14 时 30 分 15 秒（星期二）。

读、写实时时钟指令格式见表 6-22。

表 6-22　读、写实时时钟指令格式

指令名称	梯 形 图	语 句 表	操 作 数	功 能
读实时时钟	READ_RTC EN ENO ????–T	TODR T	T: IB、QB、VB、MB、SMB、SB、LB、*VD、*LD、*AC	当 EN = 1 时，从实时时钟读取当前时间和日期，并装入以 T 为起始字节地址的 8 个字节缓冲区
写实时时钟	SET_RTC EN ENO ????–T	TODW T		当 EN = 1 时，把含有当前时间和日期的 8 个字节缓冲区（起始地址是 T）的内容装入时钟

S7-200 PLC 不执行检查和核实日期是否准确，可以接受无效日期（如 2 月 30 日）。因此，必须确保输入数据的准确性。不要同时在主程序和中断程序中使用 TODR/TODW 指令，否则会产生非致命错误。

S7-200 PLC 中，CPU221 和 CPU222 没有内置的实时时钟，需要外插带电池的实时时钟卡才能获得实时时钟功能；CPU224 和 CPU226 有内置时钟，在失去电源后，CPU 靠内置超级电容或外插电池卡为实时时钟提供电源。

可以用编程软件的菜单命令"PLC"→"实时时钟..."，通过 CPU 的在线连接设置日期时间和启动时钟开始运行。也可以通过写实时时钟指令（TODW）来设置和启动实时时钟。

【例6-17】　读、写实时时钟指令的使用举例，如图 6-20 所示。

出现事故时，检测开关使得 I0.0 = 1，使输出 Q0.1 立即置位，同时将事故发生的日期和时间保存在 VB100 ~ VB107 中。

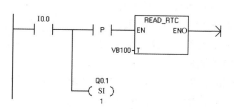

图 6-20　读、写实时时钟指令的使用举例

6.2　程序控制指令

程序控制指令，可用于控制程序的走向。合理使用该类指令可以优化程序的结构，增强程序的功能和灵活性。

6.2.1　有条件结束指令

有条件结束（END）指令，当前面的逻辑条件成立时终止当前扫描周期。STEP7-Micro/WIN 自动在主程序结束时加上一个无条件结束（MEND）指令，在编制程序时不需要用户自己再在程序末尾添加结束语句。条件结束指令用在无条件结束（MEND）指令之前，但不能在子程序或中断程序中使用。在调试程序时，可在程序的适当位置插入无条件结束指令以实现程序的分段调试；在实际应用中，也可以利用程序的运行结果、系统状态或外部输入信号来调用有条件结束指令使程序结束。

【例6-18】　有条件结束指令的使用举例，如图 6-21 所示。

在本例中，当 I0.0 = 1 时，结束主程序。

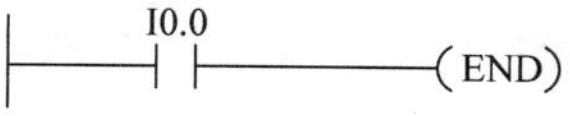

6.2.2　暂停指令

暂停（STOP）指令能够引起 CPU 工作方式发生变化，从运行方式（RUN）进入停止方式（STOP），立即终止程序的执行。如果 STOP 指令在中断程序中执行，那么该中断程序立即终止，并且忽略所有挂起的中断，继续执行主程序的剩余部分。在本次扫描结束后，完成 CPU 从 RUN 到 STOP 的转换。

【例6-19】　暂停指令的使用举例，如图 6-22 所示。

在本例中，SM5.0 为 I/O 错误继电器，当出现 I/O 错误时，SM5.0 = 1，此时就会强迫 CPU 进入停止方式。

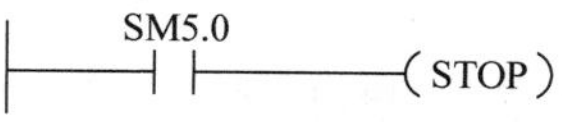

```
      I0.0
    ──┤ ├──────────( END )
```

图 6-21　有条件结束指令的使用举例

```
     SM5.0
   ──┤ ├──────────( STOP )
```

图 6-22　暂停指令的使用举例

6.2.3　监视定时器复位指令

监视定时器 WDT（Watchdog Timer）又称看门狗定时器。为了保证系统可靠运行，PLC 内部设置了系统监视定时器 WDT，用于监视扫描周期是否超时。每当扫描到 WDT 时，WDT 将复位。WDT 有一设定值（100 ~ 300ms），系统正常工作时，所需扫描时间小于 WDT 的设定值，WDT 被

175

及时复位。系统故障情况下，扫描时间大于 WDT 的设定值，该定时器不能及时复位，则报警并停止 CPU 运行，同时复位输入、输出。这种故障称为 WDT 故障，以防止因系统故障或程序进入死循环而引起的扫描周期过长。

系统正常工作时，有时会因为用户程序过长或使用中断指令、循环指令使扫描时间过长而超过 WDT 的设定值，为防止这种情况下监视定时器动作，可使用监视定时器复位（WDR）指令，使 WDT 复位，从而增加 CPU 系统扫描所允许的时间。使用 WDR 指令时，下列操作只有在扫描周期结束时才能执行：通信（自由端口方式除外）、I/O 更新（立即 I/O 除外）、强制更新、SM 位更新（SM0, SM5 ~ SM29 不能被更新）、运行时间诊断、在中断程序中的 STOP 指令等。

带数字量输出的扩展模块也有一个监视定时器，如果模块没有及时被 CPU 改写，此监视定时器将关断输出。因此，用 WDR 指令进行扫描时间扩展时，应对每个扩展模块的某一个字节使用立即写（BIW）指令进行写操作，用以复位扩展模块的监视定时器保证正确输出。

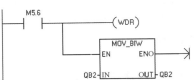

图 6-23　监视定时器复位指令的使用举例

【例 6-20】　监视定时器复位指令的使用举例，如图 6-23 所示。

在本例中，当 M5.6 = 1 时重新触发 CPU 复位看门狗定时器，并利用立即写指令来重新触发扩展模块的看门狗定时器，从而扩展允许扫描周期。

6.2.4　跳转与标号指令

程序执行时，可能需要根据不同的条件而产生不同的分支，可采用跳转与标号指令来实现这种跳转操作。跳转（JMP）指令可使程序流程转到同一程序中的具体标号（n）处。标号（LBL）指令用以标记跳转目的地（n）。JMP 与 LBL 指令的操作数 n 为常数 0 ~ 255。JMP 指令和对应的 LBL 指令必须用在同一个程序段中。

编程时，可以有多条跳转指令使用同一标号，但不允许一个跳转指令对应多个标号的情况，在同一程序中也不允许存在相同的标号；可以在主程序、子程序或者中断服务子程序中使用跳转指令，但跳转指令和与之相对应的标号指令必须在同一程序段中，不能由主程序跳转到子程序或中断服务子程序，同样也不能从子程序或中断服务子程序跳出；可以在 SCR 程序中使用跳转指令，但相应的标号指令也必须在同一 SCR 段中；一般将标号指令设在相关的跳转指令之后，这样可以减少程序的执行时间。

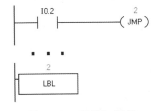

图 6-24　跳转与标号指令的使用举例

【例 6-21】　跳转与标号指令的使用举例，如图 6-24 所示。

在本例中，当 I0.2 = 1 时程序流程将跳转到标号 2 处运行。

6.2.5　循环指令

在控制系统中经常遇到需要重复执行若干次同样任务的情况，这时可以使用循环指令。循环开始（FOR）指令标记循环体的开始；循环结束（NEXT）指令标记循环体的结束。FOR 与 NEXT 之间的程序部分为循环体，FOR 指令的逻辑条件满足时，反复执行循环体中的程序。在 FOR 指令中，必须设置当前循环次数的计数器（INDX）初值（INIT）和终值（FINAL），它们的数据类型为整数。启动循环时，将初值 INIT 送入当前循环次数的计数器 INDX，每执行一次循环体，INDX 增加 1，并将其值同终值 FINAL 作比较，如果 INDX 大于终值，那么终止循环。例如，给定初值（INIT）为 1，终值（FINAL）为 10，那么随着当前计数值（INDX）从 1 增加到 10，

FOR 与 NEXT 之间的程序被执行 10 次。

当允许输入端有效时，执行循环体直到循环结束。在 FOR/NEXT 循环执行的过程中可以修改终值。当允许输入端重新有效时，指令自动将初值复制到计数器 INDX 中。FOR 指令和 NEXT 指令必须成对使用。允许循环嵌套，嵌套深度可达 8 层，但各个嵌套之间不允许有交叉现象。

【例6-22】 循环指令的使用举例，如图 6-25 所示。

在本例中，为 2 层循环嵌套，循环体为 VW300 中的数值自加 1。当 2 层循环条件同时满足，程序执行后，VW300 中的数值加了 200 个 1。

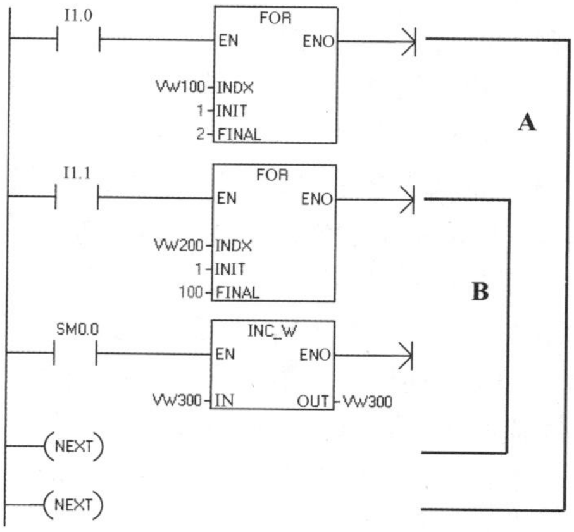

6.2.6　诊断 LED 指令

S7-200 PLC 检测到致命错误时，SF/DIAG（故障/诊断）LED 发出红光。在 STEP7- Micro/WIN V4.0 软件的系统块的"配置 LED"选项卡中，如果选择了有变量被强制与（或）I/O 出错时 LED 亮，则出现上述事件时 LED 发黄光。如果两个选项均未被选中，SF/DIAG LED 发黄光只受诊断 LED（DLED）指令控制。DLED 指令根据输入参数（IN）是否为零将诊断 LED 置为 OFF 或 ON（黄色）。

【例6-23】 诊断 LED 指令的使用举例，如图 6-26 所示。

本例中，VB10 中为错误码。当 VB10 中的值为 0 时，诊断 LED 不亮；当 VB10 中的值为非 0 时，诊断 LED 发黄光。

图 6-25　循环指令的使用举例

图 6-26　诊断 LED 指令
的使用举例

6.3　局部变量表与子程序

6.3.1　局部变量表

S7-200 PLC 程序中的每个程序组织单元（Program Organizational Unit，POU）均有 64 字节 L 存储器组成的局部变量表。局部变量表中定义的局部变量只在它被创建的 POU 中有效，当局部变量名与全局符号冲突时，在创建该局部变量的 POU 中，该局部变量的定义优先。在子程序中应尽量使用局部变量，避免使用全局变量，这样可以避免与其他 POU 中的变量发生冲突，不做任何改动就可很方便地将子程序移植到别的项目中去。

1. 局部变量的名称及类型

在局部变量表中定义局部变量时，需为各个变量命名。局部变量名又称符号名，最多 23 个字符，首字符不能是数字。选用合适的变量名可大大方便编程，并增强程序的可读性。

局部变量表中的变量类型区定义的变量有：传入子程序参数（IN）、传入/传出子程序参数（IN/OUT）、传出子程序参数（OUT）、暂时变量（TEMP）4 种类型。

IN：传入子程序参数。传入子程序参数可以是直接寻址数据（如 VB10）、间接寻址数据（如 ＊AC1）、常数（如 16#1234）或地址（如 ＆VB100）。

IN/OUT：传入/传出子程序参数。调用时，将指定参数位置的值传到子程序；返回时，从子程序得到的结果值被返回到同一地址。参数可采用直接寻址和间接寻址，但常数和地址不允许

177

作为输入/输出参数。

OUT：传出子程序参数。将从子程序来的结果值返回到指定参数位置。输出参数可以采用直接寻址和间接寻址，但不可以是常数或地址。

TEMP：临时变量。只能在子程序内部暂时存储数据，不能用来传递参数。

在带参数调用子程序指令中，参数必须按照一定顺序排列，输入参数（IN）在最前面，其次是输入/输出参数（IN/OUT），最后是输出参数（OUT）和临时变量（TEMP）。

2. 局部变量的地址分配及增加新变量

在局部变量表中定义局部变量时，只需指定局部变量的类型（IN、IN/OUT、OUT 和 TEMP）和数据类型，不用指定存储器地址，程序编辑器自动为各个局部变量分配地址：起始地址是 L0.0；1～8 连续位参数值分配一个字节，从 Lx.0 到 Lx.7（x 为字节地址）。字节、字和双字值在局部变量存储器中按照字节顺序分配，如 LBx、LWx 和 LDx。

对于主程序与中断程序，局部变量表已预先定义一组 TEMP 变量。若要增加变量，只需用鼠标右键单击表中的某一行，在弹出的菜单中执行"插入"→"行"命令，在所选行的上面插入新的行；执行菜单"插入"→"下一行"命令，则在所选行的下面插入新的行。

对于子程序，局部变量表显示数据类型被预先定义为 IN、IN/OUT、OUT 和 TEMP 的一系列行，不能改变它们的顺序。如果要增加新的局部变量，必须用鼠标右键单击已有的行，并用弹出菜单在所选行的上面或下面插入相同类型的另一局部变量。

6.3.2　子程序

S7-200 PLC 程序主要分为三大类：主程序（MAIN）、子程序（SBR_N）和中断服务子程序（INT_N）。在实际应用中，往往需要重复完成一系列相同的任务，这时可编写一系列子程序块来实现。在执行程序时，根据需要随时调用这些子程序块，而无需重复编写该程序。在编写复杂 PLC 程序时，也往往将全部的控制功能分解成若干个任务简单的子功能块，然后再针对各个子功能块进行独立编程，此时 PLC 程序将由若干个子程序有机组合而成。子程序使程序结构简单清晰，易于调试与维护。子程序只有在条件满足时才被调用，未调用时不执行子程序中的指令，因此使用子程序还可以减少扫描时间。

1. 子程序的创建

可采用下列方式创建子程序：打开程序编辑器，在"编辑"菜单中执行命令"插入"→"子程序"；或在程序编辑器视窗中单击鼠标右键，在弹出菜单中执行命令"插入"→"子程序"；或用鼠标右键单击指令树上的"程序块"图标，在弹出菜单中执行命令"插入"→"子程序"，程序编辑器将自动生成并打开新的子程序，在程序编辑器底部出现标有新的子程序的标签。用鼠标右键单击指令树中子程序的图标，在弹出的窗口中选择"重命名"，可以修改它们的名称。

2. 子程序调用指令、子程序返回指令

子程序调用（CALL）指令在使能输入端有效时把程序控制权交给子程序（SBR_N），子程序结束后，必须返回主程序。可以带参数或不带参数调用子程序。每个子程序必须以无条件返回（RET）指令作结束，STEP7-Micro/WIN 编程软件为每个子程序自动加入无条件返回指令。有条件子程序返回（CRET）指令在允许输入端有效时终止子程序（SBR_N），子程序执行完毕，控制程序回到主程序中子程序调用（CALL）指令的下一条指令。

在中断程序、子程序中也可调用子程序，但在子程序中不能调用自己，子程序的嵌套深度为 8 层。子程序中不得使用 END 指令，也不得使用跳转语句跳入或跳出子程序。

子程序被调用时，系统会保存当前的逻辑堆栈。保存后再置栈顶值为 1，堆栈的其他值为 0，把控制权交给被调用的子程序。子程序执行完毕，通过返回指令自动恢复逻辑堆栈原调用点的值，把控制权交还给调用程序。

主程序和子程序共用累加器，调用子程序时无须对累加器做存储及重装操作。

3. 带参数调用子程序

子程序可带参数调用，使得子程序调用更为灵活方便，程序结构更为紧凑清晰。子程序的调用过程如果存在数据的传递，则在调用指令中应包含相应的参数。参数在子程序的局部变量表中定义，最多可以传递 16 个参数。参数由地址、参数变量名、变量类型和数据类型描述，如图 6-27 所示。

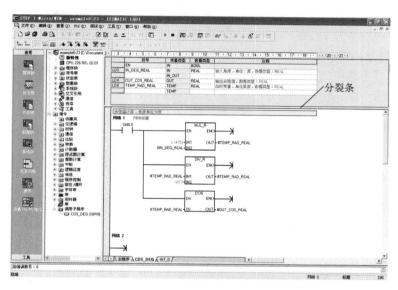

图 6-27   局部变量表与余弦值计算子程序

在使用带参数调用子程序指令前，要先对局部变量表进行定义。局部变量表的最左列是每个被传递的参数的局部变量存储器地址。当调用子程序并给子程序传递值时，输入参数值被复制到子程序的局部变量存储器。当子程序完成时，从局部变量存储器区复制输出参数值到指定的输出参数地址。

子程序指令格式见表 6-23。

表 6-23   子程序指令格式

指 令 名 称	梯 形 图	语 句 表	功 能
子程序调用	SBR_n / EN	CALL SBR_n	当 EN = 1 时，调用子程序 SBR_n
参数子程序调用	SBR_n / EN / ????-IN OUT-???? / ??.?-IN OUT	CALL SBR_n, IN, IN_ OUT, OUT	当 EN = 1 时，带参数调用子程序 SBR_n
子程序返回	—(RET)	CRET	逻辑条件满足时从子程序 SBR_n 返回

【例 6-24】   子程序调用指令的使用举例，如图 6-28 所示。

将以度为单位的角度值保存在 MD20 中，通过子程序求取其余弦值并存放在 VD20 中。

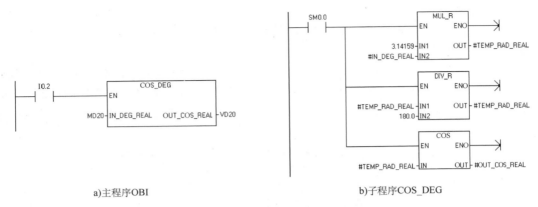

a)主程序OBI   b)子程序COS_DEG

图6-28　子程序调用指令的使用举例

6.4　中断程序与中断指令

6.4.1　中断程序

中断是使系统暂时中断现在正在执行的程序，而转到中断服务子程序去处理那些急需处理的中断事件（如异常情况或特殊请求等），处理后返回原程序时，恢复当时的程序执行状态并继续执行原程序。中断事件往往是不能预测的事件，具有随机性，与用户程序的执行时序无关。中断程序又称中断服务子程序，是由用户编写的处理中断事件的程序，但不是由用户程序调用，而是在中断事件发生时由操作系统调用。

S7-200 CPU 最多可以使用 128 个中断程序，但中断程序不能再被中断。一旦中断程序开始执行，它会一直执行到结束，而不会被别的中断程序（即使是更高优先级的中断程序）所打断。正在处理某中断程序时，如果又有中断事件发生，新出现的中断事件需按时间顺序和优先级排队等待，以待处理。

中断事件具有随机性，在中断程序中不应随便改写其他程序使用的存储器，因此在中断程序中应尽量使用局部变量。中断程序提供对突发中断事件的快速响应和处理的能力，执行完某项特定的任务后应立即返回主程序。因此中断程序应尽量短小，以尽量减少中断程序的执行时间，减少其他处理的延迟，否则可能引起主程序控制设备异常操作。

6.4.2　中断指令

1. 中断事件

S7-200 CPU 可处理的中断事件按优先级分为三类，并为每个中断事件分配唯一的事件号以标识不同中断事件。

（1）通信口中断

PLC 的串行通信口可由用户程序来控制。通信口的这种操作模式称为自由端口模式。在自由端口模式下，报文接收、发送完成和字符接收、发送完成均可以产生中断事件。利用接收和发送中断可简化程序对通信的控制。通信口中断事件的事件号有 8、9、23 ~ 26。

（2）I/O 中断

I/O 中断包含了上升沿或下降沿中断、高速计数器中断和脉冲串输出（PTO）中断。

S7-200 CPU 可用输入点（I0.0 ~ I0.3）的上升沿或下降沿产生中断，CPU 检测这些上升沿或下降沿事件，可用来指示某个事件发生时的故障状态。

高速计数器中断允许响应诸如当前值等于预置值、计数方向改变（相应于轴旋转方向改变）和计数器外部复位等事件而产生中断。

脉冲串输出中断允许对完成指定脉冲数输出的响应，指示指定的脉冲数输出已完成。

I/O 中断事件的事件号有 0 ~ 7、12 ~ 20、27 ~ 33。

（3）时基中断

时基中断包括定时中断和定时器 T32/T96 中断。

定时中断可以按指定的周期时间循环产生周期性中断事件（定时中断 0 和定时中断 1），以 1ms 为增量，周期时间可从 1 ~ 255ms。常用定时中断以固定的时间间隔去控制模拟量的采集和执行 PID 回路程序。特殊存储器 SMB34 和 SMB35 中的数值 1 ~ 255 分别确定定时中断 0 和定时中断 1 的周期时间。定时中断 0 和定时中断 1 对应的事件号分别为 10 和 11。

定时器 T32/T96 中断在给定时间间隔到达时及时地产生中断。这些中断只支持 1ms 分辨率的定时器（TON 和 TOF）T32 和 T96。T32 和 T96 定时器与其他定时器的功能相同，只是 T32、T96 在中断允许后，当定时器的当前值等于预置值时就产生中断。定时器 T32/T96 中断对应的事件号为 21/22。

2. 中断优先级

中断按以下固定的次序来决定优先级：

通信口中断（最高优先级）；

I/O 中断（中等优先级）；

时基中断（最低优先级）。

PLC 的 CPU 接到中断请求后，先查看各中断的优先级，以优先级从最高到最低的顺序处理各中断事件。在各个优先级范围内，CPU 按先来先服务的原则处理中断。中断程序不能被嵌套，任何时刻只能执行一个中断程序。中断程序一旦开始执行就会一直执行到结束，不会被别的中断程序、甚至更高优先级的中断程序所打断。当 CPU 正在执行中断程序时，新出现的中断需在中断队列中排队等待。3 个中断队列及其能保存的最大中断事件个数见表 6-24。

表 6-24　中断队列和每个队列的最大中断事件数

队　　列	CPU221/CPU222/CPU224	CPU226
通信中断队列	4	8
I/O 中断队列	16	16
定时中断队列	8	8

在中断队列排满后，有时还可能出现中断事件。这时，由中断队列溢出存储器位表明丢失的中断事件的类型。通信口中断、I/O 中断、定时中断的中断队列溢出位分别为 SM4.0、SM4.1、SM4.2，见表 6-25。中断队列溢出标志位只在中断程序中使用，因为在队列变空或返回到主程序时，这些标志位就会被复位。

表 6-25　中断队列溢出的特殊标志位存储器

描述（0 = 不溢出；1 = 溢出）	SM 位
通信中断队列溢出	SM4.0
I/O 中断队列溢出	SM4.1
定时中断队列溢出	SM4.2

表 6-26 是按优先级排列的中断事件及其事件号。

181

表 6-26　按优先级排列的中断事件及其事件号

事件号	中 断 描 述	优先组	优先组中的优先级
8	通信口 0：接收字符	通信（最高）	0
9	通信口 0：发送完成		0
23	通信口 0：接收信息完成		0
24	通信口 1：接收信息完成		1
25	通信口 1：接收字符		1
26	通信口 1：发送完成		1
19	PTO 0：完成脉冲数输出	I/O（中等）	0
20	PTO 1：完成脉冲数输出		1
0	I0.0 上升沿		2
2	I0.1 上升沿		3
4	I0.2 上升沿		4
6	I0.3 上升沿		5
1	I0.0 下降沿		6
3	I0.1 下降沿		7
5	I0.2 下降沿		8
7	I0.3 下降沿		9
12	HSC0 CV = PV（当前值 = 设定值）		10
27	HSC0 输入方向改变		11
28	HSC0 外部复位		12
13	HSC1 CV = PV（当前值 = 设定值）		13
14	HSC1 输入方向改变	I/O（中等）	14
15	HSC1 外部复位		15
16	HSC2 CV = PV（当前值 = 设定值）		16
17	HSC2 输入方向改变		17
18	HSC2 外部复位		18
32	HSC3 CV = PV（当前值 = 设定值）		19
29	HSC4 CV = PV（当前值 = 设定值）		20
30	HSC4 输入方向改变		21
31	HSC4 外部复位		22
33	HSC5 CV = PV（当前值 = 设定值）		23
10	定时中断 0	时基（最低）	0
11	定时中断 1		1
21	定时器 T32　CT = PT 中断		2
22	定时器 T96　CT = PT 中断		3

182

3. 中断连接、分离及返回指令

（1）中断连接、中断分离指令

中断连接（ATCH）指令用来建立某个中断事件（EVNT）和处理这个事件的中断程序

（INT）之间的联系，并允许这个中断事件。中断事件由中断事件号指定（见表 6-26），中断程序由中断程序号指定。

在调用一个中断程序前，必须用中断连接（ATCH）指令建立某中断事件与中断程序的连接。把某个中断事件和中断程序建立连接后，CPU 才能进入等待中断事件触发中断程序执行的状态，该中断事件发生时就会执行与之相连接的中断程序。多个中断事件可调用同一个中断程序，但一个中断事件不能同时与多个中断程序建立连接，否则，在中断允许且某个中断事件发生时，系统默认执行与该事件建立连接的最后一个中断程序。

中断分离（DTCH）指令用来解除某个中断事件（EVNT）和某个中断程序之间的联系，以单独禁止某中断事件，使中断回到不激活或无效状态。

中断连接、中断分离指令格式见表 6-27。指令操作数 INT、EVNT 的数据类型均为 BYTE 型。

（2）全局中断允许、全局中断禁止指令

全局中断允许（ENI）指令全局地允许所有被连接的中断事件。

全局中断禁止（DISI）指令全局地禁止处理所有中断事件。执行 DISI 指令后，出现的中断事件就进入中断队伍排队等候，直到全局中断允许（ENI）指令重新允许中断。

CPU 进入 RUN 方式时自动禁止了中断。在 RUN 方式执行全局中断允许（ENI）指令后，各中断事件发生时是否会执行中断程序，取决于是否执行了该中断事件的中断连接指令。

全局中断允许、全局中断禁止指令格式见表 6-27。

（3）中断返回指令

有条件中断返回（CRETI）指令用于中断程序中，根据控制条件从中断程序中返回到主程序。

中断程序在响应与之关联的内部或外部中断事件时执行。可以用无条件中断返回（RETI）指令或有条件中断返回（CRETI）指令退出中断程序，从而将控制权交还给主程序。在中断程序中，必须用无条件中断返回（RETI）指令结束每个中断程序。程序编译时，由 STEP7-Micro/WIN 编程软件自动在中断程序结尾加上 RETI 指令，不需要用户自己再在程序末尾添加。

在中断程序中不能使用 DISI、ENI、HDEF、LSCR 和 END 指令。

中断前后系统保存和恢复逻辑堆栈、累加寄存器、特殊存储器位（SM），从而避免了中断程序返回后对用户主程序执行现场所造成的破坏。

在中断程序中可以调用一级子程序，累加寄存器和逻辑堆栈在中断程序和被调用的子程序中是公用的。

中断返回指令格式见表 6-27。

表 6-27　中断指令格式

指令名称	梯　形　图	语　句　表	操　作　数	功　能
中断连接	ATCH -EN　ENO- ????-INT ????-EVNT	ATCH　INT, EVNT	INT：常数（0～127） EVNT：常数 CPU221：0～12、19～23 和 27～33 CPU222：0～12、19～23 和 27～33	当 EN = 1 时，建立中断事件 EVNT 和中断程序 INT 之间的联系，并允许这个中断事件
中断分离	DTCH -EN　ENO- ????-EVNT	DTCH　EVNT	CPU224：0～23 和 27～33 CPU224XP：0～33 CPU226：0～33	当 EN = 1 时，解除某个中断事件 EVNT 和中断程序之间的联系

（续）

指令名称	梯 形 图	语 句 表	操 作 数	功 能
全局中断允许	—(ENI)	ENI		全局允许中断
全局中断禁止	—(DISI)	DISI		全局禁止中断
中断返回	—(RETI)	CRETI		从中断程序中有条件返回

【例6-25】 中断指令的使用举例，如图6-29所示。

本例为使用定时中断采集模拟量的程序。SMB34 中的值设为 100，则每隔 100ms 产生一次定时中断，对模拟量进行一次采集。

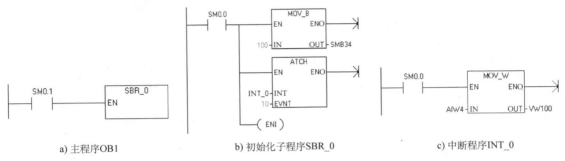

a) 主程序OB1　　　　　　b) 初始化子程序SBR_0　　　　　　c) 中断程序INT_0

图6-29　中断指令的使用举例

6.5　PID 指令及应用

在工业控制过程中，对温度、压力、液位、流量等模拟量的闭环控制，通常采用 PID 控制（即比例积分微分控制）。因此，在 PLC 控制器中一般都具有 PID 控制功能，如西门子 PLC 就有 PID 指令及 PID 向导等功能器件，并有 PID 自整定功能。在 PLC 中应用 PID 控制一般采取以下方法：

1）用 PID 指令用户编程的方法。该方法是用编程软件由用户自己编程，其中包括主程序、子程序、中断程序，模拟量 I/O、数据换算、PID 指令应用等。

2）用 PID 向导编程的方法。即通过编程软件的向导功能自动生成控制程序，用户只要在相关"窗口"内按向导提示"勾选回路"和"遴选参数"后，即可自动完成 PID 向导编程。

3）用 PLC 与智能仪表联用完成 PID 控制功能。

上述三种方法各有优劣，第一种方法需要具备足够的专业知识和经验，如果程序质量高，可获得很高的控制精度和性能；第二种方法学习容易，并且向导配置的回路支持 PID 自整定功能，用户可方便快捷地完成 PID 控制设计；第三种方法可充分利用 PLC 和智能仪表各自的优势实现 PID 控制。

本书主要介绍前两种方法。第一种方法是 PLC 的 PID 控制基础，也是第二种方法的基础，通过学习掌握编程方法，并了解向导的应用。

6.5.1　PID 算法

PID 是比例积分微分的英文缩写。在闭环控制系统中，PID 控制器根据给定值（SP）和过程变量（PV）的偏差（e）调节回路输出值，以保证偏差（e）为零或趋于零，使系统达到稳定状态。如果 PID 回路的输出变量 $M(t)$ 是时间 t 的函数，则可以看作是比例项、积分项、微分项三项之和，如式（6-1）所示。

$$M(t) = K_C e + K_I \int_0^t e dt + M_{initial} + K_D de/dt \tag{6-1}$$

式中，$M(t)$ 为 PID 回路的输出，是时间函数；K_C 为 PID 回路的增益；K_I 为积分项的系数；e 为 PID 回路的偏差；$M_{initial}$ 为 PID 回路输出的初始值；K_D 为微分项的系数。

数字计算机处理式（6-1），必须将连续函数离散化。假设采样周期为 T_S，系统开始运行的时刻为 $t = 0$，用矩形来近似精确积分（见图 6-30），用差分近似精确微分，将式（6-1）离散化，第 n 次采样时控制器的输出为

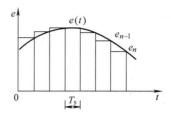

图 6-30　积分的近似计算

$$M_n = K_C e_n + K_I \sum_{i=1}^{n} e_i + M_{initial} + K_D(e_n - e_{n-1}) \qquad (6\text{-}2)$$

式中，M_n 为在第 n 个采样时刻 PID 回路输出的计算值；e_n 为在第 n 个采样时刻的偏差值；e_{n-1} 为在第 $n-1$ 个采样时刻的偏差值（偏差前值）；$M_{initial}$ 为 PID 回路输出的初值；K_C、K_I 和 K_D 分别为 PID 回路的增益、积分项的系数和微分项的系数。

式（6-2）中，积分项包括从第 1 个采样到当前采样的所有偏差。实际计算时，没有必要也不可能保存所有采样的偏差，只需保存上一次采样的偏差值和上一次积分项 MX（积分项前值）即可。利用迭代运算，可将式（6-2）转化为递推方程，简化的递推方程如下：

$$M_n = K_C e_n + K_I e_n + MX + K_D(e_n - e_{n-1}) = MP_n + MI_n + MD_n \qquad (6\text{-}3)$$

式中，MX 为积分项前值（在第 $n-1$ 个采样时刻的积分项）；MP_n 为第 n 个采样时刻的比例项；MI_n 为第 n 个采样时刻的积分项；MD_n 为第 n 个采样时刻的微分项。

（1）比例项

比例项 MP_n 是增益 K_C 和偏差 e_n 的乘积，增益 K_C 决定输出对偏差的灵敏度，即

$$MP_n = K_C e_n = K_C(SP_n - PV_n) \qquad (6\text{-}4)$$

式中，SP_n 为第 n 个采样时刻的给定值；PV_n 为第 n 个采样时刻的过程变量值（即反馈值）。

（2）积分项

积分项 MI_n 与历次采样时刻的偏差的累加和成正比，即

$$MI_n = K_I e_n + MX = K_C T_S / T_I (SP_n - PV_n) + MX \qquad (6\text{-}5)$$

式中，T_S 为采样周期；T_I 为积分时间常数；MX 为第 $n-1$ 个采样时刻的积分项（积分项前值）。在每次计算出 MI_n 之后，都要用 MI_n 去更新 MX。第一次计算时 MX 的初值被设置为 $M_{initial}$（初值）。采样周期 T_S 是重新计算输出的时间间隔，而积分时间常数 T_I 控制积分项在整个输出结果中影响的程度。

（3）微分项

微分项 MD_n 与偏差的变化成正比，即

$$MD_n = K_D(e_n - e_{n-1}) = K_C T_D / T_S [(SP_n - PV_n) - (SP_{n-1} - PV_{n-1})] \qquad (6\text{-}6)$$

为了避免给定值变化的微分作用而引起的跳变，可设定给定值不变（$SP_n = SP_{n-1}$），则微分项的算式为

$$MD_n = K_C T_D / T_S (SP_n - PV_n - SP_{n-1} + PV_{n-1}) = K_C T_D / T_S (PV_{n-1} - PV_n) \qquad (6\text{-}7)$$

式中，T_D 为微分时间常数；SP_{n-1} 为第 $n-1$ 个采样时刻的给定值；PV_{n-1} 为第 $n-1$ 个采样时刻的过程变量值（过程变量前值）。

为了计算下一个采样时刻的微分项，应将本次的过程变量值 PV_n 存储起来，作为下一次的过程变量前值 PV_{n-1}。在第 1 个采样时刻时，将 PV_{n-1} 初始化为 PV_n。

6.5.2　PID 回路指令

1. PID 回路指令格式与说明

PID 回路指令运用回路表中的输入信息和组态信息进行 PID 运算，编程极其简便。该指令有

两个操作数：TBL 和 LOOP，其中 TBL 为回路表的起始地址，操作数限用 VB 区域（BYTE 型）；LOOP 为回路号，可以是 0~7 的整数（BYTE 型）。进行 PID 运算的前提条件是逻辑堆栈栈顶值必须为 1。在程序中最多可以用 8 条 PID 回路指令。PID 回路指令不可重复使用同一个回路号，否则会产生不可预料的结果。

PID 回路指令格式见表 6-28。

表 6-28　PID 回路指令格式

指令名称	梯 形 图	语 句 表	操 作 数	功 能
PID 回路	PID EN　　ENO ????-TBL ????-LOOP	PID　TBL, LOOP	TBL：VB LOOP：常数（0~7）	当 EN = 1 时，运用回路表 TBL 中输入和配置的信息，在回路号 LOOP 指定的回路中进行 PID 运算

回路表包含 9 个参数，用来控制和监视 PID 运算。这些参数分别是过程变量当前值（PV_n）、过程变量前值（PV_{n-1}）、给定值（SP_n）、输出值（M_n）、增益（K_C）、采样时间（T_S）、积分时间（T_I）、微分时间（T_D）和积分项前值（MX）。36 个字节的回路表格式见表 6-29。

表 6-29　回路表格式

偏移地址	变 量 名	数据类型	变量类型	描 述
0	过程变量（PV_n）	实数	输入	必须在 0.0~1.0 之间
4	给定值（SP_n）	实数	输入	必须在 0.0~1.0 之间
8	输出值（M_n）	实数	输入/输出	必须在 0.0~1.0 之间
12	增益（K_C）	实数	输入	比例常数，可正可负
16	采样时间（T_S）	实数	输入	单位为 s，必须是正数
20	积分时间（T_I）	实数	输入	单位为 min，必须是正数
24	微分时间（T_D）	实数	输入	单位为 min，必须是正数
28	积分项前值（MX）	实数	输入/输出	必须在 0.0~1.0 之间
32	过程变量前值（PV_{n-1}）	实数	输入/输出	最近一次 PID 运算的过程变量值，必须在 0.0~1.0 之间

若要以一定的采样频率进行 PID 运算，采样时间必须输入到回路表中，且 PID 回路指令必须编入定时发生的中断程序中，或者在主程序中由定时器控制 PID 回路指令的执行频率。

2. 控制方式

S7-200 PLC 执行 PID 回路指令时为"自动"运行方式，不执行 PID 回路指令时为"手动"方式。

PID 回路指令的使能输入端检测到一个正跳变（从 0 到 1）信号，PID 回路就从手动方式切换到自动方式。为了保证能从手动方式顺利向自动方式切换，系统必须把手动方式的当前输出值填入回路表中的 M_n 栏，用来初始化输出值 M_n，且进行一系列操作对回路表中的值进行组态：

置给定值（SP_n）= 过程变量（PV_n）

置过程变量前值（PV_{n-1}）= 过程变量当前值（PV_n）

置积分项前值（MX）= 输出值（M_n）

在梯形图中，若 PID 回路指令的允许输入端（EN）直接接至左母线，在启动 CPU 或 CPU 从 STOP 方式转换到 RUN 方式时，PID 使能位的默认值为 1，可以执行 PID 回路指令，但无正跳变信号，因而不会自动地执行无扰动的自动切换功能。

3. 回路输入/输出变量的数值转换

（1）回路输入变量的转换和标准化

每个 PID 回路有两个输入变量，给定值 SP 和过程变量 PV。给定值通常是一个固定的值，如水箱水位的给定值。过程变量与 PID 回路输出有关，并反映了控制的效果。在水箱控制系统中，过程变量就是水位的测量值。

给定值和过程变量都是实际工程物理量，其数值大小、范围和测量单位都可能不一样。执行 PID 回路指令前必须把它们转换成无量纲、标准的浮点型实数。转换步骤如下：

1）回路输入变量的数据转换。

ITD　　　AIW0，AC0　　　//把输入值 16 位整数转换成 32 位双整数

DTR　　　AC0，AC0　　　//把 32 位双整数转换成实数

2）实数值的标准化。

把实数值进一步标准化为 0.0 ～ 1.0 之间的实数。实数标准化的公式为

$$R_{norm} = (R_{raw}/S_{pan} + Offset) \tag{6-8}$$

式中，R_{norm} 为标准化的实数值；R_{raw} 为未标准化的实数值；$Offset$ 为补偿值或偏置，单极性为 0.0，双极性为 0.5；S_{pan} 为值域大小，为最大允许值减去最小允许值，单极性为 32000（典型值），双极性为 64000（典型值）。双极性实数标准化的程序如下：

/R　　　64000.0，AC0　　　//累加器中的实数值除以 64000.0

+R　　　0.5，AC0　　　//加上偏置，使其落在 0.0 ～ 1.0 之间

MOVR　　　AC0，VD100　　　//标准化的值存入回路表

（2）回路输出值转换成刻度整数值

回路输出值是用来控制外部设备的。例如，控制水泵的速度。PID 运算的输出值是 0.0 ～ 1.0 之间的标准化了的实数值，在输出值传送给 D/A 模拟量单元之前，必须把回路输出值转换成相应的 16 位整数。这一过程是实数值标准化的逆过程。

1）回路输出值的刻度化。

把回路输出的 0.0 ～ 1.0 之间的标准化实数转换成实数，公式为

$$R_{scal} = (M_n - Offset)S_{pan} \tag{6-9}$$

式中，R_{scal} 为回路输出的刻度实数值；M_n 为回路输出的标准化实数值；$Offset$、S_{pan} 定义同式（6-8）。双极性回路输出值的刻度化的程序如下：

MOVR　　　VD108，AC0　　　//把回路输出值移入累加器

-R　　　0.5，AC0　　　//对双极性输出值，$Offset$ 为 0.5

*R　　　64000.0，AC0　　　//得到回路输出值的刻度值

2）将实数转换为 16 位整数。

把输出值的刻度值转换成 16 位整数（INT）的程序如下：

ROUND　　　AC0　AC0　　　//把实数转换为 32 位双整数

DTI　　　AC0，AC0　　　//把双整数转换为整数

MOVW　　　AC0，AQW0　　　//把 16 位整数写入模拟量输出映像寄存器

4. 变量和范围

过程变量和给定值是 PID 运算的输入变量，因此在回路表中这些变量只能被回路指令读取而不能改写。

输出变量是由 PID 运算产生的，在每次 PID 运算完成之后，需要把新的输出值写入回路表，以驱动相应的外部设备和供下一次 PID 运算。输出值被限定为 0.0 ～ 1.0 之间的实数。

如果使用积分控制，积分项前值（MX）要根据 PID 运算结果更新。每次 PID 运算后更新了

的积分项前值要写入回路表，用作下一次 PID 运算的输入值。当输出值超过范围（大于 1.0 或小于 0.0）时，那么积分项前值必须根据下列公式进行调整：

$$MX = 1.0 - (MP_n + MD_n) \qquad 当计算输出值 M_n > 1.0 \qquad (6\text{-}10)$$

$$MX = -(MP_n + MD_n) \qquad 当计算输出值 M_n < 0.0 \qquad (6\text{-}11)$$

式中，MX 为经过调整了的积分项前值；MP_n 为第 n 个采样时刻的比例项；MD_n 为第 n 个采样时刻的微分项；M_n 为第 n 个采样时刻的回路输出值。修改回路表中积分项前值时，应保证 MX 的值在 0.0 ~ 1.0 之间。调整积分项前值后使输出值回到 0.0 ~ 1.0 范围，可以提高系统的响应性能。

5. 选择回路控制类型

对于比例、积分、微分回路的控制，有些控制系统只需要其中的一种或两种回路控制类型。通过设置相关参数可选择所需的回路控制类型。

如果只需要比例、微分回路控制，可以把积分时间常数设为无穷大。此时，积分项为初值 MX。

如果只需要比例、积分回路控制，可以把微分时间常数置为零。

如果只需要积分或积分、微分回路，可以把回路增益 K_C 设为 0.0。但由于回路增益同时会影响到方程中的积分项、微分项，因此规定在计算积分项和微分项时，系统把回路增益 K_C 约定为 1.0。

6. 报警与出错

在实际应用中，如果其他过程需要对回路变量进行报警等特殊操作，可以用其他基本指令编程实现这些特殊功能。

如果回路控制参数表的起始地址或 PID 回路编号不符合要求，则在编译时，CPU 会产生一个编译错误信息并报告编译失败。

如果指令操作数超出范围，CPU 也会产生编译错误，致使编译失败。PID 回路指令不检查回路表中的值是否在范围之内，必须确保过程变量、给定值、输出值、积分项前值、过程变量前值在 0.0 ~ 1.0 之间。

如果 PID 运算发生错误，那么特殊存储器位 SM1.1（溢出或非法值）会被置 1，并且中止 PID 回路指令的执行。要想消除这种错误，单靠改变回路表中的输出值是不够的，正确的方法是在执行 PID 运算之前，改变引起运算错误的输入值，而不是更新输出值。

【例 6-26】 PID 回路指令编程举例。

某水箱需要维持一定的水位，该水箱里的水以变化的速度流出。这就需要有一个水泵以变化的速度给水箱供水以维持水位（满水位的 75%）不变，这样才能使水箱不断水。

分析：本系统的给定值是水箱满水位的 75%，过程变量由水位测量仪提供。输出值是水泵的流量，可以从允许最大值的 0% 变到 100%。

给定值可以预先设定后直接输入到回路表中，过程变量值是来自水位测量仪的单极性模拟量，回路输出值也是一个单极性模拟量，用来控制水泵流量。

本系统中选择比例和积分控制，其回路增益和时间常数可以通过工程计算初步确定，但还需要进一步调整以达到最优控制效果。初步确定的回路增益和时间常数为 $K_C = 0.25$、$T_s = 0.1s$、$T_1 = 30min$、$T_D = 0$。

系统起动时关闭出水口，用手动方式控制水泵流量使水位达到满水位的 75%，然后打开出水口，同时水泵控制从手动方式切换到自动方式。这种切换可由一个手动开关（编址 I0.0）控制。I0.0 位控制手动与自动的切换，0 代表手动，1 代表自动。无扰动切换时系统把手动方式下的当前输出值 M_n，即水泵流量（0.0 ~ 1.0 之间的实数）填入回路表中的 M_n 栏（VD108）。

图 6-31 为水箱水位 PID 控制的主程序、初始化子程序和中断程序。

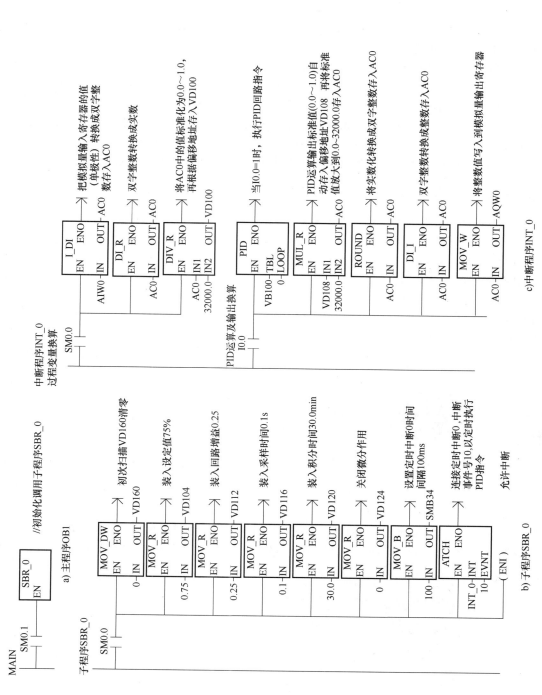

图 6-31　水箱水位 PID 控制程序

PID 回路指令的编程方法总结如下：

1）采用主程序、子程序、中断程序的程序结构形式，可优化程序结构，减少周期扫描时间。

2）在子程序中，先进行组态编程的初始化工作，将 5 个固定值的参数（SP_n、K_C、T_S、T_I、T_D）填入回路表；然后再设置定时中断，以便周期性地执行 PID 回路指令。

3）在中断程序中要做三件事。第一，将由模拟量输入模块提供的过程变量（PV_n）转换成标准化的实数（0.0~1.0 之间的实数），并填入回路表；第二，设置 PID 回路指令的无扰动切换的条件（如 I0.0），并执行 PID 指令，使系统由手动方式无扰动地切换到自动方式，将参数 M_n、SP_n、PV_{n-1}、MX 先后填入回路表，完成回路表的组态编程，从而实现周期地执行 PID 回路指令；第三，将 PID 运算输出的标准化实数值（M_n：0.0~1.0 之间的实数）先刻度化，然后再转换成 16 位有符号整数（INT），最后送至模拟量输出模块，以实现对外部设备的控制。

6.5.3　PID 指令向导编程

STEP 7-Micro/WIN 提供 PID 指令向导编程，可快速简单配置闭环控制过程定义 PID 算法程序。从"工具（Tools）"菜单中选择"指令向导（Instruction Wizard）"命令，然后从"指令向导（Instruction Wizard）"窗口中选择"PID"，即可配置 PID 向导。

1. 配置 PID 向导的步骤

1）单击"项目树"或工具栏中指令向导的 PID 向导，出现如图 6-32 所示的对话框。由对话框可知 S7-200 CPU 最多支持 8（0~7）个 PID 回路，单击"下拉"按钮选中某回路，下拉框显示被选回路的序号，如选中回路 0。

图 6-32　选择 PID 回路

2）单击"下一步"按钮到"回路给定值标定"、"回路参数"对话框，如图 6-33 所示。此对话框中填写回路给定值范围、PID 参数，并选择采样时间，图中显示值为默认值。其参数的含义如表 6-29 中的描述，参数的选取与前面 PID 回路指令一样，通过工程法选取或 S7-200 CPU 支

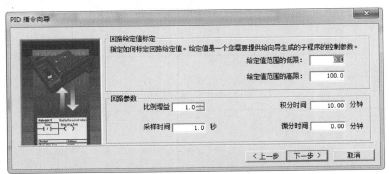

图 6-33　填写 PID 回路参数

持的 PID 自整定功能得到（参见 6.5.4 小节）。

3）单击"下一步"按钮到如图 6-34 所示的"输入/输出"选项对话框，框中的输入部分为选择过程变量（PV）"标定"和"范围"，输出部分为回路输出选择"类型"和"标定"。"输入/输出"如果选择 20% 偏移量，勾选对应的复选框，其数值范围自动置为 6400 ~ 32000。

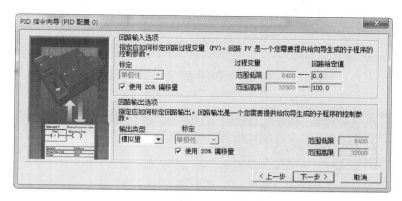

图 6-34　设定输入/输出参数

4）单击"下一步"按钮到设定回路报警对话框，如图 6-35 所示，其中三个选项（也可不选）反映三个输出过程值（PV）的低值报警、高值报警及过程值模拟量模块错误状态。当达到报警值时，相应的输出位置为 ON，在勾选了相应的复选框之后启用报警功能。

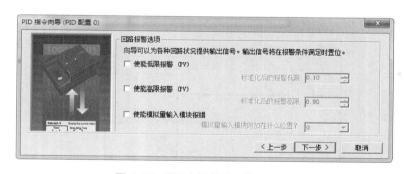

图 6-35　"回路报警选项"对话框

5）单击"下一步"按钮到"配置分配存储区"对话框。框内有 120 个字节的建议地址，用户也可根据需要修改起始地址。其中控制回路操作的参数有 80 个字节，另 40 个字节用于数据计算的空间。

6）"向导子程序/中断/手动控制"对话框如图 6-36 所示。按回路顺序初始化调用 PID 组态子程序，对子程序、中断程序可进行命名。建议勾选"增加 PID 手动控制"复选框，以利于执行自编"无扰切换"功能程序。

7）单击"下一步"按钮到向导编程的最后一页"显示 PID 指令向导生成项目组件"，如图 6-37 所示。此时单击"完成"按钮，生成 PID 子程序、中断程序及符号表等。

8）为配合 PID 指令向导生成的项目组件，在 MIAN 程序中①用 SM0.0 调用向导生成的子程序"PID0_INIT"，如图 6-38 所示。其中，②、⑥为被控对象的模拟量输入/输出地址；③为设定值输入点，设定值可以是常数，也可以是设定值变量的地址（VDxx）；④为手/自动控制方式选择，即 I0.0 为 True 时 PID 控制器处于自动运行状态，反之 I0.0 为 False 时 PID 控制器处于手动状态；⑤为手动控制输出值，数值范围为 0.0 ~ 1.0 的实数。

191

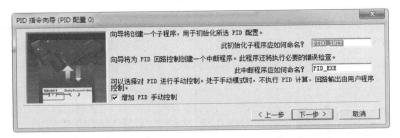

图 6-36 "向导子程序/中断/手动控制"对话框

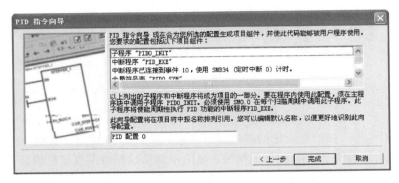

图 6-37 PID 指令向导项目组件显示

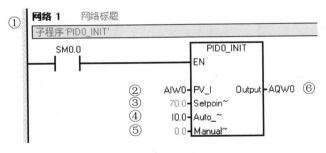

图 6-38 调用子程序 PID0_INIT

2. PID 向导符号表

当 PID 向导配置完成后,用户可在线修改 PID 部分参数。如图 6-39 中符号表的"注释"栏所示,其中"微分时间""积分时间""回路增益"等可以在线修改,"采样时间"则不支持在线修改,若需要修改,则必须通过向导进行修改,向导部分经编译/下载后,方可使新的采样时间生效。另外,还可以通过编程软件的状态表、程序或 HMI 设备修改 PID 参数。

6.5.4 PID 参数自整定

确定 PID 参数是 PID 控制非常重要的内容,也是 PID 控制的难点。必须掌握 PID 参数整定的一般方法,才能成功利用 PID 控制实现理想的控制要求。不管是 PLC 还是智能仪表,一般都支持 PID 自整定功能,通过自整定得到 PID 参数既快又可获得接近最优的参数,是一般手动整定无法比拟的。

			符号	地址	注释
1			PID0_Mode	V122.0	
2			PID0_WS	VB122	
3			PID0_D_Counter	VW120	
4			PID0_D_Time	VD24	微分时间
5			PID0_I_Time	VD20	积分时间
6			PID0_SampleTime	VD16	采样时间（要进行修改，请重新运行
7			PID0_Gain	VD12	回路增益
8			PID0_Output	VD8	计算得出的标准化回路输出
9			PID0_SP	VD4	标准化过程设定值
10			PID0_PV	VD0	标准化过程变量
11			PID0_Table	VB0	PID 0 的回路表起始地址

图6-39　PID 符号表

1. PID 整定控制面板

S7-200 CPU 支持 PID 自整定功能。在 STEP7-Micro/WIN 软件的工具菜单栏中有用于手动和自动调节操作的 PID 自整定控制面板，如图 6-40 所示，在图示的控制面板内显示 PID 回路的运行情况。从面板的选项及注释说明可知，控制面板题头显示"远程地址：2"和题尾显示"关闭"按钮以外，控制面板共分 5 个子项用以 PID 自整定或手动调节参数。

1）过程变量（PV），显示当前过程变量：①6400～32000 的棒图（说明向导生成时选择过程变量偏移 20%）；②当前变量数值（图 6-40 显示 19355.0）；当前标定值（图 6-40 显示 50.6）。

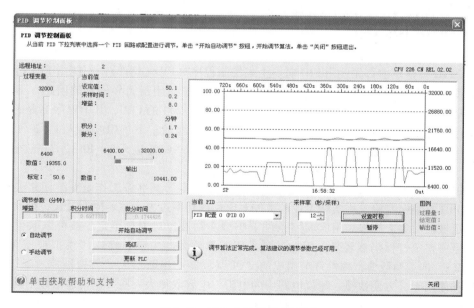

图6-40　PID 自整定控制面板

2）当前值，显示当前值分为两阶段：第一阶段为向导程序生成时写入的 PID 参数执行 PID控制；第二阶段为自整定得到的 PID 参数后"更新"到 PLC 中，以自整定得到的 PID 参数执行PID 控制。该子项显示分两部分：一是 PID 参数，即设定值（SP）、采样时间、增益、积分时间和微分时间；二是输出值（OUT），其中显示有棒图和数值。

3）调节参数（分钟）：①调节参数的增益、积分时间、微分时间数值显示，其中自动调节时显示框不显示数值，当前数值只在上面当前值项中显示；通过 PID 自整定计算产生的新调节参数会在显示框中显示（如图 6-40 显示的灰色数值），即框中数值不可修改；手动调节时显示数值，并可修改。②自动调节/手动调节的单选框。③"开始自动调节""高级""更新 PLC" 3 个按钮，它们的功能分别是：在选中"自动调节"单选框时，单击"开始自动调节"按钮后，开始 PID 参数自整定调节计算，计算结束后，产生的新调节参数在显示框中显示；"高级"按钮改变自整定器自动计算"滞后"值和"偏差"值，标注的是"初始输出步"选项、"看门狗时间"选项和"动态响应"字段中使用的回路响应类型，一般情况上述选项都使用默认值，无需修改；"更新 PLC"按钮仅将显示框中的 PID 参数更新到 PLC 的 CPU 中。

4）图形显示框及其选择项：①图形显示框如图 6-40 所示，图形左边纵坐标为标定值，右边纵坐标为 PLC 的刻度值，横坐标是时间刻度。坐标系内显示控制面板记录到的设定值 SP（绿）、过程值 PV（红）和输出值 OUT（蓝）的实时趋势图。②当前 PID 为下拉列表框，选择控制面板监控 PID 某回路进行自整定。③采样率（秒/采样）为图形采样时间间隔设置（1~480s），采样时间间隔默认为 1s，若要修改时间间隔，在加减框内修改后单击"设置时标"按钮即可按新时间间隔采样；另外，单击"暂停"按钮可使图形框内曲线静止。④图例为设定值 SP（绿）、过程值 PV（红）和输出值 OUT（蓝）的图例（颜色）。

5）当操作开始自整定时，控制面板右下角出现"ⓘ"提示"PLC 正在计算滞后死区值和偏差值"；当自整定计算完成时，"ⓘ"提示"调节算法正常完成。算法建议的调节参数已经可用"。此时可单击"更新 PLC"按钮，将自整定得到的新 PID 参数更新到 PLC 的 CPU 中。

2. PID 自整定过程

整定控制面板支持手动整定和自整定。自整定相对手动整定更能取得最优 PID 参数，手动整定即人工设定 PID 参数，一般只用作微调。通过勾选"启动手动调节"复选框，即可实现手动整定。下面仅介绍 PID 自整定。

（1）PID 自整定前的准备工作

1）在 PID 自整定前首先要用 PID 向导生成控制程序（PIDx_INIT），不能用 PID 指令编程产生的控制程序使用整定控制面板。因为 PID 自整定面板仅适用于向导配置的回路，不支持通过 PID 指令编程的回路。控制程序（PIDx_INIT）下载到 S7-200 的 CPU，其中程序部分还要增加便于整定操作的程序段，如图 6-41 所示。其梯形图主要是增加了用"CPU 输入 1：I0.1"外接的小开关操作为 ON 时，设定值从 0.0% 跳变到 70.0%；用"CPU 输入 1：I0.1"外接的小开关操作为 OFF 时，设定值从 70.0% 跳变到 0.0%。

2）硬件方面的准备工作。如果是实际的工业被控对象，其准备工作是系统回路连接。以学习为目的 PID 自整定实验，用实际工业的被控对象往往功率过大、整定周期过长，因此不适合学习用自整定被控对象。如果采用实验室条件下小型实物被控对象自整定，虽可以取得相对较短的过程，但自整定过程仍然较长。因此，可采用运算放大器为核心组成"模拟被控对象电路"（见图 6-42），即用两级典型惯性环节组成的"PI 调节器"串联形成"模拟被控对象"，学习者自己搭建和使用十分方便快捷。建议电路中的电阻、电容取得大一些，使传递函数中的时间常数为秒级。甚至可用梯形图程序形成"模拟被控对象电路"的功能，形成"软模拟被控对象"，使用和调试更为方便。而且，软被控对象是程序形成"闭环"，不需要外部接线和模拟量扩展模块，即可进行自整定实验。

如果 PID 自整定采取硬件"被控对象"，硬件连线将"控制器"→"执行器"→"被控对象"→"反馈回路"→"控制器"形成闭环控制回路，并在 PLC 的开关量输入端连接 PID 向导子程序手动/自动选择等小开关和连接写入设定值的小开关，参见图 6-41 所示的 I0.0 和 I0.1。

3）再参照 6.5.3 小节，在软件的"工具"项调出"PID 调节控制面板"，并可调出"高级"

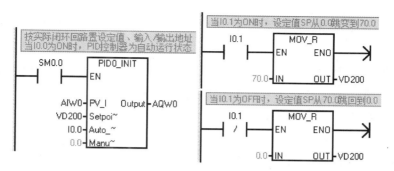

图 6-41　主程序梯形图

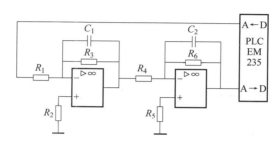

图 6-42　典型环节组成的模拟被控对象电路

选项的界面做好 PID 自整定的准备，一般情况高级选项无须改动，选默认值即可。

（2）PID 自整定操作

当准备工作完成后即可开始 PID 自整定。运行 PLC，使 PID 向导开始工作。闭合手动/自动选择（I0.0）的小开关，使 PID 向导处于"PID 自动控制"模式，运行 PID 整定控制面板。此时面板显示设定值 SP、过程值 PV、输出值 OUT 为 0，因此 3 条曲线显示也均为 0。一开始采样时间和 PID 参数是 PID 向导内给定的，采样时间为 0.2s，增益为 1.5，积分时间为 0.35min，微分时间为 0.005 min。此时不选"手动调节"单选框，即按向导设定的采样时间和按控制面板当前 PID 参数自动运行。

1）闭合写入设定值的小开关（I0.1），设定值 SP 产生 70% 的阶跃给定。如图 6-43a 所示，最初过程值 PV 出现超过 20% 的超调。由于在 PID 的调节作用下，过程值 PV 振荡逐步收敛，振荡越来越减小，PV 曲线接近 SP 曲线。当单击控制面板中的"开始自动调节"按钮后，开始进入 PID 自整定。

2）开始 PID 自整定后，"开始自动调节"按钮显示变成"停止自动调节"显示，面板的"状态"区显示"PLC 正在计算滞后死区值和偏差值"。等待并观察曲线变化，当自动滞后计算结束以后，开始显示自整定波形，如图 6-43b 所示，设定值 SP 仍为 70% 水平线，过程值 PV 为振荡正弦波，PID 输出值 OUT 由于传输滞后显示为梯形波（实际为方波）。当输出值 OUT 方波 12 次过"0"后自整定结束，方波变成平滑波，并且 PV 曲线逐步接近 SP 曲线。面板"状态"区重提示"调节算法正常完成。算法建议的调节参数已经可用"。此时"调节参数"区的"计算值"项显示自整定得到的 PID 参数，如增益 2.984、积分 0.051、微分 0.018。按照提示单击"更新 PLC"按钮，上述新 PID 参数下载到 CPU，先使小开关 I0.1 置为 OFF，此时设定值 SP 阶跃下降为 0.0%，稍后 PV 曲线逐步下降到 0；再将小开关 I0.1 置为 ON，设定值 SP 阶跃上升为 70.0%，开始用自整定得到的 PID 参数进行 PID 控制。

195

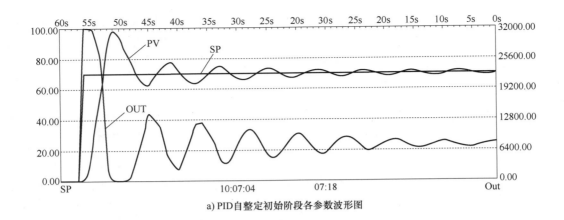

a) PID自整定初始阶段各参数波形图

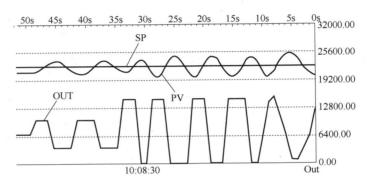

b) PID自整定自动滞后计算结束后各参数波形图

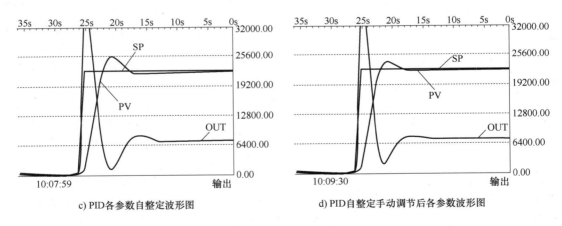

c) PID各参数自整定波形图　　　　　　　d) PID自整定手动调节后各参数波形图

图 6-43　PID 自整定各阶段波形图

3）如图 6-43c 所示，其中比图 6-43a 中的超调量大为下降（约 10%），经过一个周波左右 PV 曲线基本与 SP 曲线重合。虽然超调量下降了一半多，但还不是十分理想。可进行 PID 参数手动微调，实现性能的进一步优化。

4）勾选"启用手动调节"复选框，此时"调节参数"区的"计算值"项可修改，仅将积分 0.051 改为 0.081。再单击"更新 PLC"按钮，下载参数后执行小开关 I0.1 置为 OFF，等参数全为 0 后小开关 I0.1 再置 ON，PID 控制得到如图 6-43d 所示 PV 曲线的超调量再下降一半左右，得到了比较理想的 PID 参数。

6.6　高速处理类指令

6.6.1　高速计数器指令

普通计数器与扫描工作方式有关，CPU 通过每个扫描周期读取一次被测信号的方法来捕捉被测信号的上升沿进行计数，当被测脉冲信号的频率较高时，就会发生脉冲丢失的现象。因此，普通计数器的工作频率很低，一般只有几十赫兹。高速计数器脱离主机的扫描周期而独立计数，它可对脉宽小于主机扫描周期的高速脉冲准确计数，即高速计数器计数的脉冲输入频率比 PLC 扫描频率高得多。高速计数器常用于电动机转速检测等场合，使用时，可由编码器将电动机的转速转化成脉冲信号，再用高速计数器对转速脉冲信号进行计数。

1. 高速计数器的输入信号和工作模式

S7-200 PLC 不同型号的 CPU 所拥有的高速计数器的数量并不相同。CPU221 和 CPU222 有 4 个，它们是 HSC0 和 HSC3 ~ HSC5；CPU224 和 CPU226 有 6 个，它们是 HSC0 ~ HSC5。各高速计数器的最大计数频率取决于所使用的 CPU。

（1）高速计数器的输入信号

高速计数器的输入端不可任意选择，必须按系统指定的输入点输入信号。各高速计数器的计数脉冲、方向控制、复位和启动所指定的输入端见表 6-30 和表 6-31。

高速计数器指定的有些输入点（I0.0 ~ I0.3）相互间或它们与边沿中断输入点是重叠的。使用时，同一输入端不能同时用于两个不同的功能。但是，高速计数器当前模式未使用的输入点可以用于其他功能。例如，HSC0 工作在模式 1 时没有使用输入端 I0.1，那么该输入端（I0.1）可以用做 HSC3 的输入端或边沿中断输入端，而输入点 I0.0、I0.2 不能做它用。

当复位输入信号有效时，将清除计数当前值并保持清除状态直到复位输入信号无效。当启动输入信号有效时，计数器可以计数。当关闭启动输入信号时，计数器保持当前值不变，计数脉冲视为无效。如果在关闭启动输入信号时使复位输入信号有效，将忽略复位输入信号而使当前值保持不变；如果使复位输入信号有效后再使启动输入信号有效，则当前值被清除。

（2）高速计数器的工作模式

高速计数器有 12 种不同的工作模式（0 ~ 11），可分为 4 大类。

1）内部方向控制的单向增/减计数器（模式 0 ~ 2），它没有外部控制方向的输入信号，由内部控制字节控制增计数或减计数，有一个计数输入端。

2）外部方向控制的单向增/减计数器（模式 3 ~ 5），它由外部方向输入信号控制计数方向，有一个计数输入端。输入信号为 1 时为增计数，为 0 时为减计数。

3）增和减计数脉冲输入的双向计数器（模式 6 ~ 8），它有两个计数输入端，增计数输入端和减计数输入端。如果增计数脉冲和减计数脉冲的上升沿出现的时间间隔不到 0.3ms，高速计数器认为这两个事件是同时发生的，当前值保持不变，也不会有计数方向变化的指示。

4）A/B 相正交计数器（模式 9 ~ 11），它有两个计数脉冲输入端：A 相计数脉冲输入端和 B 相计数脉冲输入端。A、B 相计数脉冲的相位差互为 90°。当 A 相计数脉冲超前 B 相计数脉冲时，计数器进行增计数；反之，进行减计数。在正交模式下，可选择 1 倍速（1×）或 4 速倍（4×）模式，如图 6-44 所示。

高速计数器的工作模式见表 6-30、表 6-31。

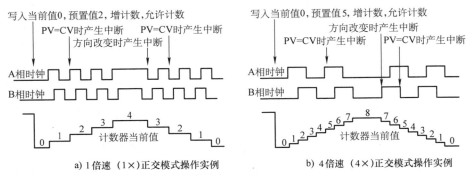

a) 1倍速（1×）正交模式操作实例　　　b) 4倍速（4×）正交模式操作实例

图 6-44　正交模式操作实例

表 6-30　HSC0、HSC3 ~ HSC5 的外部输入信号及工作模式

模式＼输入端	HSC0			HSC3	HSC4			HSC5
	I0.0	I0.1	I0.2	I0.1	I0.3	I0.4	I0.5	I0.4
0	计数脉冲			计数脉冲	计数脉冲			计数脉冲
1	计数脉冲		复位		计数脉冲		复位	
3	计数脉冲	方向			计数脉冲	方向		
4	计数脉冲	方向	复位		计数脉冲	方向	复位	
6	增计数脉冲	减计数脉冲			增计数脉冲	减计数脉冲		
7	增计数脉冲	减计数脉冲	复位		增计数脉冲	减计数脉冲	复位	
9	A 相计数脉冲	B 相计数脉冲			A 相计数脉冲	B 相计数脉冲		
10	A 相计数脉冲	B 相计数脉冲	复位		A 相计数脉冲	B 相计数脉冲	复位	

表 6-31　HSC1 和 HSC2 的外部输入信号及工作模式

模式＼输入端	HSC1				HSC2			
	I0.6	I0.7	I1.0	I1.1	I1.2	I1.3	I1.4	I1.5
0	计数脉冲				计数脉冲			
1	计数脉冲		复位		计数脉冲		复位	
2	计数脉冲		复位	启动	计数脉冲		复位	启动
3	计数脉冲	方向			计数脉冲	方向		
4	计数脉冲	方向	复位		计数脉冲	方向	复位	
5	计数脉冲	方向	复位	启动	计数脉冲	方向	复位	启动
6	增计数脉冲	减计数脉冲			增计数脉冲	减计数脉冲		
7	增计数脉冲	减计数脉冲	复位		增计数脉冲	减计数脉冲	复位	
8	增计数脉冲	减计数脉冲	复位	启动	增计数脉冲	减计数脉冲	复位	启动
9	A 相计数脉冲	B 相计数脉冲			A 相计数脉冲	B 相计数脉冲		
10	A 相计数脉冲	B 相计数脉冲	复位		A 相计数脉冲	B 相计数脉冲	复位	
11	A 相计数脉冲	B 相计数脉冲	复位	启动	A 相计数脉冲	B 相计数脉冲	复位	启动

相同模式下的计数器具有相同的功能。两相计数器的两个计数脉冲可以同时工作在最高频率，全部计数器可以同时对最高频率的计数脉冲进行计数，互不干扰。

2. 高速计数器指令类型与说明

高速计数器指令包含定义高速计数器（HDEF）指令和高速计数器（HSC）指令，高速计数器的时钟输入速率可达 10 ~ 30kHz。

定义高速计数器（HDEF）指令为指定的高速计数器（HSCx）选定一种工作模式（MODE）。使用 HDEF 指令可建立起高速计数器和工作模式之间的联系。操作数 HSC 是高速计数器编号（0 ~ 5），MODE 是工作模式（0 ~ 11）。在使用高速计数器之前必须使用 HDEF 指令来选定一种工作模式。对每个高速计数器只能使用一次 HDEF 指令。

高速计数器（HSC）指令根据有关特殊标志位来组态和控制高速计数器的工作。操作数 N 指定了高速计数器号（0 ~ 5）。

高速计数器装入预置值后，当前计数值小于当前预置值时计数器处于工作状态。当当前值等于预置值或外部复位信号有效时，可使计数器产生中断；除模式 0 ~ 2 外，计数方向的改变也可产生中断。可利用这些中断事件完成预定的操作。每当中断事件出现时，采用中断的方法在中断程序中装入一个新的预置值，从而使高速计数器进入新一轮的工作。

可以用地址 HCx（x = 0 ~ 5）来读取高速计数器的当前值。

高速计数器指令格式见表 6-32。

表 6-32　高速计数器指令格式

指令名称	梯　形　图	语　句　表	操　作　数	功　　能
定义高速计数器	HDEF —EN　ENO— ????—HSC ????—MODE	HDEF　HSC, MODE	HSC：常数（0 ~ 5） MODE：常数（0 ~ 11）	当 EN = 1 时，为指定高速计数器 HSC 设置工作模式 MODE
高速计数器	HSC —EN　ENO— ????—N	HSC　N	N：常数（0 ~ 5）	当 EN = 1 时，用于启动编号为 N 的高速计数器

3. 高速计数器与特殊标志位存储器

特殊标志位存储器（SM）是用户程序与系统程序之间的界面，它为用户提供一些特殊的控制功能和系统信息，用户的特殊要求也可通过它通知系统。高速计数器指令使用过程中，利用相关的特殊存储器位可对高速计数器实施状态监视、组态动态参数、设置预置值和当前值等操作。

（1）高速计数器的状态字节

每个高速计数器都有一个状态字节，其中某些位指出了当前计数方向，当前值是否等于预置值，当前值是否大于预置值。表 6-33 对每个高速计数器的状态位做了定义。

高速计数器状态字节的某些位置位时可以产生相应的中断事件，利用中断响应可以调用相应的中断服务子程序以完成重要的操作；也可通过监视高速计数器状态字节的某些位的状态，用作判断条件以实现相应的操作。

（2）高速计数器的控制字节

只有定义了计数器和计数器模式，才能对计数器的动态参数进行编程。

表 6-33　HSC0、HSC1、HSC2、HSC3、HSC4 和 HSC5 的状态位

HSC0	HSC1	HSC2	HSC3	HSC4	HSC5	描　述
SM36.0 ~ SM36.4	SM46.0 ~ SM46.4	SM56.0 ~ SM56.4	SM136.0 ~ SM136.4	SM146.0 ~ SM146.4	SM156.0 ~ SM156.4	不用
SM36.5	SM46.5	SM56.5	SM136.5	SM146.5	SM156.5	当前计数方向状态位：0 = 减计数；1 = 增计数
SM36.6	SM46.6	SM56.6	SM136.6	SM146.6	SM156.6	当前值等于预置值状态位：0 = 不等；1 = 相等
SM36.7	SM46.7	SM56.7	SM136.7	SM146.7	SM156.7	当前值大于预置值状态位：0 = 小于等于；1 = 大于

　　每个高速计数器都有一个控制字节，见表 6-34。控制字节控制计数器的工作：设置复位与启动输入的有效状态、选择 1× 或 4× 计数倍率（只用于正交计数器）、初始化计数方向、计数方向控制（模式 0、1、2）、装入计数器预置值和当前值、允许或禁止计数。在执行 HDEF 指令前，必须设置好控制位；否则，计数器对计数模式的选择取默认设置。默认的设置为：复位输入和启动输入高电平有效、正交计数倍率是 4×（4 倍输入时钟频率）。一旦 HDEF 指令被执行，就不能再更改计数器的设置，除非先进入 STOP 方式。执行 HSC 指令时，CPU 检验控制字节及调用当前值、预置值。

表 6-34　HSC0、HSC1 和 HSC2 的控制字节

HSC0	HSC1	HSC2	HSC3	HSC4	HSC5	描　述
SM37.0	SM47.0	SM57.0		SM147.0		复位有效电平控制位：0 = 复位高电平有效；1 = 复位低电平有效
	SM47.1	SM57.1				启动有效电平控制位：0 = 启动高电平有效；1 = 启动低电平有效
SM37.2	SM47.2	SM57.2		SM147.2		正交计数器计数速率选择：0 = 4× 计数速率；1 = 1× 计数速率
SM37.3	SM47.3	SM57.3	SM137.3	SM147.3	SM157.3	计数方向控制位：0 = 减计数；1 = 增计数
SM37.4	SM47.4	SM57.4	SM137.4	SM147.4	SM157.4	向 HSC 中写入计数方向：0 = 不更新；1 = 更新计数方向
SM37.5	SM47.5	SM57.5	SM137.5	SM147.5	SM157.5	向 HSC 中写入预置值：0 = 不更新；1 = 更新预置值
SM37.6	SM47.6	SM57.6	SM137.6	SM147.6	SM157.6	向 HSC 中写入新的当前值：0 = 不更新；1 = 更新当前值
SM37.7	SM47.7	SM57.7	SM137.7	SM147.7	SM157.7	HSC 允许：0 = 禁止 HSC；1 = 允许 HSC

（3）预置值和当前值的设置

　　每个计数器都有一个 32 位的预置值和一个 32 位的当前值。预置值和当前值都是有符号双字整数。为了向高速计数器装入新的预置值和当前值，必须先设置控制字节，并把预置值和当前值

存入特殊存储器中（见表 6-35），然后执行 HSC 指令，才能将新的值传送给高速计数器。用双字直接寻址可访问读出高速计数器的当前值，而写操作只能用 HSC 指令来实现。

表 6-35 HSC 的当前值和预置值

要装入的值	HSC0	HSC1	HSC2	HSC3	HSC4	HSC5
新当前值	SMD38	SMD48	SMD58	SMD138	SMD148	SMD158
新预置值	SMD42	SMD52	SMD62	SMD142	SMD152	SMD162

4. 高速计数器的使用举例

使用高速计数器时，首先应根据使用主机 CPU 的型号和控制要求选用高速计数器和选择该高速计数器的工作模式。然后，需对高速计数器进行初始化操作，如设置控制字节、执行定义高速计数器指令、设置当前值和预置值、设置中断并开中断和执行高速计数器指令等。最后，编写中断子程序完成预定操作。

高速计数器的初始化，可以用主程序中的程序段来实现，但通常用子程序来实现。高速计数器在运行之前，必须要执行一次初始化程序段或调用一次初始化子程序。

在对高速计数器进行编程时，需要根据相关的特殊存储器的意义来编写初始化程序和中断程序，这些程序的编写既繁琐又容易出错。可以使用 STEP7- Micro/WIN 提供的指令向导来简化高速计数器的编程过程，既简单方便又不容易出错。

【例 6-27】 用指令向导生成高速计数器 HSC0 的初始化程序和中断子程序：HSC0 内部方向控制的单向增/减计数器（模式 0），计数值为 5000 ~ 8000 时，Q0.1 输出为 1。

在程序编辑器中执行菜单命令"工具"→"指令向导…"，按如下步骤配置高速计数器的参数。

1）在"指令向导"对话框中选择 HSC（配置高速计数器），操作完成后单击"下一步 >"按钮进入"HSC 指令向导"对话框。

2）在第 1 页"HSC 指令向导"对话框中选择 HSC0 和模式 0，操作完成后单击"下一步 >"按钮进入第 2 页"HSC 指令向导"对话框。

3）在第 2 页"HSC 指令向导"对话框中使用默认的初始化子程序名 HSC_INIT，预置值设为 5000，当前值设为 0，计数方向为增计数，操作完成后单击"下一步 >"按钮进入第 3 页"HSC 指令向导"对话框。

4）在第 3 页"HSC 指令向导"对话框中设置当前值等于预置值时产生中断 0（中断事件编号为 12），使用默认的中断程序名 COUNT_EQ，将 HC0 编程步数设为 2，操作完成后单击"下一步 >"按钮进入第 4 页"HSC 指令向导"对话框。

5）在第 4 页（第 1 步）"HSC 指令向导"对话框中使用默认的新中断程序名 HSC0_STEP1，勾选"更新预置值"复选框，新预置值设为 8000，操作完成后单击"（CV = PV）的第 1 步/共 2 步，HC0"小对话框的"下一步 >"按钮进入第 5 页"（CV = PV）的第 2 步/共 2 步，HC0"对话框。

6）根据题意，第 5 页（第 2 步）"（CV = PV）的第 2 步/共 2 步，HC0"对话框后面没有下一步中断要连接，无须做任何操作，单击"HSC 指令向导"对话框的"下一步 >"按钮进入第 6 页"HSC 指令向导"对话框。

7）在第 6 页"HSC 指令向导"对话框中可以看到向导将自动生成 3 个子程序：子程序 HSC_INIT、中断程序 COUNT_EQ 和中断程序 HSC0_STEP1，单击"完成"按钮即完成向导配置功能。

使用指令向导完成高速计数器参数配置后，其中向导生成的子程序 HSC_INIT 以及中断程序 COUNT_EQ、HSC0_STEP1 在程序块中可直接打开，但程序还不完整，还需在主程序 OB1 中编写首次扫描调用 HSC_INIT 的语句，并在中断程序中添加对 Q0.1 的置位和复位语句。本例的完整程序如图 6-45 所示。

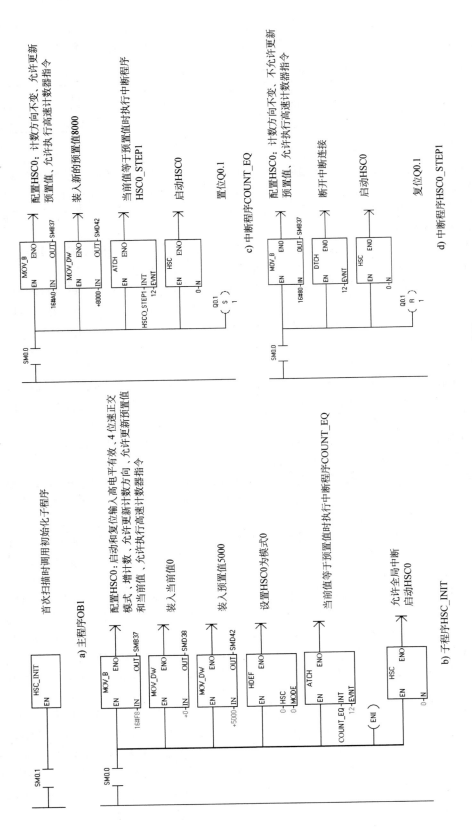

图 6-45 高速计算器指令的使用举例

6.6.2　高速脉冲输出指令

高速脉冲输出功能是指在 PLC 某些输出端产生高速脉冲,用来驱动负载实现精确控制(如对步进电动机的控制)。使用高速脉冲输出功能时,PLC 主机应选用晶体管输出型,以满足高速输出的要求。

1. 高速脉冲输出

(1) 高速脉冲输出端子

在 S7-200 PLC 中,每种主机最多提供两个高速脉冲发生器,一个发生器分配在数字输出端 Q0.0,另一个分配在 Q0.1。

高速脉冲发生器和输出映像寄存器共同使用 Q0.0 和 Q0.1。当 Q0.0 或 Q0.1 用作高速脉冲输出时,其数字量输出的通用功能被自动禁用,任何输出刷新、输出强制、立即输出等指令均无效。只有高速脉冲输出不用的输出点才可用作普通数字量输出点。Q0.0 和 Q0.1 编程用作高速脉冲输出,但未执行高速脉冲输出指令时,可以用普通位操作指令设置这两个输出位,以控制高速脉冲的起始和终止电平。建议在允许高速脉冲输出操作前把 Q0.0 和 Q0.1 的输出映像寄存器设置为 0。

(2) 高速脉冲输出形式

高速脉冲输出有两种输出形式:高速脉冲串(或称高速脉冲序列)输出 PTO (Pulse Train Output) 和宽度可调脉冲(或称脉宽调制)输出 PWM (Pulse Width Modulation)。高速脉冲串输出 PTO 用来输出指定数量的方波(占空比为 50%),用户可以控制脉冲的周期和个数;宽度可调脉冲输出 PWM 用来输出一串占空比可调的脉冲,用户可以控制脉冲的周期和脉宽。

2. 高速脉冲的控制

每个高速脉冲输出发生器带有一定数量的特殊标志位存储器,这些存储器包括控制字节存储器、状态字节存储器和参数值存储器。它们用于控制高速脉冲的输出形式,反应输出状态和参数值。各特殊标志位存储器的分配见表 6-36。

表 6-36　高速脉冲输出使用的特殊标志位存储器

Q0.0 的存储器	Q0.1 的存储器	名称及描述
SMB66	SMB76	状态字节,在 PTO 方式下,跟踪脉冲串的输出方式
SMB67	SMB77	控制字节,控制 PTO/PWM 脉冲输出的基本功能
SMW68	SMW78	PTO/PWM 周期值,字型,范围为 10 ~ 65535μs 或 2 ~ 65535ms
SMW70	SMW80	PWM 脉宽值,字型,范围为 0 ~ 65535
SMD72	SMD82	PTO 脉冲数,双字型,范围 1 ~ 4294967295
SMB166	SMB176	多段管线 PTO 进行中的段的编号(仅用在多段 PTO 操作中)
SMW168	SMW178	多段管线 PTO 包络表起始字节的地址,用从 V0 开始的字节偏移量表示(仅用在多段 PTO 操作中)

在 PTO 方式下,每个高速脉冲输出都设置了一个状态字节,程序运行时根据运行状态使某些位自动置位。可以通过程序来读取相关位的状态,用此状态作为判断条件实现相应的操作。状态字节中各状态位的功能见表 6-37。

每个高速脉冲输出都对应一个控制字节,可通过对控制字节指定位的编程来实现所需要的高速脉冲输出。例如,如果用 Q0.0 作为高速脉冲输出,则对应的控制字节为 SMB67,若向 SMB67 写入 16#A8 (2#10101000),则控制字节设置为:允许脉冲输出、多段 PTO 脉冲输出、时基为 ms、不允许更新周期和脉冲数。控制字节中各控制位的功能见表 6-37。

表 6-37　PTO/PWM 状态字节和控制字节

	Q 0.0	Q 0.1	描　　述
状态字节	SM66.0 ~ SM66.3	SM76.0 ~ SM76.3	不用
	SM66.4	SM76.4	PTO 包络由于增量计算错误而终止　0 = 无错误；1 = 终止
	SM66.5	SM76.5	PTO 包络由于用户命令而终止　0 = 不终止；1 = 终止
	SM66.6	SM76.6	PTO 管线溢出　0 = 无溢出；1 = 溢出
	SM66.7	SM76.7	PTO 空闲　0 = 执行中；1 = PTO 空闲
控制字节	SM67.0	SM77.0	PTO/PWM 更新周期值　0 = 不更新；1 = 更新周期值
	SM67.1	SM77.1	PWM 更新脉冲宽度值　0 = 不更新；1 = 更新脉冲宽度值
	SM67.2	SM77.2	PTO 更新脉冲数　0 = 不更新；1 = 更新脉冲数
	SM67.3	SM77.3	PTO/PWM 时间基准选择　0 = 1μs；1 = 1ms
	SM67.4	SM77.4	PWM 更新方法　0 = 异步更新；1 = 同步更新
	SM67.5	SM77.5	PTO 操作　0 = 单段操作；1 = 多段操作
	SM67.6	SM77.6	PTO/PWM 模式选择　0 = 选择 PTO；1 = 选择 PWM
	SM67.7	SM77.7	PTO/PWM 允许　0 = 禁止 PTO/PWM；1 = 允许 PTO/PWM

3. 高速脉冲输出指令

高速脉冲输出（PLS）指令根据用程序设置的特殊标志存储器位激活脉冲输出操作，从 Q0.0 或 Q0.1 输出高速脉冲。数据输入 Q 端的取值范围必须是常数 0 或 1。高速脉冲串输出 PTO 和宽度可调脉冲输出 PWM 都由 PLS 指令激活。

高速脉冲输出指令格式见表 6-38。

表 6-38　高速脉冲输出指令格式

指令名称	梯 形 图	语 句 表	操 作 数	功　　能
高速脉冲输出	PLS ┤EN　　ENO├ ????–Q0.X	PLS Q	Q：常数（0 或 1）	当 EN = 1 时，根据用程序设置的特殊标志存储器位激活脉冲输出操作，从 Q0.0 或 Q0.1 输出高速脉冲

4. PTO 操作

PTO 功能提供指定脉冲数和周期的方波（占空比为 50%）脉冲串的发生。周期以 μs 或 ms 为单位，周期的范围为 10 ~ 65535μs 或 2 ~ 65535ms。如果设置的周期是奇数，会引起占空比的一些失真。脉冲数的范围为 1 ~ 4294967295。

如果周期时间小于最小值，就把周期默认为最小值。如果指定脉冲数为 0，就把脉冲数默认为 1 个脉冲。

状态字节中的 PTO 空闲位（SM66.7 或 SM76.7）为 1 时，则指示脉冲串输出完成。可根据脉冲串输出的完成调用中断程序。

若要输出多个脉冲串，PTO 功能允许脉冲串的排队，形成管线。当激活的脉冲串输出完成后，立即开始输出新的脉冲串。这保证了脉冲串顺序输出的连续性。

PTO 发生器有单段管线和多段管线两种模式。

（1）单段管线模式

单段管线中只能存放一个脉冲串的控制参数。一旦启动了 PTO 起始段，就必须立即为下一个脉冲串更新控制寄存器，并再次执行 PLS 指令。第二个脉冲串的属性在管线一直保持到第一个脉冲串发送完成。第一个脉冲串发送完成，紧接着就输出第二个脉冲串。重复上述过程可输出多个脉冲串。单段管线编程较复杂。

如果时间基准变化或在用 PLS 指令捕捉到新脉冲前，启动的脉冲已经发送完毕，则在脉冲串之间会出现不平滑转换。

当管线满时，如果试图装入另一个脉冲串的控制参数，状态寄存器中的 PTO 溢出位（SM66.6 或 SM76.6）将置位。在检测到溢出后，必须手动清除这个位，以便恢复检测功能。当 PLC 进入 RUN 状态时，这个位初始化为 0。

（2）多段管线模式

多段管线中 CPU 在变量存储区（V）建立一个包络表。包络表中存储各个脉冲串的控制参数。多段管线用 PLS 指令启动。执行指令时，CPU 自动从包络表中按顺序读出每个脉冲串的控制参数，并实施脉冲串输出。当执行 PLS 指令时，包络表内容不可改变。

在包络表中周期增量可以选择 μs 或 ms，但在同一个包络表中的所有周期值必须使用同一个时间基准。包络表由包络段数和各段参数构成，包络表的格式见表 6-39。

表 6-39　多段 PTO 操作的包络表格式

从包络表开始的字节偏移	包络段数	描　　述
0		段数（1~255）；数 0 产生一个非致命性错误，将不产生 PTO 输出
1	#1	初始周期（2~65535 时间基准单位）
3		每个脉冲的周期增量（有符号值）（−32768~32767 时间基准单位）
5		脉冲数（1~429496295）
9		初始周期（2~65535 时间基准单位）
11	#2	每个脉冲的周期增量（有符号值）（−32768~32767 时间基准单位）
13		脉冲数（1~4294967295）
⋮	⋮	⋮

包络表每段的长度是 8 个字节，由 16 位周期值、16 位周期增量值和 32 位脉冲计数值组成。8 个字节的参数表征了脉冲串的特性，多段 PTO 操作的特点是按照每个脉冲的个数自动增减周期。周期增量区的值为正值，则增加周期；负值，则减少周期；0 值，则周期不变。除周期增量为 0 外，每个输出脉冲的周期值都发生着变化。

如果在输出若干个脉冲后指定的周期增量值导致非法周期值，会产生溢出错误，SM66.6 或 SM76.6 被置为 1，同时停止 PTO 功能，PLC 的输出变为通用功能。另外，状态字节中的增量计算错误位（SM66.4 或 SM76.4）被置为 1。

如果要人为地终止一个正进行中的 PTO 包络，可以通过编程将控制字节中的使能位 SM67.7 或 SM77.7 清零，然后执行 PLS 指令，便可立即停止 PTO 输出。

PTO 发生器的多段管线功能编程非常简单，在实际应用中也非常有用。尤其多段管线具有按照周期增量区的数值自动增减周期的功能，这在步进电动机的加速和减速控制时非常方便。多段管线使用时的局限性是在包络表中所有脉冲串的周期必须采用同一个基准，而且当多段管线执行时,包络表的各段参数不能改变。

【例 6-28】 图 6-46 为步进电动机加速起动、恒速运行、减速停止过程中脉冲频率-时间关系图。假定电动机的运动控制分成 3 段(起动、运行、减速)共需要 4000 个脉冲,起动和减速的频率为 2kHz,最大脉冲频率为 10kHz。要求加速部分在 200 个脉冲内达到最大脉冲频率(10kHz),减速部分在 400 个脉冲内完成。

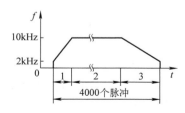

图 6-46 脉冲频率-时间关系图

由于包络表中的值是用周期表示的,而不是用频率,因此需要把给定的频率值转换成周期值。起动和减速的周期为 500μs,最大频率对应的周期为 100μs。

PTO 发生器用来调整给定段脉冲周期的周期增量为

$$周期增量 = (ECT - ICT)/Q \qquad (6-12)$$

式中,ECT 为该段结束周期;ICT 为该段初始周期;Q 为该段脉冲数。

计算得出:加速部分(第 1 段)的周期增量为 −2;减速部分(第 3 段)的周期增量为 1;第 2 段是恒速控制,该段的周期增量为 0。

假定包络表存放在从 VB500 开始的 V 存储器区,表 6-40 是相应的包络表参数。图 6-47 为依据表 6-40 的包络表的参数值设计的步进电动机控制程序。

表 6-40 包络表值

V 存储器地址	参 数 值		
VB500	3	总段数	
VW501	500	初始周期	段#1(加速)
VW503	−2	周期增量	
VD505	200	脉冲数	
VW509	100	初始周期	段#2(恒速)
VW511	0	周期增量	
VD513	3400	脉冲数	
VW517	100	初始周期	段#3(减速)
VW519	1	周期增量	
VD521	400	脉冲数	

5. PWM 操作

PWM 功能提供占空比可调的脉冲输出。周期和脉宽的增量单位为 μs 或 ms,周期变化范围分别为 50 ~ 65535μs 或 2 ~ 65635ms。脉宽变化范围分别为 0 ~ 65535μs 或 0 ~ 65535ms。当脉宽大于等于周期时,占空比为 100%,即输出连续接通。当脉宽为 0 时,占空比为 0%,即输出断开。如果周期小于最小值,那么周期时间被默认为最小值。

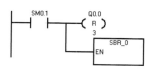

复位高速脉冲输出端及高速脉冲串输出完成标志位
调用初始化子程序

a) 主程序OB1

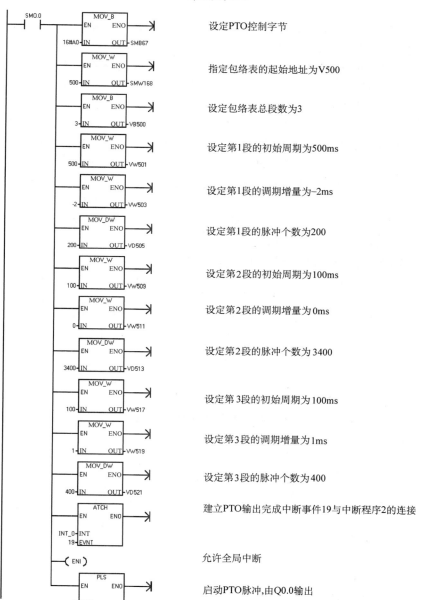

设定PTO控制字节

指定包络表的起始地址为V500

设定包络表总段数为3

设定第1段的初始周期为500ms

设定第1段的调期增量为−2ms

设定第1段的脉冲个数为200

设定第2段的初始周期为100ms

设定第2段的调期增量为0ms

设定第2段的脉冲个数为3400

设定第3段的初始周期为100ms

设定第3段的调期增量为1ms

设定第3段的脉冲个数为400

建立PTO输出完成中断事件19与中断程序2的连接

允许全局中断

启动PTO脉冲,由Q0.0输出

b) 初始化子程序SRB_0

当PTO输出完成时Q0.2置1

c) 中断程序INT_0

图 6-47　步进电动机控制程序

207

有两个方法可改变 PWM 波形的特性：同步更新和异步更新。

同步更新：不改变时间基准，在周期时间保持常数时改变脉冲宽度。同步更新时，波形特性的变化发生在周期边沿，可提供平滑过渡。在不需要改变时间基准情况下，就可以进行同步更新。

异步更新：如果需要改变 PWM 发生器的时间基准，就要使用异步更新。异步更新会造成 PWM 功能被瞬时禁止，或 PWM 输出波形不同步，引起被控设备的振动。因此，建议选择一个适合于所有周期时间的时间基准来采用 PWM 同步更新。

控制字节中的 PWM 更新方法状态位（SM67.4 或 SM77.4）用来指定更新类型，可通过执行 PLS 指令完成此类操作。

【例 6-29】 PWM 发生器的使用举例。

欲从 PLC 的 Q0.0 输出一串脉冲，脉冲周期固定为 5000ms，脉冲初始宽度为 500ms，以后每周期递增 500ms，当脉冲宽度增大到 4500ms 时，脉冲宽度改为每周期递减 500ms，直到脉冲宽度减少到 0 后，每个脉冲周期又开始递增 500ms……

分析：因为每个周期都要求更新脉冲宽度，所以把 Q0.0 接到 I0.0，采用输入中断的方法完成控制任务。另外，还要设置一个标志位，来判定脉冲宽度的递增和递减。控制字设定为 16#DA，即 11011010，表示输出 Q0.0 为 PWM 方式，不允许更新周期，允许更新脉宽，时间基准单位为 ms，同步更新，且允许 PWM 输出。

接线图和程序如图 6-48、图 6-49 所示。

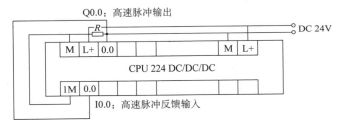

图 6-48 PWM 使用举例接线图

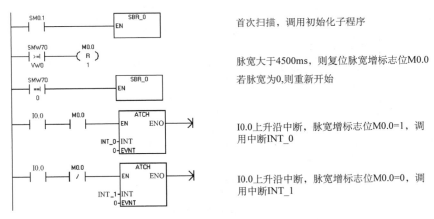

a) 主程序OB1

图 6-49 PWM 发生器的使用举例

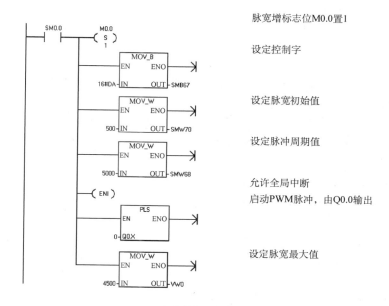

b) 初始化子程序SBR_0

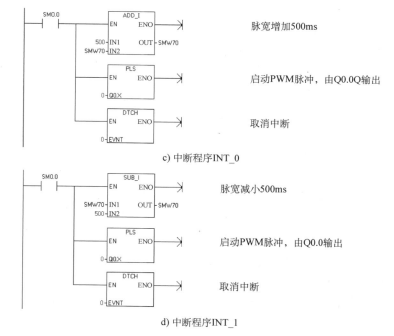

c) 中断程序INT_0

d) 中断程序INT_1

图6-49　PWM 发生器的使用举例（续）

 习题与思考题

1. 用整数除法指令将 VW100 中的（240）除以 8 后存放到 AC0 中。

2. 半径（＜10000 的整数）在 VW10 中，取圆周率为 3.1416，用数学运算指令计算圆周长，运算结果四舍五入转换为整数后，存放在 VW20 中。

3. 用循环移位指令设计一个彩灯控制程序，8 路彩灯串按 HL1→HL2→HL3→…的顺序依次点亮，且不断重复循环。各路彩灯之间的间隔时间为 0.1s。

4. 将一个 16 位有符号整数（3400）（双极性）转换成（0.0~1.0）之间的实数，结果存入 VD200。

5. 将一个实数 0.75（双极性）转换成一个有符号整数（INT），结果存入 AQW2。

6. 用定时中断设置一个每 0.1s 采集一次模拟量输入值的控制程序。

7. 某一过程控制系统，其中一个单极性模拟量输入参数从 AIW0 采集到 PLC 中，通过 PID 指令计算出的控制结果从 AQW0 输出到控制对象。PID 参数表的起始地址为 VB100。试设计一段程序完成下列任务：

1）每 100ms 中断一次，执行中断程序。

2）在中断程序中完成对 AIW0 的采集、转换及标准化处理，并将 PID 回路输出值转换为刻度化整数。

8. 用时钟指令控制路灯的定时接通和断开，18:00 时开灯，06:30 时关灯，设计出程序。

9. 按模式 6 初始化高速计数器 HSC1，设控制字节 SMB47 = 16#F8，要求采用子程序结构设计。

10. 以输出点 Q0.1 为例，简述 PTO 多段操作初始化及其操作过程。

第 7 章

PLC控制系统设计与应用实例

本章介绍 PLC 控制系统设计的内容和步骤,详细介绍系统的硬件配置、设备选型方法。以典型的顺序控制系统为例,介绍顺序功能图和根据顺序功能图设计梯形图程序的方法,介绍通用的置位、复位指令设计法和"SCR"指令编程法,并通过具体的应用实例介绍具有多种工作方式的控制系统程序设计方法。在此基础上,较详细地介绍几个典型工程应用实例。通过学习,应掌握 PLC 控制系统的硬件、软件设计方法,学会针对不同的控制对象和要求,合理选择硬件模块和程序设计方法,还应掌握顺序功能图的设计以及顺序控制梯形图设计方法。

7.1 PLC 控制系统设计的内容和步骤

PLC 控制系统的设计原则:在最大限度地满足被控对象控制要求的前提下,力求使控制系统简单、经济、安全可靠;并考虑到今后生产的发展和工艺的改进,在选择 PLC 机型时,应适当留有余地。

7.1.1 PLC 控制系统设计的内容

1)分析控制对象、明确设计任务和要求是整个设计的依据。

2)选定 PLC 的型号及所需的输入/输出模块,对控制系统的硬件进行配置。

3)编制 PLC 的输入/输出分配表和绘制输入/输出端子接线图。

4)根据系统设计的要求编写软件规格要求说明书,然后再用相应的编程语言(常用梯形图)进行程序设计。

5)设计操作台、电气柜,选择所需的电气元件。

6)编写设计说明书和操作使用说明书。

根据具体控制对象,上述内容可适当调整。

7.1.2 PLC 控制系统设计的步骤

PLC 控制系统的设计可以按照图 7-1 所示的步骤进行。设计一般分为系统规划、硬件设计、软件设计、系统调试以及技术文件编制五个阶段。

1. 系统规划

系统规划是设计的第一步,内容包括确定控制系统方案与总体设计两部分。确定控制系统方案时,应对被控对象(如机械设备、生产线或生产过程)工艺流程的特点和要求做深入了解、详细分析、认真研究,明确控制的任务、范围和要求,根据工业指标,合理地制定和选取控制参数,使 PLC 控制系统最大限度地满足被控对象的工艺要求。

控制要求主要指控制的基本方式、必须完成的动作时序和动作条件、应具备的操作方式

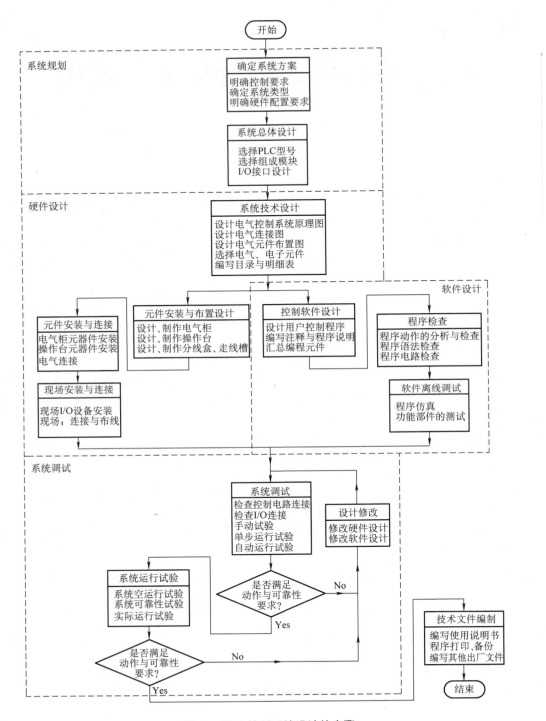

图 7-1　PLC 控制系统设计的步骤

（手动、自动、间断和连续等）、必要的保护和联锁等，可用控制流程图或系统框图的形式描述。

　　系统规划的具体内容包括：明确控制要求，确定系统类型，确定硬件配置要求；选择 PLC 的型号、规格，确定 I/O 模块的数量与规格，选择特殊功能模块；选择人机界面、伺服驱动器、

212

变频器、调速装置等。

2. 硬件设计

硬件设计是在系统规划与总体设计完成后的技术设计。在这一阶段，设计人员需要根据总体方案完成电气控制原理图、连接图、元件布置图等基本图样的设计工作。

在此基础上，应汇编完整的电气元件目录与配套件清单，提供给采购供应部门购买相关的组成部件。同时，根据 PLC 的安装要求与用户的环境条件，结合所设计的电气原理图与连接、布置图，完成用于安装以上电气元件的控制柜、操作台等零部件的设计。

硬件设计完成后，将全部图样与外购元器件、标准件等汇编成统一的基本件、外购件、标准件明细表（目录），提供给生产、供应部门组织生产与采购。

3. 软件设计

PLC 控制系统的软件设计主要是编制 PLC 用户程序、特殊功能模块控制软件、确定 PLC 以及功能模块的设置参数等。它可以与系统电气元件安装柜、操作台的制作、元器件的采购同步进行。

软件设计应根据所确定的总体方案与已经完成的电气控制原理图，按照原理图所确定的 I/O 地址，编写实现控制要求与功能的 PLC 用户程序。为了方便调试、维修，通常需要在软件设计阶段编写出程序说明书、I/O 地址表、注释表等辅助文件。

在程序设计完成后，一般应通过 PLC 编程软件所具备的自诊断功能对 PLC 程序进行基本的检查，排除程序中的语法错误。有条件时，应通过必要的模拟与仿真手段，对程序进行模拟与仿真试验。对于初次使用的伺服驱动器、变频器等部件，可以通过检查与运行的方法，事先进行离线调试，以缩短现场调试的周期。

4. 系统调试

PLC 的系统调试是检查、优化 PLC 控制系统硬件和软件设计，提高控制系统可靠性的重要步骤。为了防止调试过程中可能出现的问题，确保调试工作的顺利进行，系统调试应在完成控制系统的安装、连接、用户程序编制后，按照调试前的检查、硬件调试、软件调试、空运行试验、可靠性试验、实际运行试验等规定的步骤进行。

在调试阶段，一切均应以满足控制要求、确保系统安全和可靠运行为最高准则，它是检验硬件、软件设计正确性的唯一标准，任何影响系统安全性与可靠性的设计，都必须予以修改，绝不可以遗留事故隐患，以免导致严重后果。

5. 技术文件编制

在设备安全、可靠运行得到确认后，设计人员可以着手进行系统技术文件的编制工作。例如，修改电气原理图、连接图；编写设备操作、使用说明书，备份 PLC 使用程序；记录调整、设置参数等。

7.2　PLC 控制系统的硬件配置

7.2.1　PLC 机型的选择

选择合适的机型是 PLC 控制系统硬件配置的关键问题。目前，生产 PLC 的厂家很多，如西门子、三菱、松下、欧姆龙、罗克韦尔、ABB 等，不同厂家的 PLC 产品虽然基本功能相似，但使用的编程指令、编程软件等都不相同。而同一厂家生产的 PLC 产品又有不同的系列，同一系列中又有不同的 CPU 型号，不同系列、不同型号的产品在功能上有较大差别。因此，如何选择合适的机型至关重要。

对于工艺过程比较固定、环境条件较好（维修量较小）的场合，建议选用整体式结构的PLC；反之应考虑选用模块式结构的机型。PLC 机型选择的基本原则是，在功能满足要求的前提下，选择最可靠、维护使用最方便以及性能价格比最优的机型。具体应考虑以下几方面的要求：

1. 性能与任务相适应

对于开关量控制的应用系统，对控制速度要求不高，如对小型泵的顺序控制、单台机械的自动控制，选用小型 PLC（如西门子公司的 S7-200 、S7-1200PLC，三菱公司的 FX2N 系列）就能满足要求。

对于以开关量控制为主，带有部分模拟量控制的应用系统，如工业生产中常遇到的温度、压力、流量、液位等连续量的控制，应选用带有 A/D 转换的模拟量输入模块和带 D/A 转换的模拟输出模块，配接相应的传感器、变送器（对温度控制系统可选用温度传感器直接输入的温度模块）和驱动装置，并且选择运算功能较强的小型 PLC（如欧姆龙公司的 CQM 型 PLC）。西门子公司的 S7-200、S7-1200PLC 在进行小型数字、模拟混合系统控制时具有较高的性能价格比，实施起来也较为方便。

对于比较复杂、控制功能要求较高的应用系统，如需要 PID 调节、闭环控制、通信联网等功能时，可选用中、大型 PLC（如西门子公司的 S7-300、S7-400，欧姆龙公司的 C200H、C1000H，或三菱公司的 QnA 系列等）。当系统的各个部分分布在不同的地域时，应根据各部分的要求来选择 PLC，以组成一个分布式的控制系统，可考虑选择施耐德 MODICON 的 QUANTUM 系列 PLC 产品。

2. PLC 的处理速度应满足实时控制的要求

PLC 工作时，从输入信号到输出控制存在着滞后现象，即输入量的变化一般要在 1~2 个扫描周期之后才能反映到输出端，这对于一般的工业控制是允许的。通常 PLC 的 I/O 点数在几十到几千点范围内，用户应用程序的长短也有较大的差别，但滞后时间一般应控制在几十毫秒之内（相当于普通继电器的时间）。但有些设备的实时性要求较高，不允许有较大的滞后时间。

改进实时速度的途径有以下几种：

1) 选择 CPU 速度比较快的 PLC，使执行一条基本指令的时间不超过 $0.5\mu s$。

2) 优化应用软件，缩短扫描周期。

3) 采用高速响应模块，其响应的时间不受 PLC 周期的影响，而只取决于硬件的延时。

3. PLC 机型尽可能统一

一个大型企业，应尽量做到机型统一。因为同一机型的 PLC，其模块可互为备用，便于备品备件的采购和管理，这不仅使模块通用性好，减少备件量，而且给编程和维修带来极大的方便，也给扩展系统升级留有余地；其功能及编程方法统一，有利于技术力量的培训、技术水平的提高和功能的开发；其外部设备通用，资源可共享，配以上位计算机后，可把控制各独立系统的多台 PLC 连成一个多级分布式控制系统，相互通信，集中管理。

4. 指令系统

由于 PLC 应用的广泛性，各种机型所具备的指令系统也不完全相同。从工程应用角度看，有些场合仅需要逻辑运算，有些场合需要复杂的算术运算，而另一些特殊场合还需要专用指令功能。从 PLC 本身来看，各厂家的指令系统差异较大，但从整体上说，指令系统均是面向工程技术人员的语言，其差异主要表现在指令的表达方式和完整性上。有些厂家在控制指令方面开发得较强，有些厂家在数字运算指令方面开发得较全，而大多数厂家在逻辑指令方面都开发得较细。

在选择机型时，从指令方面应注意下述内容：

1) 指令系统的总语句数。它反映了整个指令所包括的全部功能。

2）指令系统种类。它主要应包括逻辑指令、运算指令和控制指令。具体要求与实际要完成的控制功能有关。

3）指令系统的表达方式。

4）应用软件的程序结构。程序结构有模块化和子程序式两种。前一种有利于应用软件的编写和调试，但处理速度较慢；后一种响应速度快，但不利于编写和调试。

在考虑上述四点要素外，还要根据工程应用的实际情况，考虑其他一些因素，如性能价格比和技术支持情况等内容。总之，在选择机型时按照 PLC 本身的性能指标对号入座，选取出合适的系统。有时这种选择并不是唯一的，需要在几种方案中综合各种因素做出选择。

7.2.2　开关量 I/O 模块的选择

为了适应各种各样的控制信号，PLC 有多种 I/O 模块供选择，包括数字量输入/输出模块、模拟量输入/输出模块及各种智能模块。

1. 开关量输入模块的选择

开关量输入模块种类很多，按输入点数可分为 8 点、16 点、32 点等；按工作电压可分为直流 5V、24V，交流 110V、220V 等；按外部接线方式又可分为汇点输入、分隔输入等。

选择开关量输入模块时主要考虑以下几点：

1）选择工作电压等级。电压等级主要根据现场检测元件与模块之间的距离来选择。距离较远时，可选用较高电压的模块来提高系统的可靠性，以免信号衰减后造成误差。距离较近时，可选择电压等级低一些的模块，如 5V、12V、24V 的等。

2）选择模块密度。模块密度主要根据分散在各处输入信号的多少和信号动作的时间选择。集中在一处的输入信号尽可能集中在一块或几块模块上，以便于电缆安装和系统调试。对于高密度输入模块，如 32 点或 64 点，允许同时接通点数取决于公共汇流点的允许电流和环境温度。一般来讲，同时接通点数最好不超过模块总点数的 60%，以保证输入/输出点承受负载能力在允许范围内。

3）门坎电平。为了提高控制系统的可靠性，必须考虑门坎电平的大小。所谓门坎电平是指接通电平和关门电平的差值。门坎电平值越大，抗干扰能力越强，传输距离也就越远。

目前许多型号的 PLC 都提供 DC 24V 电源，用做集电极开路传感器的电源。但该电源容量较小，当用做本机输入信号的工作电源时，需考虑电源的容量。如果电源容量要求超出了内部 DC 24V 电源的定额，须采用外接电源，建议采用稳压电源。

2. 开关量输出模块的选择

1）输出方式的选择。继电器输出方式价格便宜，使用电压范围广，导通压降小，承受瞬时过电压和过电流的能力较强，且有隔离作用。但继电器有触点，寿命较短，且响应速度较慢，适用于动作不频繁的交直流负载。当驱动感性负载时，最大开闭频率不得超过 1Hz。

晶闸管输出方式（交流）和晶体管输出方式（直流）都属于无触点开关输出，使用寿命长，适用于通断频繁的感性负载。对于开关频率高、电感强、低功率因数的交流负载，可选用晶闸管输出模块；而开关频率较高的直流负载，可选用晶体管输出模块。

2）输出电流的选择。模块的输出电流必须大于负载电流的额定值，如果负载电流较大，输出模块不能直接驱动时，应增加中间放大环节。对于电容性负载、热敏电阻负载，考虑到接通时有冲击电流，要留有足够的余量。选用输出模块还应注意同时接通点数的电流累计值必须小于公共端所允许通过的电流值。

为防止由于负载短路等原因而烧坏 PLC 的输出模块，输出回路必须外加熔断器作短路保护。对于继电器输出方式，可选用普通熔断器；对于晶体管输出方式和晶闸管输出方式，应选用快速熔断器。

当 PLC 基本单元所提供的输入、输出点数不能满足应用系统 I/O 总点数需求时，可增加输入/输出扩展模块。对于 S7-200 PLC，可选的扩展模块有 EM221 数字量输入模块（包括 8 输入 DC 24V 和 16 输入 DC 24V）、EM222 数字量输出模块（包括 8 输出 DC 24V 和 8 继电器输出）、EM223 数字量输入/输出模块（包括 4 输入/4 输出 DC 24V、4 输入 DC 24V/ 4 继电器输出、8 输入/8 输出 DC 24V、8 输入 DC 24V/ 8 继电器输出、16 输入/16 输出 DC 24V、16 输入 DC 24V/ 16 继电器输出）等。这些扩展模块通过扁平电缆与主机单元直接相连，安装方便。

7.2.3 模拟量 I/O 模块的选择

1. 模拟量输入模块的选择

1）模拟量值的输入范围。模拟量的输入可以是电压信号或电流信号。标准值为 0~5V、0~10V（单极性），±2.5V、±5V（双极性），0~20mA 等。在选用时一定要注意与现场过程检测信号范围相对应。

2）模拟量输入模块的分辨率、输入精度、转换时间等参数指标应符合具体的系统要求。

3）在应用中要注意抗干扰措施。其主要方法有：注意与交流信号和可产生干扰源的供电电源保持一定距离；模拟量输入信号线要采用屏蔽措施；采用一定的补偿措施，减少环境变化对模拟量输入信号的影响。

2. 模拟量输出模块的选择

模拟量输出模块的输出类型有电压输出和电流输出两种，输出范围有 0~10V、±10V、0~20mA 等。一般的模拟量输出模块都同时具有这两种输出类型，只是在与负载连接时接线方式不同。另外，模拟量输出模块还有不同的输出功率，在使用时要根据负载情况选择。

模拟量输出模块的输出精度、分辨率、抗干扰措施等都与模拟量输入模块的情况类似。S7-200 PLC 提供了 EM231 4 路模拟量输入模块、EM231 4 路输入热电偶、EM231 2 路热电阻（RTD）、EM232 2 路模拟量输出模块、EM235 4 输入/1 输出组合模块，可根据实际需要选用。

7.2.4 智能模块的选择

一般的智能模块包括 PROFIBUS-DP 模块（如 EM277 模块）、工业以太网模块（如 CP243-1、CP243-1 IT）、调制解调器模块（如 EM241 模块）、定位模块（如 EM253 模块）等。需要注意：一般智能模块价格比较昂贵，而有些功能采用一般 I/O 模块也可以实现，只是要增加软件的工作量，因此应根据实际情况决定取舍。

对 PLC 机型、开关量 I/O 模块、模拟量 I/O 模块以及智能模块进行选择后，就粗略地完成了 PLC 系统的硬件配置工作。根据控制要求，如果有些参数需要监控和设置，则可以选择文本编辑器（如 TD400C）、操作面板（如 OP270）、触摸屏（如 TP270）等人机接口单元。硬件设计还包括画出 I/O 硬件接线图，它表明 PLC 输入/输出模块与现场设备之间的连接。I/O 硬件接线图的具体画法可参见本章相关内容。

7.3 PLC 控制系统梯形图程序的设计

应用程序设计过程中，应正确选择能反映生产过程的变化参数作为控制参量进行控制；应正确处理各执行电器、各编程元件之间的互相制约、互相配合的关系，即联锁关系（参见第 2 章相关内容）。应用程序的设计方法有多种，常用的设计方法有经验设计法、顺序功能图法等。

7.3.1　经验设计法

　　某些简单的开关量控制系统可以沿用继电器-接触器控制系统的设计方法来设计梯形图程序，即在某些典型电路的基础上，根据被控对象的具体要求，不断地修改和完善梯形图。有时需要多次反复地进行调试和修改梯形图，不断地增加中间编程元件和辅助触点，最后才能得到一个较为满意的结果。

　　这种方法没有普遍的规律可以遵循，具有很大的试探性和随意性，最后的结果不是唯一的，设计所用的时间、设计的质量与编程者的经验有很大的关系，所以有人把这种设计方法称为经验设计法，它可以用于逻辑关系较简单的梯形图程序设计。

　　用经验设计法设计 PLC 程序时大致可以按下面几步来进行：分析控制要求、选择控制原则；设计主令元件和检测元件，确定输入/输出设备；设计执行元件的控制程序；检查修改和完善程序。

　　下面以运料小车为例来介绍经验设计法。运料小车运行示意图如图 7-2a 所示，图 7-2b 为 PLC 控制系统的外部接线图。

　　系统起动后，首先在左限位开关 SQ1 处进行装料；15s 后装料停止，开始右行；右行碰到右限位开关 SQ2 后停下，进行卸料；10s 后，卸料停止，小车左行；左行碰到左限位开关 SQ1 后又停下来进行装料；如此循环一直进行下去，直至按下停止按钮 SB1。按钮 SB2 和 SB3 分别用来起动小车右行和左行。

　　以电动机正反转控制的梯形图为基础，设计出的小车控制梯形图如图 7-2c 所示。为使小车自动停止，将左限位开关控制的 I0.3 和右限位开关控制的 I0.4 的触点分别与控制右行的 Q0.0 和控制左行的 Q0.1 的线圈串联。为使小车自动起动，将控制装、卸料延时的定时器 T37 和 T38 的常开触点，分别与控制右行起动和左行起动的 I0.1、I0.2 的常开触点并联，并用两个限位开关 I0.3 和 I0.4 的常开触点分别接通装料、卸料电磁阀和相应的定时器。

　　经验设计法对于一些比较简单程序的设计是比较奏效的，可以收到快速、简单的效果。但是，由于这种方法主要是依靠设计人员的经验进行设计的，所以对设计人员的要求也就比较高，特别是要求设计者有一定的实践经验，对工业控制系统和工业上常用的各种典型环节比较熟悉。经验设计法往往需经多次反复修改和完善才能符合设计要求，一般适合于设计一些简单的梯形图程序或复杂系统的某一局部程序（如手动程序等）。如果用来设计复杂系统梯形图程序，存在以下问题：

1. 考虑不周、设计麻烦、设计周期长

　　用经验设计法设计复杂系统的梯形图程序时，要用大量的中间元件来完成记忆、联锁、互锁等功能，由于需要考虑的因素很多，它们往往又交织在一起，分析起来非常困难，并且很容易遗漏一些问题。修改某一局部程序时，很可能会对系统其他部分程序产生意想不到的影响，往往花了很长时间，还得不到一个满意的结果。

2. 梯形图的可读性差、系统维护困难

　　用经验设计法设计的梯形图是按设计者的经验和习惯的思路进行设计的。因此，即使是设计者的同行，要分析这种程序也非常困难，更不用说维修人员了，这给 PLC 系统的维护和改进带来许多困难。

7.3.2　顺序控制设计法与顺序功能图

　　如果一个控制系统可以分解成几个独立的控制动作，且这些动作必须严格按照一定的先后次序执行才能保证生产过程的正常运行，这样的控制系统称为顺序控制系统，也称为步进控制

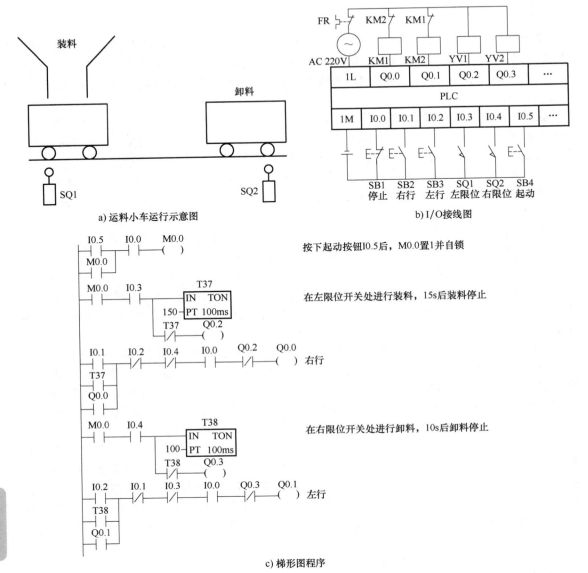

a) 运料小车运行示意图　　　　　　　　　　b) I/O接线图

按下起动按钮I0.5后，M0.0置1并自锁

在左限位开关处进行装料，15s后装料停止

在右限位开关处进行卸料，10s后卸料停止

c) 梯形图程序

图 7-2　运料小车控制系统

系统，其控制总是一步一步按顺序进行。在工业控制领域中，顺序控制系统的应用很广，尤其在机械行业，几乎无例外地利用顺序控制来实现加工的自动循环。

　　所谓顺序控制设计法就是针对顺序控制系统的一种专门的设计方法。使用顺序控制设计法时，首先根据系统的工艺过程画出顺序功能图，然后根据顺序功能图画出梯形图。有的 PLC 为用户提供了顺序功能图语言，在编程软件中生成顺序功能图后便完成了编程工作。这种先进的设计方法很容易被初学者接受，对于有经验的工程师，也会提高设计的效率，程序的调试、修改和阅读也很方便。

1. 顺序功能图

　　顺序功能图（Sequence Function Chart，SFC）是 IEC 标准规定的用于顺序控制的标准化语言。顺序功能图用以全面描述控制系统的控制过程、功能和特性，而不涉及系统所采用的具体技术，这是一种通用的技术语言，可供进一步设计和不同专业的人员之间进行技术交流使用。顺序功能图以功能为主线，表达准确、条理清晰、规范、简洁，是设计 PLC 顺序控制程序的重要工具。

顺序功能图主要由步、有向连线、转换和转换条件及动作（或命令）组成。

（1）步与动作

1）步的基本概念。顺序控制设计法最基本的思想是将系统的一个工作周期划分为若干个顺序相连的阶段，这些阶段称为"步"，并用编程元件（如位存储器 M 和顺序控制继电器 S）来代表各步。步是根据输出量的状态变化来划分的，在任何一步之内，各输出量的位值状态不变，但是相邻两步输出量总的状态是不同的。步的这种划分方法使代表各步的编程元件的状态与各输出量的状态之间有着极为简单的逻辑关系。

2）初始步。与系统的初始状态对应的步称为初始步，初始状态一般是系统等待起动命令的相对静止的状态。初始步用双线方框表示，每一个功能表图至少应该有一个初始步。

3）与步对应的动作或命令。控制系统中的每一步都有要完成的某些"动作（或命令）"，当该步处于活动状态时，该步内相应的动作（或命令）即被执行；反之，不被执行。与步相关的动作（或命令）用矩形框表示，框内的文字或符号表示动作（或命令）的内容，该矩形框应与相应步的矩形框相连。在顺序功能图中，动作（或命令）可分为"非存储型"和"存储型"两种。当相应步活动时，动作（或命令）即被执行。当相应步不活动时，如果动作（或命令）返回到该步活动前的状态，是"非存储型"的；如果动作（或命令）继续保持它的状态，则是"存储型"的。当"存储型"的动作（或命令）被后续的步失励复位时，仅能返回到它的原始状态。顺序功能图中表达动作（或命令）的语句应清楚地表明该动作（或命令）是"存储型"或是"非存储型"的，例如，"起动电动机 M1"与"起动电动机 M1 并保持"两条命令语句，前者是"非存储型"命令，后者是"存储型"命令。

（2）有向连线

在顺序功能图中，会发生步的活动状态的转换。步的活动状态的转换，采用有向连线表示，它将步连接到"转换"并将"转换"连接到步。步的活动状态的转换按有向连线规定的路线进行，有向连线是垂直的或水平的，按习惯转换的方向总是从上到下或从左到右，如果不遵守上述习惯必须加箭头，必要时为了更易于理解也可加箭头。箭头表示步转换的方向。

（3）转换和转换条件

在顺序功能图中，步的活动状态的转换是由一个或多个转换条件的实现来完成的，并与控制过程的发展相对应。转换的符号是一根与有向连线垂直的短划线，步与步之间由"转换"分隔。转换条件是在转换符号短划线旁边用文字表达或符号说明。当两步之间的转换条件得到满足时，转换得以实现，即上一步的活动结束而下一步的活动开始，因此不会出现步的重叠，每个活动步持续的时间取决于步之间转换的实现。

下面以三台电动机的起停为例说明顺序功能图的几个要素，要求第一台电动机起动 30s 后，第二台电动机自动起动，运行 15s 后，第二台电动机停止并同时使第三台电动机自动起动，再运行 45s 后，电动机全部停止。

显然，三台电动机的一个工作周期可以分为 3 步，分别用 M0.1 ~ M0.3 来代表这 3 步，另外还需有一个等待起动的初始步。图 7-3a 为三台电动机周期性工作的时序图，图 7-3b 为相应的顺序功能图，图中用矩形框表示步，框中可以用数字表示该步的编号，也可以用代表该步的编程元件的地址作为步的编号，如 M0.1 等，这样在根据顺序功能图设计梯形图时比较方便。

从时序图可以发现，按下起动按钮 I0.0 后第一台电动机工作并保持至周期结束，因此，由

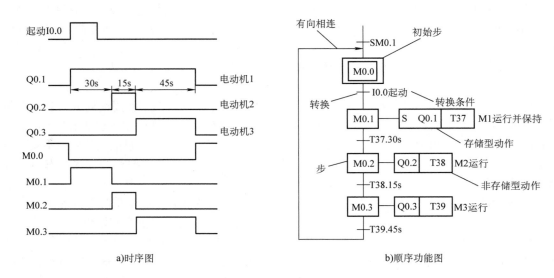

a)时序图　　　　　　　　　　　　b)顺序功能图

图 7-3　顺序功能图举例

M0.1 标志的第一步中对应的动作是存储型动作,存储型动作或命令在编程时,通常采用置位"S"指令对相应的输出元件进行置位,在工作结束或停止时再对其进行复位。

2. 顺序功能图的基本结构

依据步之间的进展形式,顺序功能图有以下几种基本结构。

(1) 单序列结构

单序列由一系列相继激活的步组成。每步的后面仅有一个转换条件,每个转换条件后面仅有一步,如图 7-4 所示。

(2) 选择序列结构

选择序列的开始称为分支。某一步的后面有几个步,当满足不同的转换条件时,转向不同的步,如图 7-5a 所示。当步 5 为活动步时,若满足条件 e = 1,则步 5 转向步 6;若满足条件 f = 1,则步 5 转向步 8;若满足条件 g = 1,则步 5 转向步 12。

选择序列的结束称为合并。几个选择序列合并到同一个序列上,各个序列上的步在各自转换条件满足时转换到同一个步,如图 7-5b 所示。当步 7 为活动步,且满足条件 h = 1 时,则步 7 转向步 16;当步 9 为活动步,且满足条件 j = 1 时,则步 9 转向步 16;当步 12 为活动步,且满足条件 k = 1 时,则步 12 转向步 16。

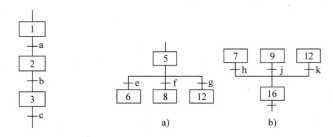

图 7-4　单序列结构　　图 7-5　选择序列的分支与合并

(3) 并行序列结构

并行序列的开始称为分支。当转换的实现导致几个序列同时激活时,这些序列称为并行序列。它们被同时激活后，每个序列中的活动步的进展将是独立的，如图 7-6a 所示。当步 11 为活动步时，若满足条件 b = 1，步 12、14、18 同时变为活动步，步 11 变为不活动步。并行序列中，水平连线用双线表示，用以表示同步实现转换。并行序列的分支中只允许有一个转换条件，并标在水平双线之上。

并行序列的结束称为合并。在并行序列中，处于水平双线以上的各步都为活动步，且转换条件满足时，同时转换到同一个步，如图 7-6b 所示。当步 13、15、17 都为活动步，且满足条件 d = 1 时，则步 13、15、17 同时变为不活动步，步 18 变为活动步。并行序列的合并只允许有一个转换条件，并标在水平双线之下。

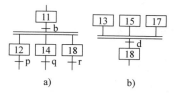

图 7-6　并行序列的分支与合并

3. 顺序功能图法

顺序功能图法首先根据系统的工艺流程设计顺序功能图，然后再依据顺序功能图设计顺序控制程序。在顺序功能图中，实现转换时使前级步的活动结束而使后续步的活动开始，步之间没有重叠。这使系统中大量复杂的联锁关系在步的转换中得以解决。而对于每步的程序段，只需处理极其简单的逻辑关系。因而这种编程方法简单易学、规律性强，设计出的控制程序结构清晰、可读性好，程序的调试、运行也很方便，可以极大地提高工作效率。S7-200 PLC 采用顺序功能图法设计时，可用置位/复位（S/R）指令、顺序控制继电器（SCR）指令、移位寄存器（SHRB）指令等实现编程。

7.4　顺序控制梯形图的设计方法

7.4.1　置位、复位指令编程

置位、复位（S、R）指令是一类常用的指令，任何一种 PLC 都有这一类指令，因此这是一种通用的编程方法，可以用于任意型号的 PLC。在采用置位、复位指令编程时，通过转换条件和当前活动步的标志位相串联，作为使所有后续步对应的存储器位置位和使用当前级步对应的存储器位复位的条件，每个转换对应一个这样的控制置位和复位的梯形图块。这种设计方法很有规律，梯形图与顺序功能图有着严格的对应关系，在设计复杂的顺序功能图的梯形图程序时既容易掌握，又不容易出错。

下面以较复杂的十字路口交通信号灯的 PLC 控制为例，采用置位、复位指令编程。

1. 控制要求

交通信号灯设置示意图如图 7-7a 所示，其工作时序图如图 7-7b 所示，控制要求如下：

1）接通起动按钮后，信号灯开始工作，南北向红灯、东西向绿灯同时亮。

2）东西向绿灯亮 25s 后，闪烁 3 次（1s/次），接着东西向黄灯亮，2s 后东西向红灯亮，30s 后东西向绿灯又亮……如此不断循环，直至停止工作。

3）南北向红灯亮 30s 后，南北向绿灯亮，25s 后南北向绿灯闪烁 3 次（1s/次），接着南北向黄灯亮，2s 后南北向红灯又亮……如此不断循环，直至停止工作。

2. 输入、输出信号地址分配

根据控制要求对系统输入、输出信号进行地址分配。I/O 地址分配表见表 7-1。将南北红灯 HL1、HL2，南北绿灯 HL3、HL4，南北黄灯 HL5、HL6，东西红灯 HL7、HL8，东西绿灯 HL9、HL10，东西黄灯 HL11、HL12 均并联后共用一个输出点，I/O 接线图如图 7-8 所示。

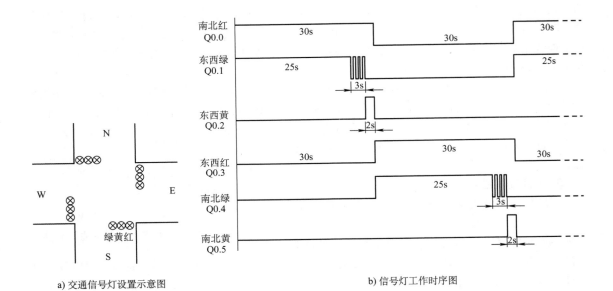

a) 交通信号灯设置示意图

b) 信号灯工作时序图

图 7-7 交通信号灯控制示意图

表 7-1 交通信号灯控制 I/O 地址分配表

输 入 信 号		输 出 信 号	
起动按钮 SB1	I0.1	南北红灯 HL1、HL2	Q0.0
停止按钮 SB2	I0.2	南北绿灯 HL3、HL4	Q0.4
		南北黄灯 HL5、HL6	Q0.5
		东西红灯 HL7、HL8	Q0.3
		东西绿灯 HL9、HL10	Q0.1
		东西黄灯 HL11、HL12	Q0.2

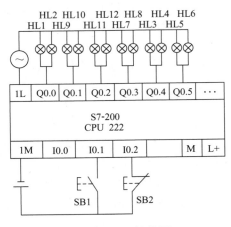

图 7-8 I/O 接线图

3. 设计顺序功能图和梯形图程序

根据交通信号灯时序图设计顺序功能图，如图 7-9 所示。从图中可以看出，该顺序功能图是典型的并列序列结构，东西向和南北向信号灯并行循环工作，只是在时序上错开了一个节拍。因此，东西向和南北向梯形图程序的编程思路是一样的，掌握了东西向交通信号灯的编程方法，就能轻松写出南北向交通信号灯的控制程序。此处，以东西向交通信号灯为例编写了相应的梯形图程序，如图7-10所示。

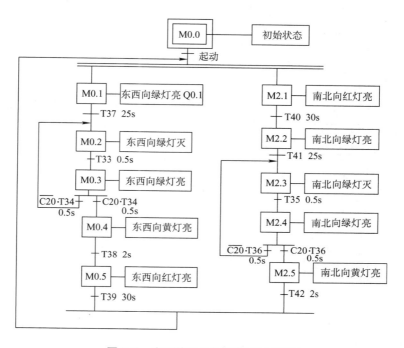

图7-9　交通信号灯控制顺序功能图

7.4.2　顺序控制继电器指令编程

　　S7-200 PLC的顺序控制继电器（SCR）指令是基于顺序功能图（SFC）的编程方式，专门用于编制顺序控制程序。顺序控制程序被顺序控制继电器指令（LSCR）划分为若干个SCR段，一个SCR段对应于顺序功能图中的一步。

　　当顺序控制继电器S位的状态为"1"（如S0.1＝1）时，对应的SCR段被激活，即顺序功能图对应的步被激活，成为活动步，否则是非活动步。SCR段中执行程序所完成的动作（或命令）对应着顺序功能图中该步相关的动作（或命令）。程序段的转换（SCRT）指令相当于实施了顺序功能图中的步的转换功能。由于PLC周期循环扫描地执行程序，编制程序时各SCR段只要按顺序功能图有序地排列，各SCR段活动状态的进展就能完全按照顺序功能图中有向连线规定的方向进行。

　　下面以深孔钻组合机床的PLC控制程序介绍程序设计步骤和SCR指令编程方法。

1. 深孔钻组合机床控制要求

　　深孔钻组合机床进行深孔钻削时，为利于钻头排屑和冷却，需要周期性地从工件中退出钻头，刀具进退与行程开关示意图如图7-11所示。

　　在起始位置O点时，行程开关SQ1被压合，按起动按钮SB2，电动机正转起动，刀具前进。退刀由行程开关控制，当动力头依次压在SQ3、SQ4、SQ5上时电动机反转，刀具会自动退刀，退刀到起始位置时，SQ1被压合，退刀结束，又自动进刀，直到三个过程全部结束。

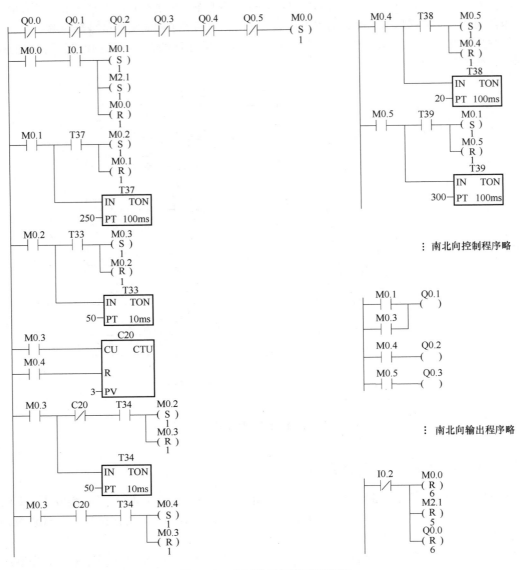

图 7-10　交通信号灯梯形图程序

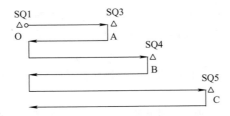

图 7-11　深孔钻组合机床工作示意图

2. I/O 信号地址分配和接线图

I/O 地址分配表见表 7-2，I/O 接线图如图 7-12 所示。

表 7-2　深孔钻控制 I/O 地址分配表

输入信号	SB1 停止按钮	I0.1	SQ4 退刀行程开关	I0.4
	SB2 起动按钮	I0.2	SQ5 退刀行程开关	I0.5
	SQ1 原始位置行程开关	I0.6	SB3 正向调整点动按钮	I0.7
	SQ3 退刀行程开关	I0.3	SB4 反向调整点动按钮	I0.0
输出信号	KM1 钻头前进接触器线圈	Q0.1	KM2 钻头后退接触器线圈	Q0.2

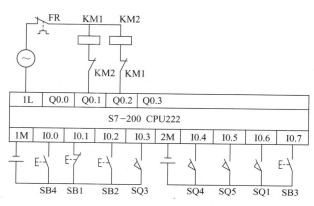

图 7-12　深孔钻控制 I/O 接线图

3. 画出顺序功能图

根据深孔钻组合机床工作示意图，可画出顺序功能图如图 7-13 所示。

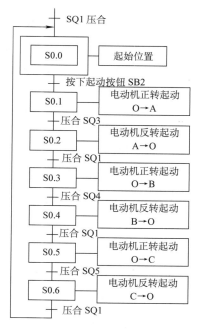

图 7-13　深孔钻顺序功能图

4. 由顺序功能图设计梯形图

由顺序功能图所设计的梯形图如图 7-14 所示。

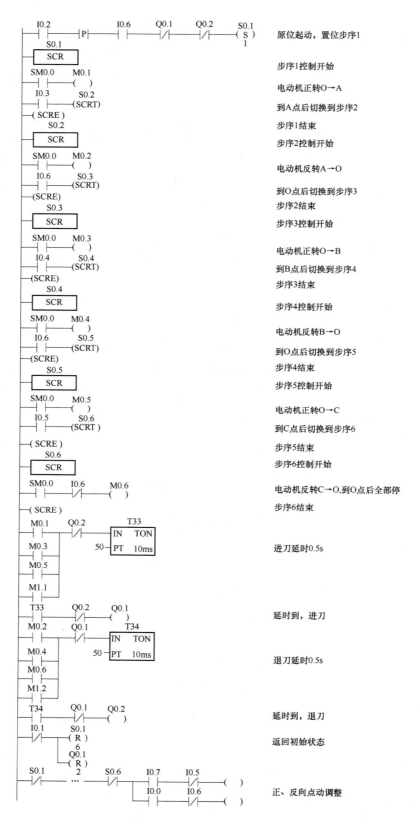

图 7-14 深孔钻控制梯形图

注意：钻头进刀和退刀是由电动机正转和反转实现的，电动机的正、反转切换是使用两只接触器 KM1（正转）、KM2（反转）切换三相电源中的任意两相实现的。在设计时，为防止由于电源换相所引起的短路事故，减少换相对电动机的冲击，软件上采用了换相延时措施，梯形图中的 T33、T34 的延时时间通常设置为 0.1～0.5s，同时在硬件电路上也采取了互锁措施。I/O 接线图中的 FR 用于过载保护。为便于调整，程序中具有点动控制功能。

7.4.3　具有多种工作方式的顺序控制梯形图设计方法

为了满足生产的需要，很多设备要求设置多种工作方式，如手动方式和自动方式，后者包括连续、单周期、步进、自动返回初始状态几种工作方式。

1. 控制要求与工作方式

如图 7-15 所示，某机械手用来将工件从 A 点搬运到 B 点，一共 6 个动作，分 3 组，即上升/下降、左移/右移和放松/夹紧。

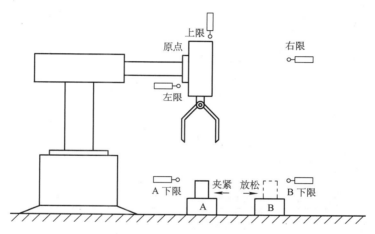

图 7-15　机械手工作示意图

机械手的全部动作由气缸驱动，而气缸又由相应的电磁阀控制。其中，上升/下降和左移/右移分别由双线圈的两位电磁阀控制。例如，当下降电磁阀通电时，机械手下降；当下降电磁阀断电时，机械手下降停止。机械手的放松/夹紧动作由一个单线圈的两位电磁阀控制，当该线圈通电时，机械手夹紧；当该线圈断电时，机械手放松。

当机械手右移到位并准备下降时，为了确保安全，必须在右工作台上无工件时才允许机械手下降。也就是说，若上一次搬运到右工作台上的工件尚未搬走，机械手应自动停止下降，用光电开关进行无工件检测。

系统设有手动操作方式和自动操作方式。自动操作方式又分为步进、单周期和连续操作方式。机械手在最上面和最左边且松开时，称为系统处于原点状态（或称初始状态）。进入单周期、步进和连续工作方式之前，系统应处于原点状态，如果不满足这一条件，可以选择手动工作方式，进行手动操作控制，使系统返回原点状态。

手动操作：就是用按钮操作对机械手的每步运动单独进行控制。例如，当按下上升起动按钮时，机械手上升；当按下下降起动按钮时，机械手下降。

单周期工作方式：机械手从原点开始，按一下起动按钮，机械手自动完成一个周期的动作后停止。

连续工作方式：机械手从初始步开始一个周期接一个周期地反复连续工作。按下停止按钮，并不马上停止工作，完成最后一个周期的工作后，系统才返回并停留在初始步。

步进工作方式：每按一次起动按钮，机械手完成一步动作后自动停止。步进工作方式常用于系统的调试。

2. 操作面板布置与端子接线图

操作面板如图 7-16 所示，工作方式选择开关的 5 个位置分别对应于 5 种工作方式，操作面板下部的 5 个按钮是手动按钮。图 7-17 为 PLC 的外部接线图。输出 Q0.1 为 1 时工件被夹紧，为 0 时被松开。

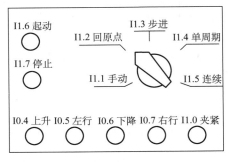

图 7-16　操作面板

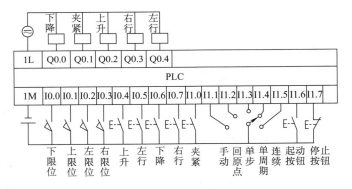

图 7-17　外部接线图

3. 整体程序结构

多种工作方式的顺序控制编程常采用模块式编程方法，即主程序 + 子程序。由于单周期、步进和连续这三种工作方式工作的条件都必须要在原点位置，另外都是按顺序执行，因此可以将它们放在同一个子程序里，统称为自动运行。这样就是编写手动和回原点以及自动运行模式三个子程序。

（1）主程序

主程序主要完成对各个子程序的调用，以及不同工作方式之间的切换处理，如图 7-18 所示。

由于单周期、步进和连续运行都必须是机械手要停留在初始位置且 Q0.1 为 0，因此设置一个原点标志位 M0.5，当左限位开关 I0.2、上限位开关 I0.1 的常开触点和表示机械手松开的 Q0.1 的常闭触点的串联电路接通时，"原点条件"存储器位 M0.5 变为 ON。设置 M0.0 为自动运行的初始步标志位，在开始执行用户程序（SM0.1 为 ON）或系统处于手动或回原点状态时，且当机械手处于原点位置（M0.5 为 ON）时，初始步对应的 M0.0 被置位，为进入单周期、步进和连续工作方式做好准备。

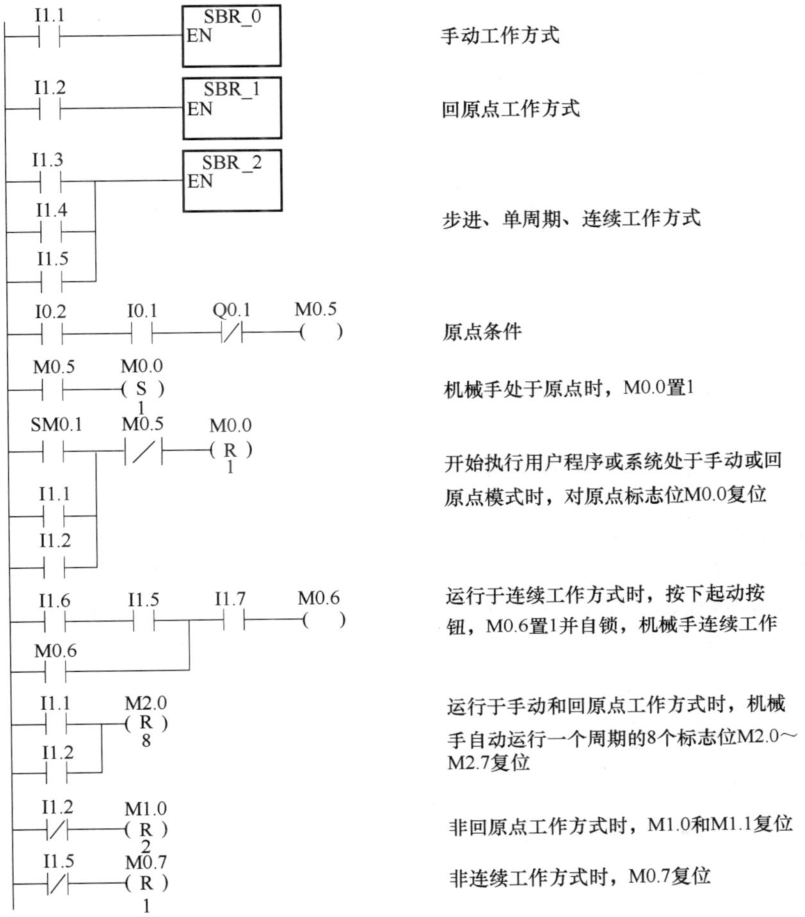

```
I1.1          SBR_0          手动工作方式
─┤├───────────┤EN │

I1.2          SBR_1          回原点工作方式
─┤├───────────┤EN │

I1.3          SBR_2
─┤├───────────┤EN │          步进、单周期、连续工作方式
I1.4
─┤├─
I1.5
─┤├─

I0.2   I0.1   Q0.1   M0.5     原点条件
─┤├────┤├────┤/├────( )

M0.5   M0.0                   机械手处于原点时，M0.0置1
─┤├────( S )
         1

SM0.1  M0.5   M0.0            开始执行用户程序或系统处于手动或回
─┤├────┤/├────( R )          原点模式时，对原点标志位M0.0复位
I1.1           1
─┤├─
I1.2
─┤├─

I1.6   I1.5   I1.7   M0.6     运行于连续工作方式时，按下起动按
─┤├────┤├────┤├────( )       钮，M0.6置1并自锁，机械手连续工作
M0.6
─┤├─

I1.1   M2.0                  运行于手动和回原点工作方式时，机械
─┤├────( R )                 手自动运行一个周期的8个标志位M2.0～
I1.2     8                   M2.7复位
─┤├─

I1.2   M1.0                  非回原点工作方式时，M1.0和M1.1复位
─┤/├───( R )
         2
I1.5   M0.7                  非连续工作方式时，M0.7复位
─┤/├───( R )
         1
```

图 7-18　机械手工作主程序

当系统运行于手动和回原点工作方式时，必须将图 7-21 中除初始步之外的各步对应的存储器位（M2.0 ~ M2.7）复位，否则，当系统从自动工作方式切换到手动工作方式，然后又切换回自动工作方式时，可能会出现同时有两个活动步的情况，导致系统出错。M0.6 设置为连续工作方式时的内部标志位，当在连续工作方式下 M0.6 为 ON，否则 M0.6 被复位。

（2）手动程序

图 7-19 为手动程序，手动操作时用 I0.4 ~ I1.0 对应的 5 个按钮控制机械手的上升、左行、下降、右行和夹紧。为了保证系统的安全运行，在手动程序中设置了一些必要的联锁，如限位开关对运动的极限位置的限制，上升与下降之间、左行与右行之间的互锁用来防止功能相反的两个输出同时为 ON。为了使机械手上升到最高位置时才能左右移动，应将上限位开关 I0.1 的常开触点与控制左、右行的 Q0.4 和 Q0.3 的线圈串联，以防止机械手在较低位置运行时与别的物体碰撞。

（3）回原点程序

图 7-20 为回原点程序。在回原点工作方式时，I1.2 为 ON。按下起动按钮 I1.6 时，机械手上升，升到上限位开关时，机械手左行，到左限位开关时，将 Q0.1 复位，机械手松开。这时原点条件满足，M0.5 为 ON，在主程序中，自动运行的初始步 M0.0 被置位，为进入单周期、步进和连续工作方式做好了准备。

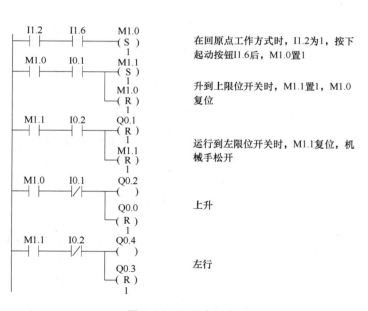

图 7-19　机械手工作手动程序

（4）自动运行程序

图 7-21 为处理单周期、连续和步进工作方式的顺序功能图。其中，M0.0 为初始步标志位，其状态位在主程序中控制；M0.5 为原点标志位；M0.6 为是否连续运行标志位；M2.0 ～ M2.7 为机械手自动运行一个周期的 8 个标志位。

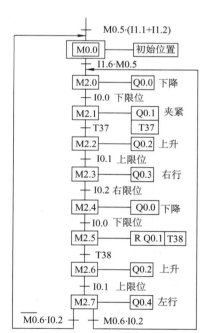

图 7-20　回原点程序　　　　图 7-21　自动运行顺序功能图

图 7-22 为根据顺序功能图编写的梯形图程序。

单周期、步进和连续这三种工作方式主要是通过"连续"标志位 M0.6 和"转换允许"标志位 M0.7 来区分的。

1）步进与非步进的区分。通过设置一个存储器位 M0.7 来区别步进与非步进，并把 M0.7 的常开触点接在每个控制代表步的存储器位的程序中，它们断开时禁止步的活动状态的转换。

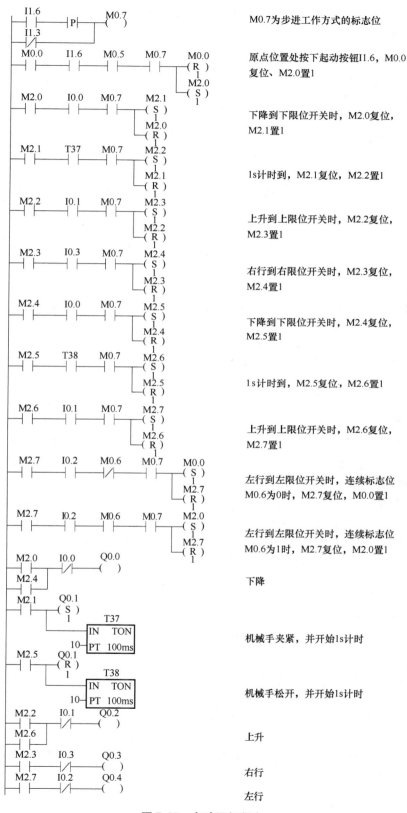

图 7-22　自动运行程序

如果系统处于步进工作方式，I1.3 为 ON 状态，则常闭触点断开，"转换允许"存储器位 M0.7 在一般情况下为 0 状态，不允许步与步之间的转换。当某一步的工作结束后，转换条件满足，如果没有按起动按钮 I1.6，M0.7 处于 0 状态，不会转换到下一步。一直要等到 M0.7 的常开触点接通，系统才会转换到下一步。

如果系统工作在连续、单周期（非步进）工作方式时，I1.3 的常闭触点接通，使 M0.7 为 1 状态，串联在各电路中的 M0.7 的常开触点接通，允许步与步之间的正常转换。

2）单周期与连续的区分。在连续工作方式时，I1.5 为 1 状态。在初始状态按下起动按钮 I1.6，M2.0 变为 1 状态，机械手下降。与此同时，控制连续工作的 M0.6 的线圈"通电"并自锁。

当机械手在步 M2.7 返回最左边时，I0.2 为 1 状态，因为"连续"标志位 M0.6 为 1 状态，转换条件 $\overline{M0.6 \cdot I0.2}$ 满足，系统将返回步 M2.0，反复连续地工作下去。

按下停止按钮 I1.7 后，M0.6 变为 0 状态，但是系统不会立即停止工作，在完成当前工作周期的全部操作后，在步 M2.7 返回最左边，左限位开关 I0.2 为 1 状态，转换条件 $\overline{M0.6 \cdot I0.2}$ 满足，系统才返回并停留在初始步。

在单周期工作方式时，M0.6 一直处于 0 状态。当机械手在最后一步 M2.7 返回最左边时，左限位开关 I0.2 为 1 状态，转换条件 M0.6·I0.2 满足，系统返回并停留在初始步。按一次起动按钮，系统只工作一个周期。

7.5　PLC 在工业控制系统中的典型应用实例

7.5.1　恒温控制

过程控制中往往会用到温度控制。恒温控制属于温度控制，也是一种典型的模拟量控制。本例主要采用 PID 回路指令进行编程，重点介绍实际应用中信号的转换方法、编程思路等。

1. 恒温控制的基本思路

本例的温度控制系统硬件示意图如图 7-23 所示。点画线框内为被加热体——"加热器总成"，其中在铝块上布有加热丝和 Pt100 温度传感器；变送器将传感器输出的温度信号转换成 4～20mA 的标准信号；EM235 为 S7-200 PLC 的 AI 4/AQ1 模拟量扩展模块，接收该系统 4～20mA 的温度信号输入，输入信号经过 EM235 的 A/D 转换和程序处理变成"过程变量"，经 PLC 的 PID 回路指令处理输出 4～20mA 的"调节量"到"晶闸管调功器"控制"加热器"的加热量；再由 Pt100 温度传感器检测温度……形成温度闭环控制系统。

2. 数据的变换与处理

为实现温度的 PID 控制，采用 PID 回路指令。为此，需对回路输入/输出变量进行转换和标准化。将变送器送来的 4～20mA 的温度信号检测值转换成 0.0～1.0 之间的过程变量；将 PID 输出的 0.0～1.0 之间的输出值转换成 EM235 模块 M0、I0 两端输出的 4～20mA 信号，并作为晶闸管调功器的调节量。A/D、D/A 的数据转换如图 7-24 所示，这里模拟量信号为 4～20mA 范围，4mA 对应的 PLC 内部的刻度值为 6400。在数据转换时直接将 AIW0 的输入值减去 6400，即将坐标 0 点由"自然 0"转到"数据 0"，这样刻度值由 6400～32000 变为 0～25600。初学者最容易出错的是按"虚线"对应进行数据转换，这样就会出现较大的数据误差，数据越小误差越大。

（1）数据输入变换过程

加热器总成温度变化 0～100℃ $\xrightarrow{\text{Pt100 及变送器}}$ 4～20mA 模拟量输入 $\xrightarrow{\text{EM235}}$ A/D 转换得 0～

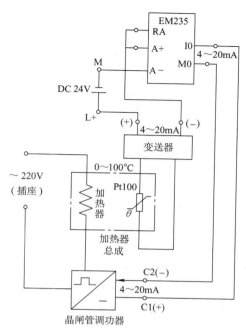

图 7-23 S7-200 PLC 温度闭环控制系统图

32000 范围刻度值 $\xrightarrow{-6400}$ 得 0 ~ 25600 范围刻度值存入 VW162 $\xrightarrow{\text{高 16 位补 0 后划成实数}}$ 得 0 ~ 25600.0 的实数存入 AC0 $\xrightarrow{\div 25600.0}$ 得 0.0 ~ 1.0 范围的实数，根据偏移地址存入 VD100 即完成温度变化到过程变量的转换。

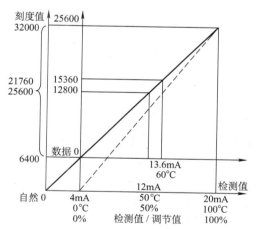

图 7-24 4 ~ 20mA 模拟量变换坐标

（2）控制量输出变换过程

PID 算法输出值为 0.0 ~ 1.0 范围的实数，根据偏移地址将其存在 VD108 中 $\xrightarrow{\times 25600.0}$ 变成 0 ~ 25600.0 范围的实数存入 AC0 $\xrightarrow{\text{划成双字整数}}$ 为 0 ~ 25600 存入 AC0 $\xrightarrow{\text{划成整数}}$ 为 0 ~ 25600 存入 AC0 $\xrightarrow{+6400}$ 为 6400 ~ 32000 存入 AC0 $\xrightarrow{\text{写入 AQW0}}$ 即为 M0/I0 两端输出 4 ~ 20mA 控制量。

233

3. 设计梯形图程序

根据控制要求，设计的恒温控制梯形图程序如图 7-25 所示，该程序共有主程序（OB1）、子程序 0（SBR0）、子程序 1（SBR1）、中断 0（INT0）四部分。

1）主程序（OB1）：网络 1 将温度信号输入值转换成 0～25600 存入 VW162，以及再转换成 0～100℃ 范围并存入 VW170，该温度值可用于数码显示或后面的"比较器"数值比较。网络 2 调用初始化子程序 0。网络 3 直接用启动自动控温的 I0.0 填写给定值（本例以 60℃ 为例）。网络 4 调用子程序 1 设置 PID 回路表并开中断，操作分两种情况：①在开机之前 I0.0 置位通过初始脉冲 SM0.1 调用；②在开机之后 I0.0 置位通过正跳变调用。网络 5 为 I0.0 关断时输出 0 调节量。

2）子程序 0（SBR0）：初始化变量存储器，其中 VD160、VW170 开机清零；VW180 置最大输出调控量 32000（20mA）；VW182 置 0 输出调控量（4mA）。

3）子程序 1（SBR1）：填写除给定值以外其他 PID 回路表参数。根据温度系统的特点和实际调试，增益（K_C）取 3072.0；积分时间（T_I）取 3min；微分时间（T_D）取 0.18min；定时中断时间间隔为 0.1s，与 PID 采样间隔时间相同。

4）中断 0（INT0）完成以下功能：①将 VW162 以上 16 位补 0 成为双字整数，再划为实数，并除以 25600.0 使之成为 0.0～1.0 的过程变量（PV_n）；②I0.0 置 1 时 PID 回路指令有效；③将 0.0～1.0 的输出转换成 0～25600 的整数，再加 6400，成为 6400～32000 的输出，其中还有上/下限幅，当失调温度超过设定值 5℃ 时，输出 6400，反之低于 5℃ 时，输出 32000。

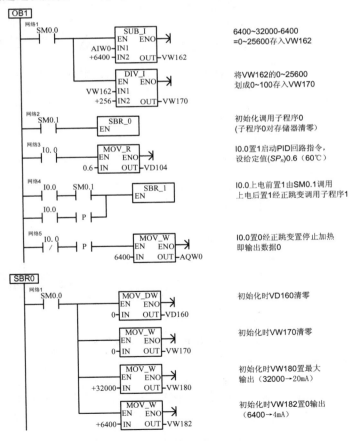

图 7-25　恒温 PID 控制程序

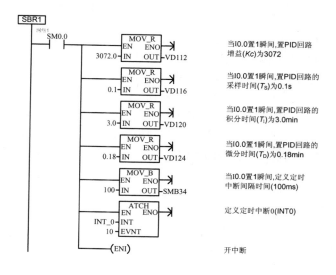

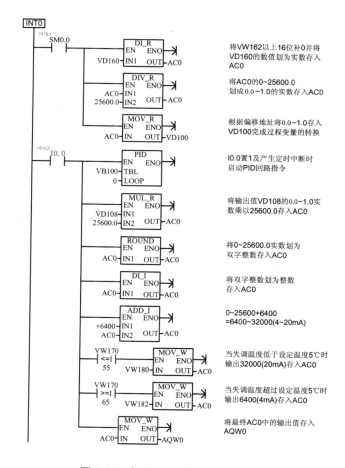

图 7-25　恒温 PID 控制程序（续）

235

7.5.2 基于增量式旋转编码器和PLC高速计数器的转速测量

增量式旋转编码器简称增量旋编，是目前最为常见的一种PLC高速计数器专用计数输入设备，常用做被控对象的距离/位移、转速、线速度、角位移的测量，特别是很多随动系统中不可缺少的测量元件。它在透光码盘圆周上均布有数十到数千道栅格，当随工作机构旋转时会输出增量脉冲。增量旋编共有三种形式：①为单相，即仅A相有增量脉冲输出；②为两相，AB两相均有增量脉冲输，两相配合使用可以辨别旋转方向；③为ABZ三相，每转一周Z相输出一次零位脉冲。与之相对应，PLC一般有专门连接上述三种相数的接点和工作模式（参见6.6节的高速计数器指令）。三相输出的增量式旋转编码器的输出波形、集电极开路输出回路和集电极开路型接线定义如图7-26所示。

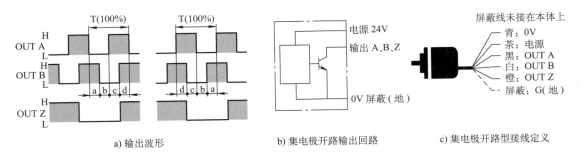

a) 输出波形　　　　　　　　b) 集电极开路输出回路　　　c) 集电极开路型接线定义

图7-26　三相输出的增量式旋转编码器

本例转速测量方法有很多优点：①只占用PLC的1~3个开关量输入点，无须占用模拟量输入通道；②PLC有专门"适配"增量旋编的设置，脉冲计数方便；③增量脉冲相对模拟量信号传输稳定、可靠，适用于远距离传输；④由于增量旋编的分辨率较高，且PLC高速计数器脱离主机的扫描而独立计数，所以将增量脉冲转换成转速值的平滑度与模拟量信号经A/D转换成转速值平滑度基本一致。

图7-27为交流变频调速PLC控制系统的框图，本例仅介绍如何采用增量旋编和PLC高速计数器完成调速电动机在线转速测量（即点画线框内的内容），学习和了解增量旋编、PLC高速计数器和增量脉冲变换成数值的一般处理方法。

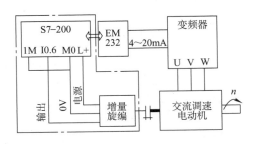

图7-27　交流变频调速PLC控制系统框图

1. 增量旋编与S7-200的连接

（1）增量旋编与PLC的选型

由于该交流调速系统的电动机拽引的是风机/水泵型负载，仅需单向运转，也没有复位的需要，电动机的转速在300~1500r/min，但要求输出的平滑度较好。因此选一相输出，每转脉冲数为 100 的增量旋编。

综合考虑系统的控制要求，机型选择西门子 S7-200 CPU224 作为 PLC 控制器。

（2）增量旋编与 PLC 的连接

首先指定高速计数器以及 PLC 外部输入信号和工作模式。可根据 PLC 的输入点确定高速计数器 HSC1，而增量旋编为一相输出。经查本书的表 6-32 或 S7-200 用户手册可知，增量码从 I0.6 输入，以及工作模式为 0 模式。

增量旋编与 PLC 的连接如图 7-27 所示。增量旋编的电源、0V 端分别接至 PLC 的 DC 24V 的 L + 和 M0 端，增量旋编的输出端接至 S7-200 CPU224 PLC 的 I0.6 端。

2. PLC 控制增量旋编转速测量的程序设计

从增量码转换到转速值很容易理解，只要在单位时间内记录出脉冲数，通过简单换算，即可得到每秒转速值（r/s），或每分转速值（r/min）。前面已经确定此次转速测量用一相输出的增量旋编，与之对应的 PLC 高速计数器为 0 工作模式。

（1）主程序 OB1

1）指定定时器中断间隔时间为 0.1s，经查本书表 6-26 或 S7-200 用户手册得定时中断 0 的定时器为 T32，即当 CT = PT 时产生中断，事件号为 21。

2）首次扫描时对高速计数器的子程序 0 和计数值存储器清零进行初始化，首次扫描时对调用配置高速计数器的子程序和计数值存储器 VD300 清零。

3）转速值的换算，为防止 VD300 中数值 < 100，采取先 ×600，后 ÷100 的方法得到每分转速（r/min）。确定运算周期也为 0.1s（由 T37 设置）。

（2）子程序 SBR0

当初次扫描时，调用子程序 SBR0。

1）前面已经确定高速计数器及其工作模式，即执行 HDEF 指令时，HSC 输入 1、MODE 输入 0；控制字节 SMB47 经查表 6-34 或 S7-200 用户手册得 E9，即 HSC 允许/更新当前值/更新预置值/计数方向不更新/增计数/非正交计数器不须选择/启动高电平有效/无外部复位无须选择；经查本书表 6-35 或 S7-200 用户手册，HSC1 装入 SMD48 的新当前值，初始时置 0；新预置值装入 SMD52，此处只需装入每 0.1s 计数不可能达到的一个值（此处 300000）。

2）表 6-26 等已经查过，可直接将中断连接指令的 INT 端写入 INT0 和 EVNT 端写入 21 即可，此处全局中断允许只与定时器当前值等于预置值有关，与计数器当前值是否等于预置值无关；接下来开中断。

3）首次扫描调用子程序 SBR0 执行 HSC1。

（3）中断子程序 INT0

当中断产生时，执行中断子程序 INT0。

1）重新装入 HSC1 的新当前值 SMD48，即重新清零。

2）重新装入 HSC1 的控制字节 SMB47，即重置 E8。读者可能会发现，初始化时控制字节 SMB47 写入的是 E9，但此处并未改变 HSC1 的使能。因为从本书表 6-34 或 S7-200 用户手册可知，控制字节 SMB47 的最低位为"复位选择"，一相输入无外部复位。因此控制字节设置 E8 和 E9 得到的是同样的 HSC1 的使能。

3）读出高速计数器 HSC1 在单位时间 0.1s 的计数值，同时将该计数值存入待计算的存储器 VD300。

4）再执行高速计数器 HSC1。

PLC 控制增量旋编转速测量的参考梯形图程序如图 7-28 所示。

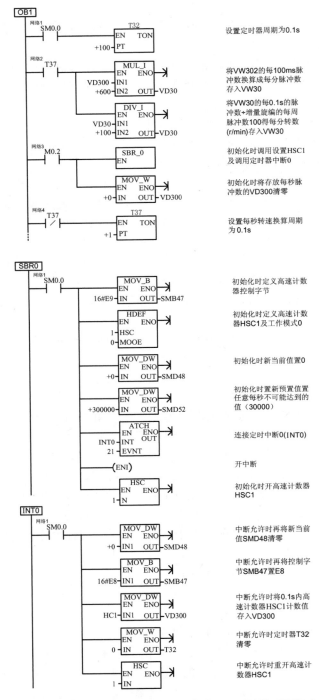

图 7-28　增量旋编 + PLC 高速计数器转速测量梯形图程序

 习题与思考题

1. 请根据图 7-3 所示的时序图和顺序功能图编写梯形图程序。

2. 请用顺序功能图法编写图 7-2 所示运料小车的控制程序，要求设计顺序功能图、梯形图。

3. 请根据图 7-29 所示的顺序功能图编写相应的梯形图程序。

4. 请根据图 7-30 所示的顺序功能图编写相应的梯形图程序。

5. 分别采用移位寄存器（SHRB）指令和 SCR 指令设计彩灯控制程序，要求设计顺序功能图、梯形图。四路彩灯按"HL1HL2→HL2HL3→HL3HL4→HL4HL1→…"顺序重复循环上述过程，一个循环周期为 2s，使四路彩灯轮翻发光，形似流水。

6. 设计一个居室安全系统的控制程序，使户主在度假期间，四个居室的百叶窗和照明灯有规律地打开和关闭或接通和断开。要求白天百叶窗打开，晚上百叶窗关闭；白天及深夜照明灯断开，晚上 6 时至 10 时使四个居室照明灯轮流接通 1h。要求设计顺序功能图、梯形图。

7. 试设计一个抢答器系统并编程，要求用七段码显示抢答组号。具体控制要求：一个四组抢答器，任一组先按下按键后，显示器能及时显示该组编号并使蜂鸣器发出响声，同时锁住抢答器，使其他组按下的按键无效。抢答器设有复位按钮，复位后可重新抢答（提示：输入信号主要有按钮 1、2、3、4 及复位按钮；输出信号有蜂鸣器，七段码 a、b、c、d、e、f、g）。

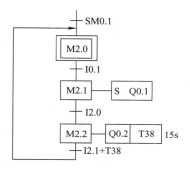

图 7-29　题 3 顺序功能图

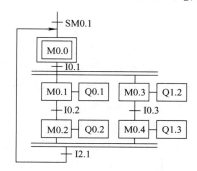

图 7-30　题 4 顺序功能图

第8章

PLC的通信及网络

本章介绍网络通信的基本概念及所采用的数据传送方式,着重介绍 S7-200 PLC 通信功能及协议。通过举例说明 S7-200 PLC 通信网络的构成与实现,并结合实例讲解通信指令的使用。通过对本章的学习,应能根据需要配置 S7-200 PLC 通信网络,通过网络读、写指令或自由口指令实现其通信。

随着计算机网络技术的发展和现代化企业的自动化程度不断提高,自动控制已由传统的集中式向多级分布式发展。为了适应这种要求,几乎所有的 PLC 生产厂家都为自己的产品配置了通信和联网功能,研制开发了自己的 PLC 网络系统。利用网络通信功能,用户就可以方便地构成一个灵活的集中分布式控制系统,可以方便地实现柔性制造系统(FMS)。

虽然由于先进国家间技术壁垒以及技术发展方式上的不一致,工业控制网络还没有形成世界统一的网络标准或协议,但基本原理是一致的,且今后总的发展趋势是向开放式、多层次、高可靠性、高速大信息吞吐量方向发展。西门子工业控制网络是指由德国西门子公司工业控制设备构成的通信网络。S7 系列的 PLC 具有很强的网络通信能力,特别是 S7-300 及 S7-400 机型,可以在 PROFIBUS 总线网络乃至工业以太网中承担主站任务。S7-200 PLC 功能虽然相对弱一些,但也可以实现 PLC 与计算机、PLC 与 PLC、PLC 与其他智能控制设备之间的联网通信。

8.1 SIEMENS 工业自动化控制网络

8.1.1 SIEMENS PLC 网络的层次结构

现代大型工业企业中,一般采用多级工业控制网络。PLC 的制造商通常采用企业自动化网络金字塔模型来描述其产品可实现的功能。自动化网络金字塔的特点是上层负责生产管理,中间层负责生产过程的监控与优化,底层负责现场的检测与控制。

SIEMENS 公司的 S7 系列自动化网络金字塔模型如图 8-1 所示。

S7 系列自动化网络金字塔由 4 级组成,由上到下依次是公司管理级、工厂过程管理级、过程监控级和过程测量与控制级。通过 3 层工业控制总线将这 4 级子网连接起来。

最高层是工业以太网,是一种开放式网络,使用通用协议,用于传送生产管理信息、实现管理-控制网络的一体化,可以集成到互联网,为全球联网提供条件。以太网在局域网(LAN)领域中的市场占有率高达 80%,通过广域网(如 ISDN 或 Internet),可以实现全球性的远程通信。网络距离可达 1.5km(电气网络)或 200km(光纤网络),规模可达 1024 站。

中间层为工业现场总线 PROFIBUS,完成现场管理、过程控制和监控的通信。PROFIBUS 是用于车间级和现场级的国际标准,是不依赖生产厂家的、开放式的现场总线,各种自动化设备都可以通过同样的接口交换信息。PROFIBUS 传输速率最高为 12Mbit/s,响应时间的典型值为 1ms,

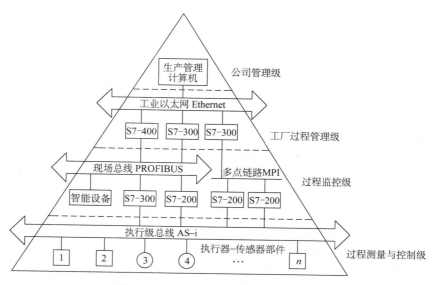

图 8-1　S7 系列自动化网络金字塔模型

使用屏蔽双绞线电缆时最长通信距离为 9.6km，使用光缆时最长通信距离为 90km，最多可接 127 个从站。

最底层为 AS-i 总线。AS-i 是执行器-传感器接口（Actuator Sensor Interface）的简称，是传感器和执行器通信的国际标准（EN 0925 和 IEC 2062-2），属于主从式网络，主要负责现场传感器和执行器的通信，也可以是远程 I/O 总线，负责 PLC 主机与远程分布式 I/O 模块之间的通信。AS-i 总线使用未屏蔽双绞线作为通信介质，响应时间小于 5ms，最长通信距离为 300m，最多可接 62 个从站，由总线提供电源，特别适合于需要传送开关量的传感器和执行器。

8.1.2　网络通信设备

与 S7-200 CPU 相关的主要有以下网络设备及自由口通信设备：

1. 通信口

S7-200 CPU 主机带有一个或两个串行通信口，其通信口是符合欧洲标准 EN 50170 中 PROFIBUS 标准的 RS-485 兼容 9 针 D 型接口。接口引脚如图 8-2 所示，PLC 端口 0 或端口 1 的引脚与 PROFIBUS 的名称对应关系见表 8-1。

241

表 8-1　端口 0、端口 1 RS-485 引脚与 PROFIBUS 对应关系表

针　号	端口 0/端口 1	PROFIBUS 名称
1	逻辑地	屏蔽
2	逻辑地	+24V 地
3	RS-485 信号 B	RS-485 信号 B
4	RTS（TTL）	请求发送信号（TTL）
5	逻辑地	+5V 地
6	+5V（带 100Ω 串联电阻）	+5V
7	+24V	+24V

（续）

针 号	端口 0/端口 1	PROFIBUS 名称
8	RS-485 信号 A	RS-485 信号 A
9	10 位协议选择（输入）	不用
端口外壳	屏蔽	屏蔽

2. 网络连接器

为了能够把多个设备很容易地连接到网络中，西门子公司提供两种网络连接器：一种标准网络连接器（引脚分配见表 8-1）和一种带编程接口的连接器（见图 8-3），后者允许在不影响现有网络连接的情况下，再连接一个编程器或者一个操作面板到网络中。带编程接口的连接器可将 S7-200 PLC 的所有信号（包括电源引脚）传到编程接口，这对于那些从 S7-200 PLC 取电源的设备（如 TD200）尤为有用。

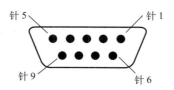

图 8-2　RS-485 引脚

网络连接器的开关在 ON 位置时，表示内部有终端匹配和偏置电阻，接线图如图 8-4 所示。在 OFF 位置时表示未接终端电阻。接在网络两个末端的连接器必须有终端匹配和偏置电阻，即开关应放在 ON 位置。

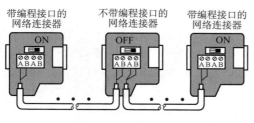

图 8-3　网络连接器

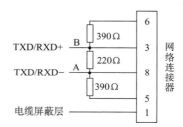

图 8-4　开关在 ON 位置时终端连接器接线图

3. 通信电缆

通信电缆主要有 PROFIBUS 网络电缆、PC/PPI 电缆和 PPI 多主站电缆。

（1）PROFIBUS 网络电缆

现场 PROFIBUS 总线使用屏蔽双绞线电缆。PROFIBUS 网络电缆的最大长度取决于通信波特率。当波特率为 9.6kbit/s 时，网络电缆最大长度为 1200m。

（2）PC/PPI 电缆

PC/PPI 电缆是一种老型号 S7-200 PLC 编程电缆，一端是 RS-485 接口，另一端是 RS-232C 接口，用于连接 PLC 和计算机等其他设备，与 STEP7-Micro/WIN 编程软件配合使用。

（3）PPI 多主站电缆

利用 PPI 多主站电缆同样可以把 S7-200 PLC 连接到计算机及其他通信设备。PPI 多主站电缆的一端是 RS-485 接口，用来连接 PLC 主机；另一端是 RS-232C 或 USB 通信接口，用于连接计算机等其他设备，因此有 RS-232C/PPI 和 USB/PPI 两种电缆。必须安装 STEP7-Micro/WIN 3.2SP4 或更高的版本，才能使用 PPI 多主站电缆。RS-232C/PPI 多主站电缆的设置与 PC/PPI 电缆略有不同，可根据具体需要来设置。RS-232C/PPI 多主站电缆经过适当的设置后，可以与 PC/PPI 电缆一样使用。USB/PPI 电缆不支持自由口通信。

4. CP 通信卡

在运行 Windows 操作系统的计算机上安装了 STEP7-Micro/WIN 编程软件后，计算机被默认为网络中的主站，可通过 PPI 电缆或 CP 通信卡与 S7-200 PLC 通信。与 PPI 电缆相比，CP 通信卡能获得相当高的通信速率，并支持多种通信协议，但价格较高。台式计算机和笔记本电脑使用不同的通信卡。STEP7-Micro/WIN 支持的 CP 通信卡和协议见表 8-2。

表 8-2　STEP7-Micro/WIN 支持的 CP 通信卡和协议

配　置	波特率/（bit/s）	支持的协议
PC/PPI 电缆	9.6 或 19.2k	PPI
RS-232C/PPI 和 USB/PPI 多主站电缆	9.6k ~ 187.5k	PPI
CP 5511 类型 II、CP 5512 类型 II PCMCIA 卡，适用于笔记本电脑	9.6k ~ 12M	PPI、MPI 和 PROFIBUS
CP 5611（版本 3 以上）PCI 卡	9.6k ~ 12M	PPI、MPI 和 PROFIBUS
CP 1613、CP 1612、SoftNet7 PCI 卡	10M 或 100M	TCP/IP
CP 1512、SoftNet7 PCMCIA 卡，适用于笔记本电脑	10M 或 100M	TCP/IP

5. 网络中继器

在网络中使用中继器可延长网络通信距离，增加接入网络的设备，并且能隔离不同的网络段，提高网络通信质量，如图 8-5 所示。RS-485 中继器为网络段提供偏置电阻和终端电阻。

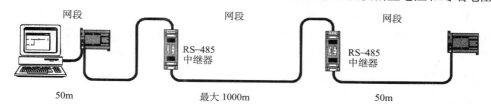

图 8-5　带有中继器的网络

如使用两个中继器而中间没有其他节点，网络的通信距离按照所使用的波特率可扩展一个网段的长度（最多 1000m）。在一个串联网络中，最多可使用 9 个中继器，每个中继器最多可增加 32 个设备，但网络总长度不能超过 9600m。

网络中继器虽被作为网段的一个节点，但不必指定站地址。

6. PROFIBUS-DP 通信模块

EM277 PROFIBUS-DP 通信模块用来将 S7-200 PLC 连接到 PROFIBUS-DP 网络，PROFIBUS-DP 网络通常由一个主站和多个从站组成。EM277 通过 DP 通信端口连接到 PROFIBUS-DP 网络中的一个主站，通过串行 I/O 总线连接到 S7-200 CPU 模块。EM277 模块上的 DP 从站端口可按 9600bit/s ~ 12Mbit/s 的波特率运行。EM277 模块可作为从站向主站发送数据和接收来自主站的数据及 I/O 配置，也可以读写 S7-200 CPU 中定义变量存储区中的数据块，实现 S7-200 CPU 与主站在 PROFIBUS-DP 协议下通信。

EM277 通过 DP 通信端口连接到网络中的一个主站上，但仍能作为一个 MPI 从站与同一网络中的 SIMATIC 编程器、S7-300 或 S7-400 CPU 等其他主站通信。EM277 模块共有 6 个连接，其中有两个保留给编程器（PG）和操作面板（OP）。

7. 工业以太网 CP243-1 通信处理器

利用 CP243-1 通信处理器可将 S7-200 PLC 连接到工业以太网（IE）中，S7-200 PLC 通过以太网与其他 S7-200 PLC 交换数据。CP243-1 允许通过 STEP7-Micro/WIN 对 S7-200 PLC 进行远程组态、编程和诊断，并通过以太网访问 S7-200 PLC 的程序。CP243-1 还支持一台 S7-200 PLC 通过以太网与 S7-300 或 S7-400 PLC 进行通信，并可以与基于 OPC 的服务器进行通信。CP243-1 在

243

出厂时，预设了唯一的 MAC 地址，而且不能被改变，从而唯一标识与 CP243-1 相连的站点。图 8-6 给出了 CP243-1 通信处理器的应用实例。

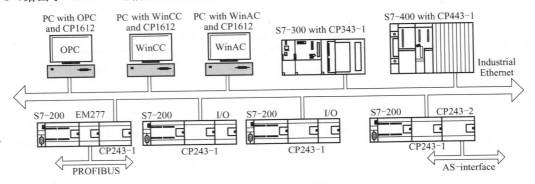

图 8-6　CP243-1 通信处理器的应用实例

8. 工业以太网 CP243-2 通信处理器

CP243-2 是专门为 S7-200 CPU22 * 设计的用于与 AS-i 连接的连接部件，如图 8-6 所示。CP243-2 作为 AS-i 的主站，最多可以连接 31 个 AS-i 从站。每个 S7-200 CPU 最多可以同时处理两个 CP243-2，每个 CP243-2 的 AS-i 网络上最多能有 124 个数字量输入和 124 个数字量输出，因此通过 CP243-2 和 AS-i 网络可以增加 S7-200 CPU 处理的输入/输出数字量。CP243-2 占用S7-200 映像区的 1 个数字量输入字节（状态字节）、1 个数字量输出字节（控制字节）、8 个模拟量输入字和 8 个模拟量输出字。用户可通过设置控制字来设置 CP243-2 的运行模式，使 S7-200 模拟量映像区中存储 AS-i 从站的 I/O 数据、诊断值或启动主站调用。

8.1.3　通信协议

西门子产品所用的通信协议包括通用协议和公司专用协议。不同形式的通信可以分别使用相应的协议。

1. 通用协议

通用协议主要是 Ethernet 协议，用于管理级的信息交换。

2. 公司专用协议

S7-200 PLC 主要用于现场控制，在主站和从站之间的通信一般采用公司专用协议。主、从站间的专用通信协议有以下 3 个标准协议和 1 个自由口协议。

（1）PPI 协议

PPI（Point-to-Point Interface）协议用于点对点接口，它是一个主/从协议。其特点是从站不能主动发送信息，主站给从站发送申请或查询时，从站才对其进行响应。

网络中的所有 S7-200 PLC 都默认为从站。如果在用户程序中将 S7-200 PLC 设置（由 SMB30 设置）为 PPI 主站模式，则在 RUN 方式下可以作为主站。此时可以利用相关的通信指令（如 NETR、NETW）来读写其他 S7-200 PLC 中的数据，同时它还可以作为从站来响应其他主站的申请或查询。

PPI 通信协议是一个令牌传递协议，对于任何一个从站有多少个主站和它通信，PPI 协议没有限制，但在网络中最多只能有 32 个主站。

（2）MPI 协议

MPI（Multi-Point Interface）协议适用于多点接口，可以是主/主协议或主/从协议，协议操作有赖于设备类型。

S7-300/400 CPU 都默认为网络主站。如果网络中只有 S7-300/400 CPU,则建立主/主连接。如果设备中有 S7-200 CPU,则可建立主/从连接,S7-200 CPU 是从站。

MPI 协议在两个相互通信的设备之间建立非公用连接,但连接数量有一定限制。主站可在需要时建立一个短时连接,或是无限期地保持断开连接。运行时另一个主站不能干涉已经建立连接的两个设备。

由于设备之间 S7-200 的连接是非公用的,并且需要 CPU 中的资源,每个 S7-200 CPU 只能支持 4 个连接,每个 EM277 PROFIBUS-DP 模块支持 6 个连接。每个 S7-200 CPU 和 EM277 模块保留两个连接,其中一个给 SIMATIC 编程器或计算机,另一个给操作面板。所保留的连接可用于连接至少一台编程器或 PC 以及至少一个操作面板。这些保留的连接不能由其他类型的主站(如 CPU)使用。

(3)PROFIBUS 协议

PROFIBUS 协议用于分布式 I/O 设备(远程 I/O)的高速通信。该协议的网络使用 RS-485 标准双绞线,适合多段、远距离高速通信。PROFIBUS 网络通常有一个主站和几个 I/O 从站。主站初始化网络并核对网络上的从站设备和配置是否匹配。运行时主站可不断地把输出数据写到从站或从它们读取输入数据。当 DP 主站成功地组态一个从站时,它就拥有该从站。如果网络中有第二个主站,它只能很有限制地访问第一个主站的从站。

PROFIBUS 协议允许在一个网络段上最多连接 32 台设备。根据波特率的不同,网络段的长度可以达到 1200m,如采用中继器,则可在网络上连接更多的设备,网络的长度也可延长到 9600m。

这 3 个标准协议是基于 OSI 的七层通信结构模型的,PPI 和 MPI 协议通过令牌逻辑环网实现。这些都是异步、基于字符的协议,带有起始位、8 位数据、偶校验和 1 个停止位。通信帧由特殊的起始和结束字符、源和目的站地址、帧长度和数据完整性检查组成。只要相互波特率相同,3 个协议可以在一个网络中同时运行,而不会相互影响。协议支持一个网络上的 127(0 ~ 126)个地址。为了使通信成功,网络上的所有设备必须具有不同的地址。SIMATIC 编程器和计算机的默认地址是 0,操作面板(如 TD200、OP15)的默认地址是 1,PLC 的默认地址是 2,可运行 STEP7-Micro/WIN 修改地址。

(4)自由口协议

自由口协议是指通过用户程序控制 CPU 主机的通信端口的操作模式,用自定义的通信协议来进行通信。自由口是 S7-200 PLC 一个非常有特色的功能,它可以使 S7-200 PLC 与任何通信协议公开的设备、控制器进行通信。

当选择自由口模式且主机处于 RUN 方式下,用户可通过发送/接收中断、发送/接收指令编写的程序来控制串行通信口的运作。当主机处于 STOP 方式时,自由口通信被终止,通信口自动切换到正常的 PPI 协议操作。

通信协议完全由用户程序控制,通过 SMB30(通信口 0)可设置允许自由口模式。

8.2　S7-200 串行通信网络及应用

8.2.1　S7 系列 PLC 产品组建的几种典型网络

PLC 常见的通信网络主要有把计算机或编程器作为主站、把操作面板作为主站和把 PLC 作为主站等类型,这几种类型中又有单主站单从站 PPI、多主站单从站 PPI 和复杂的 PPI 网络几类。

1. 仅仅使用 S7-200 PLC 配置网络

（1）单主站单从站 PPI 网络

编程设备 PC/PG 通过 PPI 电缆或者通信卡（CP）与
S7-200 PLC 可以组成单主站单从站 PPI 网络，如图 8-7a、b
所示。图中计算机（STEP7-Micro/WIN）或人机界面设备
（HMI）（如 TD200、TP 或 OP）是网络的主站，S7-200
PLC 是网络的从站。网络上的主站可以向从站发出通信
请求，从站只能响应主站请求。

对于单主站 PPI 网络，配置 STEP7-Micro/WIN 使用
PPI 协议时，可以选择多主站或者高级 PPI。高级 PPI 允
许网络中设备与设备之间建立通信连接，但每个设备支
持的连接个数是有限制的。表 8-3 给出了 S7-200 PLC 通信口、EM277 支持的通信速率及通信连
接个数。

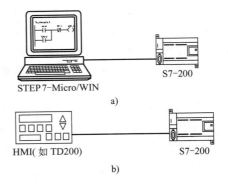

图 8-7 单主站单从站 PPI 网络

表 8-3 S7-200 PLC 通信口、EM277 模块支持的通信速率及通信连接个数

模　　块	波特率/(bit/s)	连　接　数	支持的协议
S7-200 PLC 通信口 1	9.6k、19.2k、187.5k	4	PPI、MPI 和 PROFIBUS
S7-200 PLC 通信口 2	9.6k、19.2k、187.5k	4	PPI、MPI 和 PROFIBUS
EM277	9.6k ~ 12M	6	MPI 和 PROFIBUS

（2）多主站单从站 PPI 网络

编程设备 PC/PG 通过 PC/PPI 电缆或者通信卡（CP）与 S7-200 PLC 可以组成多主站单从站
PPI 网络，如图 8-8 所示。计算机（STEP7-Micro/WIN）和人机界面设备（HMI）都是网络的主
站，S7-200 PLC 是网络的从站。对于多主站 PPI 网络，配置 STEP7-Micro/WIN 使用 PPI 协议时，
应选择多主站并最好选择高级 PPI。如果使用 PPI 多主站电缆，多台主站和高级 PPI 复选框则无
任何意义，可以忽略这两个复选框。必须为两个主站分配不同的站地址，才能保证通信成功。

（3）复杂的 PPI 网络

图 8-9 所示为一个点对点通信的有多个从站的多主站网络实例。计算机（STEP7-Micro/
WIN）和人机界面设备（HMI）通过网络指令读写各 S7-200 PLC 的数据，同时 S7-200 PLC 之间
可以使用网络读、写指令 NETR、NETW 相互读写数据（点对点通信）。图中所有设备（主站和
从站）都应分配不同的地址。对于多从站多主站构成的复杂 PPI 网络，配置 STEP7-Micro/WIN
使用 PPI 协议时，应选择多主站并选择高级 PPI。如果使用 PPI 多主站电缆，多台主站和高级 PPI
复选框则无任何意义，可以忽略这两个复选框。

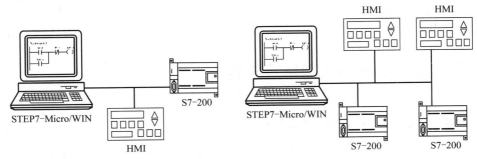

图 8-8 多主站单从站 PPI 网络　　　　**图 8-9 复杂的 PPI 网络**

2. 使用 S7-200、S7-300/400 设备配置网络

图 8-10 所示为一个包含 3 个主站（计算机、HMI、S7-300/400）的网络，S7-300 和 S7-400
PLC 可采用 MPI 协议并通过 XGET 和 XPUT 指令来读写 S7-200 的数据。MPI 协议不支持 S7-200 作主站运行。

STEP7-Micro/WIN 使用 PPI 协议与 S7-200 PLC 通信时，应选择多主站并选择高级 PPI。如果使用 PPI 多主站电缆，多台主站和高级 PPI 复选框可以忽略。

如果通信波特率超过 187.5kbit/s（最高为 12Mbit/s），S7-200 PLC 必须通过 EM277 模块与网络相连（见表 8-3），如图 8-11 所示。

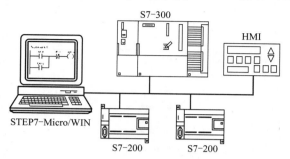

图 8-10 使用 S7-300 组成的网络（1）

编程站（STEP7-Micro/WIN）必须通过通信处理器（CP）卡与网络连接，并使用 MPI 协议。EM277 只能用作从站。

3. PROFIBUS 网络配置

图 8-12 所示为一个 PROFIBUS 网络示例。S7-315-2 DP（一种具有一个 MPI 通信口和一个 PROFIBUS-DP 通信口的 S7-300 CPU）作为 PROFIBUS 网络主站，S7-200 PLC 通过 EM277 作为 PROFIBUS 网络从站。S7-315-2 DP 通过 EM277 读写 S7-200 PLC 的 V 存储器中的数据，HMI 通过 EM277 监控 S7-200 PLC，STEP7-Micro/WIN 通过 EM277 对 S7-200 PLC 进行编程。对于从站 ET 200，自己没有用户程序，其 I/O 点作为主站的 I/O 点由主站直接进行读写操作，而且主站在网络配置时就将 ET 200 的 I/O 点与主站本身的 I/O 点一起编址。网络支持的波特率为 9.6kbit/s ~ 12Mbit/s。

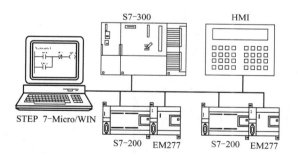

图 8-11 使用 S7-300 组成的网络（2）

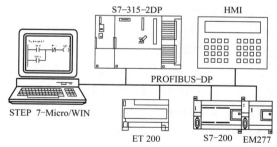

图 8-12 PROFIBUS 网络

8.2.2 在编程软件中设置通信参数

1. STEP7-Micro/WIN 参数的设置

为了对 STEP7-Micro/WIN 进行参数设置，应先运行 STEP7-Micro/WIN 软件进入"通信"对话框。可通过单击"导引条"中的"通信"图标或双击指令树的"通信"文件夹中的"通信"图标进入该对话框，如图 8-13 所示。

图 8-13 中已配置的通信参数如下：

本地设备地址：0。

远程设备地址：2。

通信接口：PC/PPI 电缆（计算机通信口为 COM1）。

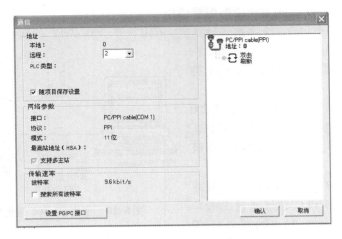

图 8-13　"通信"对话框

通信协议：PPI 协议。

传送字符数据格式：11 位。

传送波特率：9.6kbit/s。

图 8-13 中配置的参数均为默认设置，可根据需要更改以上参数的设置，具体步骤如下：

1）单击"通信"对话框中左下角的"设置 PG/PC 接口"按钮，或双击"通信"对话框中右上角的 PC/PPI 电缆图标，进入"设置 PG/PC 接口（Set PG/PC Interface）"对话框（见图 8-14）。通过单击"导引条"中的"设置 PG/PC 接口"图标或双击指令树的"通信"文件夹中的"设置 PG/PC 接口"图标也可进入该对话框。

2）打开"设置 PG/PC 接口"对话框后，在"已使用的接口参数分配（Interface Parameter assignment）"列表框中选择通信接口协议。如果使用 PC/PPI 电缆，应选择"PC/PPI cable（PPI）"，在"应用程序访问点（Access Point of the Application）"列表框中将出现"Micro/WIN-->PC/PPI cable（PPI）"。

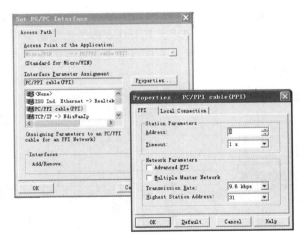

图 8-14　配置 STEP7-Micro/WIN 通信参数

3）如果使用 PC/PPI 电缆，单击"设置 PG/PC 接口"对话框中的"属性（Properties）"按钮，出现"PC/PPI 电缆属性（Properties -PC/PPI Cable（PPI））"对话框，如图 8-14 所示。

4）在"PC/PPI 电缆属性"对话框的"PPI"选项卡中对本站（STEP7-Micro/WIN）地址（默认设置为 0，一般不需改动）、通信超时进行设置，可选择使用高级 PPI 和多主站网络，可对网络传输速率、网络最高站址进行选择。

选中"多主站网络"复选框，即可启动多主站模式，如果未勾选则为单主站模式。使用单主站模式时，STEP7-Micro/WIN 是网络中唯一的主站，不能与其他主站共享网络。

5）单击"本地连接（Locol Connecting）"选项卡，可选择计算机的通信口以及选择是否使用调制解调器进行通信。

2. 安装或删除通信接口

按上述方法进入"设置 PG/PC 接口"对话框后即可按以下步骤进行安装或删除通信接口的操作：

1）如图 8-15 所示，单击"增加/删除（Add/Remove）"区中"选择...（Select...）"按钮，将弹出"安装/删除接口（Install/Remove Interface）"对话框，可以用它来安装或卸载通信接口硬件。

2）在"选择（Selection）"窗口中选择要安装的接口硬件（如图 8-15 中的 PC Adapter 接口），单击中间的"安装（Install）"按钮，然后按照安装向导按步骤进行安装。安装结束后，在对话框的右侧的"已安装"窗口中将出现安装的硬件。

3）在对话框的右侧的"已安装"窗口中选择要删除的硬件，单击中间的"删除"按钮，所选硬件即可被删除。

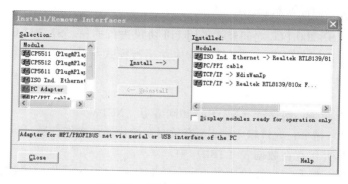

图 8-15　安装或删除通信接口

3. S7-200 通信参数的设置

为 STEP7-Micro/WIN 设置好参数后，也应根据需要为 S7-200 PLC 进行参数设置，主要包括站地址、网络最高站地址、波特率、间隙刷新因子等参数的设置。其设置方法如下：

1）在 STEP7-Micro/WIN 界面上单击 STEP7-Micro/WIN 屏幕上左侧导引条中的"系统块"图标，或双击指令树的"通信"文件夹中的"通信端口"图标，将弹出"系统块"对话框，如图 8-16所示。

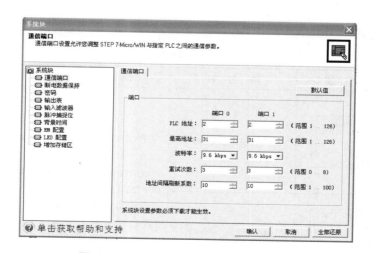

图 8-16　S7-200 PLC 通信端口参数设置

2）为 S7-200 PLC 设置站地址、网络最高站地址、波特率、间隙刷新因子等参数。

3）下载系统块到 S7-200 PLC。

下载系统块到 S7-200 PLC 之前，需确认 STEP7-Micro/WIN 的通信口的参数与当前 S7-200 PLC 的参数是否匹配，主要看站地址、波特率等参数是否一致，下载成功后，可打开"通信"对话框并双击该对话框右上角的刷新图标搜寻并连接网络上的 S7-200 PLC。为确保通信顺利，通信前根据需要重新调整 STEP7-Micro/WIN 的通信口的参数，以使 STEP7-Micro/WIN 的通信口的参数与当前 S7-200 PLC 的参数相匹配。

8.3 通信指令及应用

8.3.1 网络读、写指令及应用

在实际应用中，S7-200 PLC 之间经常采用 PPI 协议进行通信。S7-200 CPU 默认运行模式为从站模式，但在用户应用程序中可将其设置为主站运行模式与其他从站进行通信，用相关网络指令读、写其他从站中的数据。

1. 网络指令

网络通信指令有两条：网络读（NETR）和网络写（NETW）。

网络读（NETR）指令：允许输入端 EN 有效时初始化通信操作，通过指定端口（PORT）从远程设备上读取数据并保存在数据表（TBL）中。

网络写（NETW）指令：允许输入端 EN 有效时初始化通信操作，通过指定端口（PORT）向远程设备发送数据表（TBL）中的数据。

NETR 指令最多可以从远程站点上读取 16 个字节的信息，NETW 指令最多可以向远程站点写 16 个字节的信息。可以在程序中使用任意条数的 NETR 和 NETW 指令，但任何同一时刻，最多有 8 条 NETR/NETW 指令被同时激活。例如，在一个 S7-200 PLC 中，可以有 4 条 NETR 指令和 4 条 NETW 指令，或 2 条 NETR 指令和 6 条 NETW 指令被同时激活。

NETR、NETW 指令中合法的操作数：TBL 可以是 VB、MB、*VD、*AC、*LD，数据类型为 BYTE；PORT 是常数（CPU221、CPU222、CPU224 为 0；CPU224XP、CPU226 为 0 或 1），数据类型为 BYTE。

网络读、写指令格式见表 8-4。

表 8-4　通信指令格式

指令名称	梯 形 图	语 句 表	操 作 数	功　能
网络读	NETR EN ENO ????-TBL ????-PORT	NETR TBL, PORT	TBL：VB、MB、*VD、*LD、*AC PORT：常数（CPU221、CPU222、CPU224：0 CPU224XP 和 CPU226：0 或 1）	当 EN = 1 时,初始化通信操作,通过指定端口 PORT 从远程设备上读取数据并保存在数据表 TBL 中
网络写	NETW EN ENO ????-TBL ????-PORT	NETW TBL, PORT		当 EN = 1 时,初始化通信操作,通过指定端口 PORT 向远程设备发送数据表 TBL 中的数据

（续）

指令名称	梯 形 图	语 句 表	操 作 数	功 能
发送	XMT EN ENO ????-TBL ????-PORT	XMT TBL,PORT	TBL：IB、QB、VB、MB、 SMB、SB、*VD、*LD、*AC PORT：常数	当 EN = 1 时，在自由口通信模式下通过指定端口 PORT 将数据缓冲区 TBL 发送到远程设备
接收	RCV EN ENO ????-TBL ????-PORT	RCV TBL,PORT	（CPU221、CPU222、CPU224：0 CPU224XP 和 CPU226：0 或 1）	当 EN = 1 时，在自由口通信模式下通过指定端口 PORT 从远程设备上读取数据存储于数据缓冲区 TBL

2. 控制寄存器和传送数据表

（1）控制寄存器

将特殊标志寄存器 SMB30 和 SMB130 的低 2 位设置为 2#10，其他位为 0，即 SMB30 和 SMB130 的值为 16#2，则可将 S7-200 CPU 设置为 PPI 主站模式。

（2）传送数据表

1）数据表（TBL）格式。S7-200 CPU 执行网络读、写指令时，PPI 主站与从站之间的数据以数据表的格式传送。传送数据表的格式见表 8-5。

2）状态字节。传送数据表中的第一个字节为状态字节，各位含义如下：

第 7 位　　　　　　　　　　　　　　　　　　　　　　第 0 位

D	A	E	0	E1	E2	E3	E4

D 位：操作完成位。0：未完成；1：已完成。

A 位：有效位，操作已被排队。0：无效；1：有效。

E 位：错误标志位。0：无错误；1：有错误。

E1、E2、E3、E4 为错误码。如果执行读、写指令后 E 位为 1，则由这 4 位返回一个错误码。这 4 位组成的错误编码及含义见表 8-6。

表 8-5 传送数据表的格式

字节偏移量	名 称	描 述
0	状态字节	反映网络指令的执行结果状态及错误码
1	远程站地址	被访问网络的 PLC 远程从站地址
2	指向远程站数据区的指针	存放被访问远程从站数据区（I、Q、M 和 V 数据区）的首地址
3		
4		
5		
6	数据长度	远程从站上被访问的数据区的长度
7	数据字节 0	对 NETR 指令，执行后，从远程从站读到的数据存放到这个区域
8	数据字节 1	对 NETW 指令，执行后，要发送到远程从站的数据存放在这个区域
⋮	⋮	
22	数据字节 15	

251

表 8-6 错误编码及含义

E1 E2 E3 E4	错误码	说明
0000	0	无错误
0001	1	超时错误：远程站点无响应
0010	2	接收错误：奇偶校验错，帧或校验和出错
0011	3	离线错误：相同的站地址或无效的硬件引起冲突
0100	4	队列溢出错误：超过 8 条 NETR 和 NETW 指令被激活
0101	5	违反通信协议：没有在 SMB30 中允许 PPI 协议而执行 NETR/NETW 指令
0110	6	非法参数：NETR/NETW 指令中包含非法或无效值
0111	7	没有资源：远程站点忙（正在进行上传或下载操作）
1000	8	第 7 层错误：违反应用协议
1001	9	信息错误：错误的数据地址或不正确的数据长度
1010 ~ 1111	A ~ F	未用

3. NETR/NETW 指令应用举例

图 8-17 所示为一简单网络，其中计算机为主站（站 0），在 RUN 方式下，CPU224（站 2）在应用程序中允许 PPI 主站模式，CPU221（站 3）默认为 PPI 从站模式，主站 CPU224 可以利用 NETR 和 NETW 指令来不断读、写从站 CPU221 中的数据。

操作要求：

站 3：默认为从站，对 I0.0 的通断不断计数，并存放在 VB300 中。

站 2：设置为主站，通过通信端口（PORT0/PORT1）不断读取站 3 的 VB300 中的计数值，当计数值达到 5 时，通过通信端口（PORT0/PORT1）对其清零。

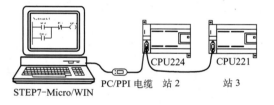

图 8-17 网络结构

主站 2 的接收和发送缓冲区设置见表 8-7。

表 8-7 接收和发送缓冲区设置

接收缓冲区		发送缓冲区	
VB200	网络指令执行状态	VB210	网络指令执行状态
VB201	3，站 3 地址	VB211	3，站 3 地址
VD202	&VB300，站 3 被访问数据区首地址	VD212	&VB300，站 3 被访问数据区首地址
VB206	1，数据长度	VB216	1，数据长度
VB207	计数值	VB217	0，将计数值清零

主站 2、从站 3 中的程序如图 8-18、图 8-19 所示。

8.3.2 自由口通信指令及应用

自由口模式允许应用程序控制 S7-200 PLC 的串行通信口使用自定义通信协议与多种类型的智能设备通信，即在自由口模式下，S7-200 CPU 处于 RUN 方式时，用户可以用发送/接收指令或发送/接收中断指令结合自定义通信协议编写程序控制通信端口操作。

S7-200 CPU 处于 STOP 方式时，自由口模式被禁止，通信口自动切换到正常的 PPI 协议操

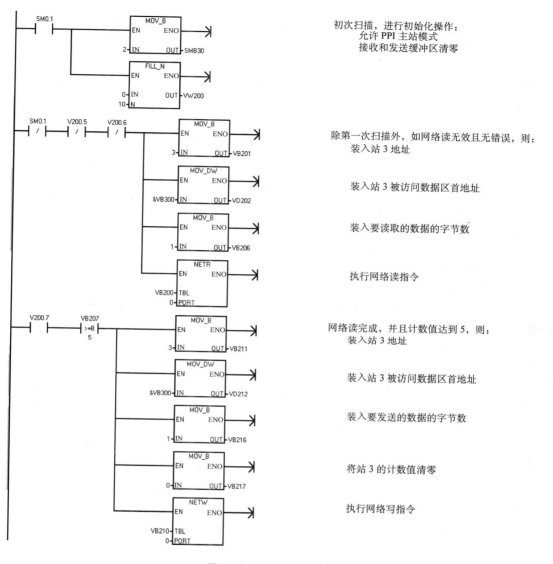

初次扫描，进行初始化操作：
　　允许 PPI 主站模式
　　接收和发送缓冲区清零

除第一次扫描外，如网络读无效且无错误，则：
　装入站 3 地址

装入站 3 被访问数据区首地址

装入要读取的数据的字节数

执行网络读指令

网络读完成，并且计数值达到 5，则：
　装入站 3 地址

装入站 3 被访问数据区首地址

装入要发送的数据的字节数

将站 3 的计数值清零

执行网络写指令

图 8-18　主站 2 的程序

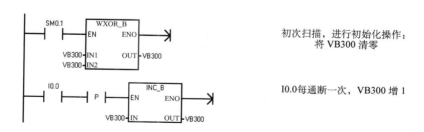

初次扫描，进行初始化操作：
　　将 VB300 清零

I0.0 每通断一次，VB300 增 1

图 8-19　从站 3 的程序

作，只有当 CPU 处于 RUN 方式时，才能使用自由口模式。在实际使用时，可以用反映 CPU 工作方式开关当前位置的特殊存储器位 SM0.7 来控制自由口模式的进入：当工作方式开关处于 RUN 位置时，SM0.7＝1，可选择自由口模式；当工作方式开关处于 TERM 位置时，SM0.7＝0，应选择 PC/PPI 协议模式，以便用编程设备监视或控制 CPU 操作。

1. 自由口通信指令

自由口通信指令包括：自由口发送（XMT）指令和自由口接收（RCV）指令。

发送（XMT）指令：允许输入端 EN 有效时，在自由口通信模式下通过指定端口（PORT）将数据缓冲区（TBL）发送到远程设备。数据缓冲区的第一个字节定义发送的字节数。

接收（RCV）指令：允许输入端 EN 有效时，在自由口通信模式下通过指定端口（PORT）从远程设备上读取数据存储于数据缓冲区（TBL）。数据缓冲区的第一个字节定义接收的字节数。

接收缓冲区和发送缓冲区数据格式如下，其中"起始字符"与"结束字符"是可选项。

字节数	起始字符	数据区	结束字符

XMT、RCV 指令中合法的操作数：TBL 可以是 VB、IB、QB、MB、SB、SMB、* VD、* AC 和 * LD，数据类型为 BYTE；PORT 是常数（CPU221、CPU222、CPU224 为 0；CPU226、CPU226XM 为 0 或 1），数据类型为 BYTE。

自由口通信指令格式见表 8-4。

2. 相关寄存器及标志

（1）控制寄存器

用特殊标志寄存器中的 SMB30 和 SMB130 的各个位分别配置通信端口 0 和通信端口 1，为自由通信端口选择通信参数，如波特率、奇偶校验和数据位等。

SMB30 控制和设置通信端口 0，如果 S7-200 PLC 上有通信端口 1，则用 SMB130 来进行控制和设置。SMB30 和 SMB130 的各位及其含义见表 8-8。要注意的是，当选择 MM = 10（PPI/主站模式）时，PLC 将成为网络的一个主站，可以执行 NETR 和 NETW 指令。在 PPI 模式下忽略 2 ~ 7 位。

表 8-8 自由端口控制寄存器（SMB30、SMB130）

端口 0	端口 1	描述		
SMB30 的格式	SMB130 的格式	自由口模式的控制字节 MSB LSB | P | P | D | B | B | B | M | M |		
SM30.7、SM30.6	SM130.7、SM130.6	PP	奇偶选择 00 = 无奇偶校验 10 = 无奇偶校验	01 = 偶校验 11 = 奇校验
SM30.5	SM130.5	D	每个字符的数据位 0 = 每个字符 8 位 1 = 每个字符 7 位	
SM30.4 ~ SM30.2	SM130.4 ~ SM130.2	BBB	自由口波特率/（bit/s） 000 = 38400 010 = 9600 100 = 2400 110 = 600	001 = 19200 011 = 4800 101 = 1200 111 = 300

254

（续）

端口 0	端口 1	描　述
		MM　协议选择
		00 = 点到点接口协议（PPI/从站模式）
		01 = 自由口协议
		10 = 点到点接口协议（PPI/主站模式）
		11 = 保留　　　（默认设置为 PPI/从站模式）

（2）特殊标志位及中断

接收字符中断；中断事件号为 8（端口 0）和 25（端口 1）。

发送信息完成中断：中断事件号为 9（端口 0）和 26（端口 1）。

接收信息完成中断：中断事件号为 23（端口 0）和 24（端口 1）。

发送结束标志位 SM4.5 和 SM4.6：分别用来标志端口 0 和端口 1 发送空闲状态，发送空闲时置 1。

（3）特殊功能存储器

执行接收（RCV）指令时用到一系列特殊功能存储器。对端口 0 用 SMB86 ~ SMB94，对端口 1 用 SMB186 ~ SMB194，各字节及其内容描述见表 8-9。

表 8-9　特殊寄存器字节 SMB86 ~ SMB94、SMB186 ~ SMB194

端口 0	端口 1	描　述
SMB86	SMB186	接收信息状态字节　第 7 位　　　　第 0 位 | n | r | e | 0 | 0 | t | c | p | n = 1：　用户通过禁止命令终止接收信息 r = 1：　接收信息终止：输入参数错误或缺少起始或结束条件 e = 1：　收到结束字符 t = 1：　接收信息终止：超时 c = 1：　接收信息终止：字符数超长 p = 1：　接收信息终止：奇偶校验错误
SMB87	SMB187	接收信息控制字节　第 7 位　　　　第 0 位 | en | sc | ec | il | c/m | tmr | bk | 0 | en：　0 = 禁止接收信息；1 = 允许接收信息（每次执行 RCV 指令时检查允许/禁止接收信息位） sc：　0 = 忽略 SMB88 或 SMB188；1 = 使用 SMB88 或 SMB188 的值检测起始信息 ec：　0 = 忽略 SMB89 或 SMB189；1 = 使用 SMB89 或 SMB189 的值检测结束信息 il：　0 = 忽略 SMW90 或 SMW190；1 = 使用 SMW90 或 SMW190 的值检测空闲状态 c/m：　0 = 定时器是字符间超时定时器；1 = 定时器是信息定时器 tmr：　0 = 忽略 SMW92 或 SMW192；1 = 超过 SMW92 或 SMW192 中设置的时间时终止接收 bk：　0 = 忽略 break 条件；1 = 用 break 条件检测起始信息

（续）

端口 0	端口 1	描　述
SMB87	SMB187	接收信息控制字节位可用来作为定义识别信息的标准。信息的起始和结束均需定义 起始信息：il * sc + bk * sc 结束信息：ec + tmr + 最大字符数 起始信息编程： 1. 空闲线检测：il = 1，sc = 0，bk = 0，SMW90（或 SMW190）> 0 2. 起始字符检测：il = 0，sc = 1，bk = 0，忽略 SMW90（或 SMW190） 3. break 检测：il = 0，sc = 0，bk = 1，忽略 SMW90（或 SMW190） 4. 对一个信息的响应：il = 1，sc = 0，bk = 0，SMW90（或 SMW190）= 0（可用信息定时器来终止信息接收） 5. break 和一个起始字符：il = 0，sc = 1，bk = 1，忽略 SMW90（或 SMW190） 6. 空闲和一个起始字符：il = 1，sc = 1，bk = 0，SMW90（或 SMW190）> 0 7. 空闲和起始字符（非法）：il = 1，sc = 0，bk = 0，SMW90（或 SMW190）= 0
SMB88	SMB188	信息的起始字符
SMB89	SMB189	信息的结束字符
SMB90 SMB91	SMB190 SMB191	空闲线时间段按毫秒设置。空闲线时间结束后的第一个字符是新信息的起始字符。SMB90（或 SMB190）为高字节，SMB91（或 SMB191）为低字节
SMB92 SMB93	SMB192 SMB193	字符间超时/信息定时器溢出值按毫秒设置。如果超时，则终止接收信息。SMB92（或 SMB192）为高字节，SMB93（或 SMB193）为低字节
SMB94	SMB194	要接收的最大字符数（1 ~ 255） 注：这个值应按希望的最大缓冲区来设置

3. 用 XMT 指令发送数据

用 XMT 指令可以方便地发送 1 ~ 255 个字符，如果有一个中断服务程序连接到发送结束事件上，在发送完缓冲区的最后一个字符时，会产生一个发送中断（对端口 0 为中断事件 9，对端口 1 为中断事件 26）。可以通过检测发送完成状态位 SM4.5 或 SM4.6 的变化，判断发送是否完成。

如果将字符数设置为 0 并执行 XMT 指令，可以产生一个 break 状态，这个 break 状态可以在线上持续以当前波特率传输 16 位数据所需要的时间。发送 break 的操作与发送其他信息一样，发送 break 的操作完成时也会产生一个发送中断，SM4.5 或 SM4.6 反映发送操作的当前状态。

4. 用 RCV 指令接收数据

用 RCV 指令可方便地接收一个或多个字符，最多可达 255 个字符。如果有一个中断服务程序连接到接收信息完成事件上，在接收完最后一个字符时，会产生一个接收中断（对端口 0 为中断事件 23，对端口 1 为中断事件 24）。接收信息状态寄存器 SMB86 或 SMB186 反映执行 RCV 指令的当前状态：当 RCV 指令未被激活或已被终止时，它们不为 0；当接收正在进行时，它们为 0。

使用 RCV 指令时，应为信息接收功能定义一个信息起始条件和结束条件。

RCV 指令支持的几种起始条件（参见表 8-9）如下：

1）空闲线检测：il = 1，sc = 0，bk = 0，SMW90（或 SMW190）> 0。执行 RCV 指令时，信息接收功能会自动忽略空闲线时间到之前的任何字符并按 SMW90（或 SMW190）中的设定值重新启动空闲线定时器，把空闲线时间之后的接收到的第一个字符作为接收信息的第一个字符存入信息缓冲区，如图 8-20 所示。空闲线时间应该设置为大于指定波特率下传输一个字符（包括起始位、数据位、校验位和停止位）的时间。空闲线时间的典型值为指定波特率下传输 3 个字符的时间。

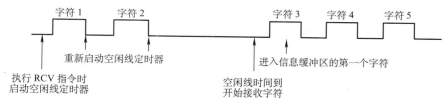

图 8-20 空闲线检测

2）起始字符检测：il = 0，sc = 1，bk = 0，忽略 SMW90（或 SMW190）。信息接收功能会将 SMB88（或 SMB188）中指定的起始字符作为接收信息的第一个字符，并将起始字符和起始字符之后的所有字符存入信息缓冲区，而自动忽略起始字符之前接收到的字符。

3）break 检测：il = 0，sc = 0，bk = 1，忽略 SMW90（或 SMW190）。信息接收功能以接收到的 break 作为接收信息的开始，将接收 break 之后接收到的字符存入信息缓冲区，自动忽略 break 之前接收到的字符。

4）对一个信息的响应：il = 1，sc = 0，bk = 0，SMW90（或 SMW190）= 0。执行 RCV 指令后信息接收功能就可立即接收信息并把接收到的字符存入信息缓冲区。若使用信息定时器，即 il = 1，sc = 0，bk = 0，SMW90（或 SMW190）= 0，c/m = 1，tmr = 1，SMW92（或 SMW192）= 信息超时时间，信息定时器超时时会终止信息接收功能，这对于自由口主站协议非常有用，可用来检测从站响应是否超时。

5）break 和一个起始字符：il = 0，sc = 1，bk = 1，忽略 SMW90（或 SMW190）。信息接收功能接收到 break 后继续搜寻特定的起始字符，如果接收到起始字符以外的其他字符，则重新等待新的 break，并自动忽略接收到的字符；如果信息接收功能接收到 break 后接收的第一个字符即为特定的起始字符，则将起始字符和起始字符之后的所有字符存入信息缓冲区。

6）空闲和一个起始字符：il = 1，sc = 1，bk = 0，SMW90（或 SMW190）> 0。信息接收功能在满足空闲线条件后继续搜寻特定的起始字符，如果接收到起始字符以外的其他字符，则重新检测空闲线条件，并自动忽略接收到的字符；如果信息接收功能满足空闲线条件后接收的第一个字符即为特定的起始字符，则将起始字符和起始字符之后的所有字符存入信息缓冲区。

RCV 指令支持的几种结束信息的方式如下：

1）结束字符检测：ec = 1，SMB89/SMB189 = 结束字符。信息接收功能在找到起始条件开始接收字符后，检查每个接收到的字符，并判断它是否与结束字符相匹配，如果接收到结束字符，将其存入信息缓冲区，信息接收功能结束。

2）字符间超时定时器超时：c/m = 0，tmr = 1，SMW92/SMW192 = 字符间超时时间。字符间间隔是从一个字符的结尾（停止位）到下一个字符的结尾（停止位）之间的时间。如果信息接收功能接收到的两个字符之间的时间间隔超过字符间超时定时器的设定时间，则信息接收功能结束。字符间超时定时器设定值应大于指定波特率下传输一个字符（包括起始位、数据位、校验位和停止位）的时间。

3）信息定时器超时：c/m = 1，tmr = 1，SMW92/SMW192 = 信息超时时间。信息接收功能在找到起始条件开始接收字符时，启动信息定时器，信息定时器时间到，则信息接收功能结束。

4）最大字符计数：当信息接收功能接收到的字符数大于 SMB94（或 SMB194）时，信息接收功能结束。接收指令要求用户设置一个希望最大的字符数，从而能确保信息缓冲区之后的用户数据不会被覆盖。

最大字符计数总是与结束字符、字符间超时定时器、信息定时器结合在一起作为结束条件使用。

5）校验错误：当接收字符出现奇偶校验错误时，信息接收功能自动结束。只有在 SMB30（或 SMB130）中设置了校验位时，才有可能出现校验错误。

6）用户结束：用户可以通过将 SM87.7（或 SM187.7）设置为 0 来终止信息接收功能。

5. 用接收字符中断接收数据

自由口协议支持用接收字符中断控制来接收数据。端口每接收一个字符会产生一个中断：端口 0 产生中断事件 8，端口 1 产生中断事件 25。在执行连接到接收字符中断事件上的中断程序前，接收到的字符存储在 SMB2 中，奇偶校验状态（如果允许奇偶校验）存储在 SMB3 中，用户可以通过中断访问 SMB2 和 SMB3 来接收数据。端口 0 和端口 1 共用 SMB2 和 SMB3。

6. 自由口通信举例一

图 8-21 所示为一简单网络，CPU224（站 A）的 I1.0 ~ I1.7、I2.0 ~ I2.7 的状态通过 Q0.0 ~ Q0.7、Q1.0 ~ Q1.7 输出的同时传送给 CPU224（站 B），站 B 将其取反后通过 Q0.0 ~ Q0.7、Q1.0 ~ Q1.7 输出。

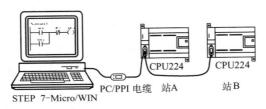

图 8-21　网络结构

站 A 中的主程序如图 8-22 所示。站 B 采用 RCV 指令接收数据，则主程序如图 8-23 所示；采用接收字符中断接收数据，则程序如图 8-24（主程序）、图 8-25（中断程序）所示。

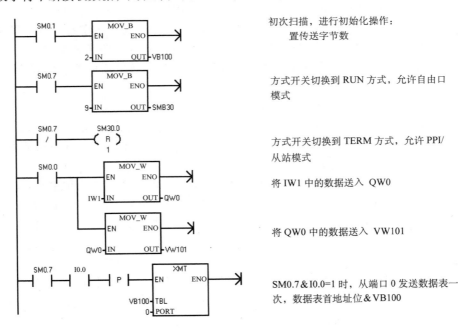

图 8-22　站 A 中的主程序

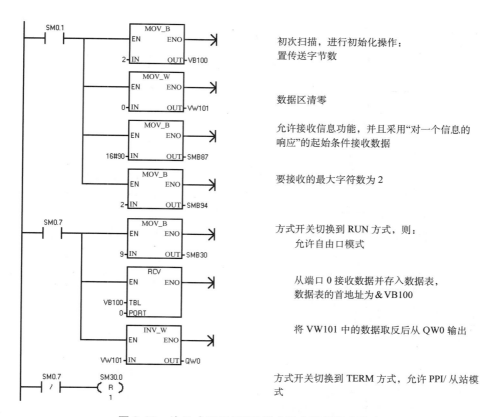

初次扫描，进行初始化操作：
置传送字节数

数据区清零

允许接收信息功能，并且采用"对一个信息的响应"的起始条件接收数据

要接收的最大字符数为 2

方式开关切换到 RUN 方式，则：
允许自由口模式

从端口 0 接收数据并存入数据表，数据表的首地址为 &VB100

将 VW101 中的数据取反后从 QW0 输出

方式开关切换到 TERM 方式，允许 PPI/ 从站模式

图 8-23　站 B 中采用 RCV 指令接收数据的主程序

7. 自由口通信举例二

在实际应用中，往往需要实现 S7-200 PLC 与计算机和其他有串行通信接口的设备之间的通信，此时可采用 PC/PPI 电缆连接 S7-200 PLC 和计算机等设备，并采用自由口模式对 S7-200 PLC 进行编程完成通信任务。为保证通信简单、有效、可靠，在编程时应注意以下几个问题。

（1）通信线路冲突

为了避免争用通信线路，一般采用主从方式进行通信，即计算机等设备为主站，S7-200 PLC 为从站。只有主站才有权主动发送请求信息（请求报文），从站收到后作出响应。由于 S7-200 PLC 的通信端口是半双工的 RS-485，所以应确保不会同时执行 XMT 和 RCV 指令，可以通过接收/发送完成中断，在中断程序中启动 XMT/RCV 指令。

（2）电缆切换时间的处理

在 S7-200 PLC 用户程序中应考虑 PC/PPI 电缆接收/发送模式的切换时间。S7-200 CPU 接收到主站的请求信息后，应该延迟一段时间后才发送响应信息，延迟时间需大于电缆的切换时间，可以通过定时中断实现切换延时。

（3）数据校验

为保证接收数据的正确性，需对接收数据进行校验。异或校验和求和校验是提高通信可靠性的重要措施之一，用的较多的是异或校验，即将所有要发送的有效数据进行异或运算，并将异或运算结果（异或校验码）作为报文的一部分一起发送。接收方接收到该报文后，对报文中的有效数据重新进行异或运算，并将异或运算结果与收到的异或校验码进行比较，如果不同，可以认定通信有误，要求发送方重发。

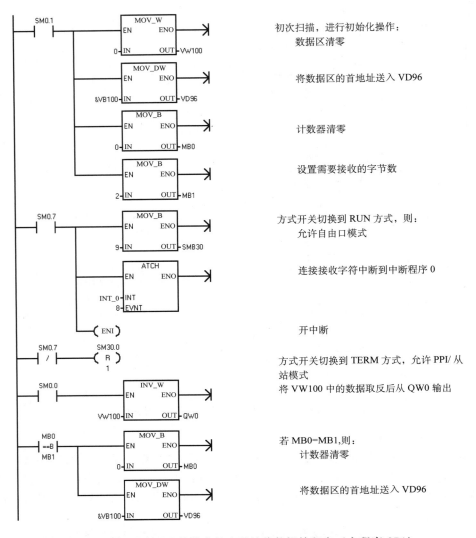

图 8-24 站 B 中采用接收字符中断接收数据的程序（主程序 OB1）

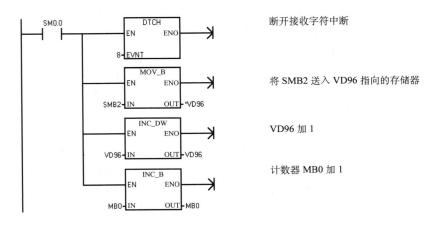

图 8-25 站 B 中采用接收字符中断接收数据的程序（中断程序 INT0）

（4）结束字符与数据字符混淆

发送的报文数据区内有可能会出现与结束字符相同的数据字符，接收方会误将此数据字符当作结束字符提前结束接收操作。可以采用以下几种方法解决结束字符与数据字符混淆的问题：①选择某些特殊值作为结束字符，如 16#FF，但这种方法只可能尽量减少并不能完全杜绝结束字符与数据字符混淆的现象；②发送方将数据字符转换为 ASCII 码后再发送，接收方收到后将数据字符还原为原来的数据格式，这样虽然可以避免结束字符与数据字符混淆的情况，但是会增加编程的工作量和数据传送的时间；③采用接收字符中断对收到的每个字符进行判断或处理，也可解决结束字符与数据字符混淆的问题。例如，发送方在报文中提供数据字符的字节数，接收方在接收字符中断程序中对接收到的数据字符进行计数，以此来判断是否应停止接收报文。不过，这样会增加中断程序的处理量和中断处理的时间。

下面的计算机与 S7-200 PLC 通信例子中，采用主从通信方式，计算机为主站，S7-200 PLC 为从站。计算机可以主动向 S7-200 PLC 发送信息，若 S7-200 PLC 正确接收后，返回接收到的数据；若 S7-200 PLC 发现传送的信息有误，则将错误指示位 Q0.0 置 1。为保证可靠通信，发送的报文采用异或校验，并选用 16#FF 作为结束字符。S7-200 PLC 使用 RCV 指令和接收完成中断接收数据，接收缓冲区见表 8-10。VB200 存放 CPU 计算出的异或校验结果，VB201 和 VB209 分别存放计算机发送来的校验码和数据区字节数。S7-200 PLC 中的主程序、初始化子程序、校验码子程序、中断程序 0、中断程序 1 和中断程序 2 分别如图 8-26 ~ 图 8-31。

表 8-10　S7-200 接收缓冲区的数据

VB100	VB101	VB102	VB103	...	...
接收到的字节数	起始字符	数据字节数	数据区	校验码	结束字符

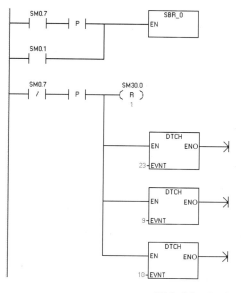

方式开关切换到 RUN 方式，或首次扫描，调用初始化子程序，进入自由口模式

方式开关切换到 TERM 方式，允许 PPI/从站模式，并禁止相关中断

图 8-26　S7-200 主程序（OB1）

261

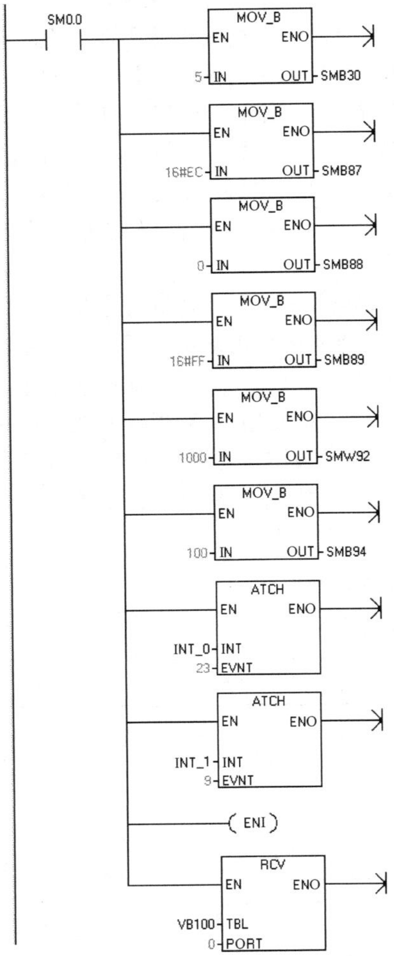

19.2kbit/s，8位数据位无校验位，1位停止位

允许接收信息，检测起始字符、结束字符和超时

起始字符为0

结束字符为16#FF

接收超时时间为1s

接收最大字符数为100

连接接收信息完成中断到中断程序0

连接发送信息完成中断到中断程序1

开中断

从端口0接收数据并存入数据表，
数据表的首地址为&VB100

图 8-27　S7-200 初始化子程序（SRB_0）

	符　　号	变 量 类 型	数 据 类 型	注　　释
	EN	IN	BOOL	
LD0	Point	IN	DWORD	数据区首地址指针
LB4	Number	IN	BYTE	数据区字节数
		IN_OUT		
LB5	Xorc	OUT	BYTE	异或校验码
LW6	Number_Temp	TEMP	INT	数据区字节数
LW8	Temp1	TEMP	INT	循环变量

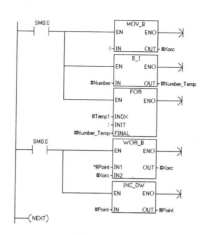

将输入的字节数转换为整数

异或清零

将数据区的字节进行异或运算，运算结果送入 Xorc

图 8-28 S7-200 校验码子程序 FCS（SRB_1）

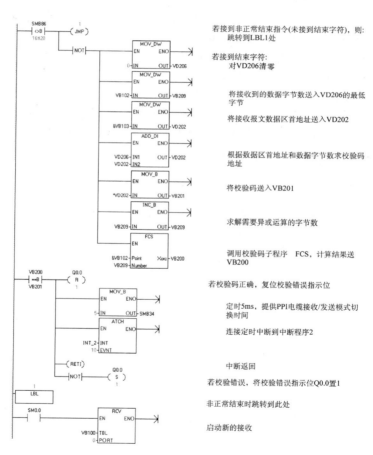

若接到非正常结束指令(未接到结束字符)，则：跳转到LBL1处

若接到结束字符：

对VD206清零

将接收到的数据字节数送入VD206的最低字节

将接收报文数据区首地址送入VD202

根据数据区首地址和数据字节数求校验码地址

将校验码送入VB201

求解需要异或运算的字节数

调用校验码子程序 FCS，计算结果送VB200

若校验码正确，复位校验错误指示位

定时5ms，提供PPI电缆接收/发送模式切换时间

连接定时中断到中断程序2

中断返回

若校验错误，将校验错误指示位Q0.0置1

非正常结束时跳转到此处

启动新的接收

图 8-29 S7-200 中断程序 0（INT_0）

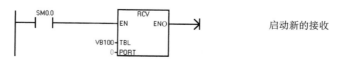

启动新的接收

图 8-30 S7-200 中断程序 1（INT_1）

263

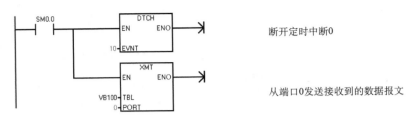

图 8-31　S7-200 中断程序 2（INT_2）

 习题与思考题

1. S7-200 PLC 可以采用哪些协议？每种通信协议的特点是什么？

2. 请进行通信设置，要求如下：

用 PC/PPI 连接计算机和 S7-200 PLC，将计算机设置为 PPI 主站，站号为 0；将 PLC 设置为从站，站号为 3；传输速率为 9600bit/s，传送字符为默认值。

3. 用 NETR/NETW 指令实现两个 S7-200 PLC 之间的通信，要求将 2 号站的 VB10～VB17 送给 3 号站的 VB10～VB17，将 3 号站的 VB20～VB27 送给 2 号站的 VB20～VB27。

4. 在自由口模式下完成本地 PLC 与远程 PLC 通信的梯形图程序，本地 PLC 为 CPU224，远程 PLC 为 CPU221，由一个外部信号脉冲启动本地 PLC 向远程 PLC 发送 30B 的信息，任务完成后，用指示灯进行显示。通信参数：传输速率为 9600bit/s，每个字符 8 位，无奇偶校验，不设立超时时间。

第 9 章

STEP7-Micro/WIN编程
软件功能与使用

STEP7-Micro/WIN 是西门子公司专门为 S7-200 PLC 设计开发的编程软件。该软件功能强大，界面友好，并有方便的联机帮助功能。用户可利用该软件开发 PLC 应用程序，同时也可实时监控用户程序的执行状态。本章主要介绍目前最新的 STEP7-Micro/WIN V4.0 SP9 中文版本软件。介绍软件的基本功能以及如何用编程软件进行编程、调试和运行监控等内容，以便大家上机操作时参考。

9.1 软件安装及硬件连接

9.1.1 软件安装

在西门子官网下载 STEP7-Micro/WIN V4.0 SP9 编程软件后安装，或者使用光盘直接安装。安装过程中，软件的语言建议选择英语，安装完成后可在程序的菜单栏中选择中文环境，将软件汉化。汉化过程如图 9-1 和图 9-2 所示。

图 9-1 中文环境的设置界面 1

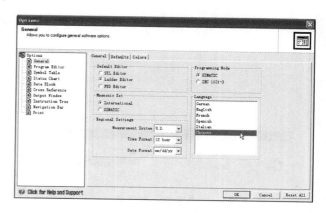

图 9-2 中文环境的设置界面 2

建议在安装软件之前关闭所有的应用程序，特别是可能产生干扰的杀毒软件等，防止此类软件误删文件或禁止部分文件的运行，导致软件安装出错。

9.1.2 硬件连接

为了实现 PLC 与计算机间的通信，必须使用具有 Windows 2000 以上操作系统的计算机，同时必须配备下列三种设备的一种：一根 PC/PPI 电缆、一个通信处理器（CP）卡和多点接口（MPI）电缆、一块 MPI 卡和配套的电缆。一般情况下，用一根 PC/PPI（个人计算机/点对点接口）电缆建立个人计算机与 PLC 之间的通信。

这是一种低成本的单主站通信方式，典型的单主站连接示意图如图 9-3 所示。可以按下面的步骤在计算机和 PLC 之间建立连接和通信。

1）把 PC/PPI 电缆的标有 "PC" 的 RS-232 端连接到计算机的 RS-232 通信口，可以是 COM1 或 COM2 中的一个；把标有 "PPI" 的 RS-485 端连接到 PLC 的任一 RS-485 通信口，拧紧连接螺钉。

2）设置 PC/PPI 电缆上的 DIP 开关（见图 9-3a），选定计算机所支持的波特率和帧模式。DIP 开关中用开关 1、2、3 设置波特率，具体设置方法如图 9-3c 所示。初学者可选择通信速率的默认值 9.6kbit/s。

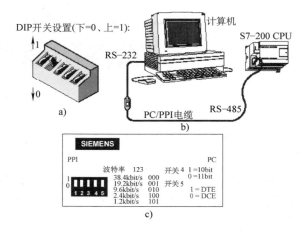

图 9-3　PLC 与计算机间的连接示意图

开关 4 用来选择 10bit 数据传输模式或 11bit 模式。开关 5 用于选择将 RS-232 口设置为数据通信设备（DCE）模式或数据终端设备（DTE）模式。没有调制解调器时，开关 4、5 均应设置为 0。

9.1.3　通信参数的设置和修改

软件安装完成并且硬件设置连接好之后，可以按下面的步骤设置通信参数。

1）运行 STEP7-Micro/WIN，在引导条中单击 "通信" 图标（见图 9-4），或从菜单中选择 "查看"→"组件"→"通信"（见图 9-5），则会出现一个 "通信" 设置对话框。

图 9-4　"通信" 对话框

图 9-5　通信的设置

2）在对话框中双击 PC/PPI 电缆的图标，将出现设置 PG/PC 接口的对话框，这时可进行安装或删除通信接口、设置检查通信接口参数等操作。系统默认设置为：远程设备站地址为 2，通信波特率为 9.6kbit/s，采用 PC/PPI 电缆通信（计算机的 COM1 口），PPI 协议。具体方法可参见第 8 章相关内容。

设置好参数后，可双击 "通信" 对话框中的显示 "双击刷新" 的刷新图标，STEP7-Micro/WIN 将检查所连接的所有 S7-200 CPU 站（默认站地址为 2），并为每个站建立一个 CPU 图标

（见图9-4）。如果用户成功地建立了个人计算机与 PLC 之间的通信，会显示一个设备列表（即其模型类型和站址）。

　　建立了计算机和 PLC 的在线联系后，就可利用软件检查和修改 PLC 的通信参数。单击引导条中的"系统块"图标，或从主菜单中选择"查看"→"组件"→"系统块"，将出现"系统块"对话框，单击"通信端口"选项，可检查和修改 PLC 通信参数，然后单击"确认"按钮后退出。

　　设置完成后的通信参数可连同程序块一起下载到 PLC 主机。

　　此外，可通过选择主菜单"PLC"中的"信息"项，了解 PLC 的型号、工作方式、扫描速度、I/O 模块配置等信息等。

9.2　编程软件的主要功能

9.2.1　基本功能

　　STEP7-Micro/WIN 的基本功能是协助用户完成应用软件的开发任务，例如，创建用户程序，修改和编辑原有的用户程序。利用该软件可设置 PLC 的工作方式和参数，上载和下载用户程序，进行程序的运行监控。它还具有简单语法的检查、对用户程序的文档管理和加密等功能，并提供在线帮助。

　　上载用户程序是将 PLC 中的程序和数据通过通信设备（如 PC/PPI 电缆）上载到计算机中进行程序的检查和修改；下载用户程序是将编制好的程序、数据和 CPU 组态参数通过通信设备下载到 PLC 中以进行运行调试。

　　程序编辑中的语法检查功能可以避免一些语法和数据类型方面的错误。梯形图错误检查结果如图9-6所示。梯形图编辑时会在错误处下方自动加其他颜色的曲线。

　　当编程设备与 PLC 直接连接时，可实现编程软件的大部分基本功能；而当两者断开连接时，只能实现编辑、编译及系统组态等部分功能。

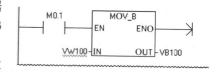

图9-6　自动语法错误检查

　　STEP7-Micro/WIN 提供软件工具帮助调试和测试程序。这些功能包括：监视 S7-200 正在执行的用户程序状态，为 S7-200 指定运行程序的扫描次数，强制变量值等。

　　软件提供指令向导功能：PID 自整定界面，PLC 内置脉冲串输出（PTO）和脉宽调制（PWM）指令向导，数据记录向导，配方向导。支持 TD400C 等文本显示界面向导。

9.2.2　主界面各部分功能

　　STEP7-Micro/WIN 编程软件的主界面外观如图9-7所示。

　　主界面一般可分以下几个区：菜单条（包含8个主菜单项）、工具条（快捷按钮）、引导条（快捷操作窗口）、指令树（快捷操作窗口）、输出窗口、状态条、程序编辑器和局部变量表等（可同时或分别打开5个用户窗口）。除菜单条外，用户可根据需要决定其他窗口的取舍和样式设置。

1. 菜单条

菜单条使用鼠标单击或采用对应热键操作，打开各项菜单，各主菜单项功能如下。

1）文件（File）：文件操作可完成如新建、打开、关闭、保存文件，导入和导出、上载和下载程序，库操作，设置项目密码，文件的打印预览、打印设置，退出操作等。

2）编辑（Edit）：编辑菜单能完成选择、复制、剪切、粘贴程序块或数据块，同时提供查

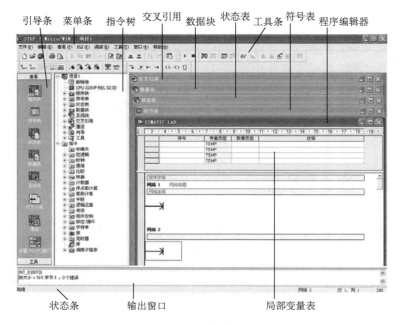

图 9-7　编程软件主界面

找、替换、插入、删除、撤销、快速光标定位等功能。

3）查看（View）：选择不同语言的编程器（包括 LAD、STL、FBD 三种）；通过子菜单"框架"，可以决定其他辅助窗口（引导条窗口、指令树窗口、工具条按钮区）的打开与关闭；通过子菜单"组件"可执行引导条窗口的任何项。

4）PLC 菜单：可建立与 PLC 联机时的相关操作，如改变 PLC 的工作方式（RUN、STOP）、在线编译、查看 PLC 的信息、上电复位、清除 PLC 存储卡中的程序和数据、时钟、存储器卡操作、程序比较、PLC 类型选择及通信设置等，还可提供离线编译的功能。

5）调试（Debug）：主要用于联机调试。在离线方式下，可进行扫描操作，但该菜单的下拉菜单多数呈现灰色，表示此下拉菜单不具备执行条件。

6）工具（Tools）：可以调用复杂指令向导（包括 PID 指令、NETR/NETW 指令和 HSC 指令），使复杂指令的编程工作大大简化；有文本显示向导、位置控制向导（帮助用户将位置控制用作应用程序的一部分）、EM253 控制面板（允许用户在开发进程的测试阶段监控和控制位置模块的操作）和调制解调器扩展向导（帮助用户设置远程调制解调器或 EM241 调制解调器模块，以便将 PLC 与远程设备连接）、以太网向导（帮助用户配置以太网模块，以便将 S7-200 PLC 与工业以太网网络连接）、AS-i 向导（帮助用户建立在用户的程序和 AS-i 主模块之间传送数据所需的代码）、因特网向导（配置 CP243-1 IT 因特网模块，将 S7-200 PLC 与以太网连接，并增加因特网电子邮件和 FTP 选项）、数据记录向导（帮助用户在可移动非易失存储卡（64KB 或256KB）中记录进程数据；此数据记录可作为 Windows 文件而提取）、PID 调节控制面板（使用自动或手动调节来优化 PID 环路参数）；安装 TD400C 文本显示器；改变界面风格（如设置按钮及按钮样式，并可添加菜单项）；用"选项"子菜单还可以设置三种程序编辑器的风格，如语言模式、颜色、字体、指令盒的大小等。

7）窗口（Window）：可以打开一个或多个窗口，并可进行窗口之间的切换，可以设置窗口的排放形式，如层叠、横向、纵向等。

8）帮助（Help）：通过帮助菜单上的目录和索引项，可以检阅几乎所有相关的使用帮助信息。帮助菜单还提供网上查询功能，而且在软件操作过程中的任何步或任何位置都可以按"F1"键来显示在线帮助，大大方便了用户的使用。

2. 工具条

提供简便的鼠标操作，将最常用的 STEP7-Micro/WIN 操作以按钮形式设置到工具条中。可用"查看"→"工具栏"项自定义工具条。

3. 引导条

引导条提供按钮控制的快速窗口切换功能，可在菜单"查看"→"框架"→"浏览条"选择打开或关闭它。引导条包括"查看"和"工具"两个菜单下的快捷图标，单击图标可打开相应的对话框，也可用菜单"查看"→"组件"或"工具"打开对话框。"查看"引导条包括程序块、符号表、状态表、数据块、系统块、交叉引用、通信和设置 PG/PC 接口共 8 个组件。一个完整的项目（Project）文件通常包括前 6 个组件。"工具"引导条包括指令向导、文本显示向导、EM253 控制面板等组件。

程序块由可执行的代码和注释组成，可执行的代码由主程序（OB1）、可选的子程序（SBR0）和中断程序（INT0）组成，程序代码经编译后可下载到 PLC 中，而程序注释被忽略。

符号表允许程序员使用带有实际含义的符号来作为编程元件，而不是直接用元件在主机中的直接地址。例如，编程时用 start 作为编程元件符号，而不用 I0.0。程序编译后下载到 PLC 中时，所有的符号地址被转换为绝对地址，符号表中的信息不下载到 PLC，具体操作见 9.3 节。

状态表用在联机调试时监视和观察程序执行时各变量的值和状态。状态表不下载到 PLC 中，它仅是监控用户程序执行情况的一种工具。

交叉引用表列举出程序中使用的各操作数在哪一个程序块的什么位置出现，以及使用它们的指令的助记符。还可以查看哪些内存区域已经被使用，作为位使用还是字节使用。在运行方式下编辑程序时，可以查看程序当前正在使用的跳变信号的地址。交叉引用表不下载到 PLC 中，只有在程序编辑成功后才能看到交叉引用表的内容。在交叉引用表中双击某操作数，可以显示出包含该操作数的那一部分程序。交叉索引使编程使用的 PLC 资源一目了然。

单击引导条中的任何一个按钮，则主窗口将切换成此按钮对应的窗口。

4. 指令树

指令树提供编程时用到的所有快捷操作命令和 PLC 指令，可用"查看"→"框架"→"指令树"项决定是否将其打开。指令树提供所有项目对象以及为当前程序编辑器（LAD、FBD 或 STL）提供的所有指令的树形视图。

5. 输出窗口

输出窗口用来显示程序编译的结果信息，如程序的各块（主程序、子程序的数量及子程序号、中断程序的数量及中断程序号）及各块的大小、编译结果有无错误及错误编码和位置等。当输出窗口列出程序错误时，可双击错误信息，会在程序编辑器窗口中显示出错的网络。修正程序后，执行新的编译，更新输出窗口。使用"查看"→"框架"→"输出窗口"菜单命令可使输出窗口在打开（可见）和关闭（隐藏）之间切换。

6. 状态条

状态条用来显示软件执行状态信息。编辑程序时，显示当前网络号、行号、列号；运行时，显示运行状态、通信波特率、远程地址等。如果正在进行的操作需要很长时间才能完成，则显示进展信息。状态条提供操作说明和进展指示。

7. 程序编辑器

可用梯形图、语句表或功能图表编辑器编写用户程序，或在联机状态下从 PLC 上载用户程序进行程序的编辑或修改。

8. 局部变量表

局部变量表包含用户对局部变量所做的赋值（即子程序和中断例行程序使用的变量）。使用局部变量有以下两种原因：

一是用户希望建立不引用绝对地址或全局符号的可移动子程序。

二是用户希望使用临时变量（说明为 TEMP 的局部变量）进行计算，以便释放 PLC 内存。

9.2.3 系统组态

系统组态主要包括：通信组态（可参考第 8 章）、设置数字量或模拟量输入滤波、设置脉冲捕捉、输出表配置、定义存储器保持范围、设置密码和后台通信时间等内容，系统组态设置主要在引导条中的"系统块"中进行。系统组态完成后，在下载程序时，组态数据会连同编译好的用户程序一起装入与编程软件相连的 PLC 的存储器中。

1. 数字量输入滤波

S7-200 允许为部分或全部本机数字量输入点设置输入滤波，合理定义延迟时间可以有效地抑制甚至滤除输入噪声干扰。选择"查看"→"组件"→"系统块"（或在引导条单击"系统块"图标），选中"输入滤波器"项，就可以 4 个为 1 组对各个数字量输入点进行延迟时间的设置，如图 9-8 所示。当输入状态发生 ON/OFF 变化时，输入信号须在设置的延迟时间内保持新的状态，才被认为有效。延迟时间范围为 0.2 ~ 12.8ms，默认值为 6.4ms。

2. 模拟量输入滤波

对于 S7-200 CPU222/224/226 这三种机型，在模拟量输入信号变化缓慢的场合，可以对不同的模拟量输入选择软件滤波。设置模拟量输入滤波的方法同数字量输入滤波相似，只是在"输入滤波器"中选择"模拟量"选项卡，如图 9-9 所示。可选择需要进行滤波的模拟量输入点，设置采样数（样本数目）和死区值。滤波后的值是预选采样次数的各次模拟量输入的平均值。系统默认参数：模拟量输入点全部滤波，采样数为 64，死区值为 320。

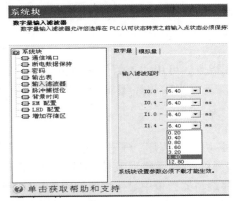

图 9-8　设置数字量输入滤波器　　　　　图 9-9　设置模拟量输入滤波器

当输入量有较大的变化时，滤波值可迅速地反映出来。当前的输入值与平均值之差超过设定值时，滤波器相对上一次模拟量输入值会产生阶跃变化。这一设定值称为死区，并用模拟量输入的数字值来表示。

模拟量滤波功能不能用于模拟量字传递数字量信息或报警信息的模块。AS-i 主站模块、热电偶模块及 RTD 模块要求 CPU 禁止模拟量输入滤波。

3. 设置脉冲捕捉

在处理数字量输入时，PLC 采用周期扫描方式进行输入和输出映像寄存器的读取和刷新。如果数字量输入点有一个持续时间小于扫描周期的脉冲时间，则 CPU 不能捕捉到此脉冲，PLC 将不能按预定的程序正确运行。

S7-200 为每个主机数字量输入点提供脉冲捕捉功能，用来捕捉持续时间很短的高电平脉冲或低电平脉冲。如果已经为数字量输入设置了输入脉冲捕捉，则可以使主机能够捕捉小于一个扫描周期的短脉冲，并将其保持到主机读到这个信号。但如果一个扫描周期内有多个输入脉冲，只能检测出第一个脉冲。

设置脉冲捕捉功能时，首先要正确设置输入滤波器的时间，使之不能将脉冲滤掉；然后在"系统块"对话框中选择"脉冲捕捉位"选项卡，选择需要脉冲捕捉的数字量输入点，如图 9-10 所示。系统默认为所有数字量输入点都不用脉冲捕捉。

4. 输出表的设置

在"系统块"对话框中选择"输出表"选项卡，可设置 CPU 由 RUN 方式转变为 STOP 方式后，各数字量或模拟量输出点的状态（分别选择数字量或模拟量选项卡）。

如选择"将输出冻结在最后的状态"方式，则 PLC 由 RUN 方式转变为 STOP 方式时，有选择标记的输出点将保持在 CPU 进入 STOP 方式之前的状态；如未选择"冻结输出"，则 CPU 由 RUN 方式转变为 STOP 方式后，各数字量输出点的状态用输出表来设置，即把填写好的输出表复制到相应的输出点。如果希望某一输出位为 1（ON），则在输出表相应位置选中该位，如图 9-11 所示。输出表的默认值是未选"冻结"方式，且 CPU 从 RUN 方式转变为 STOP 方式时，所有输出点的状态被置为 0（OFF）。

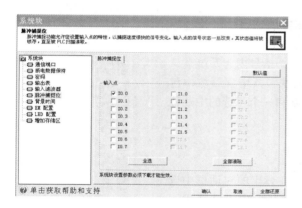

图 9-10　设置脉冲捕捉位

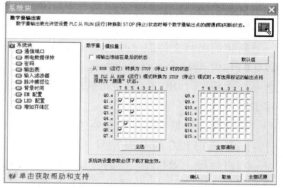

图 9-11　设置输出表

5. PLC 断电后的数据保存方式

S7-200 提供了几种方法来保存用户程序、程序数据和 CPU 的组态数据，以确保它们不会丢失，如用 EEPROM 保存用户程序、程序数据及 CPU 组态数据。S7-200 还提供了一个大容量的超级电容器，使 PLC 在掉电时保存整个 RAM 中的信息。根据 CPU 的类型不同，该电容可保存 RAM 中的数据达几天之久。

S7-200 还可选用存储器卡保存用户程序。它是一个便携式的 EEPROM，可存储用户程序（程序块、数据块、系统块）和强制值。CPU 模块在 STOP 方式下，单击菜单"PLC"中的"存储卡编程"项就可将用户程序、CPU 组态信息以及 V、M、T、C 的当前值复制到存储器卡中。

单击"系统块"的"断电数据保持"选项卡，可选择 PLC 断电时希望保持的内存区域。最多可定义 6 个要保存的存储区范围，设置保存的存储区有 V、M、C 和 T。对于定时器，只能保存定时器 TONR，而且只能保持定时器和计数器的当前值，定时器位和计数器位不能保持，上电

271

时定时器位和计数器位均被清零。对 M 存储区的前 14 个字节，系统默认设置为不保持。

6. 密码的设置

S7-200 的密码保护功能提供四级权限存取 PLC 存储器内容。各等级均有不需密码即可使用的某些功能。只要输入正确的密码，用户即可使用所有的 PLC 功能。默认等级是 1 级，对存取没有限制，相当于关闭了密码功能。

用编程软件给 CPU 创建密码时，在"系统块"对话框中单击"密码"选项卡。首先选择适当的限制级别（如 2、3 级），需输入密码（密码不区分大小写）并确认密码。要使密码设置生效，必须先运行一次程序。

如果忘记了密码，必须清除存储器，重新下载程序。清除存储器会使 CPU 进入 STOP 方式，并将它设置为厂家设定的默认状态（CPU 地址、波特率和时钟除外）。

9.3 编程软件的使用

本节介绍如何用 STEP7-Micro/WIN 编程软件进行编程。

9.3.1 项目生成

项目（Project）文件来源有 3 个：新建一个项目、打开已有的项目和从 PLC 上载已有项目。

1. 新建项目

在为 PLC 控制系统编程时，首先应创建一个项目文件，单击菜单"文件"中的"新建"项或工具条中的"新建"按钮，在主窗口将显示新建的项目文件主程序区。图 9-12 为一个新建程序文件的指令树，系统默认初始设置如下：

图 9-12 新建程序结构

新建的项目文件以"项目 1"（CPU221）命名，括号内为系统默认 PLC 的 CPU 型号。一个项目文件包含 7 个相关的块，其中程序块中包含一个主程序（OB1）、一个可选的子程序 SBR_0 和一个可选的中断程序 INT_0。

用户可以根据实际编程需要进行以下操作：

（1）确定 PLC 的 CPU 型号

右击项目"项目 1"下的"CPU221"图标，在弹出的对话框中选择所用的 PLC 型号。也可用"PLC"菜单中"类型"项来选择 PLC 型号。

（2）项目文件更名

单击"文件"菜单中"另存为"项，可以保存新建的项目文件，文件以 .mwp 为扩展名。

如需对子程序和中断程序更名，右击要更名的子程序或中断程序名称，选择"重命名"，然后直接命名即可。

（3）添加一个子程序

添加一个子程序的方法有三种；一是单击"编辑"→"插入"→"子程序"项实现；二是在编辑窗口右击编辑区，在弹出的菜单选项中选择"插入"→"子程序"；三是用鼠标右键单击指令树上的"程序块"图标，在弹出菜单中选择"插入"→"子程序"。新生成的子程序根据已有子程序的数目，默认名称为 SBR_n，用户可以自行更名。

（4）添加一个中断程序

添加一个中断程序的方法同添加一个子程序的方法相似。

2. 打开已有项目文件

打开磁盘中已有的项目文件，可单击菜单"文件"→"打开"项，在弹出的对话框中选择已有的项目文件打开；也可用工具条中的"打开"按钮来完成；或者直接双击打开已有的项目文件。

3. 上载和下载项目文件

在已经与 PLC 建立通信的前提下，如果要上载一个 PLC 存储器的项目文件（包括程序块、系统块、数据块），可用"文件"菜单中的"上载"项，也可单击工具条中的"上载"按钮来完成。上载时，S7-200 从 RAM 中上载系统块，从 EEPROM 中上载程序块和数据块。

9.3.2 程序的编辑和传送

利用 STEP7-Micro/WIN 编程软件编辑和修改控制程序是程序员要做的最基本的工作，本小节只以梯形图编辑器为例介绍一些基本编辑操作。其语句表和功能块图编辑器的操作可类似进行。下面以图 9-13 所示的梯形图程序的编辑过程为例，介绍程序编辑的各种操作。

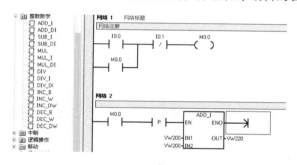

图 9-13 编辑梯形图程序示例

1. 输入编程元件

梯形图的编程元件（编程元素）主要有线圈、触点、指令盒、标号及连接线。输入方法有以下两种：

一是用指令树窗口中所列的一系列指令，双击要输入的指令，就可在矩形光标处放置一个编程元件，如图 9-13 所示。

二是用工具条上的一组编程按钮，如图 9-14 所示。单击触点、线圈或指令盒按钮，从弹出的窗口下拉菜单所列出的指令中选择要输入指令，单击即可。

（1）顺序输入

在一个梯级/网络中，如果只有编程元件的串联连接，输入和输出都无分叉，则视作顺序输入。输入时只需从网络的开始依次输入各编程元件即可，每输入一个元件，矩形光标自动移动到下一列，如图 9-15 所示。

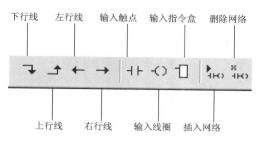

图 9-14 编程按钮

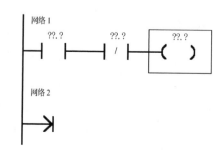

图 9-15 顺序输入元件

图 9-15 中，已经连续在一行上输入了两个触点，若想再输入一个线圈，可以直接在指令树中双击点亮的线圈图标。图中的方框为大光标，编程元件就是在矩形光标处被输入。图中网络 2 中的 →| 表示一个梯级的开始， →| 表示可在此继续输入元件。

图 9-15 中的 "?? . ?" 表示此处必须有操作数。此处的操作数为两个触点和一个线圈的名称。可单击 "?? . ?"，然后键入合适的操作数。

（2）任意添加输入

如在任意位置要添加一个编程元件，只需单击这一位置，将光标移到此处，然后输入编程元件。

用工具条中的指令按钮可编辑复杂结构的梯形图，如图 9-14 所示。单击网络 1 中第一行下方的编程区域，则在开始处显示小图标，然后输入触点新生成一行。

将光标移到要合并的触点处，单击上行线按钮 |↑| 即可。

如果要在一行的某个元件后向下分支，方法是将光标移到该元件，单击 |↓| 按钮，然后输入元件。

2. 插入和删除

编辑中经常用到插入和删除一行、一列、一个梯级（网络）、一个子程序或中断程序等。方法有两种：在编辑区右击要进行操作的位置，弹出图 9-16 所示的下拉菜单，选择 "插入" 或 "删除" 选项，弹出子菜单，单击要插入或删除的项，然后进行编辑；也可用 "编辑" 菜单中相应的 "插入" 或 "删除" 项完成相同的操作。

图 9-16 所示为编辑区已有网络的情况下右击时的结果，此时 "剪切" 和 "复制" 项处于有效状态，可以对元件进行剪切或复制。

3. 符号表

使用符号表可将梯形图中的直接地址编号用具有实际含义的符号代替，使程序更直观、易懂。使用符号表有以下两种方法：

1）在编程时使用直接地址（如 I0.0），然后打开符号表，编写与直接地址对应的符号（如与 I0.0 对应的符号为 start），编译后由软件自动转换名称。

2）在编程时直接使用符号名称，然后打开符号表，编写与符号对应的直接地址，编译后得到相同的结果。

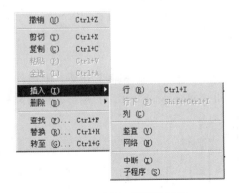

图 9-16　插入或删除网络

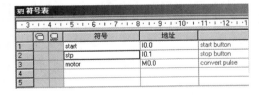

图 9-17　符号表窗口

要进入符号表，可单击 "查看" 菜单中的 "符号表" 项或引导条窗口中的 "符号表" 按钮，符号表窗口如图 9-17 所示。图 9-13 中的直接地址编号在填写了符号表后，经编译后形成如图 9-18 所示的结果。可同时打开梯形图窗口或符号表窗口，要想在梯形图中显示符号，可选中 "查看" 菜单下 "符号寻址" 项（见图 9-18）。反之，要在梯形图中显示直接地址，则单击取消

"符号寻址"项。

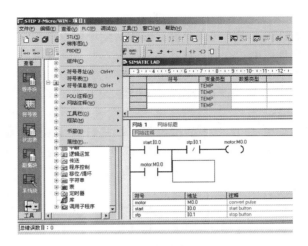

图 9-18　用符号表编程

4. 局部变量表

（1）局部变量与全局变量

程序中的每个程序组织单元（Program Organizational Unit，POU）都有 64KB 的 L 存储器组成的局部变量表。用它们来定义有范围限制的变量，局部变量只在它被创建的 POU 中有效。而全局变量在各 POU 中均有效，只能在符号表（全局变量表）中定义。

（2）局部变量的设置

将光标移到编辑器的程序编辑区的上边缘，向下拖动上边缘，则自动出现局部变量表，此时可为子程序和中断服务程序设置局部变量。图 9-19 为一个子程序调用指令和它的局部变量表，在表中可设置局部变量的参数名称、变量类型、数据类型及注释，局部变量的地址由程序编辑器自动地在 L 存储区中分配。在子程序中对局部变量表赋值时，变量类型有输入（IN）子程序参数、输出（OUT）子程序参数、输入-输出（IN-OUT）及暂时（TEMP）变量四种，根据不同的参数类型可选择相应的数据类型（如 BOOL、BYTE、INT、WORD 等）。

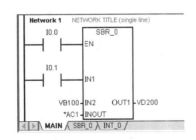
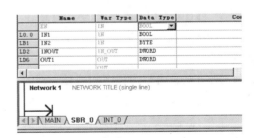

图 9-19　子程序调用指令及其局部变量表

局部变量作为参数向子程序传送时，在子程序的局部变量表中指定的数据类型必须与调用 POU 中的数据类型值相匹配。

要添加一个参数到局部变量表中，可右击变量类型区，选择"插入"，再选择"行"或"行下"即可。

5. 注释

梯形图编辑器中的 Network n 表示每个网络或梯级，可为每个网络或梯级加标题或必要的注释说明，使程序清晰易读。

6. 语言转换

STEP7-Micro/WIN 软件可实现语句表、梯形图和功能块图三种编程语言（编辑器）之间的任意切换。具体方法：选择菜单"查看"项，然后单击 STL（语句表）、LAD（梯形图）或 FBD（功能块图）便可进入对应的编程环境。如采用 LAD 编辑器编程时，经编译没有错误后，可查看相应的 STL 程序和 FBD 程序。但编译有错误时，则无法改变程序模式。

7. 编译用户程序

程序编辑完成，可用菜单"PLC"中的"编译"项进行离线编译。编译结束后，在输出窗口显示程序中的语法错误的数量、各条错误的原因和错误在程序中的位置。双击输出窗口中的某一条错误，程序编辑器中的矩形光标将会移到程序中该错误所在的位置。必须改正程序中的所有错误，编译成功后才能下载程序。

8. 程序的下载和清除

在计算机与 PLC 建立起通信连接且用户程序编译成功后，可以将程序下载到 PLC 中。

下载之前，PLC 应处于 STOP 方式。单击工具条中的"停止"按钮，或选择"PLC"菜单命令中的"停止"项，可以进入 STOP 方式。如果不在 STOP 方式，可将 CPU 模块上的方式开关扳到 STOP 位置。

单击工具条中的"下载"按钮 ，或选择"文件"菜单下的"下载"项，将会出现下载对话框。用户可以分别选择是否下载程序块、数据块、系统块、配方和数据记录配置。下载成功后，确认框显示"下载成功"。如果 STEP7-Micro/WIN 中设置的 CPU 型号与实际的型号不符，将出现警告信息，应修改 CPU 的型号后再下载。

下载程序时，程序存储在 RAM 中，S7-200 会自动将程序块、数据块和系统块复制到 EEP-ROM 中作永久保存。

有时，为了使下载的程序能正确执行，还须将 PLC 存储器中的原程序清除。清除的方法：单击菜单"PLC"中的"清除"项，选择"清除全部"即可。

9.3.3　程序的预览与打印输出

如需在实际打印之前预览项目打印页面，可选择"文件"→"打印预览"菜单命令，或单击"打印预览"工具条按钮 ，或单击"打印"对话框中的"预览"按钮。

使用以下三种方法，可打印程序和项目文档的复制件。单击工具条"打印"按钮 ，或选择"文件"→"打印"菜单命令，或按"Ctrl + P"捷径键组合，会出现"打印"对话框，如图 9-20 所示。

单击图 9-20 右上角的"选项"按钮，可选择

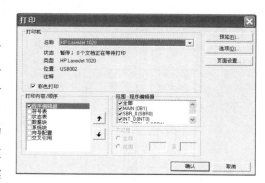

图 9-20　打印输出对话框

每页打印的列数、是否打印程序属性、是否打印局部变量表和网络注释。

9.4　程序的监控和调试

STEP7-Micro/WIN 编程软件提供了一系列工具，使用户可直接在软件环境下调试并监视用户程序的执行。

当用户成功地在运行 STEP7-Micro/WIN 的编程设备和 PLC 之间建立通信并将程序下载至 PLC 后，就可以利用"调试"工具条的诊断功能，可单击工具条按钮或从"调试"菜单列表选择项目，选择调试工具。

9.4.1　用状态表监控程序

STEP7-Micro/WIN 编程软件可使用状态表来监视用户程序，在程序运行时，可以用状态表来读、写监视和强制 PLC 的内部变量，并可以用强制操作修改用户程序，如图 9-21 所示。

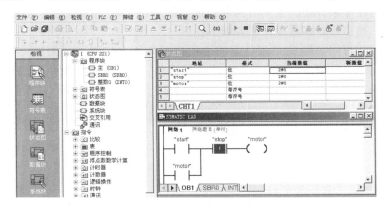

图 9-21　用状态表监视、调试程序

1. 打开和编辑已有的状态表

要打开状态表，可单击目录树或引导条中的状态表按钮，或单击"查看"→"组件"→"状态表"选项，并对它进行编辑。如果项目中有多个状态表，可用状态表底部的标签切换。

未启动状态表时，可在状态表中输入要监视的变量的地址和数据类型，定时器和计数器可按位或按字监视。如果按位监视，显示的是它们的输出位的 0/1 状态；如果按字监视，显示的是它们的当前值。

用"编辑"菜单中的"插入"选项或右击状态表中的单元，可在状态表中当前光标位置的上部插入新的行，也可以将光标置于最后一行中的任意单元后，按向下的箭头键，将新的行插在状态表的底部。在符号表中选择变量并将其复制在状态表中，可以加快创建状态表的速度。

2. 创建新的状态表

如果要监视的元件很多，可将要监视的元件分组，把它们放在几个状态表中，因此要分别创建状态表。用鼠标右键单击目录树中的状态表图标，在弹出的窗口中选择"插入状态表"选项，即创建新的状态表。新的状态表标签名为"用户定义 n"。

3. 启动和关闭状态表

STEP7-Micro/WIN 与 PLC 的通信成功后，单击工具条上的"状态表"图标，可启动状态表，再操作一次可关闭状态表。状态表被启动后，编程软件可监视程序运行时的状态信息，并对表中的数据更新。

4. 单次读取状态信息

状态表被关闭时，用"调试"菜单命令中的"单次读取"或单击工具条上的"单项读取"按钮，可以获得 PLC 的当前数据，并在状态表中将当前数值显示出来，执行用户程序时并不进行数据的更新。

5. 用状态表强制改变数值

在 RUN 方式且对控制过程影响较小的情况下，可对程序中的某些变量强制性地赋值。S7-200

允许强制性地给所有的 I/O 点赋值，此外最多还可改变 16 个内部存储器（V 或 M）数据或模拟量 I/O（AI 或 AQ）。V 或 M 可按字节、字或双字来改变，模拟量只能从偶字节开始以字为单位（如 AIW6）来改变。强制的数据将永久性地存储在 S7-200 CPU 模块的 EEPROM 中。

在输入读取阶段，强制值被当作输入读入；在程序执行阶段，强制数据用于立即读和立即写指令指定的 I/O 点；在通信处理阶段，强制值用于通信的读/写请求；在修改输出阶段，强制数据被当作输出写入输出电路。进入 STOP 方式时，输出将为强制值，而不是系统块中设置的值。

通过强制 V、M、T 或 C，可用来模拟逻辑条件；通过强制 I/O 点，可用来模拟物理条件。这一功能对调试程序非常方便。但同时强制可能导致系统出现无法预料的情况，甚至引起人员伤亡或设备损坏，所以进行强制操作要多加小心。

显示状态表后，可用"调试"菜单中的选项或工具条中与调试有关的按钮执行下列操作：单次读取、全部写入、强制、取消强制、取消全部强制、读取全部强制。其工具条如图 9-22 所示。用鼠标右键单击状态表中的操作数，从弹出的窗口中可选择对该操作数强制或取消强制。

图 9-22 用状态表监视与调试程序的工具条

（1）全部写入

完成了对状态表中变量的改变后，可用全部写入功能将所有的改动传送到 PLC。执行程序时，修改的数值可能被改写成新数值。物理输入点不能用此功能改动。

（2）强制

在状态表的地址列中选中一个操作数，在"新数值"列中写入希望的数据，然后按工具条中的"强制"按钮。一旦使用了强制功能，每次扫描都会将修改的数值用于该操作数，直到取消对它的强制。被强制的数值旁边将显示锁定图标。

（3）对单个操作数取消强制

选择一个被强制的操作数，然后做取消强制操作，锁定图标将会消失。

（4）读取全部强制

执行读取全部强制功能时，状态表中被强制的地址的当前值列将在曾被显式强制、隐式强制或部分隐式强制的地址处显示一个图标。

灰色的锁定图标表示该地址被隐式强制，对它取消强制之前不能改变此地址的值。例如，如果 VW100 被显式强制，则 VB100 与 VB101 将被隐式强制，因为它们被包含在 VW100 中。被隐式强制的数值本身不能取消强制，在改变 VB100 中的数值之前，必须取消对 VW100 的强制。

半块锁定图标表示该地址的一部分被强制。例如，如果 VW100 被显式强制，因为 VW101 的第一字节是 VW100 的第二字节，VW101 的一部分也被强制。不能对部分强制的数值本身取消强制，要改变该地址数值，必须先取消使它被部分强制的地址的强制。

9.4.2　在 RUN 方式下编辑程序

在 RUN 方式下，可对用户程序作少量的修改，修改后的程序下载时，将立即影响系统的控制运行，所以使用时应特别注意。S7-200 可进行这种操作的有 CPU224 和 CPU226 两种模块。具体操作时可选择"调试"菜单中的"在运行状态下编辑程序"项进行。编辑前应退出程序状态监视，修改程序后，需将改动的程序下载到 PLC。但下载之前需认真考虑可能会产生的后果。在 RUN 方式下，只能下载项目文件中的程序块，PLC 需要一定的时间对修改的程序进行背景编译。

在 RUN 方式下，编辑程序并下载后应退出此模式，可用"调试"菜单中的"在运行状态下编辑程序"，然后单击"确认"选项。

9.4.3　梯形图程序的状态监视

利用三种程序编辑器都可以监视在线程序运行状态，可在 PLC 运行时监视各元件的执行结果，并可监视操作数的数值。如图 9-21 的梯形图窗口所示，图中被点亮的元件表示处于接通状态，未点亮的元件表示处于非接通状态。

梯形图中显示所有这些操作数的状态都是 PLC 在扫描周期完成时的结果。STEP7-Micro/WIN 经过多个扫描周期采集状态值，然后刷新梯形图中各值的状态显示。STOP 方式下，梯形图中的状态显示为每个编程元素的实际状态。

打开监视梯形图的方法有以下两种：

一种方法是打开菜单"调试"→"开始程序状态监控"对话框（见图 9-23），在程序编辑器窗口中显示 PLC 数据状态，状态数据通信按以前选择的模式开始进行。另一种方法是在工具条上单击"程序状态监控"按钮（见图 9-22）。

图 9-23　打开程序状态监控

9.4.4　选择扫描次数

用户可以指定 PLC 对程序执行有限次数扫描（从 1 次扫描到 65535 次扫描）。通过选择 PLC 运行的扫描次数，用户可以在程序改变过程变量时对其进行监控。

设置多次扫描时，应使 PLC 置于 STOP 方式，使用菜单"调试"中的"多次扫描"来指定执行的扫描次数，然后单击"确认"按钮。

初次扫描时，则将 PLC 置于 STOP 方式，然后使用"调试"菜单命令中的"第一次扫描"进行。第一次扫描时，SM0.1 数值为 1。

9.4.5　S7-200 的出错处理

单击菜单"PLC"→"信息"项，可查看程序的错误信息。错误的代码及含义见附录 C。S7-200 的出错主要有以下两类：

1. 致命错误

致命错误会导致 PLC 停止执行程序，根据错误的严重程度，致命错误可以使 PLC 无法执行某一功能或全部功能。CPU 检测到致命错误时，自动进入 STOP 方式，点亮系统错误 LED（发光二极管）和"STOP"LED 指示灯，并关闭输出。在消除致命错误之前，CPU 一直保持这种状态。消除了致命错误后，必须用下面的方法重新启动 CPU。

1）将 PLC 断电后再通电。

2）将方式开关从 TERM 或 RUN 扳至 STOP 位置。

如果发现其他致命错误条件，CPU 将会重新点亮系统错误 LED。有些错误可能会使 PLC 无法进行通信，此时在计算机上看不到 CPU 的错误代码。这表示硬件出错，CPU 模块需要修理，修改程序或清除 PLC 的存储器不能消除这种错误。

2. 非致命错误

非致命错误会影响 CPU 的某些性能，但不会使用户程序无法执行。有以下两类非致命错误：

1）程序编译错误：程序经编译成功后才能下载到 PLC，如果编译时检测到语法错误，则不会下载，并在输出窗口生成错误代码。CPU 的 EEPROM 中原有的程序依然存在，不会丢失。

2）程序执行错误：程序运行时，用户程序可能会产生错误。例如，一个编译时正确的间接地址指针，因在程序执行过程中被修改，可能指向超出范围的地址。可用"PLC"菜单命令中的"信息"项来判断错误的类型，只有通过修改用户程序才能改正运行时的编程错误。

在 RUN 方式下发现的非致命错误会反映在特殊存储器（SM）标志位上，用户程序可以监视这些位。上电时 CPU 读取 I/O 配置，并存储在 SM 中。如果 CPU 发现 I/O 变化就会在模块错误字节中设置配置改变位。当 I/O 模块与系统数据存储器中的 I/O 配置相符时，CPU 会对该位复位。而在被复位之前，不会更新 I/O 模块。例如，可以用 SM5.5（I/O 错误）的常开触点控制 STOP 指令，在出现 I/O 错误时使 CPU 切换到 STOP 方式。

附　　录

附录 A　常用电器的图形符号及文字符号

电 器 名 称	图 形 符 号	文字符号	电 器 名 称	图 形 符 号	文字符号
三极刀开关		QS	熔断器		FU
高压负荷开关		QL	时间继电器	通电延时型线圈： 断电延时型线圈： 延时闭合的动合(常开)触点： 延时断开的动合(常开)触点： 延时闭合的动断(常闭)触点： 延时断开的动断(常闭)触点：	KT
隔离开关		QS			
具有自动释放的负荷开关					
三相笼型异步电动机					
单相笼型异步电动机		M			
三相绕线转子异步电动机					
带间隙铁心的双绕组变压器		T	速度继电器触点		KS
接触器	线圈： 主触点： 辅助触点：	KM	动合按钮（不闭锁） 动断按钮（不闭锁）		SB
			旋钮开关、旋转开关（闭锁）		SA
过电流继电器线圈		KI	行程开关、接近开关	动合触点：	SQ

（续）

电器名称	图形符号	文字符号	电器名称	图形符号	文字符号
欠电压继电器线圈	$U<$	KV	行程开关、接近开关	动断触点：	SQ
中间继电器线圈		KA		对两个独立电路做双向机械操作的位置或限制开关：	
继电器触点		KI、KV、KA			
断路器	（单极） （三极）	QF	热继电器	热元件： 动断触点：	FR

附录 B 特殊继电器（SM）含义

表 B-1 状态位（SMB0）

SM 位	描 述
SM0.0	CPU 运行时，该位始终为 1
SM0.1	该位在首次扫描时为 1，可用于初始化程序
SM0.2	若保持数据丢失，则该位在一个扫描周期中为 1，该位可用作错误存储器位，或用来调用特殊启动顺序功能
SM0.3	开机后进入 RUN 方式，该位将接通一个扫描周期，该位可用作在启动操作之前给设备提供一个预热时间
SM0.4	该位提供周期为 1min、占空比为 50% 的时钟脉冲
SM0.5	该位提供周期为 1s、占空比为 50% 的时钟脉冲
SM0.6	该位为扫描时钟，本次扫描时置 1，下次扫描时置 0，可用作扫描计数器的输入
SM0.7	该位指示 CPU 工作方式开关的位置（0 为 TERM 位置，1 为 RUN 位置）。在 RUN 位置时，该位可使自由端口通信方式有效；在 TERM 位置时，可与编程设备正常通信

表 B-2 状态位（SMB1）

SM 位	描 述
SM1.0	指令执行的结果为 0 时，该位置 1
SM1.1	执行指令的结果溢出或检测到非法数值时，该位置 1
SM1.2	执行数学运算的结果为负数时，该位置 1
SM1.3	除数为零时，该位置 1
SM1.4	试图超出表的范围执行 ATT（Add to Table）指令时，该位置 1
SM1.5	执行 LIFO、FIFO 指令时，试图从空表中读数时，该位置 1
SM1.6	试图把非 BCD 数转换为二进制数时，该位置 1
SM1.7	ASCII 码不能转换为有效的十六进制数时，该位置 1

表 B-3　自由端口接收字符缓冲区（SMB2）

SM 位	描　述
SMB2	在自由端口通信方式下，该区存储从口 0 或口 1 接收到的每个字符

表 B-4　自由端口奇偶校验错（SMB3）

SM 位	描　述
SM3.0	接收到的字符有奇偶校验错时，SM3.0 置 1
SM3.1 ~ SM3.7	保留

表 B-5　中断允许、队列溢出、发送空闲标志位（SMB4）

SM 位	描　述
SM4.0	通信中断队列溢出时，该位置 1
SM4.1	I/O 中断队列溢出时，该位置 1
SM4.2	定时中断队列溢出时，该位置 1
SM4.3	运行时刻发现编程问题时，该位置 1
SM4.4	全局中断允许位。允许中断时，该位置 1
SM4.5	端口 0 发送空闲时，该位置 1
SM4.6	端口 1 发送空闲时，该位置 1
SM4.7	发生强置时，该位置 1

表 B-6　I/O 错误状态位（SMB5）

SM 位	描　述
SM5.0	有 I/O 错误时，该位置 1
SM5.1	I/O 总线上连接了过多的数字量 I/O 点时，该位置 1
SM5.2	I/O 总线上连接了过多的模拟量 I/O 点时，该位置 1
SM5.3	I/O 总线上连接了过多的智能 I/O 点时，该位置 1
SM5.4 ~ SM5.6	保留
SM5.7	当 DP 标准总线出现错误时，该位置 1

表 B-7　CPU 识别（ID）寄存器（SMB6）

SM 位	描　述
格式	MSB 7 ... LSB 0，× × × ×
SM6.4 ~ SM6.7	× × × ×： CPU212/CUP222　0000 CPU214/CPU224　0010 CPU221　0110 CPU215　1000 CPU216/CPU226　1001
SM6.0 ~ SM6.3	保留

表 B-8　I/O 模块识别和错误寄存器（SMB8 ~ SMB21）

SM 位	描述（只读）
格式	偶数字节：模块识别（ID）寄存器　　　　　　　　奇数字节：模块错误寄存器 MSB　　　　　　　　　　　　LSB　　　　　　MSB　　　　　　　　　　　　LSB 7　　　　　　　　　　　　　0　　　　　　　7　　　　　　　　　　　　　0 | M | t | t | A | i | i | Q | Q |　　　| C | o | o | b | r | p | f | t | M：模块存在　0：有模块；1：无模块　　　　C：配置错误 tt：00：非智能 I/O 模块；01：智能模块；　　b：总线错误或校验错误 　　　10：保留；11 保留　　　　　　　　　　r：超范围错误　　　0：无错误 A：I/O 类型　0：开关量；1：模拟量　　　　P：无用户电源错误　1：有错误 ii：00：无输入；10：4AI 或 16DI；　　　　f：熔断器错误 　　01：2AI 或 8DI；11：8AI 或 32DI　　　t：端子块松动错误 QQ：00：无输出；10：4AI 或 16DI； 　　01：2AI 或 8DI；11：8AI 或 32DI
SMB8、SMB9	模块 0 识别（ID）寄存器、模块 0 错误寄存器
SMB10、SMB11	模块 1 识别（ID）寄存器、模块 1 错误寄存器
SMB12、SMB13	模块 2 识别（ID）寄存器、模块 2 错误寄存器
SMB14、SMB15	模块 3 识别（ID）寄存器、模块 3 错误寄存器
SMB16、SMB17	模块 4 识别（ID）寄存器、模块 4 错误寄存器
SMB18、SMB19	模块 5 识别（ID）寄存器、模块 5 错误寄存器
SMB20、SMB21	模块 6 识别（ID）寄存器、模块 6 错误寄存器

表 B-9　扫描时间寄存器（SMW22 ~ SMW26）

SM 字	描述（只读）
SMW22	上次扫描时间
SMW24	进入 RUN 方式后所记录的最短扫描时间
SMW26	进入 RUN 方式后所记录的最长扫描时间

表 B-10　模拟电位器寄存器（SMB28 ~ SMB29）

SM 字节	描述（只读）
SMB28、SMB29	存储对应模拟调节器 0、1 触点位置的数字值，在 STOP/RUN 方式下，每次扫描时更新该值

表 B-11　永久存储器写控制寄存器（SMB31、SMW32）

SM 字节	描　述
格式	SMB31 中存入　MSB　　　　　　　　　　　LSB 　　　　　　　　7　　　　　　　　　　　　0 写入命令　　　　| c | 0 | 0 | 0 | 0 | 0 | s | s | SMW32 中存入 　　　　　　　　MSB　　　　　　　　　　LSB 　　　　　　　　7　　　　　　　　　　　　0 V 存储器地址　　|　　　　V 存储器地址　　　　|

（续）

SM 字节	描　　述
SM31.0、 SM31.1	ss：被存数据类型 　　00　字节，　　　　　10　字 　　01　字节，　　　　　11　双字
SM31.7	c：存入永久存储器（EEPROM）命令 0：无存储操作的请求 1：用户程序申请向永久存储器存储数据，每次存储操作完成后，CPU 复位该位
SMW32	SMW32 提供 V 存储器中被存数据相对于 V0 的偏移地址，当执行存储命令时，把该数据存到永久存储器（EEPROM）中相应的位置

表 B-12　　定时中断的时间间隔寄存器（SMB34、SMB35）

SM 字节	描　　述
SMB34	定义定时中断 0 的时间间隔（从 1～255ms，以 1ms 为增量）
SMB35	定义定时中断 1 的时间间隔（从 1～255ms，以 1ms 为增量）

表 B-13　　扩展总线校验错（SMW98）

SM 字	描　　述
SMW98	扩展总线出现校验错时 SMW98 加 1，系统上电或用户程序清零时 SMW98 为 0

　　SMB200～SMB549 是智能模块状态寄存器。此外，高速计数器寄存器（SMB36～SMB65、SMB136～SMB165）、PTO/PWM 寄存器（SMB66～SMB85）、PTO0/PTO1 包络定义表寄存器（SMB166～SMB185）在第 6 章中已做介绍；自由端口控制寄存器（SMB30、SMB130）、接收信息控制寄存器（SMB86～SMB94、SMB186～SMB194）在第 8 章中也做了介绍，这里不再重复。

附录 C　错误代码

表 C-1　　致命错误代码及其含义

错误代码	含　　义
0000	无致命错误
0001	用户程序编译错误
0002	编译后的梯形图程序错误
0003	扫描看门狗超时错误
0004	内部 EEPROM 错误
0005	内部 EEPROM 用户程序检查错误
0006	内部 EEPROM 组态参数（SDB0）检查错误
0007	内部 EEPROM 强制数据检查错误
0008	内部 EEPROM 默认输出表值检查错误
0009	内部 EEPROM 用户数据、DB1 检查错误

（续）

错误代码	含　义
000A	存储器卡失灵
000B	存储器卡上用户程序检查错误
000C	存储器卡组态参数（SDB0）检查错误
000D	存储器卡强制数据检查错误
000E	存储器卡默认输出表值检查错误
000F	存储器卡用户数据、DB1 检查错误
0010	内部软件错误
0011	比较触点间接寻址错误
0012	比较触点浮点值错误
0013	存储器卡空或者 CPU 不识别该卡
0014	比较接口范围错误

注：比较触点错误既能产生致命错误，又能产生非致命错误，产生致命错误是由于程序地址错误。

表 C-2　编译规则错误（非致命）代码及其含义

错误代码	含　义
0080	程序太大，无法编译，须缩短程序
0081	堆栈溢出：须把一个网络分成多个网络
0082	非法指令：检查指令助记符
0083	无 MEND 或主程序中有不允许的指令：加条 MEND 或删去不正确的指令
0084	保留
0085	无 FOR 指令：加上 FOR 指令或删除 NEXT 指令
0086	无 NEXT：加上 NEXT 指令或删除 FOR 指令
0087	无标号（LBL、INT、SBR）：加上合适标号
0088	无 RET 或子程序中有不允许的指令：加条 RET 或删去不正确指令
0089	无 RETI 或中断程序中有不允许的指令：加条 RETI 或删去不正确指令
008A	保留
008B	从/向一个 SCR 段的非法跳转
008C	标号重复（LBL、INT、SBR）：重新命名标号
008D	非法标号（LBL、INT、SBR）：确保标号数在允许范围内
0090	非法参数：确认指令所允许的参数
0091	范围错误（带地址信息）：检查操作数范围
0092	指令计数域错误（带计数信息）：确认最大计数范围
0093	FOR/NEXT 嵌套层数超出范围
0095	无 LSCR 指令（装载 SCR）

（续）

错 误 代 码	含　　义
0096	无 SCRE 指令（SCR 结束）或 SCRE 前面有不允许的指令
0097	用户程序包含非数字编码和数字编码的 EU/ED 指令
0098	在运行模式进行非法编辑（试图编辑非数字编码的 EU/ED 指令）
0099	隐含网络段太多（HIDE 指令）
009B	非法指针（字符串操作中起始位置指定为 0）
009C	超出指令最大长度
009D	SDB0 检测到非法参数
009E	PCALL 字符串太多
009F~00FF	保留

表 C-3　程序运行错误代码及其含义

错 误 代 码	含　　义
0000	无错误
0001	执行 HDEF 之前，HSC 启用
0002	输入中断分配冲突，并分配给 HSC
0003	到 HSC 的输入分配冲突，已分配给输入中断或其他 HSC
0004	在中断程序中，企图执行 ENI、DISI 或 HDEF 指令
0005	第一个 HSC/PLS 未执行完之前，又企图执行同编号的第二个 HSC/PLS（中断程序中的 HSC 同主程序中的 HSC/PLS 冲突）
0006	间接寻址错误
0007	TODW（写实时时钟）或 TODR（读实时时钟）数据错误
0008	用户子程序嵌套层数超过规定
0009	在程序执行 XMT 或 RCV 时，通信口 0 又执行另一条 XMT/RCV 指令
000A	HSC 执行时，又企图用 HDEF 指令再定义该 HSC
000B	在通信口 1 上同时执行 XMT/RCV 指令
000C	时钟存储卡不存在
000D	重新定义正在使用的脉冲输出
000E	PTO 包络段数设为 0
000F	比较触点指令的非法数字值
0010	当前 PTO 操作模式中命令未允许
0011	非法 PTO 命令代码
0012	非法 PTO 包络表
0013	非法 PTO 回路参数表
0091	范围错误（带地址信息）：检查操作数范围

（续）

错 误 代 码	含　义
0092	某条指令的计数域错误（带计数信息）：检查最大计数范围
0094	范围错误（带地址信息）：写无效存储器
009A	用户中断程序试图转换成自由口模式
009B	非法指令（字符串操作中起始位置值指定为 0）
009F	无存储卡或无响应

附录 D　S7-200 可编程序控制器指令集

表 D-1　布尔指令

指令		含义	指令		含义
LD	N	装载	LDwx	IN1，IN2	装载字比较的结果 IN1（x：<，<=，=，>=，>，<>）IN2
LDI	N	立即装载			
LDN	N	取反后装载	AWx	IN1，IN2	与 字比较的结果 IN1（x：<，<=，=，>=，>，<>）IN2
LDNI	N	取反后立即装载			
A	N	与	OWx	IN1，IN2	或 字比较的结果 IN1（x：<，<=，=，>=，>，<>）IN2
AI	N	立即与			
AN	N	取反后与	LDDx	IN1，IN2	装载双字比较的结果 IN1（x：<，<=，=，>=，>，<>）IN2
ANI	N	取反后立即与			
O	N	或	ADx	IN1，IN2	与 双字比较的结果 IN1（x：<，<=，=，>=，>，<>）IN2
OI	N	立即或			
ON	N	取反后或	ODx	IN1，IN2	或 双字比较的结果 IN1（x：<，<=，=，>=，>，<>）IN2
ONI	N	取反后立即或			
LDBx	IN1，IN2	装载字节比较的结果 IN1（x：<，<=，=，>=，>，<>）IN2	LDRx	IN1，IN2	装载实数比较的结果 IN1（x：<，<=，=，>=，>，<>）IN2
ABx	IN1，IN2	与 字节比较的结果 IN1（x：<，<=，=，>=，>，<>）IN2	ARx	IN1，IN2	与 实数比较的结果 IN1（x：<，<=，=，>=，>，<>）IN2
OBx	IN1，IN2	或 字节比较的结果 IN1（x：<，<=，=，>=，>，<>）IN2	ORx	IN1，IN2	或 实数比较的结果 IN1（x：<，<=，=，>=，>，<>）IN2
NOT		堆栈取反			
EU		检测上升沿			
ED		检测下降沿	LDSX	IN1，IN2	字符串比较的装载结果 IN1（x：=，<>）IN2
=	Bt	赋值	ASX	IN1，IN2	字符串比较的与结果 IN1（x：=，<>）IN2
=I	Bt	立即赋值			
S	BIT，N	置位一个区域	OSXl	IN1，IN2	字符串比较的或结果 IN1（x：=，<>）IN2
R	BIT，N	复位一个区域			
SI	BIT，N	立即置位一个区域			
RI	BIT，N	立即复位一个区域			

表 D-2　数学、增减指令

+ I	IN1,OUT	整数、双整数、实数加法	TON	Txxx,PT	接通延时定时器
+ D	IN1,OUT	IN1 + OUT = OUT	TOF	Txxx,PT	断开延时定时器
+ R	IN1,OUT		TONR	Txxx,PT	有记忆接通延时定时器
− I	IN2,OUT	整数、双整数、实数减法	BITIM	OUT	启动间隔定时器
− D	IN2,OUT	OUT − IN2 = OUT	CITIM	IN,OUT	计算间隔定时器
− R	IN2,OUT		CTU	Cxxx,PV	增计数
MUL	IN1,OUT	整数完全乘法	CTD	Cxxx,PV	减计数
∗ I	IN1,OUT	整数、双整数、实数乘法	CTUD	Cxxx,PV	增/减计数
∗ D	IN1,OUT	IN1 ∗ OUT = OUT		实时时钟指令	
∗ R	IN1,OUT				
DIV	IN2,OUT	整数完全除法	TODR	T	读实时时钟
/I	IN2,OUT	整数、双整数、实数除法	TODW	T	写实时时钟
/D	IN2,OUT	OUT/IN2 = OUT	TODRX	T	扩展读实时时钟
/R	IN2,OUT		TODWX	T	扩展写实时时钟
SQRT	IN,OUT	平方根		程序控制指令	
LN	IN,OUT	自然对数	END		程序的条件结束
EXP	IN,OUT	自然指数	STOP		切换到 STOP 方式
SIN	IN,OUT	正弦	WDR		定时器监视(看门狗)复位(300ms)
COS	IN,OUT	余弦	JMP	N	跳到定义的标号
TAN	IN,OUT	正切	LBL	N	定义一个跳转的标号
INCB	OUT	字节、字和双字增 1	CALL	N[N1,…]	调用子程序[N1,…可以有 16 个可选
INCW	OUT		CRET		参数]
INCD	OUT				从子程序条件返回
DECB	OUT	字节、字和双字减 1	FOR	INDX,INIT,	For/Next 循环
DECW	OUT		NEXT	FINAL	
DECD	OUT		LSCR	N	
PID	Table,Loop	PID 回路	SCRT	N	顺控继电器段的启动、转换,条件结束
			CSCRE		和结束
	定时器和计数器指令		SCRE		
			DLED	IN	诊断 LED

表 D-3　传送、移位、循环和填充指令

MOVB	IN,OUT	字节、字、双字和实数传送	BMB	IN,OUT,N	字节、字和双字块传送
MOVW	IN,OUT		BMW	IN,OUT,N	
MOVD	IN,OUT		BMD	IN,OUT,N	
MOVR	IN,OUT		SWAP	IN	交换字节
BIR	IN,OUT	立即读取物理输入点字节			
BIW	IN,OUT	立即写物理输出点字节	SHRB DATA,S_BIT,N		移位寄存器

（续）

SRB	OUT,N	字节、字和双字右移 N 位	LPS		推入堆栈	
SRW	OUT,N		LRD		读栈	
SRD	OUT,N		LPP		出栈	
			LDS		装入堆栈	
SLB	OUT,N	字节、字和双字左移 N 位	AENO		对 ENO 进行与操作	
SLW	OUT,N					
SLD	OUT,N		ANDB	IN1,OUT	字节、字、双字逻辑与	
			ANDW	IN1,OUT		
RRB	OUT,N	字节、字和双字循环右移 N 位	ANDD	IN1,OUT		
RRW	OUT,N		ORB	IN1,OUT	字节、字、双字逻辑或	
RRD	OUT,N		ORW	IN1,OUT		
			ORD	IN1,OUT		
RLB	OUT,N	字节、字和双字循环左移 N 位	XORB	IN1,OUT	字节、字、双字逻辑异或	
RLW	OUT,N		XORW	IN1,OUT		
RLD	OUT,N		XORD	IN1,OUT		
FILL	IN,OUT,N	用指定的元素填充存储器空间	INVB	OUT	字节、字、双字取反	
	逻辑操作		INVW	OUT		
ALD		触点组串联	INVD	OUT		
OLD		触点组并联				

表 D-4　字符串指令

SLEN	IN,OUT	字符串长度	SSCPY	IN,INDX,N,OUT	复制子字符串
SCAT	IN,OUT	连接字符串	CFND	IN1,IN2,OUT	字符串中查找第一个字符
SCPY	IN,OUT	复制字符串	SFND	IN1,IN2,OUT	在字符串中查找字符串

表 D-5　表、查找和转换指令

ATT	TABLE,DATA	把数据加到表中	DTR	IN,OUT	双字转换成实数
			TRUNC	IN,OUT	实数转换成双整数
LIFO	TABLE,DATA	从表中取数据,后入先出	ROUND	IN,OUT	实数转换成双整数
FIFO	TABLE,DATA	从表中取数据,先入先出			
FND =	TBL,PTN,INDX	根据比较条件在表中查找数据	ATH	IN,OUT,LEN	ASCII 码转换成十六进制数
FND <>	TBL,PTN,INDX		HTA	IN,OUT,LEN	十六进制数转换成 ASCII 码
FND <	TBL,PTN,INDX		ITA	IN,OUT,FMT	整数转换成 ASCII 码
FND >	TBL,PTN,INDX		DTA	IN,OUT,FM	双整数转换成 ASCII 码
			RTA	IN,OUT,FM	实数转换成 ASCII 码
BCDI	OUT	BCD 码转换成整数	DECO	IN,OUT	译码
IBCD	OUT	整数转换成 BCD 码	ENCO	IN,OUT	编码
BTI	IN,OUT	字节转换成整数	SEG	IN,OUT	段码指令
ITB	IN,OUT	整数转换成字节			
ITD	IN,OUT	整数转换成双整数	ITS	IN,FMT,OUT	把整数转为字符串
DTI	IN,OUT	双整数转换成整数	DTS	IN,FMT,OUT	把双整数转换成字符串
			RTS	IN,FMT,OUT	把实数转换成字符串

（续）

中　断		NETR	TABLE，PORT	网络读
CRETI	从中断条件返回	NETW	TABLE，PORT	网络写
ENI	允许中断	GPA	ADDR，PORT	获取口地址
DISI	禁止中断	SPA	ADDR，PORT	设置口地址
ATCH	INT，EVENT	建立中断事件与中断程序的连接	高速指令		
DTCH	EVENT	解除中断事件与中断程序的连接	HDEF	HSC，Mode	定义高速计数器模式
通　信		HSC	N	激活高速计数器
XMT	TABLE，PORT	自由端口发送信息	PLS	X	脉冲输出
RCV	TABLE，PORT	自由端口接收信息			

附录 E　实验指导书

实验一　异步电动机的正反转控制

一、实验目的

1. 熟悉常用低压电器的结构、原理和使用方法，了解电气控制电路的基本组成。

2. 理解三相异步电动机正反转控制电路的工作原理，熟悉控制电路的结构，掌握继电器控制电路的接线方法。

二、实验内容、步骤

1. 实验设备

NET1 型实验台（电源）一台、NET3 电气控制实验箱一台（箱内有按钮 6 只（两组）、接触器 3 只、热继电器 1 只、时间继电器 2 只、行程开关 2 只）、YS5614 型 60W 三相异步电动机一台、安全实验导线若干。

2. 实验电路设计（参见图 2-10）

三相电动机正反转控制电路根据要求有"正—停—反"和"正—反—停"两种形式。前者用在一般场合，后者用在需要快速切换且机械惯量较小的场合。

（1）实验电动机正向、反向运转。

（2）用按钮操作电动机的正向起动、连续运转，逆向起动、连续运转、总停。如果是两地操作，要在甲地或乙地均能执行上述操作。其两地操作按钮站的示意图如图 E-1 所示。

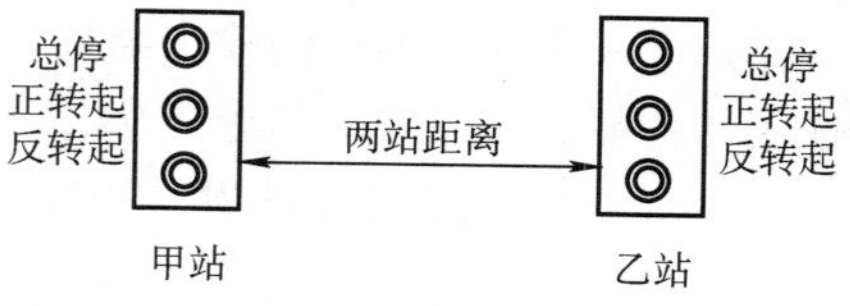

图 E-1　两地控制电动机正反转按钮站示意图

（3）由于三相电动机可逆运转是采用两只接触器分别接通不同相序电源来改变电动机转向的。因此，两只接触器绝不允许同时吸合。在设计时必须对两接触器进行电气互锁。

3. 实验电路的接线

接线时应注意：第一，不能短路；第二，接线时对应的线圈和主、辅触点皆应按"上进下出、左进右出"规律进行；第三，所有电器按顺序安排连接；第四，注意控制按钮的颜色，通常停止按钮为红色，起动按钮为非红色。

三、预习要求

1. 阅读本实验指导书，复习电气控制基础的有关内容。

2. 阅读、分析图 2-10 的工作原理，如果做两地控制正反转，应在实验前绘制出含两地控制的异步电动机正反转控制电路图。

3. 根据实验电路选择电气元件，分清接触器的主触点和辅助触点。

四、实验报告要求

1. 要求在实验报告中有完整准确（符合电气制图国家标准）地绘制出三相异步电动机正反转控制电路。写出电路中所用电气元件的型号和规格。

2. 总结主电路、控制电路的设计思想及接线方法。

3. 写出实验过程中观察到的现象，总结电路中有哪些保护环节。

五、思考题

1. 在图 2-10b 的控制电路中，如果将两只接触器的常闭辅助触点去掉，仅串联复合按钮的常闭触点能否实现正、反转接触器之间的互锁？

2. 以正反转为例，是否还可以进行多地控制？如果可行，将如何实现？

实验二　熟悉 S7-200 PLC 实验

一、实验目的

1. 熟悉 S7-200 PLC 的基本组成和使用方法。

2. 熟悉 STEP7-Micro/WIN 编程软件及其使用环境。

3. 熟悉 S7-200 PLC 的基本指令及简单编程。

二、实验内容、步骤

1. 实验设备

计算机一台、PLC 实验台一台（S7-200 PLC 一台、PC/PPI 编程电缆一根、模拟输入开关一套、模拟输出装置（模拟执行器和控制对象）一套）、导线若干。

2. 实验内容

用基本常用指令编写的一段程序，通过编辑、录入、编译/调试/修改、运行，以及输入/输出适配接线等达到熟悉"硬件"、"软件"和"使用环境"的目的。

3. 设计指导

①预设一个简单明了的输出结果（如图 E-2 参考程序的输出结果："循环单跳" 3 次结束）；②使用指令尽量覆盖常用指令（如图 E-3 例程，用到了基本位逻辑及常用特殊位、计时/计数、置位/复位、移位寄存器、SCR、MOV 等）。

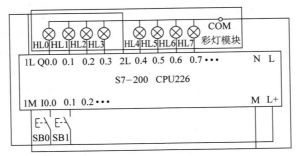

图 E-2　PLC 输入/输出及模块接线图

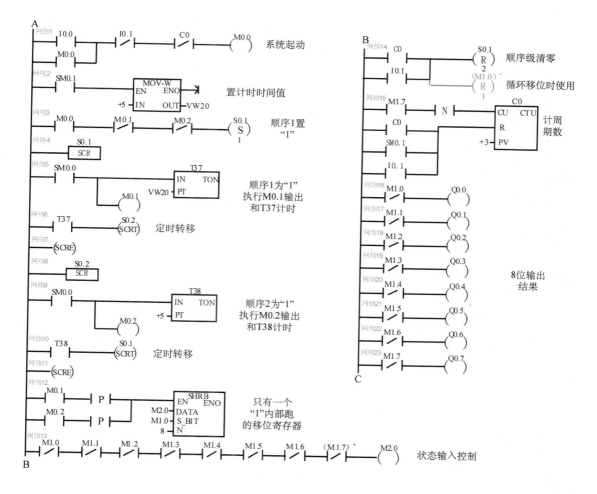

图 E-3　熟悉编程软件参考练习程序

注：（M1.7）表示该触点可省。如省去 M1.7 常闭触点，移位寄存器相当于循环移位 ROL_B；

如果保留，相当于移位 SHL_B。

4. 实验步骤

①在计算机上打开 STEP7- Micro/WIN V4.0 编程软件，录入程序，编译通过后下载程序；②在运行程序前应按图 E-3 连接输入/输出连接线，其中，输入接起/停操作开关，输出接彩灯模块；③操作起动开关使输出开始"单步跳闪"，并 3 个循环后自动结束。

三、预习要求

1. 阅读本实验指导书，复习本书第 5、6、9 章的有关内容。

2. 写出录入、调试实验程序步骤。

四、实验报告要求

1. 总结实验内容，写出建立计算机与 S7-200 PLC 通信的步骤。

2. 画出调试程序的 I/O 接线图和梯形图，写出程序调试的步骤。

五、思考题

1. OUT 指令与 S、R 指令有何不同？

2. 为什么梯形图内作逻辑调整的输出线圈一般用辅助继电器 M，不用输出继电器 Q？

实验三　运料小车自动往返的程序控制

一、实验目的

1. 熟悉时间控制和行程控制的原则。

2. 掌握定时器指令的使用方法，掌握顺序控制继电器（SCR）指令的编程方法。

二、实验内容、步骤

1. 实验设备

计算机一台、S7-200PLC 一台、PC/PPI 编程电缆一根、模拟输入开关一套、JD-PLC3运料小车实验模板一块、导线若干。

2. 运料小车自动往返控制 PLC 程序设计要求

（1）应当具有控制回路总控，其功能是起动和停止控制系统，它可以使小车在停站位置行程开关处于压合位置时，脱离延时返向起动状态，及零电压保护功能。

（2）小车能沿道轨自动往返运行（即实验电动机正反转运行），小车在行程内任何位置都可以起动（在极限位置只能反方向起动），并还要能点动。

（3）小车在到达停站位置均由行程开关控制停车，随即进入"装料"或"卸料"延时时间（为节省实验时间，延时一般不超过10s），及进入"装料"或"卸料"的输出。

（4）延时结束同时结束"装料"、"卸料"的输出，自动起动向相反方向运行（即电动机换向）。

3. 实验内容与步骤

本实验可按以下两种方式进行。

（1）参照本书第 7 章的相关内容进行实验。

- 参照图 7-2b 的 I/O 接线图接线，并增加"点动"操作按钮，见表 E-1。
- 按程序设计要求在图 7-2c 控制程序基础上增加"点动"控制部分。

表 E-1　PLC 输入/输出端分配

输 入 信 号		输 出 信 号	
起动按钮 SB1	I0.0	装料 YV1	Q0.0
停止按钮 SB2	I0.1	左行接触器 KM2	Q0.3
向右点动按钮 SB3	I0.4	卸料 YV2	Q0.1
向左点动按钮 SB4	I0.5	右行接触器 KM1	Q0.2
左，行程开关 SQ1	I0.2		
右，行程开关 SQ2	I0.3		
辅助左行起动按钮 SB5	I0.6		
辅助右行起动按钮 SB5	I0.7		

（2）按照设计要求自编程序（可参考图 E-4、图 E-5 所示的顺序功能图和程序）实验。

三、预习要求

1. 阅读本实验指导书，复习行程控制、时间控制的有关内容。

2. 复习 PLC 基本指令的有关内容，掌握顺序控制继电器（SCR）指令或一般逻辑指令的编程方法。

3. 写出调试程序的步骤。

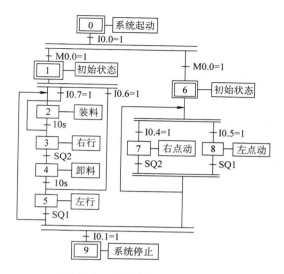

图 E-4　运料小车顺序功能图

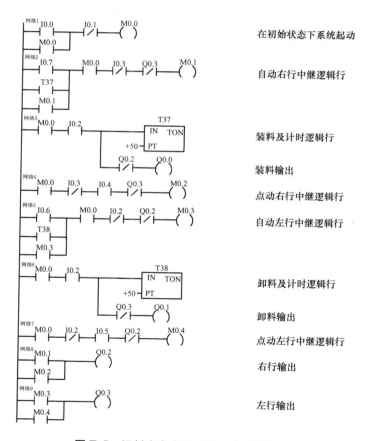

图 E-5　运料小车自动往返参考梯形图之一

四、实验报告要求

1. 绘出实验用 I/O 接线图、顺序功能图、梯形图。

2. 写出实际调试过程及步骤。

五、思考题

1. 总结顺序控制程序的设计方法和调试方法。

2. 比较顺序控制继电器（SCR）指令与一般逻辑指令编程在该控制程序中的优劣。

实验四　三级带式输送机的程序控制

一、实验目的

1. 掌握顺序控制程序的设计方法和调试方法。

2. 掌握移位寄存器（SHBR）指令的编程方法。

二、实验内容、步骤

1. 实验设备

计算机一台、S7-200PLC 一台、PC/PPI 编程电缆一根、模拟输入开关一套、JD-PLC6 三级带式输送机实验模板一块、导线若干。

2. 实验内容

某三级带式输送机有 3 条输送带和 1 个料斗开启装置，输送带和料斗开关分别由 4 台电动机拖动。其工作示意图如图 E-6 所示。为防止输送带上的物料堆积，要求 4 台电动机按 M1→M2→M3→M4 的正序起动，时间间隔将缩短到 5s；停车时按 M4→M3→M2→M1 的负序停止，时间间隔也缩短到 5s。

设计三级带式输送机的顺序功能图，梯形图程序可参考图 5-54。

（1）输入设计的梯形图程序。

（2）按设计的顺序功能图调试程序。

（3）I/O 接线可参考表 E-2。其中实验模块是用发光二极管代表电动机起动。

（4）观察调试过程中的现象，改变定时器的设定值，继续观察。

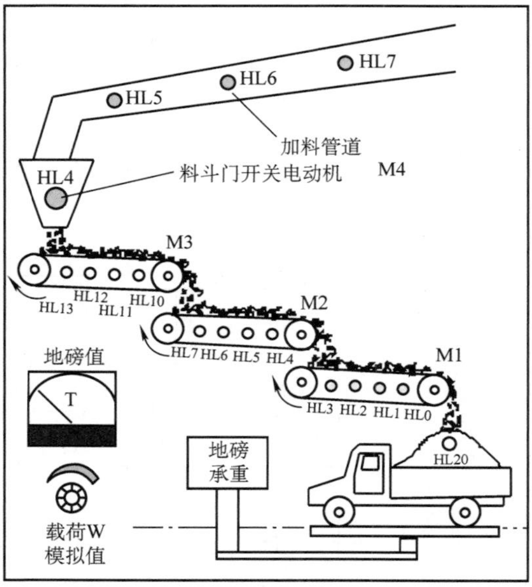

三、预习要求

1. 阅读本实验指导书，复习移位寄存器（SHBR）指令的有关内容。

2. 阅读、分析图 5-54 的工作原理。

3. 掌握移位寄存器指令的编程方法。

四、实验报告要求

1. 绘出实验用 I/O 接线图、顺序功能图、梯形图。

2. 写出调试程序的步骤。

3. 写出调试过程中观察到的现象，总结调试过程中的经验或教训。

图 E-6　三级皮带输送机实验模块工作示意图

表 E-2　PLC 输入/输出端分配及模块指示灯

输入信号		输出信号/模块指示灯		
停止按钮 SB1	I0.0	1 号带电动机	Q0.0	HL1
起动按钮 SB2	I0.1	2 号带电动机	Q0.1	HL5
		3 号带电动机	Q0.2	HL11
		4 料斗电动机	Q0.3	HL14

五、思考题

1. 总结顺序控制程序的设计方法和调试方法。
2. 总结用移位寄存器（SHBR）指令编制顺序控制程序的方法。

实验五　深孔钻及三工位运料小车程序控制

一、实验目的

1. 熟悉多工位行程控制的控制程序的设计方法和调试方法。
2. 掌握激活/关闭不同信号源的控制方法。

二、实验内容、步骤

1. 实验设备

计算机一台、S7-200PLC 一台、PC/PPI 编程电缆一根、模拟输入开关一套、JD-PLC3 深孔钻组合机床实验模板一块、导线若干。

2. 多工位行程控制简介

多工位行程控制通常有两种形式，深孔钻及三工位运料小车。其工作示意图如图 E-7 和图 E-8 所示。在深孔钻钻孔时，由于排屑的需要，每钻孔到一定深度必须退刀一次，及深孔钻进刀后按工位顺序退刀。而多工位运料小车自动往返控制的过程一般是：第一次行驶到第一工位后停车卸料，完成工序后再前进；到第二工位后停车卸料，完成工序后再前进；直到第三工位（最远端工位）后停车卸料，完成工序后返回原点。从上述两种典型多工位流程来看，每次流程有可能多个行程开关被"碰触"，但每次只有一个行程开关被"激活"，由该行程开关操作进入下一步流程。因此，程序设计按"顺控"进行比较规范。深孔钻与三工位运料小车流程还有一个不同，即一个循环结束以后需要暂停以更换工件；多工位小车则自动进入下一个循环。设计者应当注意。

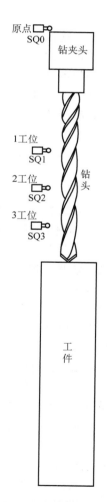

图 E-7　深孔钻工作示意图

3. 实验内容与步骤

（1）基本实验内容——深孔钻程序控制（参考本书 7.4 节的内容进行实验），其为必做内容。深孔钻组合机床的 I/O 接线图和顺序功能图如图 7-12 和图 7-13 所示，深孔钻组合机床的梯形图程序如图 7-14 所示。另外，也可通过其他方法实现，如用置位、复位指令也可实现相同功能。

（2）扩展实验内容——三工位运料小车程控，其为选做内容。以前述多工位行程流程为依据，在深孔钻程序上修改即可。只须将 1 工位和 2 工位达到转换成延时后继续前进，并调整站内行程开关的输入，使行程开关的输入对应三工位运料小车自动往返的流程，即可实现三工位运料小车的自动运行。另外，三工位运料小车与深孔钻控制程序不一样的地方还有，小车从第三工位返回原点位时不停车，随即进入下一轮装料、延时、运行……直到停车为止。

（3）深孔钻实验按图 7-13 所示的顺序功能图调试程序。

（4）深孔钻实验按图 7-12 所示的接线图接线，三工位运料小车实验也按图 7-12 所示的接线图接线。

（5）观察调试过程中的现象，仔细观察自动工作过程和点动调整工作的不同之处。

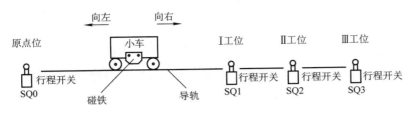

图 E-8　三工位运料小车示意图

三、预习要求

1. 阅读本实验指导书，复习置位、复位（S、R）指令和内部标志位存储器（M）的有关内容。

2. 阅读、分析图 7-14 的工作原理。

3. 掌握用顺序控制继电器（SCR）指令，或置位、复位（S、R）指令编制顺序控制程序的方法。

四、实验报告要求

1. 绘出实验用 I/O 接线图、顺序功能图、梯形图。

2. 写出调试程序的步骤。

3. 写出调试过程中观察到的现象，总结调试过程中的经验或教训。

五、思考题

1. 总结顺序控制程序的设计方法和调试方法。

2. 试用置位、复位（S、R）指令编制深孔钻的顺序控制程序。

实验六　交通信号灯的程序控制

一、实验目的

1. 掌握顺序控制程序的设计方法和调试方法。

2. 熟悉经验设计法。

二、实验内容、步骤

1. 实验设备

计算机一台、S7-200PLC 一台、PC/PPI 编程电缆一根、模拟输入开关一套、JD-PLC2 交通信号灯实验模板一块、导线若干。

2. 实验内容

十字路口交通红绿灯程序控制，实验内容参见本书 7.4 节内容，模拟实验模块参见图 7-7a。在程控交通红绿灯的初期，由于 LED 数码显示未见成熟，常常用"绿闪"指示绿灯时段行将结束，黄灯以后的红灯将要开启，有了"绿闪"以使行驶车辆及早准备，避免事故。本实验为带"绿闪"的十字路口交通红绿灯程控实验，其 PLC 输出时序图如图 7-7b 所示。根据时序图给出的交通信号灯参考控制程序如图 7-10 或图 E-9 所示。

3. 实验步骤

（1）按图 7-8 所示的 I/O 接线图进行接线。

（2）按本实验给出的交通红绿信号灯梯形图（见图 7-10 或图 E-9）输入程序，并调试程序。或根据程序设计要求自编交通红绿灯控制程序，并调试程序。

三、预习要求

1. 阅读本实验指导书，复习第 7 章的有关内容。

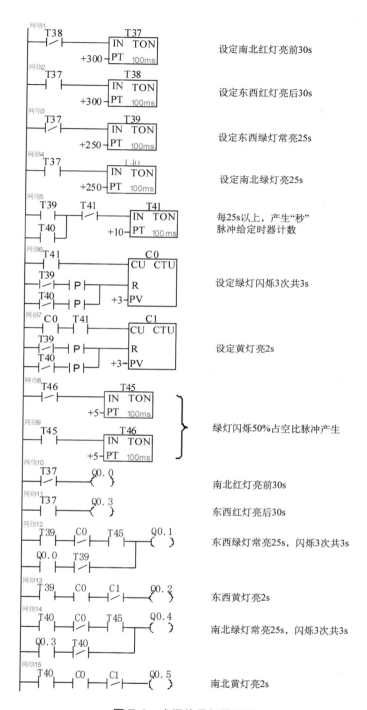

设定南北红灯亮前30s

设定东西红灯亮后30s

设定东西绿灯常亮25s

设定南北绿灯亮25s

每25s以上，产生"秒"脉冲给定时器计数

设定绿灯闪烁3次共3s

设定黄灯亮2s

绿灯闪烁50%占空比脉冲产生

南北红灯亮前30s

东西红灯亮后30s

东西绿灯常亮25s，闪烁3次共3s

东西黄灯亮2s

南北绿灯常亮25s，闪烁3次共3s

南北黄灯亮2s

图 E-9　交通信号灯梯形图

2. 阅读、分析图7-10的内容，构思如何编程。

3. 阅读、分析图7-10和图 E-9 中两种参考程序的工作思路。

四、实验报告要求

1. 绘出实验用 I/O 接线图、梯形图。

299

2. 写出调试程序的步骤。

3. 总结按时序图编写程序的一般方法。

4. 写出调试过程中观察到的现象，总结调试过程中的经验或教训。

五、思考题

1. 总结顺序控制程序的设计方法和调试方法。

2. 试编写倒计时数显型交通信号灯控制程序。

实验七　PID 恒温控制

一、实验目的

1. 熟悉模拟量输入/输出信号处理的一般方法。

2. 熟悉模拟量控制的方法，及 PID 回路指令的编程方法。

3. 熟悉子程序和中断程序的设计方法。

二、实验内容、步骤

1. 实验设备

计算机一台、S7-200 PLC 一台、PC/PPI 编程电缆一根、模拟输入开关一套、EM235 AI4/AQ1×12 位（bit）模拟量扩展模块一块、JD-PLC10 温度的 PID 控制实验模板（温度闭环控制系统内含：Pt100 传感器及变送器、PS-12 晶闸管调整器、微型加热器等）一块、导线若干。

2. 实验内容

此次实验的编程主要参见本书 7.5 节的恒温控制实例进行，但与图 7-25 相比，需要增加一些必要的环节，如在主程序（OB1）段中增加温度数字显示等程序段。因此需要在图 7-25 的基础上再补齐控制程序。从第 7 章介绍可知，该恒温控制程序中已有的环节已十分完备，只需改动少数参数和添加数显程序段。需要改动的如下：

（1）在主程序（OB1）中需要将原程序的给定值（SP_n）0.6 改为 0.501，一是因为此次实验规定"恒温 50℃"；二是将给定值增加了一个不影响精度的 0.001 的正"偏差"，增加恒温时数显的稳定性。

（2）须在主程序（OB1）中增加温度数显的程序段，该程序段的参考程序如图 E-12 所示。

（3）须在原来子程序 0（SBR0）的基础上，将添加的程序段的取平均和数显的变量存储器清零部分添加到子程序 0 中去。

（4）子程序 1（SBR1）、中断子程序（INT0）两个部分不须做任何改动。

3. 实验步骤

（1）按预先修改设计好的恒温控制梯形图程序，键入程序并编译下载，然后运行该程序。

（2）系统连线及 PLC 的 I/O 接线。

1）将模拟对象与 S7-200PLC 组成实验温度闭环控制系统按图 7-23 和图 E-10 接线。

2）温度显示接线如图 E-11 所示，注意 2L、3L 接入 DC +5V 电源，以免损坏译码器。

（3）实验操作与调试　当前面两项任务都已完成，接通"加热自动"钮子开关（I0.0），加热器总成开始加热。温度逐步上升，直到稳定在 50℃。

1）直接观察数码管上的温度值，并观察晶闸管调制器上的加热指示灯，看"加热"和"恒温"时加热指示灯亮/灭规律，得出 PID 恒温控制的结论。

2）打开计算机，用编程软件 STEP7-Micro/WIN32 V4.0 的"程序状态监控"的功能观察程序的运行。一是查看主程序（OB1）中 VW200 的实时温度值；二是查看中断 0（INT0）中 VD100 的过程变量值和 AQW0 的输出值等。

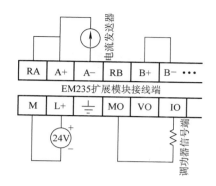

图 E-10　EM235 接线图

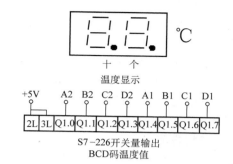

图 E-11　实验模块 0 ~ 99℃温度显示接线图

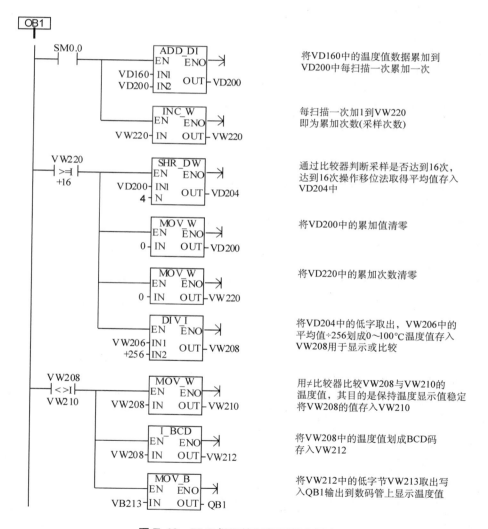

将VD160中的温度值数据累加到VD200中每扫描一次累加一次

每扫描一次加1到VW220即为累加次数(采样次数)

通过比较器判断采样是否达到16次，达到16次操作移位法取得平均值存入VD204中

将VD200中的累加值清零

将VD220中的累加次数清零

将VD204中的低字取出，VW206中的平均值÷256划成0~100℃温度值存入VW208用于显示或比较

用≠比较器比较VW208与VW210的温度值，其目的是保持温度显示值稳定将VW208的值存入VW210

将VW208中的温度值划成BCD码存入VW212

将VW212中的低字节VW213取出写入QB1输出到数码管上显示温度值

图 E-12　PLC 恒温控制数显部分程序

3）当加温完成进入恒温阶段时，可以对加热器总成进行"扇风"（加扰），使温度降到49℃以下停止扇风。在此过程中观察扇风时加热灯是否持续"点亮"，在停止扇风温度回升时，是否未达到50℃时，加热灯已经关断？从而进一步得出 PID 恒温控制的结论。

301

三、预习要求

1. 阅读本实验指导书，复习 PID 指令的有关内容。

2. 重点复习 7.5 节恒温控制应用实例部分的有关内容，特别是模拟量 4～20mA 输入/输出信号处理的有关内容，分析图 7-23～图 7-25 的内容。

3. 熟悉子程序、中断程序的设计方法。

4. 预习本节实验图 E-12 程序部分，并将其添加到图 7-25 中。

5. 写出调试程序的步骤。

四、实验报告要求

1. 绘出实验用 I/O 接线图、梯形图。

2. 写出完整的调试程序的步骤。

3. 写出调试过程中观察到的现象，总结调试过程中的经验或教训。

4. 回答思考题。

五、思考题

1. 总结 PID 指令编程的方法和步骤。

2. 如何在模拟量控制过程中提高测量精度？

3. 比较 4～20mA 与 0～20mA 信号的优劣。

实验八　PLC 的通信编程

一、实验目的

1. 熟悉自由口协议通信及其应用和编程方法。

2. 熟悉自由口通信方式特殊标志位的设置。

3. 熟悉中断事件接收字符，以及自由口发送（XMT）指令和接收（RCV）指令。

二、实验内容、步骤

1. 实验设备

计算机（PC）每组两台、S7-200PLC 两台、PC/PPI 编程电缆两根、RS-485 电缆一根、模拟输入开关两套、模拟输出装置两套、导线若干。

2. 实验内容

此次实验参考本书 8.3 节自由口指令及应用中的自由口通信举例一的内容进行。实验两人一组、一人一站（甲站/乙站或 A 站/B 站）。实验内容为甲站读取 IW1 上面的输入状态，送入 QB0 显示，同时通过 XMT 指令由自由口方式传送出去；乙站接收到后取反，再送到乙站的 QW0 上去显示。如图 E-13 所示，甲/乙两站中各有一台 S7-200 PLC 和装有编程软件的两台计算机（PC）分别编程，甲/乙两站均通过 I 端口的 RS-485 通信接口组成通信网络。

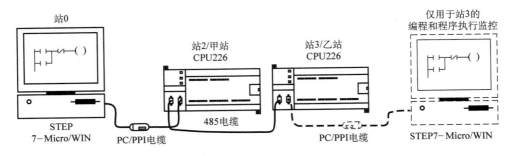

图 E-13　自由协议通信实验网络结构

（1）甲站的控制程序可参考图 8-22 所示的控制程序进行实验。甲站的输入接线，首先将 I0.0 接入 1 位钮子开关，作为发送操作；再将 IW1 置为某状态（如为 1010-1010-1010-1010），这样就可以直观观察甲站的 QW0 的状态。

（2）乙站无需输入接线。但实验应完成图 8-23 或图 8-24 和图 8-25 所示的那样两种不同方式，同为接收字符控制程序。当甲站发过来有排列规律的数据，乙站可以立刻观察到收到的数据是否正确（如将甲站 IW1 的输入状态取反后，QW0 为 0101-0101-0101-0101）。

3. 实验步骤

两人一组合作进行实验。

（1）甲/乙两站分别录入各自的程序，甲站的输入接线及 IW1 的输入状态和发送操作输入。

（2）自由口通信程序运行调试，甲站操作发送，乙站用 QW0 或用"程序状态监控"观察是否收到正确的数据。

三、预习要求

复习 PLC 自由口通信的内容，重点阅读本实验有关本书图 8-22 ~ 图 8-25 所示的程序。注意程序中有关参数的设定，并在实验前设计好或修改好实验程序。

四、实验报告要求

写出经调试过的程序，写出调试过程和观察到的现象。

五、思考题

1. 在用 RCV 接收信息的过程中，如何定义信息的起始条件和结束条件？

2. 在用中断事件接收信息的过程中，如何定义信息的起始条件和结束条件？

附录 F　课程设计指导书

课程设计以学生为主体，充分发挥学生学习的主动性和创造性。期间，指导教师把握和引导学生正确的工作方法和思维方法。

一、课程设计的目的

1. 了解常用电气控制装置的设计方法、步骤及设计原则。

2. 学以致用，巩固书本知识。通过训练，使学生初步具有设计电气控制装置的能力，从而培养和提高学生独立工作和创造能力。

3. 进行一次工程技术设计的基本训练。培养学生查阅书籍、参考资料、产品手册、工具书的能力，上网查寻信息的能力，运用计算机进行工程绘图的能力，编制技术文件的能力等，从而提高学生解决实际工程技术问题的能力。

二、设计要求

1. 阅读本课程设计参考资料及有关图样，了解一般电气控制装置的设计原则、方法及步骤。

2. 广泛阅读文献，了解电气控制领域的新技术、新产品、新动向，用于指导设计过程，使设计成果具有先进性和创造性。

3. 认真阅读本课程设计任务书，分析所选课题的控制要求，并进行工艺流程分析，画出工艺流程图。

4. 确定控制方案，设计电气控制装置的主电路。

5. 应用 PLC 设计电气控制装置的控制程序。

（1）选择 PLC 的机型及 I/O 模块型号，进行系统配置，并校验主机的电源负载能力。

（2）根据工艺流程图，绘制顺序功能图。

（3）列出 PLC 的 I/O 分配表，画出 PLC 的 I/O 接线图。

（4）设计梯形图，并进行必要的注释。

（5）输入程序并进行室内调试，模拟运行。

6. 设计电气控制装置的照明、指示及报警等辅助电路。系统应具有必要的安全保护措施，如短路保护、过载保护、失电压保护、超程保护等。

7. 选择电气元件的型号和规格（参数的确定应有必要的计算和说明），列出电气元件明细表。选择电气元件时，应优先选用优质新产品。

电气元件明细表格式

序　　号	电气元件代号	图　区	名称和用途	型　号　规　格	数　　量	备　　注
1						
2						
3						

8. 绘制正式图样，要求用计算机绘图软件（如 Visio、AutoCAD 等）绘制电气控制电路图；用 STEP7- Micro/WIN 编程软件编写梯形图。要求图幅选择合理，图、字体排列整齐，图样应按电气制图国家标准有关规定绘制。

9. 编制设计说明书及使用说明书。

内容包括：阐明设计任务及设计过程，附上设计过程中有关计算及说明，说明操作过程、使用方法及注意事项，附上所有的图表、所用参考资料的出处及对自己设计成果的评价或改进意见等。

附录 G　课程设计任务书

题 1　交通高低峰分段运行、数显倒计时交通红绿灯控制

1. 选题背景

模拟实际交通灯运行情况，仅带绿闪的红绿灯部分内容可参考本书 7.4 节和附录 E 实验六内容。本题的内容在前述的基础上，扩展到当下普遍采用的分时段运行、带倒计时数字显示（简称数显）的红绿灯，使课程设计题目更贴近实际。

2. 训练目的

（1）学习用倒计时方法来显示红绿灯切换时间，学习用时钟指令分时段运行红绿灯的编程方法。

（2）熟悉绘制电气原理图及接线图的方法。

（3）熟悉选择电气元件的一般方法。

3. 使用设备及器件（如下选定仅为验证设备及器件）

计算机一台、S7- 200 CPU226 + EM222 PLC 一套、PC/PPI 编程电缆一根、模拟输入开关一套、JD- PLC2 交通灯模拟实验模块一块（见图 G-1）、触摸屏一只。

4. 设计任务

设计高/低峰时段运行和带数显倒计时 LED 灯的交通红绿灯 PLC 控制程序，普通交通红绿灯时序图如图 7-7b 所示（红灯行列向为 30s 一切换）。

（1）交通高峰时段为每日的上午 7：30～9：00 和下午的 16：30～18：00，交通高峰时红灯为 20s 一切换。按图 7-7b 时序图规律，其中绿闪、黄灯时长不变，绿灯常亮缩短到 15s。

（2）交通低峰时段为每日的上午 6：00 开始，除去高峰时段，到 22：00 结束，交通低峰时红灯为 40s 一切换。绿灯按黄灯图 7-7b 时序图规律同理安排。

（3）交通晚间时段为当日的 22：00 开始，到次日 6：00 结束，该时段十字路口的 4 个方向均按黄灯闪烁运行。

（4）由于实验模块只有一组数码管，只需编写一对方向的倒计时数码显示。如显示东西向低峰时段红绿

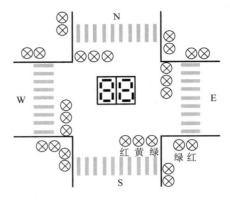

图 G-1　交通信号灯模拟模块示意图

灯倒计时数码值，先走东西向红灯 20s 倒计时，绿灯再走 18s，最后黄灯亮 2s；再重复下一轮……低峰时以此类推。晚间时段不显示倒计时。

（5）时段分配的时钟指令，应有"对时"操作功能（触摸屏操作），以及手动调用各时段。其中对时功能为校准北京时间，验收时使用手动调用或时钟指令"分钟"段调用。

（6）程序设计开始之前应绘制流程图或顺序功能图。

（7）撰写课程设计报告，报告中应包含 PLC 的 I/O 分配表和 I/O 接线图。

5. 程序设计指导

设计本题要求的控制程序一般有两种方法：一种是在既有带绿闪红绿灯控制程序的基础上，配合数显倒计时和时钟指令调用高/低峰时段；另一种是直接利用减计数器或减"1"指令内的数值实现红绿黄灯切换。其中运用时钟指令在两种方法中相同。

（1）在既有带绿闪红绿灯控制程序上增加数显和分时段功能。

1）先参考本书 7.4 节和附录 E 实验六的内容编写出高/低峰、夜间运行的带绿闪红绿灯控制程序 3 个段。

2）分别将高/低峰时段倒计时数显程序写出来。

① 倒计时数码一般用减计数器或减"1"指令得到，其中重置计数值有两种方法：a. 数显 0 如果不停留 1s，直接用计数 0 重置；b. 数显 0 如果要停留 1s，则可用定时器重置，但重置周期必须增加 1s。当采用后一种方法时，红绿灯切换部分程序的周期也要增加 1s，否则切换/数显不同步。

② 以东西向红灯/绿灯/黄灯依次数显切换高峰段为例。a. 可使用分别计数，三计数器计数值直接写常量，上一级计数 0 重置下一级；b. 或用一计数器，变量存储器重置下一个计数值。

3）数显值转换成 BCD 码，先将 BCD 码低 4 位七段译码后直接送出，接下来将高 4 位右移 4 位后译码送出。

（2）直接利用减计数器或减"1"指令内的数值实现红绿黄灯切换。

这种方法先设计上面同理的倒计时计数器，所不同的是此法红绿黄灯包括绿闪的切换均由倒计时计数值调用，即可完成红绿灯控制。如高峰时段绿灯 + 绿闪共 18s，开绿闪只要在倒计时用"$\left|\begin{smallmatrix}Cx\\ ==I\\ \times\times\end{smallmatrix}\right|$"比较，取出 5s 时刻，配以 50% 占空比的秒脉冲，即可按时开/闭绿闪。

（3）时钟指令调用高/低峰时段。

用"读实时时钟"的小时/分钟"字"分配红绿灯高/低峰和夜间时段；用"写实时时钟"

对日期和北京时间（可用触摸屏在线操作）；红绿黄灯切换甚至可以直接用时钟的分秒字节分配；在调试或验收时，用分/秒时钟"字"分配 3 个时段。

题 2　PLC 控制变频调速系统程序设计

1. 选题背景

模拟实际课题，采用 PLC 控制变频器，使三相异步电动机的转速按照预先给出的电动机转速运行曲线运行，是目前常见的控制转速方法。

2. 训练目的

（1）熟悉 PLC 控制变频调速控制程序的设计和调试方法。

（2）进一步通过实验掌握 PLC 控制系统、变频调速系统、电动机拖动及测速显示系统的硬件的使用，电路、程序的综合设计方法及对编程软件的编辑及调试。

3. 使用设备及器件

计算机一台、S7-200 PLC CPU226 + EM235 4AI/1AO 一套、PC/PPI 编程电缆一根、模拟输入开关一套、JD-PLC10 S500 变频调速实验模板一块、100V·A 自耦调压器一台、可加载/可测速的三相异步电动机系统一套、触摸屏一只。

4. 设计任务

本次设计是通过 PLC 控制变频器的输出频率，使电动机转速得到控制。

（1）设计 PLC 控制变频调速的硬件系统。

（2）软件设计。

1）PLC 程序设计。要求设计 PLC 控制程序，使三相异步电动机的转速按照如图 G-2 所示的电动机转速运行曲线运行，恒速段要求波动不超过 ±6%。

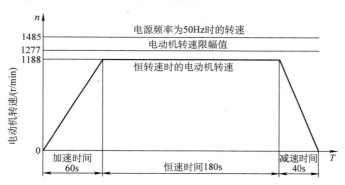

图 G-2　电动机转速运行曲线图

2）设计触摸屏操作显示画面。要求触摸屏具有起/停操作及显示、写给定值等，转速在线显示/变频器输出显示等。

（3）设定变频器工作模式。

变频器按 PLC 输出 420mA 操作频率输出设定工作模式。

1）要求把变频器的 Pr. 30 "扩张功能显示选择"的设定改为"1"。

2）要求把变频器的 Pr. 79 "操作模式选择"的设定改为"3"（4~20mA 仅当 AU 信号 ON 时有效）。

3）可低速挡 Pr. 60 "端子功能选择"的设定改为"4"（AU 输入电流选择）。

（4）程序设计开始之前应绘制流程图或顺序功能图。

（5）撰写课程设计报告，报告中应包含 PLC 的 I/O 分配表、I/O 接线图。

5. 设计指导

（1）系统硬件设计指导。

根据任务书提供的设备、器件和任务要求，连接测速信号→EM235→CPU226 →EM235→调节信号→变频器三相输出→异步电动机转速→测速装置，形成闭环系统硬件。

（2）软件设计指导。

1）电动机转速信号输入信号处理可参考 7.5.1 小节恒温控制模拟量输入处理的内容，具体输入值如图 G-3 所示；信号还需做多次采样取平均和不小于零处理。

2）当电动机工作在加速和减速程序段时，均匀加减即可；在恒转速阶段，既可以采用 PID 控制，也可以简单上下限方法来控制转速。其中 PID 控制仅用凑试法确定参数在短时间内难以奏效，后一种方法在保证精度要求的情况下较容易实现。

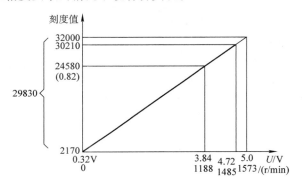

图 G-3　PLC 模拟量输入转速电压信号刻度值

（3）系统调试。

1）标定输入值。由于转速测量值存在误差，因此在运行之前必须标定参数。具体办法为：用 0 速和变频器的高、中、低三段速运行，提取各段的转速参数，修改图 G-3 上所示的参数及修改程序中的参数，提高控制精度。

2）通过涡流加载装置对电动机加载。通过调压器改变加载功率，观察转速改变规律，修改控制参数。

（4）按附录 F 的要求书写课程设计报告。

参 考 文 献

[1] 黄永红，张新华. 低压电器 [M]. 北京：化学工业出版社，2007.

[2] 郁汉琪，等. 电气控制与可编程序控制器应用技术 [M]. 2 版. 南京：东南大学出版社，2009.

[3] 廖常初. S7-200PLC 编程及应用 [M]. 3 版. 北京：机械工业出版社，2008.

[4] 龚仲华. S7-200/300/400PLC 应用技术——通用篇 [M]. 北京：人民邮电出版社，2006.

[5] 王永华. 现代电气控制及 PLC 应用技术 [M]. 4 版. 北京：北京航空航天大学出版社，2016.

[6] 吕厚余，等. 工业电气控制技术 [M]. 北京：科学出版社，2007.

[7] 龚运新，赵厚玉，戚本志. PLC 技术及应用 [M]. 北京：清华大学出版社，2009.

[8] 何强，单启兵. 可编程序控制器应用：S7-200 [M]. 北京：中国水利水电出版社，2010.

[9] 何献忠. 可编程控制器应用技术：西门子 S7-200 系列 [M]. 北京：清华大学出版社，2007.

[10] 陈在平，赵相宾. 可编程序控制器技术与应用系统设计 [M]. 北京：机械工业出版社，2002.

[11] 西门子公司. SIMATIC S7-200 可编程序控制器系统手册. 2002.

[12] 黄永红，吉裕晖，杨东. PLC 控制电机变频调速实验系统的设计与实现 [J]. 电机与控制应用，2007，34（10）：40- 43.